YOUQITIAN KAIFA YU DIZHI JISHU YANJIU

油气田开发与地质技术研究

尚养兵　王海华　吴　辉　主编

文化发展出版社
Cultural Development Press

图书在版编目（CIP）数据

油气田开发与地质技术研究 / 尚养兵，王海华，吴辉主编 . —北京：文化发展出版社有限公司，2019. 6

ISBN 978-7-5142-2588-4

Ⅰ . ①油… Ⅱ . ①尚… ②王… ③吴… Ⅲ . ①油气田开发－研究②石油天然气地质－研究 Ⅳ . ① TE3 ② P618. 130. 2

中国版本图书馆 CIP 数据核字（2019）第 053246 号

油气田开发与地质技术研究

主　　编：尚养兵　王海华　吴　辉

责任编辑：李　毅　　　　　　　责任校对：岳智勇
责任印制：邓辉明　　　　　　　责任设计：侯　铮
出版发行：文化发展出版社有限公司（北京市翠微路 2 号 邮编：100036）
网　　址：www. wenhuafazhan. com　www. printhome. com　www. keyin. cn
经　　销：各地新华书店
印　　刷：阳谷毕升印务有限公司

开　　本：787mm×1092mm　1/16
字　　数：406 千字
印　　张：21.625
印　　次：2019 年 9 月第 1 版　2021 年 2 月第 2 次印刷
定　　价：54. 00 元
I S B N：978-7-5142-2588-4

◆ 如发现任何质量问题请与我社发行部联系。发行部电话：010-88275710

编委会

作　者	署名位置	工作单位
尚养兵	第一主编	长庆油田分公司第六采油厂
王海华	第二主编	长庆油田分公司第六采油厂
吴　辉	第三主编	大港油田公司油气开发处
周俊杰	副 主 编	重庆市能源投资集团科技有限责任公司
王春龙	副 主 编	中国石油长庆油田分公司第六采油厂
王　倩	副 主 编	自然资源部油气资源战略研究中心
王自亮	编　　委	中国石油集团测井有限公司长庆分公司

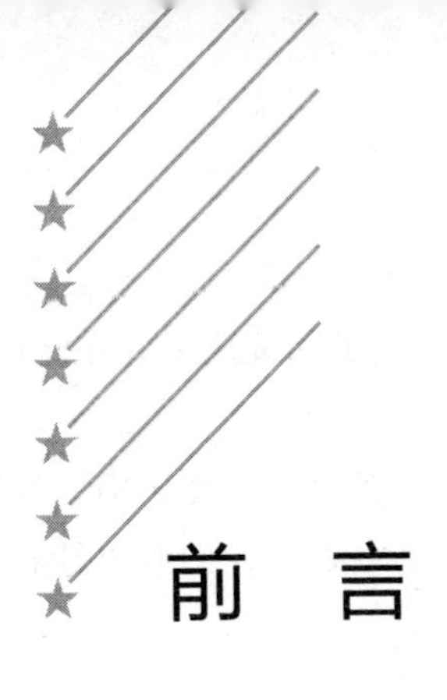

前 言

近年来，能源工业发展迅速，并成为工业中最为重要的产业之一。能源工业中包括几个比较重要的支柱产业，其中，煤矿、石油、天然气是能源工业中的主要支柱产业。当前的工业生产倡导节能环保，因此油田以及天然气田需要建立节约型的生产模式。石油与天然气，两者是当前能源产业中最为重要的部分。石油，是诸多行业中的能源燃料之一，汽车使用的汽油，都来源于石油。而天然气，则是最为绿色的资源之一，不管是煤矿还是石油，其作为燃料，都会产生废气，造成环境的污染，而天然气作为燃料，其产物之一为水。因此，天然气是能源中比较重要的一员。但是，不管是什么能源，其生产与使用都是需要进行重点考虑的。使用过程中，由于石油以及天然气等都是不可再生资源。能源的消耗量越来越大，但是其储备量却越来越少。因此，在提倡节能减排的同时，需要注重能源的合理使用。对于石油以及天然气的生产企业，需要注重的则是如何高效生产，建立节约型生产模式。

长期以来，人们一直对大陆板块的形成进行研究，并且分析了它的运动和演化成盆地的过程。盆地的形成和演化、盆地构造特点以及油气的分布规律等，都是进行油气资源评估的重要依据，并且根据这些条件进行块体油气的勘探。但是伴随着科学技术的发展和地壳的运动情况，盆地的油气勘探理论限制了油气的勘探开发，不能够对油气资源进行充分的利用。为了使油气勘探工作顺利的进行，就必须对块体油气地质体与油气勘探进行详细的研究。

本书在编写过程中参考了大量的国内外专家和学者的专著、报刊文献、网络资料，以及油气开发与地质技术的有关内容，借鉴了部分国内外专家、学者的研究成果，在此对相关专家、学者表示衷心的感谢。

虽然本书编写时各作者通力合作，但因编写时间和理论水平有限，书中难免有不足之处，我们诚挚地希望读者给予批评指正。

《油气田开发与地质技术研究》编委会

目　　录

第一章　油藏流体运动的规律研究

第一节　渗流的基本定律

一、渗流的基本概念

渗流是指流体通过多孔介质的流动。多孔介质是由毛细管或微毛细管组成的介质，或内部含有众多孔隙的固体材料，如孔隙介质、裂缝介质等。

渗流力学是研究流体在多孔介质中运动规律的科学，即研究流体的运动形态和运动规律的科学。

在工程技术领域内所出现的渗流称为工程渗流，如化学工业中的催化塔，冶金工业中用氩气通过多孔耐火砖进行钢液脱气等。凡是发生在地下的渗流，如油气在地下的流动统称为地下渗流。生物体内发生的渗流称为生物渗流，如光和作用产生的养料传送给树根，树根吸收土壤中的水分传送给枝叶；动物体内血液流动及矿物质的输送等。由此可见，在生产过程中和科学实验中，如开发油气田，利用地下水及地质资源，水利工程、农业灌溉、土壤改良、生物工程、化学生产、机械冶金及环境保护、地震研究、防止城市沉降等都和渗流力学有着密切的关系。

油气层渗流力学是渗流力学的一个非常重要的分支学科，油气层渗流力学研究的是地下油层中流体运动的规律；渗流力学的研究对象主要是油、气、水及其混合物在地层中的渗流形态和规律。它是油气田开发、油水井开采及提高采收率的理论基础。

二、油气储层的内部空间结构

油气储层是油气储集（存储）的场所和油气运移的通道，是流体发生渗流的前提条件。

1. 粒间孔隙结构

粒间孔隙结构是由大小和形状不同的颗粒堆集组成，颗粒之间被胶结物充填。没有被胶结物充填的那些空间既是储油空间又是油流的通道。其中，黑色部分为胶结物，斜线部分为固体颗粒，空白部分为孔隙空间。由此可见，孔隙的结构是随机的和极不规则的，对油气渗流的影响也是极难预测的，为此，人们对其提出了种种假设模型。这些简化的模型对渗流规律的研究具有较大的意义。

2. 纯裂缝结构

在不渗透的致密碳酸盐岩中只具有微裂缝，这种结构就属于纯裂缝结构。这种结构一般存在于致密的碳酸盐岩中。裂缝既是储油的空间，又是油流的通道。

3. 纯溶洞结构

致密的碳酸盐岩中，若只存在溶洞（洞穴）的结构，就属于纯溶洞结构。粒间孔隙结构、纯裂缝结构和纯溶洞结构三种介质为单纯介质。所谓的单纯介质是指只存在一种孔隙结构的介质，如孔隙介质、裂缝介质等。

4. 裂隙结构（裂缝－孔隙结构）

裂隙结构是指在具有粒间孔隙的岩石中产生了裂缝，即岩层中既有裂缝又有粒间孔隙。

5. 洞隙结构（溶洞－孔隙结构）

洞隙结构是指粒间孔隙中产生了洞穴，既有洞穴又有孔隙的结构。洞穴的尺寸一般大于毛细管。孔道半径大于0.25mm的为超毛细管，小于0.0001mm的称为微毛细管，而在0.25 ~ 0.0001mm的称为毛细管。粒间孔隙中的流体流动是渗流，而洞穴中的流体流动不是渗流，只是流体力学所讲的流动规律。

6. 缝洞结构（裂缝－溶洞结构）

缝洞结构是指在裂缝结构中产生了溶洞。裂隙结构、洞隙结构和缝洞结构三种介质称为双重介质；同时存在两种或两种以上孔隙结构的介质称为多重介质。

7. 洞缝隙结构（裂缝－溶洞－孔隙结构）

在裂隙结构中，再加上大的洞穴或者是大的裂缝，形成粒间孔隙、微裂缝、大洞穴或大裂缝并存的混合结构。

三、油藏外部几何形状及其简化

油藏是指两个不渗透层中夹着渗透含油层的封闭体系。在开发前，整个油藏处于相对平衡状态。地下流体常常储集在各种构造中，最常见和最典型的构造是背斜构造。下面以背斜构造为例，阐明在静态条件下的地下流体在构造中的分布情况，并对其外部几何形状进行简化，如图1–1所示。

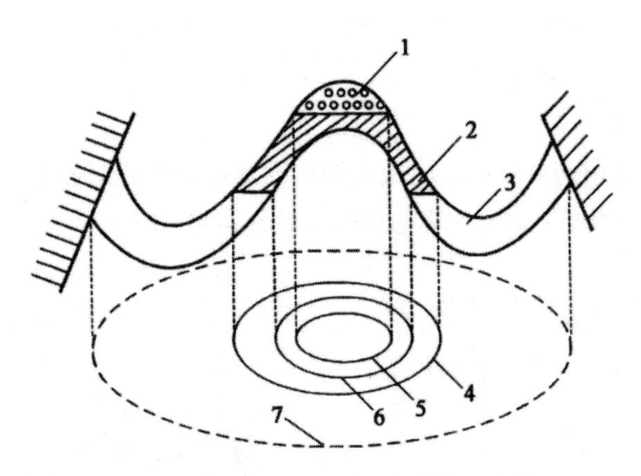

图1–1　油藏外部形状及其简化示意图

1—气顶区；2—含油区；3—含水区；4—含油外边缘；
5—含气边缘；6—含油内边缘；7—封闭边缘

1. 油气藏的有关参数

油气藏的有关参数，见表1–1。

表1–1　油气藏的有关参数

名称	内容
含气边缘（含气边界、气顶边界）	油气分界面的往下投影，即油气接触面与油层顶面的交线
油气分界面	气和油的交界面（接触面）
油水分界面	油和水的交界面（接触面）
含水边界（含油内边缘、含水边缘）	油水接触面与油层底面的交线，在交线以内圈闭的面积为纯油区
含油外边缘	油水接触面与油层顶面的交线，在此边缘以外无油存在，交线以外为纯含水区
边水	位于含油边缘外部的水
底水	位于原油之下的水
计算含油边缘	内外含油边缘的中线，一般常说的含油边缘都是指计算含油边缘

2. 开敞式油藏

油藏外围有天然露头，并与天然水源相连通的油藏。所谓的露头是指油藏边水与天然水源相连通。

供给边缘：开敞式油藏的外廓的投影，如图1–2所示。

供给压力：供给边缘上的压力。

3. 封闭式油藏

油藏外围封闭（断层或尖灭），无水源的油藏称为封闭式油藏。

封闭边缘：封闭式油藏的外廓的投影，如图1–3所示。

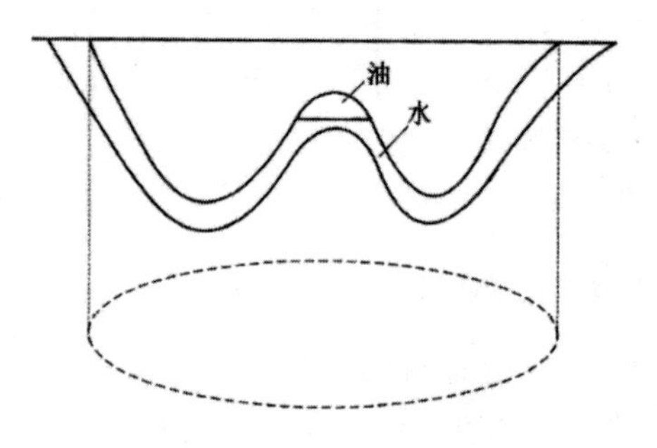

图1–2　油藏供给边缘示意图

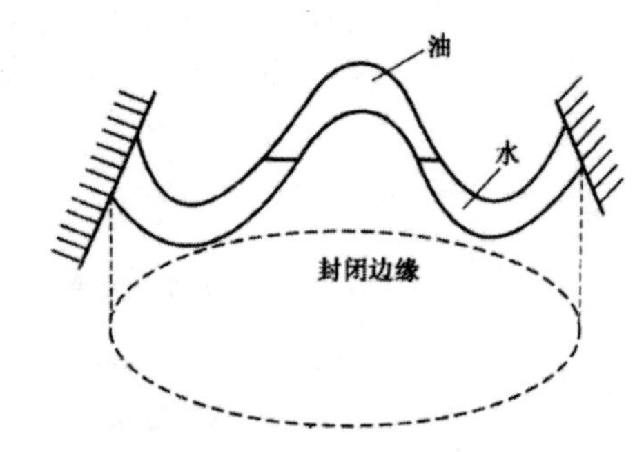

图1–3　油藏封闭边缘示意图

由于实际背斜构造在平面上的投影的几何形状很不规则，为了研究问题方便，常对其进行简化，将其简化成条形油藏和圆形油藏两种形状规则的几何形状。若长轴与短轴的比小于3，则简化成圆形油藏；若长轴与短轴的比大于3，则简化成条带形油藏。

四、油气储层的特点

1. 储容性

油气储层作为一种多孔介质，最重要的特点之一就是储容性，即储存和容纳流体的能力。孔隙度是表征储容性的一个重要物理量。

孔隙度是指岩石孔隙体积与岩石总体积之比，或岩石内总孔隙体积占岩石体积的百分数。

$$\varphi_a = \frac{V_p}{V_b} \times 100\%$$

式中，V_p——岩石总孔隙体积，m^3；V_b——岩石外表体积，m^3；φ_a——岩石绝对孔隙度。

孔隙分为连通孔隙、死胡同孔隙、微毛细管束缚孔隙和孤立的孔隙四种，其中有效孔隙体积包含了相互连通的“死端孔隙”，如图1-4所示。因此，岩石的孔隙度又分为绝对孔隙度、有效孔隙度和流动孔隙度。

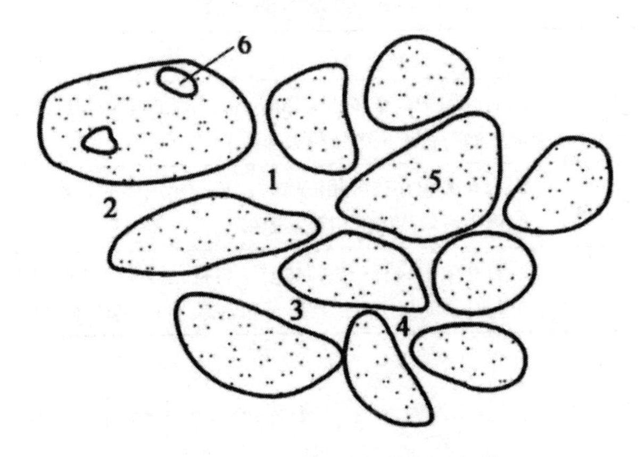

图1-4　砂岩储层的孔隙和喉道

1—连通孔隙；2—喉道；3—死胡同孔隙；4—微毛细管束缚孔隙；5—颗粒；6—孤立的孔隙

有效孔隙度是指岩石中的有效孔隙体积与岩石总体积的比值，即

$$\varphi_e = \frac{V_{ep}}{V_b} \times 100\%$$

式中，V_{ep}——岩石中的有效孔隙体积，m^3；V_b——岩石外表体积，m^3；φ_e——岩石有效孔隙度。

流动孔隙度是指流体在岩石内能够流动的孔隙体积与岩石总体积之比，即

$$\varphi_f = \frac{V_{fp}}{V_b} \times 100\%$$

式中，V_{fp}——岩石中的流动孔隙体积，m^3；V_b——岩石外表体积，m^3；φ_f——岩石流动孔隙度。

不同孔隙度之间的关系为：$\varphi_a > \varphi_e > \varphi_f$。

2. 渗透性

渗透性是指多孔介质允许流体通过的性质。表示渗透性大小的物理量是渗透率。渗透率可分为绝对渗透率、有效渗透率和相对渗透率三种（见表1-2）。

3. 比表面性（表面性）

由于岩石中存在大量的孔隙空间，因此岩石中孔隙的内表面积也非常大，流体在岩石中与岩石的接触面积就非常大，因此流体在岩石中流动时，具有很大的渗流阻力。岩石中孔隙的内表面积越大，流体在岩石中流动时的渗流阻力就越大。岩石

比面是指单位岩石体积内总孔隙的内表面积。岩石颗粒越小，其比面就越大。

表1-2　渗透率的分类

类别	内容
有效渗透率（相渗透率）	岩石孔隙中存在多相流体时，岩石允许某一相流体通过的能力，称为该相流体的有效渗透率（相渗透率）
相对渗透率	岩石孔隙中存在多相流体时，某一相流体的有效渗透率与绝对渗透率的比值称为该相流体的相对渗透率
绝对渗透率	岩石孔隙中只有单相流体时，岩石允许流体通过的能力，称为绝对渗透率。此时流动为层流，且岩石和流体之间不起任何作用

$$S = \frac{A}{V_b}$$

式中，S——岩石的比面（比表面），cm^2/cm^3或$1/cm$；A——岩石孔隙的总内表面积，cm^2；V_b——岩石体积（外表体积），cm^3。

4. 孔隙结构复杂

储层的孔隙结构是指岩石所具有的孔隙和喉道的几何形状、大小、分布及其相互连通关系。岩石孔隙结构特征是影响储层流体（油、气、水）的储集能力和开采油气资源的主要因素，因此明确储层岩石的孔隙结构特征是充分发挥油气产能和提高油气采收率的关键。由于多孔介质具有复杂的孔隙结构和比面大的特点，这就决定了流体在其中的渗流阻力很大，渗流速度小的特性。渗流速度一般小于10^{-6}m/s。

第二节　油藏驱动方式的分析

一、油藏中的驱动能量

油藏中的驱动能量（见表1-3）。

表1-3中所述是油层中几种主要的驱油能量。实际上，不同的油藏可能具有不同的驱油能量。油藏中只存在一种驱油能量是少见的，一般都同时存在几种驱油能量。但是在不同的生产阶段，在这几种驱油能量中，必有一种能量起主导的、决定的作用；而其他几种能量则处于次要和附属的地位。

表 1–3　油藏中的主要驱动能量

项目	内容
水压能	水压能是指边水或人工注入水的压能。水压能又可分为重力水压能和弹性水压能。对于开敞式油藏，油层外围有天然露头，若与天然水源相连通，则会有源源不断的液源供给，油层所承受的是边水的重力压能，即重力水压能。对于具有有限边水区的油藏，水区压力下降之后，边水靠弹性膨胀进入油层驱油，这就是弹性水压能
岩石和流体的弹性能	对于没有边水的封闭的未饱和油藏，由于油藏外围不与天然水源相通，或者虽然油藏不封闭，还没有影响到含油区时，在原始条件下，油层流体和岩石都处于高压状态。当打开油层投产后，由于压力下降，油层中的流体和岩石要发生膨胀而释放出弹性能，从而把油层孔隙中的大量原油排挤出来，将油层中的油驱向井底
气顶区的弹性膨胀能	如果油藏是饱和油藏，在原始状况下存在气顶，气顶的气体是受高压压缩的。开采以后当油层压力降低时，气顶气体积膨胀，占据油的空间，把孔隙中的油驱向井底
含油区的溶解气的膨胀能（弹性能）	对于一个没有气顶、边水和底水的油藏来说，如果原始地层压力等于饱和压力，则在油藏投入开发以后，地层压力要下降到饱和压力以下，这时原油中的溶解气就要从油中分离出来；随着压力继续下降，分离出来的溶解气的体积发生膨胀，把油驱向井底
原油本身的位能	这种能量只有在其他能量都已枯竭，并且油层倾角较大、渗透率较高、地层油黏度较小的条件下才能发挥作用。当油藏其他能量耗尽时，依靠原油本身的重力迫使原油从油层流向低处的井底。这时，原油本身的位能起主要作用

二、驱动方式

驱使原油流向井底的动力来源方式称为驱动方式。在开采石油的过程中，油气从储层流入井底，又从井底上升到井口的驱动方式有五种驱动方式：弹性驱动、溶解气驱动、水压驱动、气压驱动和重力驱动。

在生产过程中，主要依靠哪种能量来驱油，就把该种能量称为油藏的驱动方式。如以重力水压能驱油为主，则油藏的驱动方式为重力水压驱动方式；若油藏以弹性水压能驱油为主，则油藏的驱动方式为弹性水压驱动方式。

驱动方式也是不断变化的，油藏中驱油的主要动力发生了变化，其驱动方式也随之发生变化；当油藏的天然能量充足时，油气可以喷出井口；能量不足时，则需采取人工举升措施，把原油从井底举升至地面。

1. 弹性驱动

主要依靠岩石和流体的弹性能将原油驱向井底的方式称为弹性驱动。油藏在开发前，岩石和流体处于压缩状态，油藏打开后，随着原油的采出，地层压力降低，岩石孔隙体积缩小，流体膨胀，使油层孔隙中的流体被挤出孔隙，驱向井底，其过程就是释放能量的过程，这种弹性作用可把原油从油层驱至井底，进而举升至地面。

（1）形成条件

油藏无原生气顶；油藏无边水、无底水和无注入水（或有不活跃的边水、底水）；开采过程中，油藏压力高于饱和压力。

（2）开采特征曲线

油藏开采时，随着压力的降低，地层将不断释放出弹性能量，将油驱向井底。其开采特征曲线如图1–5所示。其生产特点如下：地层压力随时间增加而下降；产油量随时间增加而下降；生产气油比为一常数。

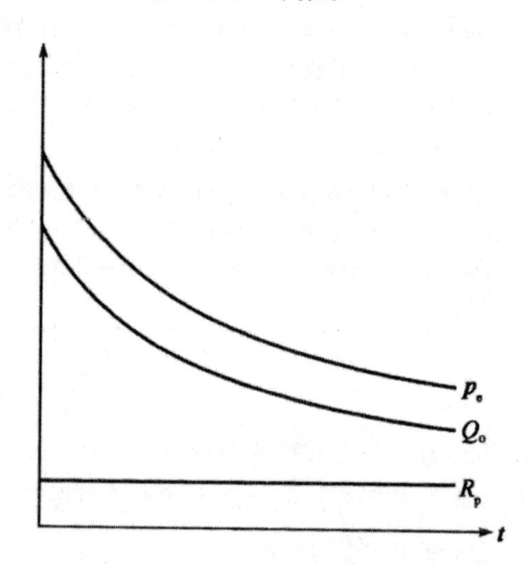

图1–5　弹性驱动油藏开采特征曲线示意图

2. 溶解气驱动

主要依靠从原油中分离出的溶解气的弹性膨胀作用将原油驱向井底的方式称为溶解气驱动。溶解气驱动的特点是：地层压力低于饱和压力；油藏应无边水（底水或注入水）、无气顶，或有边水而不活跃。

（1）形成条件

气泡膨胀能为主要的驱油能量；油藏无边水、底水、注入水（或有不活跃的边水、底水）；地层压力小于饱和压力。

当油层压力下降到低于饱和压力时，随着压力的降低，溶解状态的气体从原油中分离出来，形成气泡，气泡膨胀而将石油推向井底。开发初期压降较小时，气油比急剧增加，地层能量大大消耗，最后枯竭，所以气油比开始上升很快，然后又以很快的速度下降。

（2）开采特征曲线

生产气油比的变化可分成三个阶段。

第一阶段，生产气油比缓慢下降。因为在这一阶段，地层压力刚开始低于饱和压力，分离出的自由气量很少，呈单个的气泡状态分散在地层内，气体未形成连续的流动，故自由气膨胀所释放的能量主要用于驱油。

第二阶段，气油比急剧上升。因为此时分离出来的自由气的数量较多，逐渐形成一股连续的气流，因此油层孔隙中便很快形成两相流动，随着压力的降低，逸出的气量增加，相应的含油饱和度和相对渗透率则不断减少，使油的流动更加困难；同时，原油中的溶解气逸出后，使原油的黏度增加，因而油井产量和累积采油量开始以较快的速度下降。但气体的黏度远比油的黏度小，故气体流动很快，而油却流得很慢，因而油井产量以较快的速度下降。在这个阶段中气体驱油的效率较低。

第三阶段，生产气油比迅速下降。因为这时已进入开采后期，油藏中的气量已很少，能量已近枯竭。地层压力随时间增加而下降很快；油井产量随时间增加而快速下降；气油比开始上升很快，当到达峰值后，又很快下降；采收率一般在5% ~ 25%之间。

3. 水压驱动

主要依靠与外界连通的边水、底水或人工注入水的压能将原油驱向井底的方式称为水压驱动。水压驱动又分为刚性水压驱动和弹性水压驱动两种驱动方式。

（1）刚性水压驱动

油藏流体流动主要依靠边水或注入水推动，采出多少油，同时推进（或注进）多少水，流动的弹性能不起作用或作用很少，这种油藏驱动方式叫作刚性水压驱动。刚性指流体在运动过程中体积不发生变化。驱动能量主要是边水（或底水、注入水）的重力作用。

①形成条件：油层与边水或底水相连通；水层有露头，且存在良好的供水水源，与油层的高差也较大；油水层都具有良好的渗透性，且在油水区间没有断层遮挡。因此，该驱动方式下能量供给充足，其水侵量完全补偿了液体采出量，总压降越大，

则采液量越大，反之，当总压降保持不变时，液体流量基本不变。

②开采特征曲线：油藏进入稳定生产阶段以后，由于有充足的边水、底水或注入水，能量消耗能得到及时的补充，所以在整个开发过程中，保持不变。随着原油的采出及当边水、底水或注入水推至油井后，油井开始见水，含水将不断增加，产油量也开始下降，而产液量逐渐增加。开采过程中气全部呈溶解状态，因此气油比等于原始溶解气油比。

（2）弹性水压驱动

与刚性水压驱动的区别是，在弹性水压驱动方式下，注采不能平衡，油层流体流动时，体积要发生变化，因此，要考虑弹性对流体运动的影响。主要依靠水压能及含水区和含油区压力降低而释放出的弹性能量来把原油推向井底的方式称为弹性驱动方式。

①形成条件：边水活跃程度不能弥补采液量，一般边水无露头，或有露头但水源供给不足；存在断层或岩性变化等方面原因；若采用人工注水时，注水速度不及采液速度，也会出现弹性水驱的特征。

②开采特征曲线：一般地说，弹性水压驱动的驱动能量是不足的，尤其当开采速度较大时，它很可能向着弹性—溶解气驱混合驱动方式转化；当压力降到封闭边缘后，要保持井底压力为常数，地层压力将不断下降，因而产量也将不断下降，由于地层压力高于饱和压力，因此不会出现脱气，气油比不变。

（3）水驱采收率

影响水驱采收率的因素很多，主要有保持地层压力的程度、油层非均质性、油层渗透率、地层油黏度、井网密度和层系划分等。水驱采收率一般为35% ~ 75%。

4. 气压驱动

当油藏存在原始气顶时，主要依靠气顶中的压缩气的弹性膨胀作用或人工注入气的压能作用将原油驱向井底的方式称为气压驱动。气压驱动分为刚性气压驱动和弹性气压驱动两种方式。

（1）刚性气压驱动

刚性气压驱动是指在开采过程中保持地层压力不变的气压驱动方式。

形成刚性气压驱动的条件如下：人工向地层（或气顶）注气，保持地层压力；原生气顶体积特别大，气压驱动开始阶段，地层压力基本不变，或地层压力下降很小，也可视为刚性气压驱动。在有利的地质条件下，比如气顶比较大、渗透率比较高、储层比较均匀和地层原油黏度比较低的情况下，气压驱动油藏的采收率可达60%。而一般的地质条件下，采收率可达20% ~ 40%。

（2）弹性气压驱动

弹性气压驱动和刚性气压驱动的区别：当气顶体积较小，又没有进行注气时，随着采油量的不断增加，气体不断膨胀，其膨胀的体积相当于采出原油的体积。虽然在原油采出过程中，由于压力下降，要从油中分离出一部分溶解气，这部分气体将补充到气顶中去，但总的来说影响较小，所以地层能量还是要不断消耗，即使减少采液量，甚至停产，也不会使地层压力恢复到原始状态。由于地层压力的不断下降，使产油量不断下降，同时，气体的饱和度和相对渗透率却不断提高，因此气油比也就不断上升。

5. 重力驱动

重力驱动是指主要依靠原油自身的重力作用将油驱向井底的驱动方式。

一般油藏，在其开发过程中，重力驱油往往是与其他能量同时存在的，但所起的作用不大。以重力为主要驱动能量的多发生在油田开发后期或其他能量已枯竭的情况下，同时还要求油层具备倾角大、厚度大、渗透性好等条件。开采时，含油边缘逐渐向下移动，地层压力（油柱的静水压头）随时间减小，油井产量在上部含油边缘到达油井之前是不变的。

油田投入开发并生产了一段时间以后，就可以依据不同驱动方式下的生产特征，来分析判断是属于哪一种类型的驱动能量，这时的生产特征就表现出较为复杂的情形。在这种情况下，需要找出起主要作用的那种驱动方式。此外，一个油藏的驱动方式不是一成不变的，它可以随着开发的进行和开发措施的改变而发生变化。重力驱动采收率可达75%。

第三节 渗流方式的分析

一、渗流的基本定律——达西定律

1856年，法国的水利工程师达西（Darcy）在解决城市供水问题时，研究了水通过过滤层的流速问题，做了一个在压力作用下，水通过填满砂粒管子的实验。如图1-6所示。

实验发现通过砂层的流量与砂层两端压差、砂层的横截面积、砂层的厚度和砂层的性质有关，即：

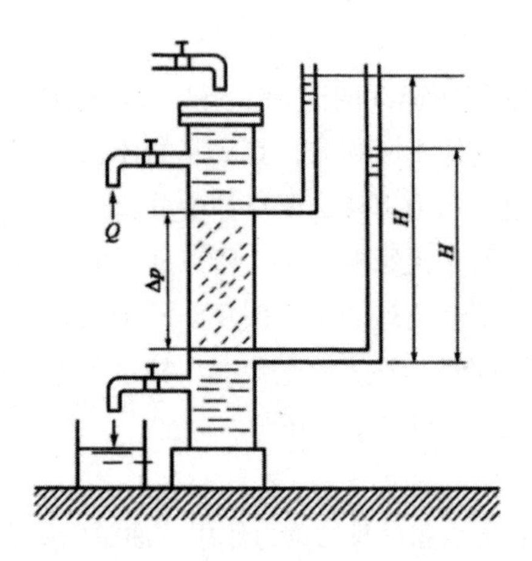

图1-6　达西试验装置示意图

$$Q \propto A$$
$$Q \propto \Delta p$$
$$Q \propto 1/\Delta L$$
$$Q \propto 1/u$$

因此 $$Q \propto \frac{A \cdot \Delta p}{u \cdot \Delta L}$$

写成等式 $$Q = k \cdot \frac{A \cdot \Delta p}{u \cdot \Delta L}$$

上式即为达西定律。

式中，Q——流量，m^3；A——岩石横截面积，m^2；ΔL——渗流段的长度，m；μ——流体的黏度，Pa·s；Δp——两个渗流截面之间的折算压差，Pa；k——反映岩石性质的比例系数，即渗透率，m^2。

二、达西定律的适用范围

在大多数油藏中，液体在多孔介质中的流动是服从达西定律的，如果以 Δp 为纵坐标，以 Q 为横坐标，可得到如图1-7所示的直线段。大量实际资料表明，如果继续加大压差，Q 与 Δp 的关系变为曲线，就不再服从达西定律了，而是非线性渗流，如表1-4所示。

凡是不服从达西定律的渗流称为非线性渗流。

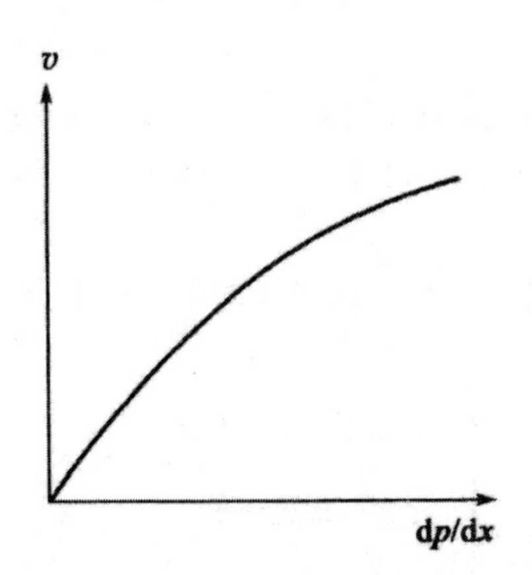

图1–7　非线性渗流示意图

表1–4　达西定律的适用范围

达西定律适用	达西定律不适用	
层流	层流（过渡区）	紊流区
黏滞阻力占优势	层流紊流过渡，黏滞阻力变小，惯性力增加	惯性力占优势

随着渗流速度的增加，黏滞力影响变小，惯性力影响增加，最后占优，则渗流为非线性渗流，如图1–7所示，非线性渗流的表达式有指数式和二项式两种。

1. 指数式

$$v = c(\frac{dp}{dx})$$

式中，c——渗流系数，c=f（u，K），由实验确定；n——渗流指数，n∈（0.5 ~ 1）实验证明n=1时，渗流服从达西直线定律。

2. 二项式

$$\Delta p = Aq + Bq^2$$

$$-\frac{dp}{dx} = -\frac{u}{K}v + \alpha p v^2$$

式中，a——由孔隙结构特性决定的系数；A，B——取决于岩石和流体物理性质的常数。

当渗流速度v很小时，v^2可以忽略不计，渗流为线性渗流，黏滞阻力起主要作用；随着渗流速度的增加，当v较大时，v^2不可以忽略，$v^2 > v$，惯性力起主要作用。

三、渗流的基本方式

实际油藏形状和分布状况都比较复杂，为了便于分析研究，将从实际油藏渗流状况中抽出其具有的共同特征，归纳出以下三种典型的渗流方式。

1. 平面单向流

三面封闭的带状油藏便是典型的平面单向流，如图1–8所示。

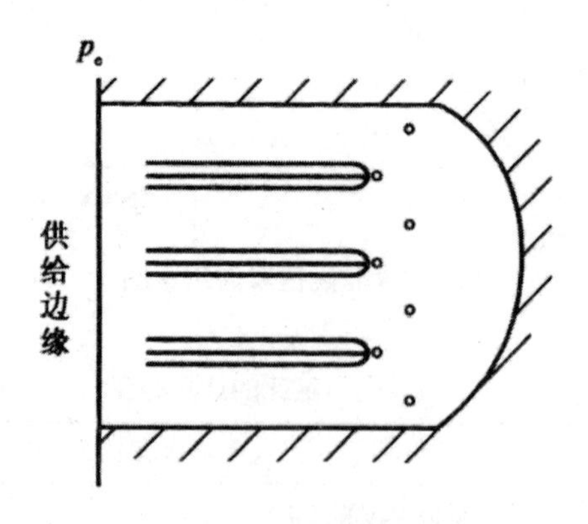

图1–8　平面单向流示意图

平面单向流的渗流特点为：流线是相互平行的直线；压力p只是坐标x的函数；在垂直于流线的任一截面上各点的流速相同；如果是稳定流，P，v只是坐标x的函数。即（P，v）=f（x），如图1–8所示；达西公式的表示：

$$v=-\frac{K}{u}\frac{dp}{dx}$$

2. 平面径向流

在井底附近的渗流即为平面径向流，如图1–9所示。

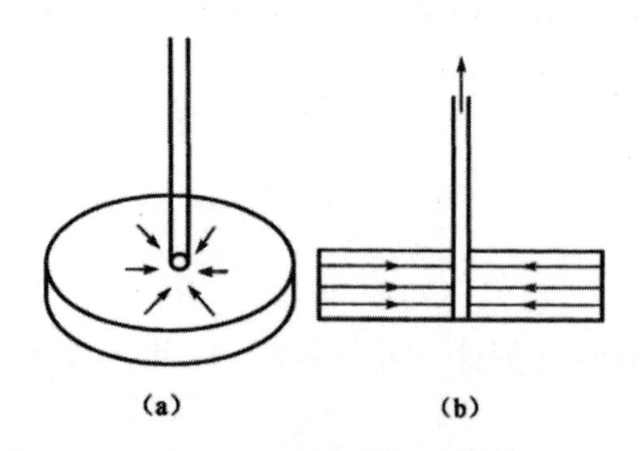

图1–9　平面径向流示意图
（a）立体图；（b）切面图

平面径向流的渗流特点为：

（1）流线都和水平面平行；

（2）在同一水平面上，流体质点沿径向汇于一点（如生产井），或流体质点沿径向从一点向四周发射（如注入井）；

（3）若为稳定流，则运动要素只是坐标x、y的函数，即（P，v）=f（x，y）；

（4）达西公式的表示为：

$$\left.\begin{aligned} v_x &= -\frac{K}{u}\frac{dp}{dx} \\ v_y &= -\frac{K}{u}\frac{dp}{dy} \end{aligned}\right\}$$

或用极坐标表示为：

$$v = \frac{K}{u}\frac{dp}{dr}$$

3. 球面径向流（球面向心流）

如果开采的是底水油藏，油井仅钻开油层顶部，流线呈空间直线向井点汇集，则其渗流面积成半球形，如图1-10所示。其特点为：

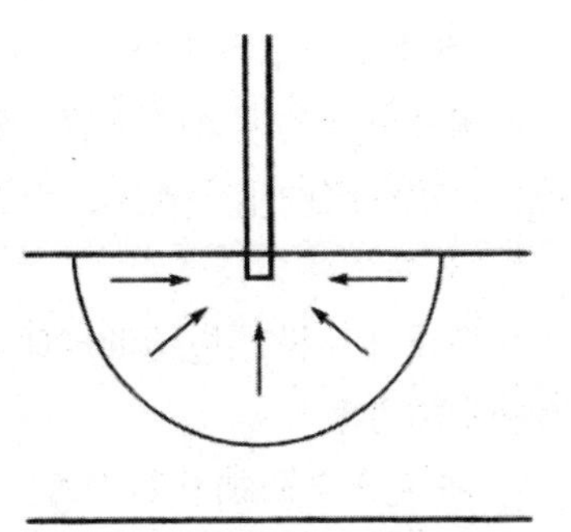

图1-10　球面径向流示意图

（1）流线呈空间直线向井点汇集，其渗流面积成半球形；

（2）如果是稳定流，则运动要素只是坐标x、y、z的函数，即

（p，v）=f（x，y，z）

（3）达西定律的表示为：

$$\left.\begin{aligned} v_x &= -\frac{K}{u}\frac{dp}{dx} \\ v &= -\frac{K}{u}\frac{dp}{dr} \\ v_z &= -\frac{K}{u}\frac{dp}{dz} \end{aligned}\right\}$$

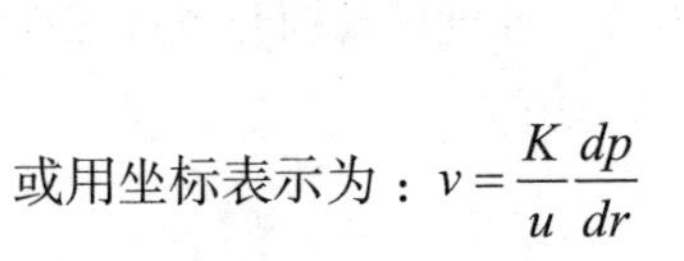

或用坐标表示为：$v = \frac{K}{u}\frac{dp}{dr}$

第二章　油气开发设计研究

第一节　油田开发前的准备

一、油田勘探开发阶段的划分

油田勘探开发从油气勘探开始到正式投入开发是个连续的过程，就油田勘探开发而言，可以将整个油气田勘探开发过程划分为三个阶段。

1. 开发前的准备阶段

油田开发前的准备阶段的主要工作：详探（指油田详探），全面认识油藏；生产试验，认识油藏的生产规律，为编制正式开发方案提供基础。

2. 开发设计和投产

开发设计和投产包括油层研究和评价，全面部署开发井，制定射孔方案、注采方案和实施方案。

3. 开发方案的调整和完善

油气田开发的过程，是一个不断认识和不断改造的过程。对油气田的不断认识是油气田改造的基础，也是调整油气田开发的依据。为了改善油气田开发效果，提高原油采收率，适应地下变化的状况，必须不断地对油气层施加人为作用，各种人为作用统称为油气田开发调整。油气田开发调整的目的是要满足合理开发系统的要求。同时油气田应不断应用新技术、新方法，达到改善油气田开发效果的目的。

油气田开发方案的调整包括开发层系的调整、油气田注采井网的调整、驱动方式的调整、工作制度的调整和开采工艺的调整等内容。油气田勘探开发过程也可划分为三个阶段：区域勘探、工业勘探和油气田正式投入开发。

二、区域勘探

区域勘探是指在一个地区（盆地或坳陷或凹陷）开展的油气勘探工作。区域勘探的主要任务包括：从区域出发，进行盆地（或坳陷）的整体调查，了解地质概况，查明生储油条件；指出油气聚集的有利地带；油气储量的估算；指出有利的含油气构造。

区域勘探又分为普查和详查两种。普查是区域勘探的主体，具有战略性。区域普查主要任务是查明区域中有无可以生成油气和储存油气的岩层。这些地层的发育条件，常常是在地史上经历时间较长，而迅速下沉的坳陷。因此，油气区域普查是寻找有巨厚沉积地层发育的盆地。区域普查工作应完成以下方面的内容：查明地层层序，了解其沉积时代、岩相、厚度、上下接触关系，寻找含油气的直接和间接标志，划分出生储盖组合；确定盆地的边界、形态、结构、形成时代和发育历史；确定盆地生油极限深度，生油岩的分布范围和厚度，以及原始母质类型、丰度、成熟度等；查明影响油气聚集和保存的因素。

根据以上几个方面的研究，最后得出区域含油远景并作出评价。油气详查是指详细研究油气聚集的地质条件，特别是圈闭条件。

三、构造预探（圈闭预探）

工业勘探可分为构造预探（圈闭预探）和油田详探（简称详探）。

构造预探（圈闭预探）是指在区域勘探所选择的有利构造上进行的钻探工作，其主要目的是直接证实某一地区含有可采油气。

构造预探（圈闭预探）的主要任务：寻找油气田和查明油气田，计算探明储量，为油气田开发做好准备；发现油气田及其工业价值；初步圈定含油边界，提供含油气面积；探明油气田的边界、含油气层数量、产状、厚度、孔隙度以及油气质量等；配合钻井进行大量的地震、录井、测井和试油作业。最后综合各方面资料提交控制储量（精度达70%以上），以及编制开发方案所需的一切资料和参数。构造预探要提交地震详查与有利圈闭的描述和预探井井位设计。

四、油田详探

详探（油田详探）是指在预探提供的有利区域上，加密钻探，并加密地震测网密度。

1. 详探阶段的主要任务

（1）以含油层系为基础的地质研究。要求弄清全部含油地层的地层层序及其接触关系，各含油层系中油、气、水层的分布及其性质，尤其必须搞清油层层段中的隔层和盖层的性质。

（2）储油层的构造特征研究。要求弄清油层构造形态、储油层的构造圈闭条件、含油面积、油层与外界的连通情况，同时还要研究岩石物性及流体性质、油层的断裂情况及断层的密封情况等。

（3）分区分层组的储量计算。分区块和层组分别采用容积法等计算其储量，在此基础上计算出总储量。在条件许可的情况下，进行可采储量估算。

（4）油层边界的性质研究以及油层的天然能量和压力系统的确定。研究油层边界是否封闭，油层中有哪些天然能量，各自的大小如何？油层压力系数的大小，油层是属于正常压力系统，还是异常高压系统？

（5）油井生产能力和动态研究。了解油层生产能力、出油剖面、产量递减情况以及层间和井间干扰情况。

（6）探明各含油层系中油气水层的分布关系，研究含油地层的岩石物性及所含流体的性质。

2. 详探的工作方法

从详探阶段的任务可知，为了完成这些任务只依靠某一种方法或某一方面的工作是不行的，必须应用各种方法进行多方面的综合研究才能很好地完成。

（1）地震细测

在预备开发地区，应在原来初探地震测试工作的基础上进行加密地震细测，达到为开发做准备的目的。通常测线密度应在2km/km^{2}以上，而在断裂和构造复杂地区，密度还应更大。通过对地震细测资料的解释，主要目的是落实构造形态和其中断裂情况（包括主要断层的走向、落差、倾角等），从而为确定含油气带圈闭面积、闭合高度等提供依据。而在断层油气藏上，应依据地震工作，初步搞清断块的大小分布及组合关系，并结合探井资料画出油气层构造图和构造剖面图。

（2）钻详探资料井

详探工作中最重要且最关键的工作是打详探井，直接认识地层。详探工作的进展快慢、质量高低，直接影响开发的速度和开发设计的正确与否。因为对于详探井数目的确定、井位的选择、钻井的顺序以及钻井过程中必须取得的资料等，都应作出严格的规定，并作为详探设计的主要内容。

（3）油井试采

油井试采是油田开发前必不可少的一个步骤。通过试采要为开发方案中某些具体的技术界限和技术指标提出可行的确定办法。通常试采是分单元按不同含油层系进行的。要按一定的试采规划，确定相当数量能够代表这一地区、这一层系特征的油井，按生产井要求试油后，以较高的产量较长时期地稳定试采。试采井的工作制度，以接近合理工作制度为宜，不应过大也不应过小。试采期限的确定，视油田大小而有所不同。总的要求是要通过试采暴露出油田在生产过程中的矛盾，以便在开发方案中加以考虑和解决。

试采的主要任务是：认识油井生产能力，特别是分布稳定的好油层的生产能力以及产量递减情况；了解油层天然能量的大小及驱动类型和驱动能量的转化，如边水和底水活跃程度等；了解油层的连通情况和层间干扰情况；了解生产井的合理工艺技术和油层改造措施。这些都应通过试采加以认识。此外，还应通过试采落实某些影响开采动态的地质构造因素（边界影响、断层封闭情况等），为今后合理布井和确定注采系统提供依据。为此，有时除了进行生产性观察外还必须进行一些专门的测试，如探边测试、井间干扰试验等。

探井、资料井的试油、试采资料，只能提供关于油井生产能力、油田天然能量和压力系统等的大致资料，一般不能提供注水井的吸水能力、注水开发过程中油水运动特点以及不同开发部署对油层适应性的资料。但通过生产试验区，可以搞清油田天然能量的可利用程度、合理的注水方式、层系的划分与组合、井网的部置、油井的开采方式、油水井的工作制度以及对地面油气集输的要求等。

五、生产试验区的开辟及开发试验

从地震细测、打详探资料井到油井试油试采，获得了对油藏的地质情况和初步生产动态的认识，以及进行油藏工程设计、编制开发方案必备的基础。但仅此还不够，为了制定方案还必须预先掌握和了解在正规井网进行正式开发过程中所采取的重大措施和决策是否正确和完善，并掌握油层的详细变化规律和开采特点，而这些问题单依靠这些工作是不能完全解决的。因此，对于一个油田来讲，开展多方面的生产试验，而且往往是大规模的开发试验，是必不可少的。

对于准备开发的大油田，在详探程度较高和地面建设条件比较有利的地区，首先划出一块面积，用正规井网正式开发作为生产试验区，开展各种开发生产试验。大油田开辟生产试验区，中、小油田开辟试验井组，裂缝性碳酸盐岩油田或断块油田可进行单井生产试验。

生产试验区是油田上第一个投入生产的开发区。它除了负责进行典型解剖的任务外，还有一定的生产任务。因此在选择时应考虑油井生产能力、地面建设等条件，以保证生产试验研究和生产任务都能同时完成；对于复杂油田或中小型油田，不具备开辟生产试验区条件时，也应力求开辟试验单元或试验井组。其试验项目、内容和具体要求，应根据具体情况确定；开辟生产试验区是油田开发工作的重要组成部分。这项工作必须针对油田的具体情况，遵循正确的原则进行。生产试验区所处的位置和范围相对全油田应具有代表性，使通过试验区所取得的认识和经验具有普遍的指导意义。与此同时，生产试验区应具有一定的独立性，既不因生产试验区的建立而影响全油田开发方案的完整性与合理性，也不因其他相邻区域的开发影响试验区任务的继续完成。

1. 开辟生产试验区的目的

深刻认识油田的地质特点。通过生产试验区较密井网的解剖，主要搞清油层的组成及其砂体的分布状况，掌握油层物性变化规律和非均质特点，为新区开发提供充分的地质依据。落实油田储量计算。油田的储量及分布是油田开发的物质基础，但利用探井、资料井计算储量，由于井网密度较小，储量计算总有一定的偏差。因此，对一个新油田来讲，落实油田储量是投入开发前的一项十分重要的任务。研究油层对比方法和各种油层参数的解释图版。通过实际资料和理论分析，找出符合油田情况的各种研究方法；研究不同类型油层对开发部署的要求，可为编制开发方案提供本油田的实际数据。

2. 开辟生产试验区的原则

生产试验区开辟的位置和范围相对全油田应具有代表性。试验区一般不要过于靠近油田边缘，所开辟的范围也应有一定的比例；试验区应具有相对的独立性，尽量将试验区对全油田合理开发的影响减小到最小程度；试验项目要抓住油田开发的关键问题，针对性要强，问题要揭露得清楚，开采速度要较高，使试验区的开发过程始终走在其他开发区的前面，为油田开发不断提供实践依据；生产试验区要具有一定的生产规模，要使所取得的各种资料具有一定的代表性；生产试验区的开辟应尽可能考虑地面建设、运输条件等方面的要求；保证试验区开辟的速度快、效果好。

3. 生产试验区的主要任务

研究主要地层。主要研究油层小层数目，各小层面积及分布形态、厚度、储量以及渗透率大小和分布，以总结和认识地层变化规律。同时，研究隔层的性质和分布规律，进行小层对比，研究小层的连通情况。

研究井网。研究合理的井网类型和井网密度，确定合理的开发层系划分标准，计算井网的经济技术指标。

研究生产动态规律。研究油层压力变化规律和天然能量的大小，确定合理的地层压力下降界限和驱动方式。同时，研究注水后油水井层间干扰及井间干扰，观察单层突进、平面水窜及油气界面与油水界面运动情况。确定出合理的采油速度。

研究合理的采油工艺技术，研究分层采油、注水和措施的效果，研究优选人工

举升原油的方法。

研究增产和增注措施的效果，研究分析压裂、酸化、防砂和降黏等增产措施的效果。

4. 开发试验应包括的内容

开发试验应包括的内容，见表2-1。

表2-1　开发试验应包括的内容

项目	内容
井网试验	包括各种不同井网（面积、行列等）和不同井网密度所能取得的最大产量和合理生产能力、不同井网的产能变化规律、对油层的控制程度，以及对采收率和各种技术经济效果的影响
采收率研究试验和提高采收率方法试验	不同开发方式下各类油层的层间、平面和层内的干扰情况，层间、平面的波及效率和油层内部的驱油效率，以及各种提高采收率方法的适用性及效果
与油田人工注水有关的各种试验	如合理的切割距、注采井排的排距试验、合理的注水方式及井网、合理的注水排液强度及排液量、合理的转注时间及注采比、无水采收率及见水时间与见水后出水规律的研究等。其他还有一些特殊油层注水，如气顶油田注水、裂缝油田注水、断块油田注水及稠油注水、特低渗透油层注水等
油田各种天然能量试验	这些能量包括弹性能量、溶解气能量、边水和底水能量、气顶气膨胀能量。应认识其对油田产能大小的影响，对稳产的影响，不同天然能量所能取得的各种采收率，以及各种能量及驱动方式的转化关系等
影响油层生产能力的各种因素和提高油层生产能力的各种增产措施及方法试验	影响油层产量的因素很多，如边水推进速度、底水锥进、地层原油脱气、注入水的不均匀推进、裂缝带的存在等。而作为提高产能的开发措施，应包括油水井的压裂、酸化、大压差强注强采等

总之，种种开发试验都应针对油田实际情况提出，在详探、开发方案制定和实施阶段应集中力量进行。而在油田的开发整个过程中，同样必须始终坚持进行开发试验，直至油田开发结束。所以油田开发的整个过程也是一个不断深入进行各种试验的过程，而且应该使试验在早期开始进行，走在前面，以取得经验指导全油田开发。

六、石油勘探及其方法

1. 石油勘探的定义

石油勘探是指为了寻找和查明油气资源，而利用各种勘探手段了解地下的地质状况，认识生油、储油、油气运移、聚集、保存等条件，综合评价含油气远景，确定油气聚集的有利地区，找到储油气的圈闭，并探明油气田面积，搞清油气层情况和产出能力的过程。

2. 石油勘探的方法

石油物探包括重力勘探、磁法勘探、电法勘探、地震勘探等，也可包括地球物理测井。

（1）重力勘探

重力勘探是根据地下岩层密度的差异，测量地球重力场的相对变化，了解地下地质构造的。

重力勘探的任务：用于了解地壳深部结构和基底表面起伏，划分区域构造单元；在有利条件下，也可用来了解沉积岩层内部构造，寻找可能的含油气构造。

重力勘探的特点：重力勘探比较简便、成本较低，但勘探精度较差并具有多解性，一般用于区域普查阶段。

（2）磁法勘探

磁法勘探是根据地下岩石磁性的差异测量地磁场的相对变化，了解地质构造的。

磁法勘探的任务：用于了解基底表面起伏，估计沉积岩层的厚度，划分区域构造单元；根据磁异常所计算出来的磁性体埋藏深度，可以了解基底表面起伏和基底内部结构，也可反映沉积岩中的火成岩侵入或喷发情况。

磁法勘探的特点：磁法勘探与重力勘探相似，它的勘探操作简便，成本较低，但勘探精度较差，一般只适用于区域普查阶段。

（3）电法勘探

电法勘探是根据地下岩层的电阻率等电学性质及电化学性质的差异，了解地质构造和寻找油气藏。

电法勘探的任务：用于了解基底表面起伏，划分区域构造单元；在条件有利的地区，还可了解沉积岩层内部构造；在适当条件下，也可利用它寻找石油和天然气。

电法勘探的特点：在石油勘探中，电测深法、大地电流法和大地电磁法以及激发极化法应用较多，其设备比重力法和磁法复杂，成本也较高，但探测精度优于重力法和磁法，一般也适用于区域普查阶段。

（4）地震勘探

地震勘探是由人工制造强烈的震动（一般是在地下不深处的爆炸）所引起的弹性波在岩石中传播时，当遇着岩层的分界面，便产生反射波或折射波，在它返回地面时用高度灵敏的仪器记录下来，根据波的传播路线和时间，确定发生反射波或折射波的岩层界面的埋藏深度和形状，认识地下地质构造，以寻找油气圈闭。地震勘探方法主要分为反射法和折射法两大类。

地震勘探的特点：由于它的勘探效果较好，已成为石油物探中最有力的勘探手段，应用最广。地震勘探在石油物探中是探测精度最高的一种方法，特别是地震反射法，但勘探成本高于其他石油物探方法。

地震勘探的任务：了解地壳深部结构和基底表面起伏，研究地壳内部结构和划分区域构造单元；寻找和勘探各种可能的含油气构造，通过钻探寻找构造，圈闭油气藏；还可以了解沉积岩层的岩性和岩相变化，与地质和钻探相结合，寻找岩性圈闭或岩性与构造复合圈闭油气藏；在条件有利的地区，还可能直接找矿；寻找可能的含油气构造；利用所求出的界面速度研究地层的岩性。根据所记录下来的地震折射波走势，可以求出地下高速界面，如基底、盐丘、碳酸盐岩的埋藏深度和起伏形态，并且可以计算出地震波沿高速岩层传播的界面速度，了解地下高速岩层的地质构造和岩性；在有利条件下，还可用来确定高速岩层断层的落差；确定发生反射波或折射波的岩层界面的埋藏深度和形状，认识地下地质构造，以寻找油气圈闭。

七、部署基础井网

1. 分区钻开发资料井

（1）钻开发资料井的目的

研究解释油层物性参数的方法，全面核实油层参数，为充分运用生产试验区的解剖成果，掌握新区地质特征打好基础，以逐步探明扩大开发的地区；了解不同部位、不同油层的生产能力和开采特点。在钻完开发资料井以后，要进行单层和各种多层组合下的试油试采、测压力恢复曲线等，并了解新区的生产能力和开采特点。

（2）开发资料井的部署原则

开发资料井的部署主要针对那些组成比较单一、分布比较稳定的主力油层组；开发资料井的部署应考虑到油田构造的不同部位，使其所取得的资料能反映出不同部位的变化趋势；开发资料井应首先在生产试验区的邻近地区集中钻探，然后再根据逐步开发的需要，向外扩大钻探。

2. 油井的试油和试采

试油是油田详探阶段中不可缺少的重要一环。在油井完成后，把油、气、水从地层中诱到地面上来并经过专门测试取得各种资料的工作就叫作试油。判断油气田有没有工业价值？储层的面积及生产能力如何？这些问题要靠打详探井（或探井）

并进行试油来回答。试油工作的主要任务是：了解油层及其流体性质，确定该油田的工业价值，为确定各个不同含油层面积、计算地质储量和确定油井合理工作制度提供必要的资料。试油资料包括：

产量数据——油、气、水产量；压力数据——油层静压、流动压力、压力恢复数据、井口的油管及套管压力；油、气、水的物性资料；温度数据——井下温度和地温梯度。

试采是油田开发前必不可少的一个步骤，它可以为开发方案中某些具体技术界限和技术指标提出可行的确定办法。通常情况下，试油是分单元按不同含油层系进行的。选择能够代表这一地区、这一层系特征的油井，按生产井要求试采后，以较高的产量较长时期地稳定试采。试采井的工作制度，以接近合理工作制度为宜，不应过大或过小。试采期限的确定，视油田大小而有所不同。总的要求是要通过试采暴露出油田在生产过程中的矛盾，以便在开发方案中加以考虑和解决。

试采的主要任务是：认识油井生产能力，特别是分布稳定的主力油层的生产能力及其产量递减情况；认识油层天然能量的大小及驱动类型和驱动能量的转化；认识油层的连通情况和层间干扰情况；认识生产井的合理工艺技术和油层改造措施。

此外，还应通过试采落实某些影响生产的地质因素，如边界影响、断层封闭情况等，为今后合理布井和研究注采系统提供依据。为此，有时除了生产性观察外，还必须进行一些专门的测试，如探边测试、井间干扰试验等。

3. 基础井网的部署

基础井网的部署对象。油层较多，各类油层差异大，分布相对比较稳定，油层物性好，储量比较丰富，上、下有良好的隔层，生产能力比较高，具备独立开采条件的区块可以作为基础井网布置的对象。

基础井网的任务。基础井网是开发区的第一套正式开发井网，它应合理开发主力油层，建成一定的生产规模；兼探开发区的其他油层，解决探井、资料井所没有完成的任务，搞清这些油层的分布情况、物理性质和非均质特点。

基础井网的部署实施。基础井网的部署应该在开发区总体开发设想的基础上进行，要考虑到将来不同层系井网的相互配合和综合利用，不能孤立地进行部署。

掌握井网在实施上要分步进行，基础井网钻完后，暂不射孔，及时进行油层对比，搞清地质情况，掌握其他油层特点，核实基础井网部署，落实开发区的全面设想，编制开发区的正式开发方案，并进行必要的调整。如为了提高注水开发效果，在断层附近的低渗透率区局部地进行注采系统和开发层系的调整，为了保证每套层系的独立开发条件，对隔层进行必要的调整，然后对基础井网再射孔投产。

基础井网的部署要求。基础井网的部署应该在开发区总体开发设计的基础上进行，要考虑到将来不同层系井网的相互配合和综合利用，不能孤立地进行部署；基础井网在实施上要分步进行，基础井网钻完后，暂不射孔，及时进行油层对比，搞清地质情况，掌握其他油层特点。必要时，修改和调整原定方案。然后再对基础井网射孔投产。

综上所述，合理的勘探开发步骤，就是如何认识油田和如何开发油田的工作程序。科学而合理的油田勘探开发步骤可以使我们对油田的认识逐步提高，而同时又使开发措施不断落实。但对于复杂断块油田而言，以上所述的油田勘探开发程序则不适用，必须进行滚动勘探开发。

开辟生产试验区试验项目的研究。开辟生产试验区试验项目的研究，应以研究开发部署中的基本问题，或揭示油田生产动态中的基本问题，或揭示油田生产动态中的基本规律为目标来确定。针对不同油田的地质特点以及人们可能采用的开采方式，各油田所需要进行的开发试验项目可能差别很大，不能同样对待。下面列出一些重要和基本的内容：

油田各种天然能量。试验这些能量包括弹性能量、溶解气的能量、边水和底水能量，以及其对油田产能大小的影响，对稳产的影响，以及各种能量及驱动方式的转化关系等。

井网试验。包括各种注采井网形式及井网密度所能取得的最大产量和合理生产能力，对油层的控制程度以及对采收率和技术经济效果的影响。

提高采收率研究。不同开发方式下各类油层的层间、平面和层内的干扰情况，注水波及体积和驱油效率，以及各种提高采收率方法的适用性。

各种增产措施及方法试验。作为提高产能的开发措施应包括压裂、酸化、堵水、放大压差、强注强采等，分析其对增加产量，提高储量动用程度，改善开发效果的作用。

总之，各种开发试验都应针对油田实际情况提出，在详探、开发方案制定和实施阶段应集中力量进行，而在油田开发整个过程中同样必须始终坚持进行开发试验，且坚持使试验走在前面，以取得经验指导全油田开发。

八、油田开发的方针与原则

1. 油田开发的方针

油田开发方针是战略性的，它受政治、经济、油田特性以及开发阶段等制约，要历史地去看待，不能简单地否定“长期稳产高产”，也不能套用老一套开发方针去指导现在油田的开发经营活动，而应该从油田实际情况出发，与时俱进，制定出合理的开发决策。

油田开发方针：贯彻全面、协调、可持续发展的方针。坚持以经济效益为中心，强化油藏评价，加快新油田开发上产，搞好老油田调整和综合治理，不断提高油田采收率，实现原油生产稳定增长和石油资源接替的良性循环。

开发方针的制定应考虑如下几方面的关系：采油速度；油田地下能量的利用和补充；采收率大小；稳产年限；经济效果；工艺技术；环保。

2. 油田开发的原则

油田开发原则的主要内容，见表2-2。

表2-2 油田开发的原则

原则	内容
确定开采方式和注水方式	在开发方案中必须对开采方式做出明确规定。对必须注水开发的油田，则应确定早期注水还是晚期注水
研究采油速度和稳产期限	采油速度和稳产期的研究，必须立足于油田的地质开发条件、工艺技术水平以及开发的经济效果，用经济指标来优化最佳的采油速度和稳产期限
确定开发层系	一个开发层系，是指一些独立的、上下有良好隔层、油层物性相近、驱动方式相近、具备一定储量和生产能力的油层组合而成的，它用一套独立的井网开发，是一个最基本的开发单元
确定开发步骤	开发步骤是指从部署基础井网开始，一直到完成注采系统，全面注水和采油的整个过程中所必经的阶段和每步的具体做法。它包括部署基础井网、确定生产井网和射孔方案及编制注采方案
确定合理的采油工艺技术和储量集中、丰度较高的增产增注措施	在方案中必须针对油田的具体开发特点，提出应采用的采油工艺手段，尽量采用先进的工艺手段，使地面建设符合地下实际，使增产增注措施能够充分发挥作用
确定合理布井原则	合理布井要求在保证采油速度的前提下，采用井数最少的井网，并最大限度地控制地下储量，以减少储量损失，对注水开发的油田还必须使绝大部分储量处于水驱范围内，保证水驱储量最大。由于井网涉及油田的基本建设及生产效果等问题，因此必须做出方案的综合评价，并选择最佳方案

第二节 油田开发方案的编制

一、油气田开发方案的编制内容与流程

1. 油田开发方案编制的原则

（1）具体编制原则

石油是一种重要的战略物资，对国民经济发展有特殊的意义。为充分利用和合理保护油气资源，加强对油田开发工作的宏观控制，应按照《中华人民共和国矿产资源法》和有关政策来制定油气资源的开发方针及政策。

通过对油田的勘探及初期的试采，对油藏进行全面描述，便构成对油田的初步认识，在此基础上建立起油田完整的地质—力学模型。以此为依据，便可着手油田的整体规划，逐步地将其投入开发，以达到最佳开发油田的目的，取得最佳的经济效益。在编制开发方案时，必须贯彻执行持续稳定发展的方针，坚持少投入、多产出、提高经济效益的原则，严格按照先探明储量，再建设产能，然后安排原油生产的科学程序进行工作部署。油田生产达到设计指标后，必须保持一定的高产稳产期，并争取达到较高的经济极限采收率。

在方案中，除油藏描述外，还应包括油田开发系统各部分，如油藏工程、钻井工程、采油工程、地面建设工程等。各部分都要从油藏地质特点和地区经济条件出发，精心设计，选择先进实用的配套工艺技术，保证油田在经济有效的技术方案的指导下开发，确保整个油田系统在高效益下运行；开发设计方案是油田建设前期的工程蓝图，必须保证设计的质量。具体地说，开发方案要保证国家对油田采油量的要求，即所制定的开发方案应保证可以完成国家近期和长远的采油量计划。而一个油田如何保持稳产，应有一个合理的技术经济界限。为此，需考虑注采比的高低，决定合理的开采强度以保证较长开发年限。

油田开发方案还必须采用先进的开采技术，油田开采方式和井网部署必须适应油藏特点，进行多种数值模拟方案的对比和优化选择。要按不同油藏的开发，拟定配套的采油工艺技术。凡需要人工补充能量开采的油田，都要对补充能量的方式和条件做出论证。方案选择要保证经济有效地增加储量动用程度，扩大和提高油田的经济极限采收率，确保油田开发取得好的经济效益和较高的采收率。

要严格按油藏类型确定设计原则（见表2–3）：

表 2–3　按油藏类型确定设计原则

油藏类型	主要内容
低渗透砂岩油藏	要在技术经济论证的基础上采取低污染的钻井、完井措施，早期压裂改造油层，提高单井产量。具备注气、水条件的油藏，要保持油藏压力开采
中、高渗透率多层砂岩油藏	其中大、中型砂岩油藏如果不具备充分的天然水驱条件，必须适时注水，保持油藏能量开采，不允许油藏压力低于饱和压力
边底水油藏	边底水能量充足的油藏要采用天然能量开采。要研究合理的采油速度和生产压差，要计算防止底水锥进的极限压差和极限产量，要论证射孔底界位置
气顶油藏	要充分考虑天然气顶能量的利用，具备气驱条件的，要实施气驱开采。不具备气驱条件的，可考虑油气同采，或保护气顶的开采方式，但必须严格防止油气互窜，造成资源损失，要论证射孔顶界位置
高凝油、高含蜡的油藏	开发过程中必须注意保持油层温度和井筒温度。采用注水开发时，注水井应在投注前采取预处理措施，防止井筒附近油层析蜡。生产井要控制井底流压，防止井底附近大量脱气
凝析气藏或带油环的凝析气藏	当凝析油质量浓度大于200g/m^{3}时，必须采取保持压力方式来开采，油层压力要高于露点压力；当应用循环注气开采时，采出气体中凝析油含量低于经济极限时，可转为降压开采
碳酸盐岩及变质岩、火成岩油藏	这些油藏一般具有双重孔隙介质性质，储层多呈块状分布。要注意控制底水锥进，在取得最大水淹体积和驱油效率的前提下，确定合理采油速度
裂缝性层状砂岩油藏	要搞清裂缝发育规律，需要实施人工注水的油藏，要模拟研究最佳井排方向，要考虑沿裂缝走向部署注水井，掌握合适的注水强度，防止水窜
重油油藏	进行开发可行性研究，筛选开采方法。在经济、技术条件允许的情况下，采用热力开采

（2）油田开发指标预测及经济评价

根据油藏地质资料初选布井方案，设计各种生产方式的对比方案。各种方案都要通过油藏数值模拟计算，并用数值模拟方法，以年为时间步长预测各方案开采十年以上的平均单井日产油量、全油田年产油量、综合含水量、年注水量、最终采收率等开发指标。在预测开发指标基础上，计算各方案的最终盈利、净现金流量、利润投资比、建成万吨产能投资、总投资和总费用，分析影响经济效益的敏感因素。经过综合评价油田各开发方案的技术经济指标，筛选出最佳方案。

（3）油田稳产年限

为保证国家原油生产的稳定增长，以适应国民经济发展的需要，可对不同级别油田的稳产年限实行宏观的控制，具体划分如下：可采储量大于1×10^8t的油田，稳产期在10年以上；可采储量大于5000×10^4t ~ 1×10^8t的油田：稳产期在8 ~ 10年；可采储量大于1000×10^4t ~ 500×10^4t的油田：稳产期在6 ~ 8年；可采储量大于500×10^4t ~ 1000×10^4t的油田：稳产期在5年以上；可采储量小于500×10^4t的油田：稳产期不少于3年。

依照油藏特点和开采方式的不同，确定开发井的钻井、完井程序及工艺技术方法，要特别注意钻井过程中对油层的保护。井身结构的设计要适应整个开采阶段生产状况的变化及进行多种井下作业的需要。

油田的地面工程设计，必须在区域性的总体建设规划指导下进行。油田开发系统的地面工程设计要以稳产期末的最高产液量为依据，总体设计，分期实施。油气集输系统要采用密闭流程。注水工程、原油稳定工程、天然气处理工程、三废（废油、废气、废水）处理工程、防腐工程以及安全消防工程等都要与集输系统配套进行整体设计。

从经济上考虑，油田开发方案要以最少的人力、物力消耗获得最佳的经济效益，即投资少、成本低、建设期限短，投产后能得到较高的盈利。考虑这些问题时，应与技术因素结合考虑，如油田采用天然能量开采，有投资少、成本低、投产快的优点；采用人工保持压力开采，则可保持油田旺盛的生产能力，有利于延长稳产期，但要增加投资及费用。根据油藏的特征，实施分层采油，但是层系划分越多，技资和经营费用就越大。因此，在技术经济研究中，应根据油藏特点找出其合理的界限。

在经济评价时，还应考虑从企业及国民经济两方面来论证其经济效益。在实际工作中，有时油田开发的局部经济效益并不显著，但从国民经济角度考虑比较有利，此时虽开发投资或开支操作费用较大，企业盈利很少，但从整体考虑仍应开发。如某些边远地区的小油田或海洋上的边际油田以及稠油开发等均属此类。为解决边远地区用油，合理利用资源，国家常常采取必要的鼓励措施，支持其开发。

在油田开发过程中，要把油藏研究贯穿于始终，及时准确地掌握油藏动态，依据油藏所处开发阶段的特点，制定合理的调整措施，保持油田开发系统的有效性，要依靠科学进步，努力提高油田开发技术和装备的现代化程度，逐步提高生产效益和资源利用程度，提高油田开发的技术水平。

2. 油田开发方案编制的内容

油田开发方案是在详探和生产试验的基础上，经过充分研究后，使油田投入正式长期开发生产的一个总体部署和设计。其内容包括：油田自然地理、地层层序、区域构造、水文地质、流体物性、驱动类型、压力系统、储量计算、油田开发原则的确定、注水方式、投产程序、方案指标计算及技术经济指标计算等；油田开发方案是指导油田有计划、有步骤地投入开发的一切工作的依据。油田开发方案好坏，往往会决定油田今后生产的好坏，涉及资金、人力的使用问题，必须认真对待。国家规定，任何一个油田投入正式开发前，必须要有详细的开发方案设计，待管理单位审查通过后，方可投入全面开发。

（1）油田开发方案的主要内容

总论；油藏工程方案；钻井工程方案；采油工程方案；地面工程方案；项目组织及实施要求；健康、安全、环境（HSE）要求；投资估算和经济效益评价。

（2）油田开发方案的基本内容（见表2–4）

表2–4　油田开发方案的基本内容

项目	内容
概况	包括自然地理条件、区域地质背景、油田勘探及评价程度
油田地质特征	包括构造特征、地层程序和油层对比、储层特征、流体特征、压力和温度系统、原始驱动能量及驱动类型
储量计算	包括储量计算方法，主要参数的确定，储量计算的分级、结果及评价
油藏工程	包括开发方式、层系划分、井网部署、采油速度分析、采用油藏数值模拟，以及对不同方案进行产量预测，并优选出最佳方案
钻井、完井	包括直井、定向井、水平井的钻井技术和井身结构，完井方式及完井管柱
采油工艺	包括人工举升采油方式的选择，以及相应的技术设备
地面工程	包括油气集输和储运系统、注水系统、供水、供电、通信、道路工程等。如果是海上油田，还应包括海上平台、单点系泊（生产储油轮的海上系泊点）及生产储油轮的设计
经济分析	包括勘探、开发投资估算，油、气单位成本，价格预测，不同方案经济评价结果及最佳经济效益方案
安全环保	包括生产安全措施，对污油、污水的环保要求，排放标准和处理措施

3. 油田开发方案编制的步骤

油藏描述；油藏工程研究；采油工程研究；油田地面工程研究；油田开发方案的经济评价；油田开发方案的综合评价与优选。

4. 油田开发方案的实施

开发方案优选决策后，就要考虑如何将所选定的最佳方案付诸实施，按部就班地会同有关工程部门予以实现。

（1）开发方案的实施要求

开发方案中应明确规定，为实现最佳方案所需确定的几个问题，会同有关部门予以执行。以下是方案中应加以明确的四方面问题。

1）开发试验的要求与安排

在开发设计时，可能会发现有些重大问题难以做出决策，或者有些问题后果不清楚等，可以通过在油田开辟开发试验区来研究解决。这种做法对于大中型油田尤为重要。因为一个油田的开发过程很长，而认识上又存在主客观的矛盾，于是，采取开辟油田试验区及试验项目，用“解剖麻雀”的方法来指导全局，就可避免仓促决定，全面铺开，造成开发上的失误；因此，在有条件的油田应该开辟试验区，进行开发试验，提出项目及要求，是取得油田开发主动权的有力措施。

2）资料录取和观察系统的要求

要想控制油田的开发过程，首先要把地下动静态参数及情况搞清楚。因此，必须在开发过程中系统地有计划地录取资料。资料的录取包括两方面的内容：核实、检验、补充设计时尚不充分的资料，对原来的地层压力、温度、储量、油气水分布等再认识；掌握不同时期油田开发的实际动态，为采取各项开发措施提供依据。在这方面，应有系统的分层测试资料、找水资料以及考虑在适当时期来分析油层水淹状况、地层物性的变化、采收率等。这对注水开发的油田尤为必要。只有了解油田剩余储量的分布、油田的能量状况，才能有的放矢，解决油田存在的问题。通常，在油田勘探开发中，最易忽视的问题是含水域资料的录取。要想开发好油田，必须了解与之有关的统一水动力系统的水域情况，包括水域的静态参数。水井应是油田很好的观察井，它不仅可以了解油田压力的变化，还可对它是否适合注水及有无原油外溢等进行监测；在大多数情况下都可以通过在油田内部设置观察井来了解油田内部压力的变化及油水界面推进的情况，如华北任丘油田内部就有多口观察井。

总之，在设计时应明确油田动态监测的内容，需采用监测的测试手段、方法、时间和目的要求。在监测上大体有流体流量、地层压力、流体性质、油层水淹状况、采收率、油水井井下技术状况的监测等；为了全面地搞好油田监测，可根据油田的情况确定一套油田动态的监测系统，按照不同的监测内容，确定观察点，建立监测网。建立动态监测系统时考虑资料务必全准、有代表性、有足够的数量。例如，大庆油田就把所有的自喷井作为压力观察井点，初期一个月测压一次，以后每季度测一次；抽油井选1/3作测压点，每半年测压一次。观察井的分布要均匀些，能掌握压力的分布及变化，形成一个压力监视系统。选取1/2的自喷井作分层测试，每年分层找水一次，取得分层测试资料；对抽油井要求要有1/3 ~ 1/4的井作测试观察点，每年测试一次；注水则以所有的分层注水井作测试观察点，每季分层测试一次；选取1/5的或更多的注水井进行同位素放射性测井，每年测试一次。根据情况还可加密测试，建立一套流量测试系统。同样地，对流体性质测试、水淹监视、井下技术情况监测、观察井测试等均可建立系统，明确测试周期、方法、要求等；有了明确的监测系统及采集资料的要求，才能保护油田开发始终处于科学管理的状态，做到及时分析，及时反馈，及时采取措施，保证开发设计的目标与要求得到实现。

3）增产措施

增产措施及其他增产措施是提高油水井单井生产和注水能力的最主要的方法。实践表明，要取得良好效果，必须能针对实际储层情况和开发要求，优选增产工艺及方法，优选实施的技术参数。例如，碳酸盐岩油田宜完井技产前进行酸化或酸压，保护油层，减少油层污染；又如，特低渗砂岩多油层油田也应早期实行分段压裂技产。

我国陕北安塞油田是个特低渗的油田，平均有效渗透率为$0.49 \times 10^{-3} um^2$，产能极低，甚至常规水基钻井液钻井试油无初始产量。经初期压裂改造后日产2t左右。若进行面积注水，经分层优化压裂则日产可稳定达45t。由于该油田采用深穿透、高孔密、多相位、合理孔径、负压和油管传输射孔技术，大砂量、高砂比、深穿透压裂工艺，增加了射开程度。增加分压井段、优化压裂参数等整体优化压裂技术，为油田“增产上储”提供了开发特低渗储层的宝贵经验。

因此，对于油田的重大增产措施，在设计中应考虑并列出要求、步骤、工作量表，以便付诸实施。此外其他有关实施方面的特殊问题，如为注水寻找浅层水源打浅井等问题，也可根据油田具体情况，在设计中提出。

（2）开发方案的实施

方案经批准后，钻井、完井、射孔、测井、试井、开采工艺、地面建设、油藏地质、开发研究和生产协调部门都要按照方案的要求制定出本部门具体实施的细则，严格执行。

按照油田地下情况，确定钻井的先后次序，尽快形成生产单元、区块完善的井网。对饱和压力高的油藏要先钻注水井进行排液，再转入注水。小断块油田、复杂岩性的油田在开发井基本钻完后，经过油层对比研究，尽快地研究注采井别、注采层系，投入生产；方案要求补充能量的油田，要在注水（气）时间之前，建好注水（气）装置。

依照油藏工程设计和开发井完钻后重新认识，编制射孔方案，使整体或分区块

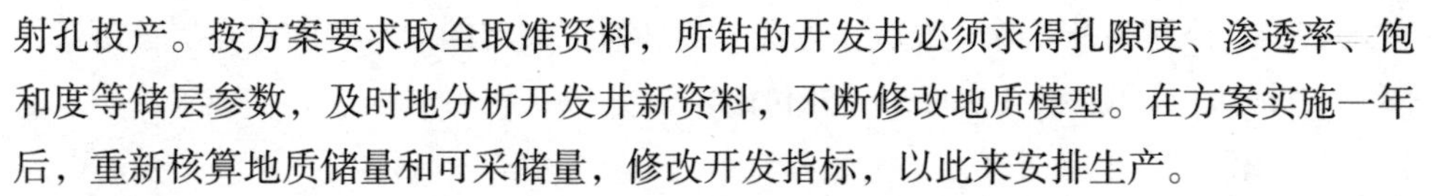

射孔投产。按方案要求取全取准资料，所钻的开发井必须求得孔隙度、渗透率、饱和度等储层参数，及时地分析开发井新资料，不断修改地质模型。在方案实施一年后，重新核算地质储量和可采储量，修改开发指标，以此来安排生产。

综上所述，在开发方案完成、整体或区块开发井完钻以后，通过油层对比，要做好以下两方面的工作。

1）注采井别及射孔方案的编制

这对部署开发基础井网及调整井网都适用。前面曾指出：考虑到认识与实际地层间存在的矛盾，钻井和射孔两步不宜并作一步走。从钻井完成至编制出射孔方案中间要有一个对油层再认识的过程，这点往往是射孔方案是否适宜的关键。大庆油田开发经验表明，除个别特殊情况外，应搞一个独立的单元（一个区或一个断块）完钻80%以上井后编射孔方案，而不是单井射孔方案。

在井网钻完后，应对油层进行再认识。内容包括对油层分布的再认识；对油层地质参数的认识；对底水、夹层、断层的再认识。对于调整井，还应对注水后储量动用程度统一编制射孔方案的再认识；根据油层地质的特点和采油速度的要求，分区、分块来确定注采或完善注采系统；对于调整井，还需要结合动静态资料及水淹层解释资料进行综合分析。在静态资料的基础上，厚油层以水淹层解释为依据，动态资料为参考；薄油层以动态资料为依据，水淹层解释为参考，做成油层动静态综合图来分析各层见水情况、储量动用状况、油水平面分布，从而定量判断各井点含水饱和度（Water Saturation）和含水率。

在此基础上，制定射孔原则及细则。通常编制射孔方案应遵循以下原则：

属于同一开发层系的所有油层，原则上都要一次性全部射孔。调整井应该根据情况另作规定，注水井和采油井中的射孔层位必须互相对应。在注水井内，凡是与采油井的油层相连通的致密层、含水层都应该射孔，以保证相邻油井能受到注水效果。用于开发井网的试油井，要按规定的开发层系调整好射孔层位，该射的补射，该堵的封堵。每套开发层系的内部都要根据油层的分层状况，尽可能地留出卡封隔器的位置，在此位置不射孔。厚油层内部也要根据薄夹层渗透性变化的特点，适当留出卡封隔器的位置。具有气顶的油田，要制定保护气顶或开发气顶的原则和措施。为防止气顶气窜入油井，在油井内油气界面以下，一般应保留足够的厚度不射孔；厚层底水油藏，为了防止产生水锥，使油井过早水淹，一般在油水界面以上，保留足够的厚度不射孔。

对于调整井，主要是与原井网相互组合，组成完整的注采系统，考虑油田剩余储量的分布，确定射孔层位。在编制方案时，应同时考虑到安排原井网中部分油水井的转位、停注和补孔等；最后，把经分析和研究制定的油水井的射孔层位落实到每一口井上，打印成射孔决议书，并付诸实施。

2）编制配产配注方案

在油水井全部射孔投产以后，应进行油水井的测试，核定各井及油层生产与吸水能力，然后编制油田的配产配注方案。在大庆油田，这方案是与年度采油计划编制结合起来同时进行的。而且在开发初期以后，每年都要进行一次配产配注方案，在矿场上称年度综合调整方案。从内容上来看，方案是大同小异，但在不同开发阶段，由于开采特点不同、主要问题不同，各种措施也应有所不同。方案的主要点是油田注采压差和注采强度的确定与布置。

油田开发初期开始注水，基本上是保持注采平衡，使油层压力保持在原始压力或饱和压力的附近（根据油田具体情况而定）。凡是具有自喷能力的油井，都要保持油层压力，维持自喷开采。天然能量补给充足的油田，能够满足开发方案设计的采油速度要求，应该利用天然能量进行开发。在此期间，容易产生的问题是，油田、油井、油层受水驱的效果不普遍，某些区段油层压力偏低。因而，对这些地区首先要加强注水，稳定并逐步将油层压力恢复上去，不能一边注水，而另一边的压力及产液量仍继续下降。

在压力恢复阶段，生产井含水上升速度快的，应该采取分层注水、分层堵水等措施，尽量减缓含水上升速度。

对注水见效、油层压力得到恢复的油井，要及时调整生产压差，把生产能力发挥出来；对产能过于低的油井，选择已经受到恢复压力的油层，进行压裂，提高其生产能力；压力恢复的过程中，在油水边界和油气边界的地区要防止边界两侧的压力不平衡，以免原油窜入含气区或含水区而造成储量的损失。

在注水开发的多油层油田，应采用分层注水工艺，保证开发层系中的主力油层能够在设计要求的采油速度下保持压力，实现稳产；对吸水量过高的主力油层，要适当控制注入速度，防止油井过早见水，影响稳产。当油井中部分主力油层已经见水并引起产油量下降时，应通过分层注水工艺控制主要见水层的注水量，加强其他油层的注水量，实现主力油层之间的接替稳产。同时也应通过调节主力油层平面上不同注水井的注水量，挖掘含油饱和度相对高的部位处的潜力。

在实现分层注水时，应根据注水井分层吸水剖面和油井分层测试找水的结构来确定分层注水层段。要逐步做到分砂层组和分层注水，尽量把主要出油的层位和主要出水的层位都单独分出来，实现主力油层的内部分层调节注水量。开发初期，注水层段可分得粗些，随着开发的进程，油水交互分布的情况越来越复杂，层段的划分相应要分得细些。

分层注水的数量应保证主要出油层位注够水，保持油层压力。在满足主要出油层注水量的同时，也要对其他油层加强注水，恢复和提高压力；当主力油层平面上只有一口井或少数井见水时，不宜急于大幅度控制注水，使油层压力降低，影响多数油井稳产。

在油井进行分层压裂、酸化或堵水等措施的层位，在注水井内部，应相应地调整分层注水量。在方案中，应确定油井和注水井内分层改造的层位和措施。关于油田中后期调整配产配注的问题，将在后文涉及。一些原则及要求，尤其是年度配产配注方案的制定基本上是相同的，只是不同阶段油田油井含水量变化，油层注水中的三大矛盾（层内、层平面、层间），水驱油不平衡更加显著突出，在处理上更加复杂些，工作量更大些。对于某些情况，还必须进行层系、井网、注采系统和开发方式的调整才能解决问题。

在编制方法上，大庆油田的做法是根据国家下达的产油量指标，或油田开发设计的采油速度指标，按照地质特征和开发形成的区块或生产管理单元分配产油量指标。先按区块或管理单元产油量变化趋势预测其产油量指标，再加上各项措施的增产油量，然后根据单井产油量的变化趋势和进行的措施，将产量指标落实到每口井上，根据所定的产油量指标和含水率上升速度及提高压力的要求计算年配水量，有了年配产指标和含水率及其上升值，即可算出年产液量。有了年提高压力的指标，就可根据压力和注采比的经济关系定出年注采比指标。

5. 多油层油田开发层系的划分与组合

（1）划分开发层系的意义

当前世界投入开发的多油层大油田，在大量进行同井分采的同时，基本上采取划分多套开发层系进行开发的方法。

合理划分开发层系，可发挥各类油层的作用。合理地划分与组合开发层系，是开发好多油层油田的一项根本措施。所谓开发层系，就是把特征相近的油层组合在一起，采用单独一套开发系统进行开发，并以此为基础进行生产规划、动态研究和调整。

在同一油田内，由于储油层在纵向上的沉积环境及其条件不可能完全一致,，因而油层特性自然会有差异，所以在开发过程中层间矛盾也就不可避免要出现。若高渗透层和低渗透层合采，则由于低渗透层的油流动阻力大，生产能力往往受到限制；低压层和高压层合采，则低压层往往不出油，甚至高压层的油有可能窜入低压层。在水驱油田，高渗透层往往很快水淹，在合采的情况下会使层间矛盾加剧，出现油水层相互干扰，严重影响采收率。

划分开发层系是部署井网和规划生产设施的基础。确定了开发层系，就确定了井网套数，因而使研究和部署井网、注采方式以及地面生产设施的规划和建设成为可能。开发区的每一套开发层系，都应独立进行开发设计和调整，对其井网、注采系统、工艺手段等都要独立做出规定。

采油工艺技术的发展水平要求进行层系划分。一个多油层油田，其油层数目很多，往往多达几十个，开采井段有时可达数百米。采油工艺的任务在于充分发挥各类油层的作用，使它们吸水均匀、出油均匀，因此，往往采取分层注水、分层采油和分层控制的措施。由于地质条件的复杂性，目前的分层技术还不可能达到很高的水平，因此，就必须划分开发层系，使一个开发层系内部的油层不致过多、井段不致过长。

油田高速开发要求进行层系划分。用一套井网开发一个多油层油田，必须充分发挥各类油层作用，尤其是当主要出油层较多时。为了充分发挥各类油层作用，就必须划分开发层系，这样才能提高采油速度，加快油田的生产，从而缩短开发时间，并提高基本投资的周转率。

（2）划分开发层系的原则

总结国内外在开发层系划分方面的经验教训，合理地划分与组合开发层系应考虑以下几个方面的原则。

把特征相近的油层组合在同一开发层系以保证各油层对注水方式和井网具有共同的适应性，以减少开采过程中的层间矛盾。油层性质相近主要体现在：沉积条件相近；渗透率相近；组合层系的基本单元内油层的分布面积接近；层内非均质程度相近。通常人们以油层组作为组合开发层系的基本单元。有的油田根据大量的研究工作和生产实践，提出以砂岩组来划分和组合开发层系，因为它是一个独立的沉积单元，油层性质相近。

一个独立的开发层系应具有一定的储量，以保证油田满足一定的采油速度，具有较长的稳产时间，并达到较好的经济指标。

各开发层系间必须具有良好的隔层，以便在注水开发的条件下，层系间能够严格地分开，以确保层系间不发生串通和干扰。

同一开发层系内油层的构造形态、油水边界、压力系统和原油物性应比较接近。

在分层工艺所能解决的范围内，开发层系不宜划分过细，以便减少建设工作量，提高经济效益。

二、油田开发程序

1. 油田合理的开发程序

（1）油田开发程序的概念

油田开发程序是指油田从详探到全面投入开发的工作顺序。所谓合理的开发程序，是把油田从勘探到投入开发的过程划分成几个阶段，合理地安排钻井、开发次序和对油藏的研究工作，尽可能用较少的井，较快的速度，取得对油田的基本认识，编制油田开发方案，指导油田逐步投入开发。

（2）油田开发程序

在见油的构造带上布置探井，迅速控制含油面积；在已控制含油面积内，打资料井，了解油层的特征；分区分层试油，求得油层产能参数；开辟生产试验区，进一步掌握油层特性及其变化规律；根据岩心、测井和试油、试采等各项资料进行综合研究，做出油层分层对比图、构造图和断层分布图，确定油藏类型；油田开发设计（编制油田开发方案）；根据最可靠、最稳定的油层钻一套基础井网；钻完后不投产，根据井的全部资料，对全部油层的油砂体进行对比研究，然后修改和调整原方案；在生产井和注水井投产后，收集实际的产量和压力资料进行研究，修改原来的设计指标，定出具体的各开发时期的配产、配注方案。

由于每个油田的情况不同，开发程序不完全相同。

2. 整装油田开发程序

储量集中、丰度较高的整装储量油田的合理开发程序把油田从勘探到投入开发的过程划分成几个阶段，合理地安排钻井、开发次序和对油藏的研究工作，尽可能用较少的井，较快的速度，取得对油田的基本认识，编制油田开发方案，指导油田逐步投入开发。但是，由于不同油田的沉积环境和油层特征千差万别，所以，一个油田从初探到投入开发具体应该划分几个步骤，各个步聚之间如何衔接配合，每个步骤又如何具体执行等，应根据每个油田的具体情况而定。下面以大庆油田为例介绍整装储量油田的合理开发程序。

整装油田是指较大规模的油藏在形成后基本没有被后期的地质运动破坏，圈闭完整，储层面积和厚度都较大的油田。所谓的整装，可以理解为规模大而且完整。整装油田开发程序为：开辟生产试验区、分区钻开发资料井、部署基础井网和编制正式开发方案。

编制正式开发方案应遵循以下原则（见表2–5）：

表2-5 编制正式开发方案应遵循的原则

原则	内容
研究采油速度和稳产期限	采油速度和稳产期的研究，必须立足于油田的地质开发条件、工艺技术水平以及开发的经济效果，用经济指标来优化最佳的采油速度和稳产期限
确定开发层系	一个开发层系，是由一些独立的、上下有良好隔层、油层物性相近、驱动方式相近、具备一定储量和生产能力的油层组合而成的，它用一套独立的井网开发，是一个最基本的开发单元
确定开采方式和注水方式	在开发方案中必须对开采方式做出明确规定。对必须注水开发的油田，则应确定早期注水还是晚期注水
确定开发步骤	开发步骤是指从部署基础井网开始，一直到完成注采系统，全面注水和采油的整个过程中所必经的阶段和每步的具体做法。它包括部署基础井网、确定生产井网和射孔方案及编制注采方案
确定合理布井原则	合理布井要求在保证采油速度的前提下，采用井数最少的井网，并最大限度地控制地下储量，以减少储量损失，对注水开发的油田还必须使绝大部分储量处于水驱范围内，保证水驱储量最大。由于井网涉及油田的基本建设及生产效果等问题，因此必须做出方案的综合评价，并选最佳方案
确定合理的采油工艺技术和储量集中、丰度较高的增产增注措施	在方案中必须针对油田的具体开发特点，提出应采用的采油工艺手段，尽量采用先进的工艺手段，使地面建设符合地下实际，使增产增注措施能够充分发挥作用

在正式开发方案的实施中，一个关键的问题就是怎样提高渗透率较低、分布不够稳定油层的开发效果问题。一个合理的开发程序，只是指导了油田上各开发层系初期的合理开发部署，指导了油田合理的投入开发，为开发油田打下了基础。但在油田投入开发以后，地下油水就处于不断的运动状态之中，地下油水分布时刻发生着变化，各种不同类型油层地质特征对开发过程的影响将更加充分地表现出来。因此，在开采过程中，还需要分阶段有计划地进行调整工作，以不断提高油田的开发效果。

3. 断块油田合理开发程序

对于构造比较简单的整装油田，从发现到开采的评价阶段，必须在含油气面积内钻大量的详探井，以便较准确地获取有关油气藏的各种参数，制定合理的开发方案。这种勘探开发方案的优点是能保证油气勘探开发工作有条不紊地进行，较好地处理了认识油田和开发油田之间的关系。但是，随之而来的缺点也引起了人们的注意，主要表现在勘探周期过长，评价井井数较多，大量资金和物资都消耗在评价钻井上。特别是对于地质结构复杂的小断块油田和复杂岩性油田，常规的勘探开发程序和做法的主要缺点便反映得更加明显。

复杂断块油田的勘探开发难度很大。主要问题是用常规的详探井网难以探明油藏情况，无法针对油藏情况部署开发系统。所以常规勘探开发程序，即探明油藏情况，编制开发方案，按方案实施的方法是不适用于复杂断块油田的。

（1）相关概念

断块是指被断层分割开的独立或相对独立的不同规模的地质体。由断层遮挡所形成的油藏称为断块油藏，即含油面积比较小，圈闭受断层控制的油藏；在一定构造背景基础上，受长期继承性断裂活动成因控制的、以断块油藏为主的油田，称为断块油田。含油面积小于1km^{2}的断块油藏，且地质储量占油田总储量50%以上的断块油田，称为复杂断块油田。

根据含油气盆地内不同规模的断层对油气藏形成及油田开发的作用和影响，把断层划分为四个等级。

一级断层，控制沉积盆地发生和发育的大断层；

二级断层，含油气盆地内控制构造带的形成和发展的主干断层；

三级断层，发育于局部构造内的重要断层，它与二级断层一起是划分断块区的依据，对油气富集有重要作用；

四级断层，断块区内的小断层，一般为断块的边界。

断块油田由若干个断块区组成，断块区受四级断层切割成许多断块，复杂断块油田是表明断块切割复杂程度的一种特殊分类通常以断层分割断块数量及含油面积大小的情况来分类。在这类断块油田内，断层切割成大小不一、形态各异、十分破碎，上下层相互分隔分解成彼此独立的封闭性容积构成独立的开发单元，这类油藏均称为复杂断块油藏；复杂断块油田的地下情况比整装储量油田复杂得多，因此需根据其特点，研究其合理的开发程序，以提高油田的开发效果。

（2）断块油田的地质特点

一个油气资源丰富的断陷中，有多种类型的复式油气聚集区（带），包括凸起型、斜坡型、凹中背斜型，也有凹内地层岩性复式油气聚集区带。在各类油藏中，那些含油面积比较小，圈闭受断层控制的油藏，通常称作断块油田。断块油田与一般隆起圈闭为主的构造油田有明显的不同。一般构造油田，油气受构造控制，虽然构造也受一些断层分割，但断层对全油田的油、气、水分布及原油物性影响不大，油层含油连片分布，在油田范围内一般具有统一的含油层系和油气界面。

1）断块油田的主要特点

油气藏主要受断层控制；断层多、断块多、断块平均面积在5km^{2}以内；断块之间含油特征差异大。断块之间油层物性、厚度差异大；断块之间流体性质一般存在差异，断块之间主力油层往往不相同，断块之间油、气藏类型往往不相同，驱动能，量也有差异。一个断块内，往往有的断块有气顶，有的没有，有的断块边水能量充足，有的边水能量差，或者没有边水；油层受断层分割，含油连片性差，有的断块不同层位油层叠合也不能连片含油；在复杂断块油田上，一般没有一个层位能够在全油田规模上连片含油。就单个含油层系来说，都只在油田的一部分面积上含油，甚至只在很小的一部分面积上含油。即使是含油最广泛的油层，其连片含油面积也只是全油田含油面积的一部分。

2）断块油田与一般隆起圈闭为主的构造油田的区别

断块油田的主要特点：油气藏主要受断层控制；断层多、断块多、断块平均面积在5km^{2}以内；断块之间含油特征差异大；油层受断层分割，含油连片性差，有的断块不同层位油层叠合也不能连片含油；断块之间，以及同一断块不同层位的油层往往没有统一的油水界面。

构造油田的主要特点：油气受构造控制；虽然构造也受一些断层分割，但断层对全油田的油、气、水分布及原油物性影响不大，油层含油连片分布；在油田范围内一般具有统一的含油层系和油气界。

（3）断块油田的主要类型

根据断块油田原油和油层物性及天然能量的大小，一般将断块油田分成以下三大类（见表2-6）：

表2-6　断块油田的分类

类别	内容
天然能量高，油层和原油性质较好的油田	这类油田天然能量高，边水活跃
稠油油田	这类断块油田的特征是：原油密度和黏度大，地面相对密度绝大多数在0.9以上，个别高达0.98以上；原油地下黏度一般为20 ~ 50mPa · s，个别高达1000mPa · s以上；油层物性较好，孔隙度一般为30%左右，个别高达38%，渗透率一般为0.5 ~ 1um^2，个别10um^{2}以上；原始气油比低，大多数不超过30，低的达16；油藏天然能量小，油藏在一次开采中，以溶解气驱和重力驱为主，边水能量和弹性能量不大
天然能量低，油层和原油性质较好的油田	这类断块油田的特征是：断块面积小、天然能量低，一般是弹性驱动或溶解气驱动，也有小气顶与溶解气混合驱动。油层物性中等，油层一般能在全断块内（或断块内大部分地区）分布。原油性质比较好，地面相对密度一般在0.85左右，地下原油黏度一般为2 ~ 4mPa · s

（4）断块油藏的大小分级

断块油藏的开发对策是与断块油藏的大小有直接联系的。断块油藏的分级是指按面积大小划分等级。如果事物量变能引起质变，则分级界限应定在这些质变的界限上。断块油藏面积的量变过程反映了开发对策的几个质的变化。

含油面积大于1km^{2}的断块油藏用通常由详探井网可以探明或基本探明，小于1km^{2}的油田必须采用滚动开发程序，而大多数油藏面积在1km^{2}以上的油田，可以用正常的详探开发程序。这是复杂断块油田与简单断块油田的界限，也是符合事物性质改变的界限，而不是随意的。因此，大断块油藏含油面积的下限应该是1km^2；根据许多复杂断块油田的开发和调整经验，以及加速开发的要求，现在实际上大多数断块油藏的开发井距在300m左右。用300m井网衡量，则一般含油面积在0.4km^{2}以上的油藏基本上可以形成较好的注采井网。而含油面积小于0.4km^{2}的断块不经重大补充是不能形成较好注采井网的。

从另外一个角度衡量，如果按长宽比大致为1:2来考虑，那么含油面积为0.4km^{2}的断块油藏大体上宽500m、长800m，油井间油层对于300m井网的连通概率为60%以上。显然形成较好注采关系是没有问题的，而小于该面积的油藏连通概率急剧降低。因此0.4km^{2}是一个重要界限。

含油面积大于0.4km^{2}的断块，如果同一套层系有多个油层，一般平面上错不开，就有可能划分为几套开发层系。因此开发层系划分问题是需要考虑的。

经验表明，采用300m左右开发井距，含油面积在0.24 ~ 0.4km^{2}的断块油藏不会被漏掉。但一般一个断块油藏里最多只能有2 ~ 3口井。这样，断块地质情况基本上可以搞清，但对油层控制程度较低，要达到较好的开发效果，必须局部加密。含油面积0.2km^{2}的油藏大体相当于宽300m、长600m的油藏。300m井距只有37%左右的连通机遇，再小就很难形成较好的注采井网了。所以0.2km^{2}是另一个重要界限。

含油面积在0.2 ~ 0.4km^{2}的断块油藏，一般来说，开发层系只能按油层分布情况自然形成。因为即使一个断块内有许多连续分布的油层，一般也只有少数几个油层能基本上重叠在一起，用一套井网来开发。这个断块内的其他油层已经不和它们重叠，油水边界各不相同，因此，很难合在一起开发了。所以这一级断块油藏虽然可以形成一定的层系和完善程度较低的井网，但这种层系是自然形成的。就是说层系划分没有多少选择余地，至少在开发初期无法考虑。在较好的情况下可以在调整时考虑层系划分问题。这一级断块油藏的井网基本上是在探明地下情况的过程中形成，没有几口是专门部署的开发井。所以开发类型的划分及相应对策的研究，在这一级断块中的意义已大为降低。

0.1km^{2}是另一个界限，含油面积大于0.1km^{2}的断块一般不会漏掉，有一些可以形成一注一采的关系，大多数则需要打补充井才能形成一注一采的状态。因此含油面积在0.1 ~ 0.2km^{2}的断块油藏是可以实现注水开发的，能获得不算太差的开发效果，油井能有一定时期的稳产。在这级断块油藏密集的地方，一口油井的油层往往分在好几个断块里，同一口井对不同油层注入的水进入不同断块，在不同方向的油井上见效；也会出现同一口油井的不同层受不同方向注水井的效果。含油面积0.1km^{2}的断块油藏，用长宽比2∶1估计，大约相当于宽200m、长500m的油藏。测算300m井距时连通概率只有31%。所以含油面积小于0.1km^{2}的油藏很难实现一注一采的关系。

根据以上分析，断块油藏可以按含油面积界限划为大断块油藏、较大断块油藏、中断块油藏、小块油藏和碎块油藏。

大断块油藏：含油面积＞1.0km^2；

较大断块油藏：0.4km^2＜含油面积≤1.0km^2；

中断块油藏：0.2km^2＜含油面积≤0.4km^2；

小块油藏：0.1km^2＜含油面积≤0.2km^2；

碎块油藏：含油面积＜0.1km^2。

（5）断块油田的合理开发程序

由于复杂断块油田地质特征十分复杂，只能采取逐步认识、分布实施、勘探开发交叉并举、滚动前进的方法。预探井获工业油气流后，勘探开发分四个步骤进行。

1）精细地震详查

以较大的测网密度（一般测网为1km×1km或0.5km×0.5km）进行地震详查。在条件具备的构造带，要及早开展三维地震工作，最大限度地查明构造、断块，提供一张准确的构造图（1∶10000 ~ 1∶2500比例尺的构造图），以满足整体解剖的需要。特别强调的是，经钻探发现工业油气流后，在地下构造、断块不清的情况下，不能大批上钻机。

2）评价性详探

评价性详探的主要任务：探明主力油气藏（富块），或主力油气层系，计算基本探明储量，估计全带的控制储量。

详探的方法：立足于二级构造整体部署，深浅兼顾；详探井钻断块的高点，沿断层找高产，一个断块打1 ~ 2口井，发现高产富集区，控制含油面积；重点取心，中途测试，分组试油，查明主力油层产能。取心进尺要占探井总进尺的2%以上，千方百计地取到主力油气层岩心。

3）详探与开发结合开发主力油气藏（或含油层系）

主力油气藏的主要任务：编制出主力油藏（或含油层系）的一次开发方案，详探其他区块，实现储量升级。

详探主力油气藏的方法：对已基本探明储量的断块（主力油藏）部署开发基础井网，钻开发准备井；在开发井网中选择部分井，对主力油层不避夹层连续取心，收获率达90%以上；密闭取心，单层试油，求取储量与开发参数；进行油层层组划分、小层对比、断块油藏核实；充分采用新技术、新工艺，如钻定向井、丛式井，数字测井，中途测试和快速化验分析；根据探明储量和控制储量，进行总体的地面工程设计。在建设程序上，可先上骨架工程，建设集输站、注水站。至于连接每口油、水井的管线，要到完井后再上，以便合理地设计管径大小。地面工程设计要留有余地，以便改建、扩建。

4）持续滚动勘探开发

滚动勘探开发（滚动开发）。在复杂断块油田上重点对油气富集区采取与详探紧密结合在一起进行的，在实践与认识上多次反复逐步发展的开发方法，称为滚动开发。滚动勘探开发是指探明一块开发一块，逐步扩大生产规模的油田开发部署，这种勘探中有开发，开发中有勘探的勘探与开发滚动式前进的做法，称为滚动勘探开发。滚动勘探开发是一种针对地质条件复杂的油气田提出的一种简化评价勘探、加速新油田产能建设的快速勘探方法。它是在少数探井和早期储量估计，在对油田有一个整体认识的基础上，将高产富集区块优先投入开发，实行开发的向前延伸；同时，在重点区块突破的同时，在开发中继续深化新层系和新区块的勘探工作，解决油气田评价的遗留问题，实现扩边连片。

滚动勘探开发的主要任务：探明一块开发一块，各区块相继投入开发；老开发区调整挖潜，不断发现新油气藏，弥补递减，略有增产；复杂的断块油田与整装的大油田不一样，不可能一次编出一个完整的开发方案，要随着认识的不断深化，分步编制，分期实施。

方法：第一步，先编制布井方案，对已基本探明储量的区块确定井网密度，编制一次开发方案，继续详探其他层系；第二步，编制注水方案，开发井网钻完后，根据小层对比、断块划分和油田地质研究成果，确定注采井别，提出射孔方案和注水方案；第三步，调整完善方案，根据生产动态分析，部署调整井，完善注采系统。

滚动开发的核心：滚动开发的核心是勘探与开发交叉进行，详探和开发紧密结合，用少量的井既能探明含油断块，又能形成较好的开发井网。不同井网对断块油田的控制程度体现在对断块油藏的控制上。因此，各级断块油藏对不同井网的适应性具有一定的界限。

（6）滚动开发总体方案设计

设计原则：根据油田油气富集区分布情况及地质条件，按先富后贫、先高产后低产、先简单后复杂的原则，分批实施滚动开发，并严格遵循复杂断块油田详探开发工作程序。以油气富集区为重点，以控制主力含油断块并形成初期开友系统，迅速建成生产能力为目标。

工作要求：详探和开发工作紧密结合，寻找油气富集区与开发准备工作交叉进行，实现勘探开发一体化。在高经济效益前提下达到高速度与低风险两者的平衡；处理好勘探与开发的衔接，把详探和开发工作紧密地结合在一起，并以富集区为开发单元整体部署详探开发井网，要明确详探井，要考虑开发的井网开发井通常带有详探的任务。这样在勘探与开发的结合中，开发井也存在风险性，但滚动开发要求在高经济效益前提下达到高速度与低风险两者的综合平衡；滚动开发要查明油气富集在断块区的具体部位、边界的确切位置、内部结构、分界断层确切位置、油气水层关系和估算的探明储量，为开发决策提供所需资料。这要依靠详探工作的开展和综合评价。这方面工作包括：三维地震、钻井、取心、试油试采、综合地质研究。

基本工作程序：整体部署。根据断块区钻探资料并结合地震细测资料，从认识主力断块与开发主力断块的需要出发，以该断块主力含油层为对象，初步设计一套开发井网。分步实施。在初步设计的井网基础上，先打关键井，后打一般开发井，根据断块区存在的地质问题，分批逐步加以解决。及时调整。根据关键井的资料进行研究，按新的认识及时调整原来的设计井网的部署，确定下一批井位，以适应该断块区的特点。逐步完善。经过多次设计调整，多次评价决策，多次部署实施，才能较好地控制主力含油断块，逐步形成开发井网。

层系与井网：含油面积大于1km^{2}的断块，要进行层系划分与组合，并按正规井向布置。划分原则与整装油田一致；含油面积小于1km^{2}的断块，原则上不划分开发层系。开发井网一般以不规则四点法（反七点法）或五点法井网为主。

开发方式与注水时机：在采用静态与动态资料相结合、进行早期判别油藏天然能量大小及驱动类型的基础上，根据不同条件和特点确定开发方式。

对于高渗透率、低黏度、高产能、强边（底）水驱的断块油藏，应充分利用天然能量开采。对于以弹性驱动为主，天然能量不充足的封闭或半开启的断块油藏，应采取人工补充能量的注水方式开发。凡具备注水条件的均应采取早期注水开发；复杂断块油田开发方案编制应以划分出的断块区或主力含油断块为开发单元，分别进行方案编制。

第三节　油田的注水开发

一、油田注水方式的选择

1. 驱动方式的选择

油气藏驱动方式与油层压力有着密切的关系。

（1）选择开发方式的原则

既要合理地利用天然能量，又要有效地保持地层能量（如注入流体等工作剂）是对开采速度和稳产时间的要求。目前对油田实行有效开发的方式、方法是很多的。保持地下足够的驱油能量，势必就得向油藏中注入相应体积的东西去弥补采出的亏空。因为水和气比较容易注入油层，来源又比较丰富，一般都可以就地取得，以水换油或以气换油，自然也就比较经济。无论是注气或注水，都要根据不同油藏的具体地质条件以及实际的需要和可能来进行，而且在油藏的什么部位注入、注入的水或气的具体要求及处理，还有注入技术工艺、注入量多大为适宜等，都需要经过专门的研究和设计，并通过现场试验后，逐步实施完成。油气藏驱动方式主要有保持和改善油层驱油条件的开发方式、优化井网有效应用采油技术的开发方式、特殊油藏的特殊开发方式及提高采收率的强化开发方式。

（2）考虑的因素

油藏特征，如边水、底水及其活跃程度（有无液源供给），油气水的物性；断层情况，裂缝发育情况；有无原生气顶；储层情况，渗透性及其分选性（或非均质性）；地层油黏度、温度及压力；敏感矿物，主要指水敏；开发速度，过大，会引起边水舌井，底水锥井，或造成次生气顶；油层厚度及地层倾角大小；注水时考虑水质、水源，与储层的配伍性，不堵塞地层等。

2. 注水时间的选择

油田合理的注水时间和压力保持水平是油田开发的基本问题之一。对不同类型的油田，在油田开发的不同阶段进行注水，对油田开发过程的影响是不同的，其开发效果也有较大的差别。一般从注水时间上大致可以分为三种类型：早期注水、晚期注水和中期注水。

（1）早期注水

早期注水是指在油田投产的同时进行注水或在油层压力下降到饱和压力之前就

及时注水，使地层压力在饱和压力以上或保持在原始地层压力附近；早期注水开发的油田，开始注水的时间有较大的差别。一般比油田投入开发的时间晚1 ~ 2年；由于油层压力高于饱和压力，油层内不脱气，原油性质较好。注水以后，随着含水饱和度增加，油层内只是油水两相流动，其渗流特征可由油水两相相对渗透率曲线所反映。

这种早期注水可以使油层压力始终保持在饱和压力以上，使油井有较高的产能，并由于生产压差的调整余地大，有利于保持较高的采油速度和实现较长的稳产期。但这种方式使油田投产初期注水工程投资较大，投资回收期较长，所以早期注水方式不是对所有油田都是经济合理的，对地饱压差较大的油田更是如此。目前早期注水开发的方式比较多见。油田早期注水有如下优点：可延长自喷采油期并提高自喷采油量；可采用较稀的生产井网；可提高油井的产油量；可减少采出每吨原油所需的注水量；可以提高主要开发阶段的采油速度；可使开发层系灵活并易于调整。

（2）晚期注水

晚期注水是指天然能量耗尽时开始注水。对原油性质好，面积不大且天然能量比较充足的油藏可以考虑采用晚期注水。油田利用天然能量开发时，当天然能量枯竭以后进行注水，这时的天然能量将由弹性驱转化为溶解气驱。所以在溶解气驱之后注水，称为晚期注水，也称二次采油。溶解气驱以后，原油严重脱气，原油黏度增加，采油指数下降，产量下降。注水以后，油层压力回升，但一般只是在低水平上保持稳定。由于大量溶解气已被采出，在压力恢复后，只有少量游离气重新溶解到原油中去，溶解气和原油性质不能恢复到原始值。因此注水以后，采油指数不会有大的提高，而且此时注水将形成油水两相或油气水三相流动，渗流过程变得更加复杂。对原油黏度和含蜡量较高的油田，还将由于脱气使原油具有结构力学性质，渗流条件更加恶化，但晚期注水方式在初期生产投资少，原油成本低。对原油性质好、面积不大且天然能量比较充足的油田可以考虑采用。

（3）中期注水

中期注水是指介于早期与晚期之间。一般情况下，在投产初期依靠天然能量开采，当油层压力降至饱和压力以后，在生产气油比上升至最大值之前进行注水。从提高采收率角度考虑，地层压力可以略低于饱和压力，一般降低10%，采收率最高。中期注水介于早期注水和晚期注水两种方式之间，即投产初期依靠天然能量开采，当油层压力下降到饱和压力以后，在生产气油比上升到最大值之前进行注水，在中期注水时，油层压力要保持的水平可能有两种情形：

一是使油层压力保持在饱和压力或略低于饱和压力，在油层压力稳定的条件下，形成水驱混气油驱动方式。如果保持在饱和压力，此时原油黏度低，对开发有利；如果油层压力略低于饱和压力（一般认为在15%以内），此时从原油中析出的气体尚未形成连续相，这部分气体有较好的驱油作用。

二是通过注水逐步将油层压力恢复到饱和压力以上，此时脱出的游离气可以重新溶解到原油中，但原油性质却不可能恢复到原始状态，产能也将低于初始值。然而由于生产压差可以大幅度提高，仍然可使油井获得较高的产量，从而获得较长的稳产期。

对于中期注水，初期利用天然能量开采，在一定时机及时进行注水，将油层压力恢复到一定程度。这种注水开采在开发初期投资少，经济效益较好，也可以保持较长稳产期，并且不影响最终采收率。对于地饱压差较大，天然能量相对较大的油田，是比较适用的。

3. 注水时机的确定

一个具体的油田要确定最佳注水时机，需要考虑表2-7中的几个因素：

表2-7 油田注水需考虑的因素

因素	内容
油田的大小和对产量的要求	不同油田由于自然条件和所处位置的不同，对油田开发和对产量的要求也是不同的。对小油田，由于储量少，产量不高，一般要求高速开采，不一定追求稳产期长，因此也就没有必要强调早期注水。但对大油田，由于必须强调保持较长时间原油产量的稳定，所以油田开发的方针和对产量的要求不同，对注水时机的选择亦不同。一个大油田投入开发，不仅对国家原油产量的增长起着很重要的作用，而且对国民经济其他相关部门的布局和发展有着很大的影响。因此，要求大油田投入开发后，产油量逐步稳定上升，在油田达到最高产量以后，还要尽可能地保持较长时间的稳产，不允许油田产油量出现较大的波动。因此在选择注水时机时，就要确保这个目标的实现，一般要求进行早期注水
天然能量的大小	油田的天然能量是指弹性能量、溶解气能量、边底水能量、气顶气能量和重力能量等，这些能量都可以作为驱油动力。不同油田，由于各自的地质条件不同，天然能量的类型将不一样，能量的大小也不一样，要确定一个油田的最佳注水时机，首先要研究油田天然能量的大小，研究这些能量在开发过程中可能起的作用。例如，有的边水充足且很活跃，水压驱动能够满足油田开发要求时，就不必采用人工注水方式开采；有的油田地饱压差较大，有较大的弹性能量，此时就必须采用早期注水。总的一个原则就是在满足油田开发的前提下，尽量利用油田的天然能量，尽可能减少人工能量的补充，提高经济效益

续表

因素	内容
油田的开采特点和开采方式	由于不同油田的地质条件差别较大，因此其开采方式的选择与注水时间的确定也有一定关系。采用自喷开采时，就要求注水时间相对早一些，压力保持的水平相对要高一些，有的油田原油黏度高，油层非均质性严重，只适合机械采油方式时，油层压力就没有必要保持在原始油层压力附近，就不一定采用早期注水开发
其他因素	主要指油田管理者的其他目标，这些目标可能是原油采收率最高、未来的纯收益最高、投资回收期最短和油田的稳产期最长

总之，确定开始注水最佳时机最好的办法是先设计几个可能的开始注水时间，计算可望达到的原油采收率、产量和经济效益，然后研究对达到期望目标的影响因素。

4. 油田注水方式（注采系统）

注水方式是指油水井在油藏中所处的部位和它们之间的排列关系。目前国内外应用的注水方式（注采系统），主要有边缘注水、切割注水、面积注水和点状注水四种方式。可根据油田特点来选择合适的注水方式。

（1）注水方式

1）边缘注水

边缘注水就是把注水井按一定的形式布署在油水过渡带附近进行注水。边缘注水方式的适用条件为：油田面积不大，为中小型油田，油藏构造比较完整；油层分布比较稳定，含油边界位置清楚；外部和内部连通性好，油层的流动系数较高，特别是注水井的边缘地区要有好的吸水能力，保证压力有效地传播，水线均匀地推进。边缘注水。根据油水过渡带的油层情况又分为边外注水、缘上注水、边内注水三种。

①边外注水（缘外注水）。注水井按一定方式（一般与等高线平行）分布在外油水边缘处，向边水中注水。这种注水方式要求含水区内渗透性较好，含水区与含油区之间不存在低渗透带或断层。

②缘上注水。由于一些油田在含水外缘以外的地层渗透率显著变差，为了提高注水井的吸水能力和保证注入水的驱油作用，而将注水井布局在含油外缘上，或在油藏以内距含油外缘不远的地方。

③边内注水（缘内注水）。如果地层渗透率在油水过渡带很差，或者过渡带注水根本不适宜，则应将注水井布置在内含油边界以内，以保证油井充分见效和减少注水外逸量。

2）边内切割注水

对于面积大、储量丰富、油层性质稳定的油田，一般采用内部切割行列注水方式。在这种注水方式下，利用注水井排将油藏切割成为较小的单元，每一块面积（一个切割区）可以看成是一个独立的开发单元，可分区进行开发和调整。

边内切割注水方式适用的条件是，油层大面积分布（油层要有一定的延伸长度），注水井排上可以形成比较完整的切割水线；保证一个切割区内布置的生产井和注水井都有较好的连通性；油层具有较高的流动系数，保证在一定的切割区和一定的井排距内，注水效果能较好地传到生产井排，以便确保在开发过程中达到所要求的采油速度。

采用内部切割行列注水的优点是：可以根据油田的地质特征来选择切割井排的最佳方向及切割区的宽度（即切割距）；可以根据开发期间认识到的油田详细地质构造资料，进一步修改所采用的注水方式；用这种切割注水方式可优先开采高产地带，从而使产量很快达到设计水平；在油层渗透率具有方向性的条件下，采用行列井网，由于水驱方向是恒定的，只要弄清油田渗透率变化的主要方向，适当地控制注入水流动方向，就有可能获得较好的开发效果。但是这种注水方式也暴露出其局限性，主要是：这种注水方式不能很好地适应油层的非均质性；注水井间干扰大，井距小时干扰就更大，吸水能力比面积注水低；注水井成行排列，在注水井排两边的开发区内，压力不需要总是一致，其地质条件也不相同，这样便会出现区间不平衡，内排生产能力不易发挥，而外排生产能力大、见水快。在采用行列注水的同时，为了发挥其特长，减少其不利之处，主要采取的措施是：选择合理的切割宽度；选择最佳的切割井排位置，辅以点状注水，以发挥和强化行列注水系统；提高注水线同生产井井底（或采油区）之间的压差等。

3）面积注水

面积注水是将注水井按一定的几何形状和一定的密度均匀地布置在整个开发区上。根据采油井和注水井之间的相互位置及构成井网形状的不同，面积注水可分为四点法面积注水、五点法面积注水、七点法面积注水、九点法面积注水、歪七点面积注水和正对式与交错式排状注水。下面介绍几种常用的面积注水方式：

①正四点法（反七点法）。注采比为1∶2。生产井构成六边形；注水井构成三角形。注采比的计算公式为：

$$\frac{\text{注水井}}{\text{生产井}}=\frac{n-3}{2}$$

式中，n——正n点法，以生产井为中心的注采井数之和。

正四点法注水井布置在正三角形的顶点，三角形中心为一口油井，或油井构成正六边形，中心为注水井。每口油井受3口注水井的影响，每口注水井控制6口油井，所以注水井与生产井之比为1∶2。

②反四点法（正七点法）。注采比为2∶1，生产井构成六边形，注水井构成三角形。

③歪四点法（歪七点法）。正与歪的区别在于将原来的生产井排与注水井排转45°。

④五点法。油水井均匀分布，井点位置构成正方形，油井在正方形中心，构成一个注采单元，注采比为1∶1。在平面上构成一个相等的正方形井网，每口生产井受4口注水井影响，而每口注水井影响4口生产井。五点法注采井网的注采井数比为1∶1，注水井数占总井数比例较大，因此这是一种强注强采的注水方式。这种注水方式可以看成某一特定形式下的行列注水，即可以看成一排生产井与一排注水井交错排列注水。其排距是d，井距是a，d/a=1/2；随着注水时间的增长，水逐步向生产井推进，但不是各方向均匀推进，由于生产井压差的作用，正对生产井的水驱先到达生产井，形成舌进现象。

⑤九点法（正九点法）。每个注水单元构成一个正方形，其中有1口生产井和8口注水井。生产井布于注水单元中央，8口注水井布于四角和四边。注采比为3∶1，注水井构成正方形。

⑥反九点法：每个注水单元构成一个正方形，其中有8口生产井和1口注水井。注水井布于注水单元中央。4口生产井布于四角（称角井），另4口井布于正方形四条边上。注采比为1∶3，注水井构成正方形。早期进行面积注水开发时，注水井经过适当排液，即可转入注水，并使油田全面投入开发。这种注水方式实质上是把油层分割成许多更小的单元，一口注水井控制其中一个单元，并同时影响几口油井。而每口油井又同时在几个方向上受注水井的影响。显然这种注水方式有较高的采油速度，生产井容易受到注水的充分影响。

⑦正对式排状注水。注水井与生产井均为直线井排，井距相同，每一个基本单元为一个平行四边形，水井位于平行四边形中心，生产井位于四个角。

⑧交错式排状注水。每一个基本单元为一个长方形，注水井位于单元中心，生产井位于四个角。注水井与生产井均为直线井排，井距相同。每一口注水井影响4口生产井。

4）点状注水

点状注水是指注水井零星地分布在开发区内，常作为其他注水方式的一种补充形式。

从大庆油田的实践来看，切割行列注水适宜于分布稳定、油砂体几何形状比较规则的油层，而面积注水则适用于分布不够稳定、油砂体形状不够规则的油层。故认为面积注水方式对油层分布适应性要广些。但行列注水方式调整的灵活性要大些，而面积注水则采油速度要高些；总之，应该结合具体油田的各种地质条件、流动特征以及开发的要求来选择最佳的注水方式。为此，必须进行各种方式的预测、计算及对比。衡量方案的技术标准大体是：

适应油层分布形态，注水井与生产井能控制80% ~ 90%的连通面积和储量，油井见水能够达到较大的驱油系数，并且能够获得较高的最终采收率；既充分利用已知油藏特性，如渗透率、裂缝方向性、倾角、断层等构造形态等，并且使采出的水量最小而且采收率最高。

注水效果好，采油速度和稳产年限能够满足需要，且有较好的经济效益；既能达到期望的产油量和足够的注水速度，又能充分利用已钻的井。

开发过程的调整措施和生产管理工作比较简便易行。在油层注气方面，通常采用顶部注气和面积注气两种方法。后一方法与面积注水相似，在进行顶部注气时，油层倾角不宜小于10° ~ 20°，以利油气重力分离；油层渗透性不能太差，特别要求均匀；原油黏度与气体相比不能太大，油层厚度也不宜太大（经验认为2 ~ 15m较适宜），否则注气后，易形成气窜；注气和天然气压驱动在油气黏度相差太大时，易于形成气窜；特别是在岩性变化大时，形成气窜的可能性更大。因此，注入剂的耗量较注水时大，注气常需高压压缩机，地面设备复杂，气体资源也是一个问题，这是我国目前实行注气法的主要障碍。但对于黏土多，尤其是水敏性黏土多的储层，采用注气法能够达到比其他驱动方式高得多的采收率。

（2）选择注水方式的原则

与油藏的地质特性相适应，能获得较高的水驱控制程度，一般要求达到70%以上；波及体积大且驱替效果好，不仅连通层数和厚度要大，而且多向连通的井层要多；满足一定的采油速度要求，在所确定的注水方式下，注水量可以达到注采平衡；建立合理的压力系统，油层压力要保持在原始压力附近且高于饱和压力；便于后期调整。

（3）采用面积注水方式的条件

油层分布不规则，延伸性差，多呈透镜状分布，用切割式注水不能控制多数油层；油层的渗透性差，流动系数低；油田面积大，构造不够完整，断层分布复杂；适用于油田后期的强化开采，以提高采收率；要求达到更高的采油速度时适用。

（4）影响注水方式选择的因素

油层分布状况。合理的注水方式应当适应油层分布状况，以达到较大的水驱控制程度。对于分布面积大，形态比较规则的油层，采用边内行列注水或面积注水，都能达到较高的控制程度。采用行列注水方式，由于注水线大体垂直砂体方向有利于扩大水淹面积。对于分布不稳定、形态不规则、呈小面积分布成条带状油层，采用面积注水方式比较适用。

油田构造大小与断层、裂缝的发育状况。大庆油田北部的萨尔图构造，面积大、倾角小、边水不活跃，对其主力油层从萨北直到杏北大都采用了行列注水方式，在杏四至六区东部，由于断层切割影响，采用了七点法面积注水方式；位于三肇凹陷的朝阳沟油田，由于断层裂缝发育，各断块确定为九点法面积注水。

油层及流体的物理性质。对于物性差的低渗透油层，一般都选用井网较密的面积注水方式。因为只有这样的布置，才可以达到一定的采油速度，取得较好的开发效果和经济效益。在选择注水方式时，还必须考虑流体的物理性质，因为它是影响注水能力的重要因素。大庆油田的喇、萨、杏纯油区，虽然注水方式和井网布置多种多样，但原油性质较差的油水过渡带的注水方式却比较单一，主要是七点法面积注水。

油田的注水能力及强化开采情况。注水方式是在油田开发初期确定的，因此，对中低含水阶段是适应的。油田进入高含水期后，为了实现原油稳产，由自喷开采转变为机械式采油，生产压差增大了2 ~ 3倍，采液量大幅度增加，为了保证油层的地层压力，必须增加注水强度，改变或调整原来的注水方式，如对于行列注水方式，可以通过切割区的加密调整，转变成为面积注水方式。在油田开发过程中，人们在深入研究油藏地质特性的基础上，进行了多种方法的研究探讨，来选择合理的注水方式。一是采用钻基础井网的做法，即通过基础井网进一步对各类油层的发育情况进行分析研究，针对不同类型的油层来选择合理的注水方式；二是开展模拟试验和数值模拟理论计算，来研究探讨不同注水方式的水驱油状况和驱替效果，找出能够增加可采水驱储量的合理注水方式；三是开展不同的注水先导试验。

二、开发井网部署

在确定了注入工作剂及注水方式后，应该考虑井网部署。油田开发的中心环节就是要分层系部署生产井网，并使该井网井距合理、对油砂体的控制合理，达到所要求的生产能力。在油田开发涉及的诸多问题中，人们最关心的问题之一就是井网问题，因为油田开发的经济效果和技术效果在很大程度上取决于所部署的井网。对于这个问题，目前虽有许多理论研究成果，也有许多实际油田开发经验的总结，但仍在不断进行研究中。

通常在井网的部署中研究的是：布井方式；井网密度，即每口井所控制的面积（km^2/口）；一次井网与多次井网。关于布井方式，目前已有较成熟的意见；而在井网密度上，目前总的趋势是先期采用稀井网，后加密，但缺乏可靠的定量标准；在布井次数上，多倾向于多次布井，但各次布井之间如何衔接和转化还没有可靠的依据。而海上油田的井网部署又会有所区别，主要采用一次井网方式；对于行列注水主要是确定井网密度，合理的切割距与排距；面积注水井网主要是选择合理的井网密度（包括井距和排距），确定合理的注采井数比。

1. 影响井网密度的因素分析

井网密度受油层性质、原油性质、采油工艺等因素的控制，是油田开发中影响开发技术经济指标的重要因素之一。油田所处的开发阶段不同，其井网密度会发生变化。井网密度主要受表2-8中的几个方面因素的影响。

表2-8　井网密度的影响因素

影响因素	内容
原油物性，主要是原油黏度	根据伊凡诺娃对苏联65个油藏的研究表明，生产井井数对原油含水影响很大，井网越密，采出相同的原油可采储量，其含水量就越低；原油黏度越大，井网密度同原油含水之间关系越明显，差异越大，而对低黏度原油则影响不大。对于高黏度油的油藏，采用加密井网；在工艺上若是可行的话，则对低黏油藏用少数井即可，但不宜用于储油层不稳定（不连续）的油藏
地层物性及非均质性	这里最主要的因素是指储层渗透性的变化，尤其是各向异性的变化，它控制着注入流体的流动方向。对于油层物性好的油藏，由于其渗透率高，单井产油能力较高，其泄油范围就大，这类油藏的井网密度可适当稀些。据现场资料统计，具有一定厚度的裂缝性灰岩、生物灰岩、物性较好的孔隙灰岩、裂缝性砂岩和物性好的孔隙砂岩，生产层的产能都比较高，井距可取1 ~ 3km；物性较好的砂岩，井距一般取0.5 ~ 1.5km；物性较差的砂岩，井距一般取小于1km
油层埋藏深度	浅层井网可适当密些，深层则要稀些，这主要是从经济的角度来考虑
开采方式与注水方式	凡采用强化注水方式开发的油田，井距可适当放大些，而靠天然能量开发的油田井距应小些
其他地质因素	如油层的裂缝和裂缝方向、油层的破裂压力、层理、所要求达到的油产量等都有影响。其中裂缝和渗透率方向性、层理主要影响采收率，而其他因素则影响采油速度及当前的经济效益

此外，井网密度还与实际油田开发过程中储层钻遇率及注采控制体积有关。

2. 开发井网的部署原则

在井网研究中通常讨论的是三个问题：（1）井网密度；（2）一次井网与多次井网；（3）布井方式。

在井网密度方面，目前总的趋势是先期采用稀井网，后期加密，但是缺乏可靠的确定标准。在布井次数上，倾向于多次布井方式，但如何衔接和转化还没有可靠依据。目前，对布井方式已形成了比较成熟的意见。

目前，我国已经有了一套比较成熟和完善的工作方法，即对于多油层的分层系开采的油田，采用基础井网的方法，也就是先确定出一组分布稳定、物性好的油层为主要开发目的层，部署正规生产井网。这组井网就叫作该开发区的基础井网。根据基础井网钻完后所取得的资料，一般就可以对本开发区的各类油砂体进行研究，得出比较可靠的结果。然后，根据这些研究结果，就可以对其他层系部署开发井网；研究井网密度的影响，主要考虑两个方面，一是由于油层的非均质性和油砂体分布的不均匀性，不同的井网密度对储量的控制程度不同；二是由于地层的非均质性和水驱油的非活塞性，不同井网的驱油效果不同。

对于某一特定油藏有着一个最佳的井网密度范围。从另一方面来考虑，如果要有效注水，则每个砂体上至少要有一口注水井和一口生产井。要满足这一条件，则注水井与生产井间的距离d应小于单一砂体延伸长度L的1/2，如图2–1所示。这样如果采用300m井距，则延伸长度为600m以上的砂体将全部受到控制；而在300m以下的砂体则完全不能控制，因为这时砂体上将只有一口井而建立不起注采系统。

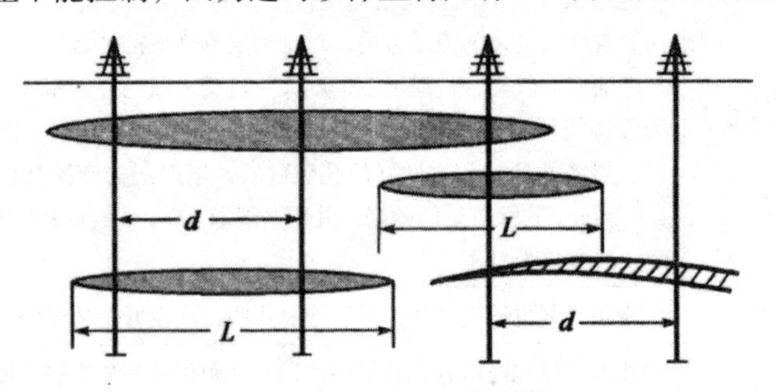

图2–1　井距与砂体长度示意图

3. 井网密度、合理井网密度和极限井网密度

（1）井网密度的表示方法

井网密度是指平均单井控制的开发面积，常以km^2/井表示。其计算方法为，对于一套固定的开发层系，当按照一定的井网形式和井距钻井投产时，开发总面积除以总井数。井网密度是指用开发总井数除以开发面积，即平均每平方千米（或公顷）

开发面积所占有的井数，常以井/km^{2}表示。

随着井网密度的增大，原油最终采收率增加，也就是总的产出增加，但开发油田的总投资也增加，而开发油田的总利润等于总产出减去总投入，总利润是随着井网密度而变化的。当总利润最大时，就是合理井网密度。当总的产出等于总的投入时，也就是总的利润等于零时，所对应的井网密度是极限井网密度。

（2）井网密度与采收率的关系

苏联谢尔卡乔夫曾统计过部分油田在不同井网密度下的最终采收率，说明井网密度从1km^2/井增到0.02km^2/井时，根据油层性质不同，其最终采收率提高21% ~ 47%。马尔托夫等人分析了在水驱条件下已进入开发晚期的130个苏联油藏实际资料，得出了采收率与井网密度和流动系数关系统计表。结果证明，井网密度增加，将使采收率不同程度增加，流动系数越小，影响越大。因为注水井距越小，各小层连续性越好，水淹系数越高，采收率越高。

上述研究说明，井网密度越密，井网对油层的控制程度就越高，对实现全油田的高产稳产和提高采收率就越有利。但是也应指出，井网密度增加到一定程度后，再加密井网，则对油层的控制不会有明显的增加，且会发生井间干扰，以致单井产量降低，经济效果变差，油水井管理工作与修井工作大幅度增加。

因此，合理的布井方式和井网密度应该以提高采收率为目标，并在此基础上，力争较高的采油速度和较长的稳产时间，以达到较好的经济效果。它衡量的尺度是：最大限度地适应油层分布状况，控制住较多的储量；所布井网在既要使主要油层受到充分的注水效果，又能达到规定的采油速度的基础上，实现较长时间的稳产；所选择的布井方式具有较高的面积波及系数，实现油田合理的注采平衡；选择的井网要有利于今后的调整与开发，在满足合理的注水强度下，初期注水井不宜多，以利于后期补充钻注水井或调整，以提高开发效果。此外，还应考虑各套层系井网很好的配合，以利于后期油井的综合利用；不同地区油砂体及物性不同，对合理布井也就有不同的要求，应分区、分块确定合理密度；在满足上述要求下，应达到良好的经济效果，包括投资效果好、原油成本低、劳动生产率高；实施的布井方案要求采油工艺技术先进，切实可行。

当然，在具体布井时，当需要考虑到某些情况，如断层、局部构造、井斜、油藏构造、地表条件（障碍物、居民点、森林、街道、铁路、河流等）、气顶分布情况、边水位置等时，往往要造成井网的变形及井位的迁移和变更；应该指出，产层的非均质性往往在编制开发设计和工艺方案时，不可能全部搞清。为此，对非均质油层的合理开发方法是分阶段布井和钻井。

第一阶段按均匀井网部署生产井和注水井。这套井网对相对均质油层条件是合理的，并能保证完成最初几年必需的产油量，保证油层主体部分得到开发。这批井又称基础井网。一旦取得这批井的钻井成果、地球物理和水动力研究资料及开采所提供的有关油层非均质代表性综合资料后，即可着手改善井的布置。

第二阶段的井称为储备井或补充井，它只在需要的地方进行钻井，以使开发获得更大的波及体积。主要使未开采或开采较差的油区或油层投入生产，从而达到提高采收率的目的，使开发过程得到更好的调整，油田稳产期更长。

储备井所需井数与油层非均质程度、油水黏度比、基础井井网密度有关。井数的范围可变化很大，从基础井数的百分之几直至与基础井数相当，甚至更大。

研究表明，在基础井较稀的条件下，通过钻补充井，增加新的注入线或一些点注入，可使油层开采强度低的地区投入开发。这样做，最终井数不变，但比开发初期一开始用较密井网能取得更高的产量和采收率。在美国，采取布井后，先采油再选择水井：多用反九点法注水，然后调整为五点法注水，再进行加密井网，最后进行三次采油；在苏联，采用两期布井，初期是较稀的均匀井网称为基础井网，第二期布后备井网。根据稀井网的地质资料和开采动态资料，详细搞清油层纵向上平面上的储量动用情况，针对剩余油饱和度分布，部署加密井，调整注采系统。后备井的加密在开发第二阶段和第三阶段早期进行，强调不均匀布井。

（3）井网密度的确定

油田注水开发效果与井网密度有关，而油田建设的总投资中钻井成本又占相当大的比例，因此井网密度对注水开发的经济效果有着重大影响。究竟选用多大的井网密度，在油田开发的不同时期有着不同的认识。20世纪30年代前，人们认为钻井越多越好，钻井成为提高油田采收率的主要手段。20世纪30年代末，由于油田开始实施以注水为主的二次采油方式，人们开始认识到钻井的数目与井网密度对最终采收率影响不大。到20世纪40年代以后，逐步发展了各种注水和强化采油技术，使人们能应用较稀的井网控制油田储量，获得较高的采油速度。所以井网密度对采收率的影响并不是井网越密越好。目前关于井网密度对采收率的影响程度的研究并未终止，也未得到很好的解决。

确定井网密度时需要考虑以下几个关系：

井网密度与水驱控制储量的关系。水驱控制储量是制约最终采收率至关重要的因素，研究表明，要使最终采收率达到50%，水驱控制储量至少要达到70%，而加大井网密度，可以提高水驱控制储量。

井网密度与井间干扰的关系。井网加密，井间干扰加重，井间干扰时，将不能充分发挥各井的作用，从而降低各井的利用率，因此在确定井网密度及进行井网调整时，不应使加密井造成的井间干扰与加密井提高的可采储量收益相抵消。

井网密度与采出程度的关系。井网密度与最终采收率经验式较多，例如，学者谢尔卡乔夫通过统计苏联已开发油田井网密度与采出程度的关系，得出了以下指数关系的表达式：

$$R = E_D e^{-\frac{B}{f}}$$

式中，R——采出程度；

E_D——驱油效率；

f——井网密度，井/km^2；

B——井网指数，井/km^2，由经验公式（用回归方法）确定。

$$B = 18.14(\frac{K_a}{u_o})^{-0.4218}$$

从上式看出，随着井网密度减小，采出程度最终采收率呈减速递增趋势，井网密度越小，最终采收率越大。用该式可以对开发过程中的井网密度与最终采收率进行分析。

井网密度与采油速度的关系，如图2–2所示。可以看出，初期随着井网密度的增加，采油速度明显提高，继续加密井网，采油速度增加减缓。因此，通过加密井网提高采油速度是有限的。

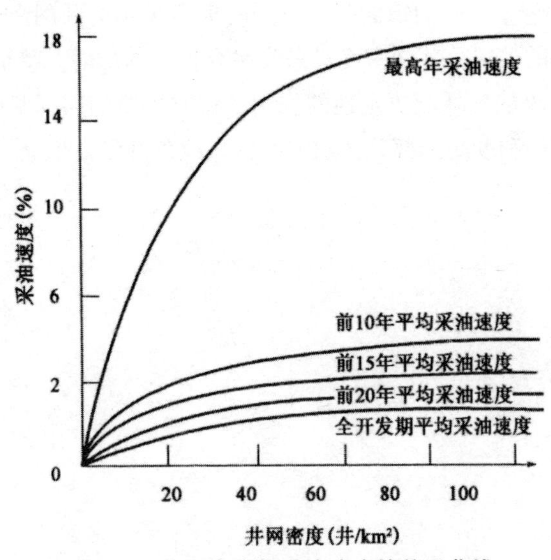

图2–2 井网密度与采油速度的关系曲线

经济效益与井网密度的关系。在当前的价格体系下，考虑加密井网所投入的资金与增加可采储量收回的资金之间关系，要达到一定的利润，也就是要有一定的经济效益。

（4）合理井网密度的确定

油田注水开发的效果与井网密度有关，而油田建设的总投资中钻井成本又占相当大的比重，因此井网密度（井数）对注水开发技术的经济效果有着重大的影响。究竟选用多大的井网密度，在油田开发的不同历史时期有着不同的认识。20世纪30年代以前，“钻井加采油”是油田开发的特点，认为井数越多，采出的油也越多。因此，用很密的井网来开发油田，如美国东德克萨斯油田，平均每平方千米钻井64口。20世纪30年代末，开发上广泛采用二次采油，这时认识到钻井的数目和井网密度并不影响最终采油量，在这个思想指导下，井距逐渐放大，井网由密变稀。在20世纪40年代以前单井控制面积都小于$6\times10^4m^2$，40年代以$16\times10^4m^2$为主，50年代以$32\times10^4m^2$为主，60年代以（32 ~ 4）$\times10^4m^2$为主。20世纪40年代以后发展起来的注水和各种强化采措施，充分发挥注水作用，提高单井采油强度，已经能够采用较稀的井网，以较高的采油速度开发油田。目前所完成的研究还没有解决井网密度对采收率影响程度的问题。但就所研究的情况可归纳为以下几个观点：

由油井干扰的水动力学理论表明，当生产井数大幅度增加（布井方式不变）时，则采油量相对增加较少，一般来说，稀井网不变的条件下，放大压差即可增加同样的产量；适应油藏地质结构和注水系统的最佳布井，它对采收率的影响要大于井网密度对采收率的影响；不同油田的各个不同时期所采用的井网密度应有所不同；对一个岩性比较复杂的油田，井网密度对采收率有较大的影响，特别在油田开发后期，井网密度对开发效果的好坏起决定性的作用。对非均质油层稀井网将使储量损失增加，这可在剩余油饱和度高的部分钻加密井，以改善开发效果。

第三章　油藏管理研究

第一节　油藏开发的管理与监测

一、油藏管理

1. 油藏管理的内涵

油藏管理一词源于英语的Reservoir Management。一般文献中，对油藏管理的定义为：正确合理地应用各种资源以获得最大的经济采收率。这里所指的“资源”包括人力、财力、设备、技术。油藏管理的概念具有这样的特征：它是对资源的要求和利用；持续性和长期性贯穿于整个油田开发过程；以最佳经济效益为核心。因此，油藏管理的主要活动就是做一系列的资源优化配置决策以获取最大经济效益的原油采收率。

油藏管理的内涵大致经历了三个发展阶段。第一阶段为20世纪70年代以前，这一阶段由于过分强调了油藏工程的重要性，因而认为油藏工程是油藏管理活动中唯一重要的技术，甚至将油藏工程当作油藏管理的同义语。在20世纪七八十年代，油藏描述技术在油田开发中起到了越来越重要的作用，油藏工程师与地质家的合作被提到了越来越重要的地位，因此形成了以油藏工程师与地质家的密切合作为主要特点的油藏管理发展的第二阶段。进入20世纪80年代后期至90年代，世界油气资源的新发现越来越少，油田开发的对象逐步转向难开发的地下资源，这时要成功地开发好一个油田，并获得好的经济效益，除油藏工程师与地质家的紧密配合外，还需要钻井、采油工艺、地面工程以及其他各专业如经济、法律等人员的配合，从而形成了以多学科协同为最主要特色的方法论。这是油藏管理概念发展的第三阶段。

油藏管理的工作特点归纳起来主要有表3-1中的几个方面：

表 3-1　油藏管理的工作特点

特点	内容
复杂性	人们只能直接观察和接触到储层体积中占比例极其微小的部分，而真正的复杂性还表现为：储层微相三维分布的复杂性和储层物性的平面、层间以及层内的非均匀性；油藏开发过程的不可逆转性；油藏动态响应具有滞后性；地下形势的变化具有一贯性
综合性	油藏管理需要动用物探、地质、钻井、测井、试油试采、油藏工程、采油、井下作业、地面建设、动态监测等各学科、专业的人员和设备进行长期的密切协作。所以，油藏管理是一项长期的复杂的极具综合性的实体工程
长期性	一个油藏从勘探、发现算起，经过详探、投产、一次采油、二次采油和三次采油，最后到废弃，一般都要经历几十年乃至上百年。所以，油藏管理是需要几代人来接替完成的一项长期任务

2. 油藏管理的基本要素

有效的油藏管理不仅仅是提出预防性的维护措施，或是解决某一问题，也不仅仅是制定一个规划或设计一个开发方案，或编制一个开采过程中的实施计划。虽然油藏管理包含了上述任何一个方面，但油藏管理更是上述各因素的综合，因此油藏管理具有综合性、集约性。

油藏管理除“管理”外，还包含了相当大的“经营”成分。作为一项经营活动，同其他任何经营活动一样，具有三个要素：油藏描述；油藏管理的经营环境；现代化的技术因素。

（1）油藏描述

油藏描述就是对油藏系统的认识，油藏系统包含了储层岩石、储层中的流体、井筒和井下设备、地面设备和装置。储层岩石和流体，即油藏特征的描述，是认识油藏系统的重点问题。油田发现后利用一口或几口探井、评价井和地震、测井资料便可对油藏做出基本正确的描述，建立起油藏概念模型，以后随着开发程度加深还要进行中期油藏描述和精细油藏描述，建立精细油藏模型。

（2）油藏管理的经营环境

油藏管理的经营环境主要是指经营活动所赖以发生的经济及社会环境，包括政府的有关法律、法规、政策，市场对油气资源的需求，人力物力资源、资金来源，以及经营活动所处的人文、地理环境等。经营环境因素分为两类：外部环境和内部环境。外部环境对所有经营者有相同的影响，它包括市场、税、操作规范、安全、环保法律法规以及社会认同；内部环境因素对不同经营者有不同的影响，它包括对风险的态度、回报率、发展能力、目标、组织机构以及长期发展规划。考虑经营环境的外部因素和内部因素组成的油藏管理计划的重要性是显而易见的。当然这个计划还要涉及油藏本身和技术，因此油藏经营环境因素的变化必然影响油藏管理计划，此时必须对其作出调整。

（3）现代化的技术因素

技术因素不仅决定了经营活动中所可能采取的措施范围，而且决定着对油藏的认识所能达到的程度。因此油藏管理取决于熟悉和掌握油藏描述、改善开采效果和提高采收率的现代科学技术的发展。但这并不意味着高技术就一定是适用技术，重要的是在适用技术的较大范围内要掌握这些技术的经济性和所涉及的配套技术，建立油藏的概念特征和模型将涉及广泛的技术知识。掌握现代化技术和工艺措施对减少成本、增加生产效益、提高采收率是非常重要的。这些技术内容相当广泛。例如，二次采油技术包括注水注气保持地层压力，对二次采油技术的改善包括用水平井加密井网、完善注采系统、用聚合物调整产液剖面或吸水剖面以及进行流度控制；提高采收率技术包括混相驱、碱驱、表面活性剂驱、泡沫驱、二元复合驱、三元复合驱、热力采油、生物采油等强化提高采收率的方法。

3. 油藏管理的基本过程

油藏经营管理活动不仅具备其他经营管理活动所具备的基本要素，而且也遵循着与其他经营管理活动相同的过程。其基本过程主要包括：确立目标、制定方案、实施方案、实施过程的监测与评估以及方案的调整和完善。

油藏管理过程中的每一部分都是互相依赖的。这几部分的有机结合是取得油藏管理成功的重要基础。油藏管理工作的复杂性，使人们在开发初期对油藏认识必然带有局限性。随着采出程度的提高，获取了更多的资料，加深了对油藏的全面了解。在这种情况下，应当根据新取得的认识，对先前制定的油藏管理方案和策略进行必要的调整和修正。所以，取得油藏管理成功的关键在于：拥有一个良好的油藏管理总体方案；在实施油藏管理方案的过程中及时地进行必要的修正和调整。

（1）确立目标

明确具体要求和提出一个切实可行的目标是实施集约式油藏管理的第一步。确立油藏管理目标时需要考虑的关键因素是油藏特征、整体环境和技术手段。认真研究上述关键因素是科学地制定出油藏的短期和长期管理策略的先决条件。

油藏特征。油藏研究在油藏管理决策的制定过程中起着非常重要的作用。要认识和揭示油藏的地质开发特征则需要深入研究以下几方面的问题：油藏地质特征、油藏岩石和流体的物理化学特性，储层的渗流机理和合适的驱动机理，合适的钻井、完井工艺和测井技术以及油藏动态。

整体环境。认识以下几个方面对正确制定油藏管理策略和提高油藏管理效率是必不可少的条件：经济环境——总体经济形势、油和气的价格及其变化情况、通货膨胀率、物价指数、投资机会等；石油公司的内部环境——总体目标、财政实力、内部机制、人员的专业素质等；社会环境——资源保护、设施及人员的安全、环境保护与治理。

技术手段。油藏管理的成功与否在很大程度上取决于在勘探、钻井和完井、采油工艺及生产方面所采用技术的适用性和可靠性。在上述这些领域，目前已经开发了许许多多各类先进的技术。然而，这些技术并非对每一个油藏都适用或者在经济上都可行。

（2）制定方案

油藏管理最重要的方面涉及利用油藏天然能量开采和制定注水（气）开发和强化提高采收率的开发方案与开发策略。开发方案和调整方案的制定主要取决于油藏的地质开发特征和油藏所处的开发阶段。在刚刚发现一个新油田的情况下，人们必须从总体上解决如何更好地开发该油田的问题，包括驱动方式、开发层系、开发井网、井距、井数、钻井工艺、完井方法、测井系列和开采方式的选择、地面集输设施以及产出流体的处理等。如果一个油藏经天然能量采油后已经衰竭，那么就需要具体研究该油藏是否在应用注水开发或强化采油方法上具有技术和经济的可行性。方案的制定主要取决于对油藏的认识及可依赖的技术水平。数据采集与分析、地质描述、油藏工程分析、生产动态预测等都是方案制定过程中的重要环节。

（3）方案实施

方案的实施过程，实际上是采用各种技术手段以实现经营管理目标的过程。

实施油藏管理方案的第一步是制订一个全面的实施计划。但是，经常碰到的情况是，许多油藏管理工作虽然都制订了计划，但是计划并没有包括全部的相关专业和部门。因此，造成了在实施计划时各职能部门之间的合作效果明显低于原来所期望的水准。如果以最好的方式来制订和实施一个计划，那么它必须得到包括管理部门在内的所有单位的支持。计划的制订必须留有余地，以便于修改和调整。即使油藏管理班子制订了十分全面的计划，如果它不适合于外部情况（也就是指经济、法律和环境方面），也不能保证其获得成功。制订的计划必须得到管理部门的支持。无论该计划拥有多么好的技术，它都必须得到采油队、矿、厂以及更高一层管理部门的支持。如果没有它们的支持，该计划将得不到认可。

（4）实施过程的监测与评价

通过对实施过程的监测与评估，可以及时发现原计划对经营目标的适应性，必要时进行调整，以保证经营目标的实现。为了成功地监测油藏管理方案，则必须制订一个全面的计划，这个计划的制订应该由工程师、地质师和操作人员在管理部门的支持下共同完成。这个计划成功与否将取决于油藏管理方案的特性，包括资料收集和管理在内的主要监测内容有：油、水和气的采出监测；气和水的注入监测；静压和井底流压监测；生产和注入试验监测；注入和产出剖面以及其他辅助监测项目。

必须对油藏管理方案的实施情况进行定期评审，以保证油藏管理方案一直处于正常的实施状态。通常的做法是检验实际油藏动态与预测结果的符合程度来评价油藏管理方案是否成功；如果期望油藏实际的动态与方案预计的结果完全拟合，那将反而不真实了。因此，需要通过参与油藏管理方案的有关专业人员针对方案的具体实施情况，客观地建立衡量该方案是否成功的相应技术标准和经济效益标准。

二、油田开发动态监测与分析

1. 动态监测的内容

监测是认识油田及反馈油田开发信息必不可少的手段。油田投入开采以后，其地下流体（油、气、水）的分布及状态将发生激烈的变化，为科学、高效地开发油田，自始至终都要不断地对油藏进行监察和分析。在制定开发方案时，应根据油藏地质特点及开发要求提出动态监测内容、井数和取资料的密度，并把油藏动态监测系统按开发单元建立、落实到井上。

所定的动态监测井均应经过仔细的检查，其井口及井下技术状况应符合监测的要求，在构造位置、岩性及开采特点上应具有代表性，否则应予以纠正。监测井一经选定后，不宜轻易变动，避免难以对比和分析。

将监察中所汇聚起来的油藏动态数据加以分析，得出若干结论。为便于分析工作的进行，首先矿场有关部门应汇总所有已钻井资料及数据，建立油田开发数据库，记录及统计单井、层、区、油田的生产数据，以供分析研究。

经过监测确认的数据，便可用于油藏动态分析。根据所得是否出现异常的动向来改进油藏原来的模型，使其与实测的油藏动态相吻合，用作预测未来以及在开发分析研究中使用，并以此相应地调整分层作业策略。每年的动态监测工作都要求分季落实。油田动态监测的主要内容因油田而异，一般要求包括以下几方面的监测内容。

（1）产量监测

产量是油田开发中最重要的指标之一，它的大小及对其他指标影响的大小，必须充分重视。产量包括油、气、水产量，它应以单井计量为基础，连续计量，误差不超过5%。通常矿场液体的测量是在油气计量站油气分离器或测量容器中进行，含水率由取样化验确定，伴生气由涡轮流量计或孔板流量计测定。

（2）油水井压力监视

压力是油田开发中最重要的指标之一。为了了解整个油藏动态，需选1/4 ~ 3/4具有代表性的采油井作为定点测压井，这批井也可称为关键井，每半年测一次地层压力。在正常情况下，此压力测量应在关井后某一固定时间，如24h后进行，其地层压力由压力恢复试井推断出来。与此同时，还要测定流动压力，监测生产压差和产油、产液指数的变化。观察井每月测一次，注水井要有30%的井每年测一次地层压力，以监测注采压差和吸水指数的变化。其他油水井要求二三年内测一次地层压力，此有助于进一步校准油藏模型。

（3）全油藏、个别区块或层（多油层）的驱油剂的前缘位置监测

一般在油水界面附近确定观察井，每季测一次流体产出剖面，确定分层含水变化；对于底水油藏要确定几口观察井，定期测油水界面变化；对有气顶的油藏，要有几口穿过油气界面的井，定期进行中子-伽马测井。另一种办法是将某些观测井用塑料衬管完井，就有可能进行高质量的感应或电阻率测井。

（4）油井产出剖面的监测

对油井产出剖面的监测是通过生产测井、深井流量计、井温仪来测定的。对于以自喷为主的大油田需要有30% ~ 40%以上的井点进行测试；以机械采油为主的油田要有20% ~ 30%的井进行测试，复杂小断块及岩性油藏可分单元，选少量井测试。所定的井点每年应测试一次，通过此项测试，可确定不同产层注入或产出量的分布及变化情况。

（5）注水井吸水剖面的监测

凡是具备测试条件的注水井可以用同位素测井每年测一次吸水剖面，测定分层吸水量和吸水厚度。

（6）井下技术状况的监测

套管损坏地区要多选10% ~ 20%井，每半年进行一次时间推移测井，查清套管损坏的原因和状况；出砂严重的油田应有15% ~ 20%的井，每半年测一次井径；重大增产措施井应在措施前后测试压力恢复曲线，以便分析了解效果。

对于特殊类型的油田，还有附加要求。稠油、高凝油田的监测：需有10% ~

15%的井，每半年测一次地层压力和温度；有10% ~ 20%的井，每个注水周期测一次液体产出剖面和吸水剖面。有气顶油藏的监测：在气顶区和油环区应确定有压力观察井，定期测压。观察油气边界两侧的压力平衡状况，要有几口井打穿油气界面定期进行中子-伽马测井，在油气界面附近定几口观察井，定期测流体产出剖面，观察分析气窜情况。凝析油气藏的监测：应有20% ~ 30%的井，每半年做一次凝析油含量分析，观察随着地层压力的下降凝析油含量的变化情况等。

除了油井、注水井要定期测产液、吸水剖面外，还可做一些专项试井，其中应有10%的井每年进行一次压力恢复或压力降落试井，对多相渗流及续流作适当校正后，可对地层系数的大小作出适当的估计；若能做多井干扰或脉冲试井，即在某井采油而在周围一些井观测其压力响应，还可额外得到孔隙度和厚度乘积的估计值，了解井间连通的情况。另一类的专项试井——示踪剂试井，常被用于某些人工注水项目，以确定油藏中剩余饱和度的分布情况；此外，重点区块要做碳氧比测井，做PVT测试等，以了解残余油分布及流体性质的变化。对中、高含水的油田，要钻密闭取心井，研究分层水淹、水洗状况及孔隙结构、物性参数的变化等。

2. 日常油水井及观察井的资料录取

除了特殊规定外，一般油水井、资料井应按日常工作，经常录取各种资料数据以供油水井分析及油田动态分析研究之用。

（1）生产井

生产井的主要资料，见表3-2。

表3-2 生产井的资料

名称	内容
压力资料	包括全井及分层的地层压力、流动压力、井口油压、套压、集油管线的回压。由此反映油藏驱油能量、井筒损耗、剩余压力、不同油层的驱替能力
产能资料	包括日产液、油、气、水量，分层油、气、水量，以及反映油井生产能力及其分层构成的状况
水淹状况资料	包括生产井的产水率、分层含水率、开发检查井及开发调整井录取、分层含水率和分层驱油效率等。由此可窥视地下剩余油的分布及储量动用状况
井下作业资料	包括施工名称、内容、主要措施参数、完井管柱结构等。以了解井的增产措施效果，井内及井底状况

（2）注水井

吸水能力资料：包括日注入量、分层注入量，以了解全井的分层吸水能力及实际注水量。

压力资料：内容及目的与生产井相同。

水质资料：包括注入及洗井时供水、井口及井底水质，分析水中含铁、氧、油、悬浮物等项目，以反映注入水质的好坏和井筒的清洁程度。

井下作业资料：内容与生产井相同，但还要注意分层配注井的分层段、封隔器的位置、每个层段所用的水嘴等。

（3）观察井

根据资料井的设计要求，完成规定的录取资料和试验工作。此外，为搞清一些特殊问题，还要录取其他一些资料，如进行井温或放射性测井以搞清油田是否存在夹层气或局部气顶及其变化；进行工程测试，捞取井底砂样，测定砂面位置，以弄清油井出砂情况；进行水文勘探、搞清断层的封闭性，采用不同的化学指示剂或示踪剂放入注入水中，以弄清油井来水方向，分析产出物化学成分等；每口井的生产过程都应系统地反映在井的生产报表、注水报表、试井报表及井史中。一般要求，每口井都应有反映从钻井直至报废的全部历史；所有录取资料都应齐全准确，达到精度要求；在现代化的油藏中，可以运用自动化试井计算设备，在计算机的控制下，完成日常及专项测试的数据收集工作，有序地进行预定的各项事宜，大大地加强了油藏的监察工作。

3. 油田开发动态分析

一个油藏自始至终都要不断地进行开发分析，根据油藏监察中所汇集起来的油藏动态数据得出若干结论。为了做好这分析，矿场有关部门应汇总所有已钻井的生产资料及数据，建立油田开发数据库，记录及统计单井、层、区、油田的生产数据，绘成各种动态图及曲线，以供分析研究。

这些图表是：生产井及注入井的单井资料（该井日综合记录、月综合数据、分层测试记录、增产措施效果对比表等）；油田分层、分区及总的综合数据表（计算注采比、地下亏空体积、采油速度、采出程度等）；产油量构成数据表以及分层产量构成表，油井油层水淹情况统计表等。动态图有单井动态图（以油井为中心，联系周围注水井为辅的采油、注水的注采状况图）、综合动态图（等压图、综合开发图、分层注采剖面和水淹剖面图、油砂体开采现状图、各种工艺措施增加的产油量构造图等）。各种关系曲线，如驱替特征曲线（累积产油量与累积产水量、水油比的关系曲线）、地层压力差和注采比关系曲线、采液指数和采油指数与含水率关系曲线、井底流动压力与含水率关系曲线等。

通过这些资料，便可获悉油田开发层系的各种情况。例如，当前的累积产油量、产水量、产气量以及注入剂注入量的变化动态（包含整个油田、层、区、井）；整个油藏、各个区和层驱替剂的前缘位置；在驱替剂侵入区，当前含油饱和度分布的情况；整个油藏、区和层的压力分布情况，各井井底、井口、套压的分布情况；当前采液指数、吸水指数和整个井段和各个射孔井段的表皮系数；当前地层压力传导系数的分布情况；注入剂向边外区及其他层的外溢量；生产层与邻近层的相互作用，弄清开发层系各小层间液、气倒灌数量和强度；在地层及地面条件下的液气采出物的物理化学性质的变化；各口井的效率（按层系确定该井生产的油、水增量）；提高油井产率及油层采收率措施的实施工艺效果。

这些信息、图件、曲线以及各种情况为定期的油田开发动态分析提供了基础。由于资料及工作是累积进行的，因此，就需要定期分段提出分析的内容。通常矿场分析时期划分，可分成三类。

（1）月（季）生产动态分析

按月作生产动态分析是通过开发动态数据，对油田产量变化的分析，目前油田压力、含水或气油比变化对生产形势的影响，提出保持高产、稳产及改善生产形势所要采取的基本措施。分析内容有：月（季）产油量、产液量、注水量、综合含水、地层压力等主要指标的变化，与上一个月（季）或预测的生产曲线进行对比。分析变化的原因，提出下一步调整措施；产量构成、老井自然递减和综合递减与上一月（季）或预测曲线的相应值进行对比，分析产量构成和递减变化的趋势及原因，提出措施意见；注水状况分析，分析月（季）注水量、注采比、分层注水合格率等变化情况及生产形势的影响，提出改善注水状况的措施意见；分析综合含水及产水量的变化和原因，提出控制油田含水上升速度的措施意见；分析主要增产措施的效果，尽可能延长有效期。每半年除应分析上述几项内容外，要全面分析、总结半年来油田地下形势及突出变化，提出下半年的调整意见。

（2）年度油藏动态分析

全面系统地进行年度油藏动态分析，搞清油藏动态变化，为编制第二年的配产、配注方案和调整部署提供可靠依据；要注意将常规地质数据连同油藏动态数据集成化，建立或修改原有地质模型及工程模型使之物理上与实际一致。例如，应用油藏压力分布对鉴定封隔性断层及油藏渗流不连续性很有用处。在井底无污染的情况下，测定井内流量分布剖面，对搞清油藏分层性很有意义。专项试井也进一步认清油藏分层的渗流特点与规律等重要问题。

要善于运用计算机技术及模拟技术，定期改进油藏的各种模型包括地质及工程模型，提高油藏动态分析水平。为此，可进行油藏整体拟合分析，使这种拟合既与地质概念相一致，又与多孔介质的渗流原理相吻合，这种经改进的模型既可作影响油田开发过程多种因素分析之用，又可作动态预测之用，指导各种方案的编制。

在年度分析时，重点可考虑：

1）注采平衡和能量保持利用状况的分析评价

分析注采比的变化和压力水平的关系，压力系统和注采井数比的合理性；确定合理的油层压力，并与目前地层压力进行对比，分析能量利用、保持是否合理，提出调整配产、配注方案和改善注水开发效果的措施；分析研究不同开发阶段合理的压力剖面、注水压差和采油压差，并与目前的实际资料对比。

2）注水效果的分析评价

要搞清单井或区块的注水见效情况、见效方向、增产效果、分层注水状况等，并提出改善注水状况的措施；分析注水量完成情况，吸水能力的变化及原因；分析年度和累计的含水上升率、含水率、水驱指数，并与上一年度的相应值或理论值进行对比，分析注入水的驱油效率和变化趋势。

3）分析储量利用程度和油的分布状况

应用动态监测系统中的吸水剖面、产液剖面资料，密闭取心的分析资料，分层试油资料和单层生产资料等，分析研究注入水纵向波及状况和驱洗状况、储量动用状况等；应用油藏工程方法及现场测试资料、多参数测井解释资料，综合分析不同时期注入水平面波及范围及水驱油效率，搞清主力层系平面油水分布情况；利用不同开发阶段驱替特征曲线，分析储量动用状况及变化趋势。

应该指出，在研究时对剩余油的分析是非常重要的，由于渗流及油藏流动特性存在不定性，这常需直接测定。这时应用生产测井可确定现有注采井网下未开发层中剩余油饱和度的大小。在观察井运用时差测井可以检测出含油饱和度的变化及油水接触面的移动；加密井中的测井及取心，单井示踪剂测试是另一类在水淹油层确定残余油饱和度的方法。这些测试对评价提高采收率的潜力很有用。应用这些各不相干点的信息，可以校准油藏模型，并可用此来估算未采出油的数量及其分布。

4）分析含水上升率与产液量增长情况

应用实际含水与采出程度关系曲线和理论计算曲线对比，分析含水上升速度，提出控制含水上升措施；另一种井况分析是为了搞清哪些井出现异常现象，若某些井的生产动态比预期差得多，则应设法改善。这些分析包括井底压力及产率分析，各井注入率、产率的变化，人工举升系统效率评估及优化开发计划；分析当年含水上升率变化的趋势及原因；分析产液量的增长并与规划预测指标对比，实现油田的稳产和减缓产量的递减。

5）分析新投产区块和整体综合调整区块的效果

要严格按照新区开发方案的各项指标（特别是采油速度、生产压差、注采比等）分析检查当年投产的新区块的开发效果；进行井网、层系、注采系统综合调整的区块，按开发调整方案规定的指标，分项对比其效果，用经验公式、水驱特征曲线等，分析调整后可采储量和采收率的增加幅度，不可按调整井（新井）和老井分别统计分析调整效果。

6）分析主要增产措施的效果

对当年进行的油水井的主要增产措施（如酸化、压裂、放大压差、卡、堵水、补孔、增压等）分析其前后产油量、产液量、产水量、注水量的变化和有效期，分析对油田稳产和控制递减的影响。

7）分析一年来油田开发上突出的重要变化

如油田产量的大幅度递减、暴性水淹，油田出现套管成片损坏等，还要分析开发效果好和差的典型区块。

8）分油田编写开发一年来的评价意见

通过对一年来实际的生产资料、理论曲线资料和预测曲线等进行分析对比，对一年来的开发形势、油田调整、各种措施效果进行分析评价。在此基础上，可应用如油藏工程方法和计算机专用程序，对下一年或若干年的开发总趋势进行预测分析，编制第二年的配产、配注意见和生产曲线，同时要根据油藏的开发现状为完成明年的各项生产任务提出主要的措施意见，如重要的调整及主要工作量的安排。

（3）阶段开发分析

根据油田开发过程中所反映出来的问题，进行专题分析研究，为制定不同开发阶段的技术政策界限，进行综合调整、编制开发规划提供依据。

一般情况，在下述时期要进行阶段分析：五年计划的末期；油田进行重大调整前（包括开采方式的转变）；油田稳产阶段结束，开始进入递减阶段；油田正常注水临近最后结束阶段。

阶段开发分析，要在年度开发动态基础上进行，着重分析：油藏注采系统的适应性，储量动用状况潜力的分析研究，阶段的重大调整（如层系、井网注采系统、开发方式、配产配注的调整等）和增产措施的效果，现有工艺技术适应程度评价，开发的经济效益，油藏总的潜力评价等。

阶段分析的另一内容是改进对油藏储量的评价，对原有储量和采收率的修正。当油田含水率很高，已达85% ~ 90%以上时，应及时对提高采出量的潜力作出评估，以保证提高采收率方法的相容性。其内容包括提高采收率方法评估（如将油藏动态、油藏参数、采收率方法，以经验为依据，对筛选参数进行对比；实验室研究；数值模拟等）、提高采收率方法的选择（将各种可能采用的方法，考虑它们相对的特长，顾及可能会影响它的成功率的不确定因素进行比较等）、注采井网的选择（布井方式应考虑油藏非均质性、该法固有的波及效率，原来地下流体性质对注入率及产率的影响，如油藏有天然裂缝体系，则井网方位将成为关键因素）、方法的先导性试验（为了使提高采收率方法能在矿场推广必须首先开辟小区块进行先导试验，等取得效果后才能全面推广）。

以上分析内容主要适合砂岩油田，其他类型油田可参照以上分析内容，结合本油田特点进行动态分析。

在开发分析中，很重要的一个现代化手段和方法是通过改进油藏的各种模型，包括地质模型和工程模型来达到分析的要求。

例如，在地质模型上，将常规地质数据连同油藏动态数据集成化发展成一个更一致且物理上能如实描述的模型。实际观测到的油藏压力分布，对于使其地质模型精确来说，是一个宝贵的资料来源。此对鉴定封隔性断层和其他的使油藏渗流不连续方面的作用更为突出。当井底没有污染时测出井身流量分布剖面，对于搞清油藏的分层特性是有意义的。

依靠修正的地质描述及油藏动态数据的整体分析来不断完善油藏工程模型，一般的方法是通过油藏动态的拟合来校验其模型。历史拟合有一定的技巧，为了做到切合实际，做到可信的历史拟合，地质家和油藏工程师应该共同讨论和决断对油藏描述做什么样的调整，使其既能与地质概念一致，又符合渗流原理，满足实际的要求。同样地，剩余油的测定对于评价提高采收率的潜力和校准油藏模型也是很有意义的。

第二节　油田开发调整

一、油藏描述

油藏描述是对一个油藏单元的岩石及流体性质的微观和宏观的空间分布做出解释。该描述要求确定原油储量，预测可采储量，并计划开采作业。

油藏描述是油藏经营管理中最重要的方面之一，油藏描述所建立的油藏模型是进行动态预测和开发方案设计的基础。油藏描述是一个连续的过程，不能与地质、地球物理和工程研究分离开。随着资料的增加，认识的深入，所建立的油藏模型必须经常地进行测试和修改，使其尽可能真实准确地代表给定时间的油藏实际情况。

油藏特征或油藏描述在意义上是类似的。但油藏描述更多地含有数据采集，而油藏特征具有对数据资料的综合。油藏特征及其描述的最终结果就是建立油藏模型。一般说来，建立地质模型就是在一定的精度下，给油藏模拟器定量化地提供油藏参数分布，油藏模型是实际油藏的抽象。它不仅表示了油藏在三维空间的分布和边界，而且定性定量地描述了在油藏单元中影响流体流动的岩石、流体物性和其他油藏参数。油藏参数和流体流动参数的大小和分布的不确定性对模型的模拟计算会产生很大影响。因此，建模就是提高原型再现的精度，将油藏参数的不确定性减小到最低限度。

不同精细程度的油藏特征描述在油藏管理过程中发挥着各自的作用。不同精度、不同规模的油藏特征模型在油藏的不同开发阶段要求是不同的，油藏动用程度越高，要求的模型精细程度也越高。

1. 油藏描述的内容

（1）构造地层方面

地层层序及沉积类型；构造类型、形态、倾角、闭合高度、闭合面积；断层性质、走向、倾角、条数、分布状态、密封程度。断层的分布不仅控制着油气水的运动，还对试井解释有重要影响。

油层组的岩性及分布；划分沉积相带，沉积类型、砂体的形态及分布。分层组的埋藏深度、总厚度、在砂岩净厚度、有效厚度；单层层数、分布状况；平砂层厚度、有效厚度等。分层组岩石的组成、结构、裂缝发育特征、孔隙度、渗透率、原始含油饱和度、压缩系数、导热系数；非均质性描述其中渗透率的变化最大，要掌握渗透率的变化必须得有足够的岩心资料，从测井解释得到的渗透率精度很低。另外，只有油基泥浆和密闭取心方法才能求准原始含油饱和度，一般它的变化范围不大。

储层的孔隙类型、孔喉形态、黏土矿物的组分、含量及分布；储层的水敏、酸敏、速敏及盐敏评价。

除了研究储层之外，还必须研究隔层或夹层的岩性、分布、渗透性和水敏性。隔层对试井解释也有重要影响。

油藏描述的关键在油层性质的横向预测。目前多采用通过露头研究建立地质知识库的方法，地震与测井结合的办法，以及三维地震方法来做横向预测。

由于通过钻井、地震、测井所得的油藏的样本太小，要想通过很小的样本就油藏这样复杂的地质体做出判断，只能在一定概率（信度）上进行，所以近年来兴起随机建模技术，以一定概率给出几种模型，或给出实现概率最大的摸型，也可输入参数分布代替确定值。

（2）流体分布及性质

分区块、分层系的油气水分布特点；油气界面、油水界面；油气水的饱和度分布；原油的组分、密度、黏度、凝固点、含蜡量、含硫量、析蜡温度、蜡熔点、胶质沥青含量和地层原油的高压物性、流变性。第一口井就要进行高压物性取样，当地饱压差较小时只有在开发初期才能取得有代表性高压物性的样品，如天然气的相对密度，组分、凝析油含量，地层水的组分、水型、硬度、矿化度、电阻率等；岩石润湿性、界面张力、油水及油气相对渗透率曲线和毛管压力曲线。

油藏的原始地层压力，这一数据只有在开发初期才能准确取得。一般说来，重复地层试验器（RT）或钻杆测试（DST）求得的原始压力最可靠。压力系统、压力梯度、地层温度及地温梯度，以及边水、底水和气顶的活跃程度等资料都是油藏工程分析的重要内容。

油田投入开发以后，油藏工程师要十分关心压力、油气水的产量的准确计量，特别是气和水产量的准确计量。

2. 油藏描述的流程

（1）油气藏静态地质特征研究

1）区域地质及油气田状况

地理：地理位置，所属省、市（自治区）、县、乡（镇）或海域，经纬度；交通（油田地理位置图）；气候（年温度、风力及降水量曲线）；水源（区域水文地质地理图）；与油田开发有关的经济状况。

区域地质构造：所处的沉积盆地，大地构造单元，圈闭形成时期（区域地质构造图）；地层层序（地层表）；含油气层系，生储盖组合（综合柱状剖面图）；沉积类型。

勘探成果和开发准备程度：发现井、发现方式、层位、井深、产能；地震方法，工作量，测线密度及成果（地震测线布置图及标准剖面图）；探井、资料井（评价井）密度，取心及地层测试情况取心，岩石分析工作量表（勘探成果表、图）；试油成果（成果表、图）；试采情况（试采曲线）或试井成果图表。

2）构造

构造形态，圈闭类型，面积，构造圈闭的闭合高度；油藏在圈闭中的位置（油藏构造平面图）、纵横剖面图；断层分布（断层数据表）；裂缝分布。

3）储层

层组划分（层组、层序对比表）及划分依据；岩性，岩石名称，矿物组成，胶结物类型，固结程度；结构构造粒度，磨圆度，分选，层理等（粒度表、曲线、照片）；厚度及产状：总厚度，单层厚度，层段，层状（薄层、厚层、块状）；储层厚度表，有效厚度表；分布：连续性，稳定性（储层厚度等值图、有效厚度等值图、区域厚度等值图）；沉积相分析（沉积相分析图），单井及平面划相依据；黏土含量和黏土矿物组分；成岩后生作用；隔层：岩性，厚度，稳定性，渗透性及膨胀性，隔层数据表，隔层平面分布图。

4）储层空间

空间类型，孔隙型、溶洞型、裂缝型或混合型等；孔缝洞分布及成因类型（原生或次生）；孔隙连续性及裂缝发育情况；孔隙结构，孔隙半径，孔喉比，毛管压力曲线（曲线图、表）；总孔隙度，有效孔隙度（孔隙度等值图）；空气渗透率，有效渗透率，垂直与水平渗透率（渗透率等值图）；孔隙连续情况及非均质性；储层分类，分类成果及标准（汇总表）。

5）流体性质

油气水的物理化学性质，化学组成；油气水关系（包括边底水、夹层水、气顶气、夹层气、纯气层等）；含油气水饱和度（饱和度等值图）；油气、油水或气水界面的深度及产状（油气水关系剖面对比图，油气、油水、气水过渡带的产状及厚度）；原油高压物性（原始气油比、溶解系数、饱和压力、压缩系数、体积系数、油层条件下原始密度和黏度），物性表及曲线；若为凝析气田：凝析油密度，分子量，组成，组分，气井产物组成，分离器气体，油罐气组成，凝析油组成，原始气油比，地层温度下温衰曲线，地层温度下初始凝析压力，最大凝析压力，不同温度下最大凝析压力，凝析油含量变化（相态图）。

6）渗流物理特征

储层岩石表面润湿性；油水、气水、油气相对渗透率（分层组的相对渗透率图）。

7）地层压力和地层温度

地层压力、压力系数、压力梯度（地层压力与深度关系曲线）；油气藏温度，地温梯度。

8）油藏类型

油气藏数及纵向分布；油气藏含气范围，含气高度，气水（油）界面；驱动类型；边底水的分布范围。

（2）油气藏动态地质特征研究

1）油藏压力系统

井间、油藏内部、层间连通情况；油藏压力系数的划分。

2）试井分析

油井生产能力的确定；试井资料的处理，地层参数的确定（附图、表）；油井工作制度的分析。

3）试采分析

不同时间油水界面分析；油藏驱动类型分析；产量，生产压差，气油比，试采中压力、产量变化情况；低产能油层改造效果分析。

二、油田开发调整方案的编制

1. 概述

在油田开发的生产过程中，通过不断地测取各种有关资料，用以监测、观察、分析开发指标的变化规律，从而采用人工干预的方法来改善油田开采生产的状况，使之获得最佳的采收率和最好的经济效益。这种人工有效的、合理的干预过程就称为油田开发中的调整。编制油田开发调整方案通常是在主观认识原设计与客观实际情况有较大出入时进行的。

（1）原油田开发设计与实际开发情况出入较大，采油速度达不到设计的要求，需要对原设计作调整和改动甚至重新设计。例如，苏联罗马什金油田注水开发后，出现许多未预料到的问题，不得不对原有开发设计的井网和注水方式进行大的修改和调整。

（2）改变油田开发方式，由靠天然能量开采调整为人工注水、注气，由自喷采油转变为机抽等。

（3）根据国家对原油生产的需要，或由公司经营策略的转变，要求油田提高采油速度，增加产量，采取提高注采强度和井网加密等调整措施。

（4）改善油田开发效果，延长油田稳产和减缓油田产量递减。这方面的调整是大量的、经常的。当其涉及面较大时，如采取分层工艺技术措施、改变注水方式、对井网层系进行调整时，则应编制调整方案。

（5）为提高油田最终采收率，对油田进行的调整，包括采用各种物理方法、化学方法、热采法、钻调整井，如三次采油提高采收率，即属于此类。

但不管哪一种情况，在进行方案调整时，都应包含以下内容：分析油藏分层工作状况，评价开发效果；利用开采历史资料，对地层模型进行再认识和修改，描述各类油砂体剩余油饱和度分布（即剩余储量的分布）；提高储量的动用程度，保持油田稳产的注采系统和压力系统。对于注水开发油田而言，就是要通过综合调整措施达到注入水的合理分配，降低产水量，使尽可能多的油层注入水驱，使水线均匀推进，不断扩大注入水的波及面积和体积，提高驱油效果，减缓采油递减速度；采用油藏数值模拟技术，拟合原有油田开发过程并预测调整措施后的开发效果及开发调整后的指标；经济技术指标的计算及分析，拟优选方案；方案实施的要求。

因此，调整方案在做法上有很多与开发方案相似之处，但与实际及工艺结合更加紧密、细致。所以，凡是方案编制已涉及的地方，这里不予重复，而着重讨论其特殊的部分。

2. *油田开发调整前需要认识的重要问题*

油田开发调整前，必须从分析目前存在的问题出发，从而提出相应解决问题的办法和措施。根据我国矿场，尤其是大庆油田的实践经验，认为重点应从以下几个方面分析研究。

（1）对油田地质特征的再认识

1）对构造、断层和油藏类型的再认识

当开发井逐渐加密时，对油田构造的认识必然不断加深，对于油藏是岩性或构造油藏还是复杂油藏必然会得到进一步认识，新的断层及走向也可发现，尤其对其封闭性、油气水的分布有新的认识。例如，大庆长垣西侧的杏西油田，开发前，由地震资料确定为被断层切割的鼻状构造，经钻井开发证实，其北断块为低幅度的短轴背斜，只有南断块是个鼻状构造。开发前，原认为它是个构造油藏，生产实践证明为构造的岩性油气藏。

2）对储层性质及其分布规律的再认识

陆相多油层的储层非均质严重。初期认为分布较为均匀，经钻井、开发井、沉积相等分析研究后便可进一步暴露其真实面目。例如，大庆某油田的储油层经研究后可分成四类：

一是大面积分布的中高渗透率油层。分为流道沉积的砂体，砂体分布面积广，油层厚度大，渗透率高，侧向连通好。这类油层在注水开发中，产能高，见水早，含水上升快，高含水时期水淹面积大。较差者仅分布于断层附近，且油层变差，注采关系不协调。

二是主体部位是条带状分布的中低渗透率油层。分为河道流砂体组合及水下流砂体组合，主体部位油层厚度较大，渗透率高，是边部薄砂层渗透率的2 ~ 4倍。注水开发后，注入水沿主体带推进，在初期井网条件下，开发20年，仍只有主体部位水淹，边部基本未动用。

三是成片分布的低渗透率薄层。这类油层属三角洲前缘相沉积，分布面积较大，层厚度薄，在1m以下；渗透率低，在$150 \times 10^{-3} um^2$以下，其产能低。加上中高渗透率层的干扰，注水过程一般动用程度很差，当油层全区高含水时，这类油藏的采油井基本上仍未见水。

四是零星分布形状不规则的油层。属于废弃河道砂体、决口扇砂体及物源供给不足的前缘相砂体，它的注采系统不完善，动用程度很差。那么，基于这种新的认识就可区别对待，进行有关砂体的调整。例如，原认为克拉玛依油田克拉玛依层是砂岩，后来证实为以砾岩为主的砂砾岩；原认为是大面积层状分布，实际证实为窝窝状，显然这些对油水运动规律起着很大的影响。所以，开发井的加密，对平面上储层的分布、连通范围、延伸性、沉积相等都可取得新的认识。

3）对油藏水动力学系统的再认识

这主要依靠不稳定试井及井间干扰试验或大面积压力、产量等动态变化观测和研究来核实水动力学系统。例如，苏联杜玛兹油田 A_1 和 A_2 两套层系的连通状况就是靠这两者的压力异常变化研究来确定的。对于断块油田，这种研究尤其重要。只有证实断层的密封性才能采取分块开发的措施。

4）对油田原始地质储量的核实

在计算地质储量中，各参数的变动一般不会太大，变动较大的是油层有效厚度，而它则取决于油层与非储层的界限。此界限除受储层孔隙度、渗透率、饱和度的影响外，还取决于开采条件和工艺技术水平。后者是随时间及工艺技术进步而改变，故有效厚度需不断研究和核实。因而，地层储量也应该不断核实。

（2）油田开发状况的分析

以原油产量变化为中心，查明各阶段油田储量动用状况和剩余储量的分布，内容有：

1）油田开发（调整）方案的执行情况及调整措施效果分析：通过执行效果汇总成以产量为核心，能全面反映油田开发效果的指标与方案要求指标对比、评价，得出新的认识，提出新的调整措施意见。

2）油田地层压力变化和注采平衡的分布：采取分区块、层系统计地层压力变化（上升、稳定、下降）、地层压力水平（特高压、高压、正常、低压、特低区）、低饱和压力井、平均地层压力、总压降等，然后将之与该区块、层采液量、注水量等联系起来分析，判断能量补给状况，提出改进措施。

3）储量动用状况及剩余油分布状况的分析：通过油、水井分层测试资料、水淹层解释资料、绘制平面上、剖面上水淹状况图，以了解油、水分布和储量动用现状、油水运动的规律及特点，找出潜力，采出分层开采工艺技术和钻调整井等综合措施，挖掘油层潜力。用油藏数值模拟法，来研究分层饱和度的变化以及剩余油的分布。

例如，大庆油田隆中地区曾根据主力油层水淹严重但很不均匀，差油层大多数尚未见水，生产潜力大，作了主油层水淹状况及潜力分析，提出点状注水增加油井受效方向及调整注水井的分层注水强度，以及油井分层堵水解决平面上含水饱和度差异的调整挖潜；采用同井分采工艺进行纵向水淹差异的调整挖潜；对厚层内部有细分条件的井进行层内调整挖潜，又作了差油层水淹状况及潜力分析，从而明确储量动用程度差，需调整井网、注采方式来加强开发速度。

4）油气界面和油水界面的分析：应坚持经常地、系统地观察，定期地分析研究油气水界面状况，防止气窜及原油外溢现象。必要时在邻区打观察井，检查了解其动态，及时采取措施，进行调整。

5）油田开发试验效果分析：主要指油田对已进行的一系列开发试验项目进行效果分析总结。

（3）对层系井网、注水方式的分析

主要以储量动用为基本内容，分析注入水在纵向上各个油层和每一油层平面上波及的均匀程度。若分析不够理想，则可先研究注水方式的适应性，尤其是面积注水与行列注水的比较，在此基础上再分析层系组合问题。一般来说，层系组合都是以油层性质和油层流体性质相近为依据，只有性质相近的油层才划入同一系列，适于采用相同的井网开发。以可供参考的内容相近为依据，如分析研究油田不同类型油层动用状况、油层砂体形态、沉积特征、渗透率级差、层数与厚度、油层润湿性等对开发效果的影响；不同注水方式对油层的控制程度、储量动用程度、采油速度、含水上升率变化的影响；现有井网经小层对比预测油层连通状况、水驱控制程度、不同面积注水井网的适应性以及井网密度与最终采收率的分析等。

（4）采油工艺适应性的分析

油井转抽条件的分析。在油田开发初期，一般油井多能自喷开采，这种方式投资少，成本低，设备简单，易于管理，录取资料方便。但是随着油田含水上升，产气量减少，井筒内压力梯度增高，常使油井停喷，被迫改成抽油井。此外，为满足提高低渗、低产油层的生产压差，开发中后期要求产液量增加，但注水压力已不能提高，后期钻井形成的井底污染、集输管线的需要，都可以促使采用抽油的方法开采。油井转抽的条件通常是油井停喷，现有开发方式已不能保证提高采油速度和油田稳产所需的产液量等。但考虑的总原则仍然是以最低的费用保证油井完成所规定的采油量，实现油田在一定时期内的稳产，从而提高油田最终采收率和总的经济效益。

对油田主要的增产措施如压裂、酸化、卡、堵水、放大压差等进行总结，分析其对增加产量、提高储层动用程度及改善开发效果的作用，进一步改善及提高开发效果。

对现有注采工艺技术适应程度予以分析评价，以提高注水的波及体积及驱油效率；并考虑开展新的注采工艺技术试验研究，积极推广新工艺、新技术，以适应油田开发的需要。

（5）油田地面装置及流程适应性的分析

随着地下情况的变化采取一系列调整措施后，势必要求对地面处理及流程进行相应的调整。有时，还将局部或大部的地面装置、流程更新或改造，以适应地下开发的要求。在油田开发研究中，还应注意到油田的生产常常要受到各种因素不同程度上对各个阶段的产油量的限制。这些限制归结起来包括：工艺限制、技术限制、计划和经济限制。

1）工艺限制

生产井数及布井方式、投产程序；注水方式；决定油田开发合理工艺条件的压力和产量等方面的限制。

生产井数、布井方式和投产程序是影响油田采收率及采油速度的最重要因素。油藏的开发速度不仅与生产井数有关，而且也与生产井和注水井的相互排列位置有关。在井数相同时，注水系统越强，开采速度越高。因此，必须考虑这样的限制，如最低地层压力和流动压力的限制、个别油井水淹过程的条件限制、油气藏开发条件的限制（如限制油井产量，防止气顶扩散或形成气锥）。在流压和地层压力下降的影响下，确定产量对应保持：井底流压 $P_{wf} \geqslant 0.75P_b$，地层压力 $P_r \geqslant (0.8 \sim 0.85) P_b$。但有时最低流压也受停喷的限制。在抽油井生产时，流压的下限极值还取决于泵装置的正常工作条件下、泵不抽空的井底压力。在这些条件下，需确定极限的最大产量，以免开发过程情况恶化，如底水锥进等。

2）技术限制

保持地层压力系统方面的限制：最高注水量和注水压力取决于注水泵能力和泵的扬程极限；水源、水处理和净化系统的能力；同井分注装置等。油井举升装置方面的限制：表现在气举、泵抽装置的最大生产力。油气集输系统方面的限制：此取决于这些系统的最大集输能力，包括管网直径、转油站的能力、分离器的极限压力等。原油处理系统方面的限制：此取决于原油处理装置的最大生产能力，包括国家对油品、对矿场原油初步加工标准的要求以及进入处理装置时允许的含水率和乳化程度等。污水（伴生水）净化、利用、收集系统方面的限制：包括伴生水和污水回注能力，此外也可能还有其他环节的影响，如供电设备能力不足等。

3）计划和经济限制

年度产量的计划，它确定层系限制的最低产油量；选择最合理的调整方法所依据的经济指标（成本、基建投资）：允许的最低油井产量、油藏的开发年限及其他。

3. 油田开发调整方案的内容

开发调整的目的是要满足合理开发系统的要求。首先，调整措施使层系达到原设计所预期的采油动态在开发早期调整应使层系达到采油、气的最大设计水平，全面地利用所采用的系统，在开发的第二阶段和第三阶段调整更为频繁，需要将所达到最高产油、气水平尽可能保持更长的时期，减缓其产量递减速度。从油藏一开始投入开发时起，就应为达到设计采收率创造条件，故在选择调整措施时，应尽量考虑从地下采出更多的储量。此外，还应最大限度地利用已钻井，减少注入工作剂费用，在不影响采收率的情况下减少伴随水的采出等。

因此，制定方案时，应遵循下述原则：技术准则，保证用最少的井数，最短的开发年限，最高的累积产油量，最少的产水量，合理的地层能量消耗（即以最少的注水量保持地层压力）等。经济准则，保证最少的投资，最低的生产费用，最大的利润等。

油田开发调整方案主要包括层系、井网、驱动方式、注采关系和开采工艺五个方面的内容。

（1）层系调整

开发初期设计的井网由于地质资料不足，为了迅速取得经济回报，减少投资，层系划分得比较粗，一个层系内不同层之间的差异比较大，往往投产初期就可以观察到高渗层迅速见水，而低渗层不出油。尽管用分层注水、分层堵水和分层改造的办法可以在一定程度上缓和层间差异的影响，但作用有限，往往不得不细分层系，使一个层系间、层与层之间的差异减小。我国的开发实践是层系越分越细，当然一个独立的层系必须有一定的储量和产能。

（2）井网调整

层系调整的目的主要在于减少层间差异，与此同时也减小了水驱油的平面不均衡；一个层系内的各层除在纵向上有差异之外，往往在区域（平面）上差异更大。例如，不同相带间的渗透率差异很大，仅调整层系不调整井网、井距，有时很难达到合理开发的目的。井网调整的办法一般有行列注水变为面积注水、九点井网变为五点井网等，趋势是开发单元越划越小，井距调整一般根据油砂体分布范围来定，即一个油砂体内，至少得有一口采油井、一口注水井，多采用加密的办法。局部受不到注水效果地区可加一口或几口注水井，施行不规则点状注水。

（3）驱动方式调整

要根据油藏的地质条件建立技术上有效的、经济上可行的驱动方式，同时也要考虑到产能的需要。在研究这个问题时，要考虑充分利用天然能量的可能性，因为这样往往是最经济的。例如，我国雁领油田和龙虎庄油田的开发。根据动态资料的分析，当以年采油量低于地质储量的4% ~ 5%开发时，边水可以提供足够的能量。但是，实际的开发速度达到了10%，这样就必须进行人工注水；如果油藏开发的初期证明边水比较活跃，而且油藏又是由比较单一的油层组成的，可以先不考虑注水，直到开发后期为了更好地开发那些与边水连通较差的层位时，才可以考虑进行局部注水；对于底水驱动的油藏采用向底水部位注水，效果是比较好的；而在内部注水，其效果就不理想。前者的典型例子是任丘油田的雾迷山油藏，由于建立了完整的观察体系和合理的控制系统，油水界面的上升比较均匀，驱油效果比较好。

从理论上来说，油田投入开发与投入注水同步进行是可行的，但在实际上，注水总有一个滞后的时间。对于欠饱和油藏来说，因为有一个弹性驱动的阶段，在地层压力降至饱和压力之前，注水不会有什么问题。而对于那些油藏压力已接近或等于饱和压力的油藏，一旦油藏开始开发，溶解气就从油藏中分离出来。在这种情况下，只有在储层中的含气饱和度还低于气体开始流动的饱和度以前进行注水，地下原油不会流入已被气体占据的孔隙空间，可得到很好的效果。这一饱和度可以作为开始注水的界限，也可以作为保持油藏压力的下限。

油气（当存在气顶时）和油水界面都是可以移动的，当在油藏内部注水时，如果油体的压力高于外部的水体或气顶的压力，则将有一部分原油进入水体或气顶，而造成地下原油损失，很多油田的开发实践证明了这点。因此在开发过程中，原始地层压力应保持在压力的上限，只有全封闭的油藏，才可允许把油藏压力提高到原始油藏压力以上。但这时还要注意到储层中的裂缝张开和地应力平衡受到破坏后所引起的一系列技术问题。因此，一般情况下油藏压力仍保持在略低于原始地层压力为宜；在异常高压油藏中注水，是否要保持原始油藏压力，需要根据实际情况来定。至少对那些埋藏较深（如2500m以下）、压力系数较高（如1.5以上）的油藏，可以保持在低于原始油藏压力，甚至接近油藏饱和压力的条件下开采；带大气顶的油藏，国外的开发实践和室内研究表明，当气顶膨胀驱油的速度低于某一临界值时，整个油气界面将均匀下降，而只在生产井附近出现锥进现象。但是这种情况要求油藏具有高倾角和高渗透率，否则整个油藏生产能力太低，很难满足生产计划的要求。很多国外教科书上提出，在靠近气顶处利用气顶驱油。在油水界面附近利用水驱油的设想也有成功的例子，但技术上难度较大。

（4）注采关系调整

在纵向可以用压裂措施或提高注水压力办法加强低渗透层注水量。同时，也可采用限制渗层吸水，加强未水淹方向注水，减少水淹方向的注水，封堵生产井的高含水层，对低渗层进行压裂改造或其他增产措施。需要指出，进行压裂改造要十分谨慎，要认真研究地应力方向，避免注水井的裂缝与生产井的裂缝沟通。通过上述办法尽量做到纵向上、平面上均匀水淹。目前的工艺手段还很难做到通过加强注水、堵水和油藏改造措施完全解决油藏层间和平面差异，只能在一定程度上减轻而已；调整水驱油的流动方向，对有裂缝的油田特别重要，水驱油的方向与裂缝延伸的方向互相垂直时，水驱油效果最好。扶余油田是一个裂缝型油藏，初期开发效果较差，后来把原来的九点井网改为排状井网，并把注水井排布为与裂缝方向一致，就使油田开发效果得到了明显改善。

（5）开采工艺调整

溶解气驱开发的油田，随着油藏压力的下降，油藏的能量将不能把油举至井口，需要人工举升。而在注水的水驱油田中，随着开发的进程，含水率不断上升，流动压力也不断升高，其生产压差降低，井的产油量也不断下降，到某一阶段同样也需要举升。但是这两者还有区别，前者是补充压力不足，而后者更着眼于提高排液量。我国大部分油田主要是后一种情况，对后一种情况，则需要一种排量范围变化较大的泵。由于井的产量较大，常规有杆泵不能满足这个要求，目前我国采用的是电潜泵和水力活塞泵来满足提高排液量的需要。

油田从自喷进入人工举升阶段，是一个很大的调整工作，要经历一段相当长的时间；同样，需要根据注采平衡的要求进行注水调整，包括增加注水井点和提高注入压力等。一般认为注水井的井底压力应低于油藏的破裂压力，矿场实践证明，这并不是不可逾越的界限，而是要根据油藏和储层的地质特点来定。例如，大庆油田由于砂层的吸水能力很强，在注水井底附近产生的裂缝中的流体很快都被油层吸收，因而，裂缝内的压力降低，裂缝不再延伸。在这种情况下，可以使注水井的井底压力略高于破裂压力。而在克拉玛依油田，当注水井的井底压力高于地层的破裂压力时，很快出现了水窜和油井暴性水淹的情况，这时就必须严格控制注水压力，不使油层中的裂缝张开。总之，一般情况下，破裂压力仍可作为注水压力的界限，但可以根据具体情况适当进行调整。大量矿场实践证明，在油井见水后，只要继续生产到含水极限（如98%），水驱油的面积波及系数就将接近80%，而垂向波及系数则在40% ~ 80%之间。因此，在高含水的情况下通过加密钻井来提高波及系数没有太大的效果。应该放在改善垂向波及系数上，采用调剖技术调整吸水剖面，并与注聚合物改善驱油效率相结合。目前在我国已有多数油田采取了调整吸水剖面的措施，效果较好。

三、改善油田开发效果的方法

1. 开发层系调整技术

在中低含水期，对开发初期的基础井网未作较大的调整，层系的划分是比较粗的。进入高含水期以后，层间干扰现象加剧，高渗透主力层已基本水淹，中、低渗透的非主力油层很少动用或基本没有动用，油田产量开始出现递减。进行细分开发层系的调整，可能把大量的中、低渗透层的储量动用起来，这是细分开发层系的必要性；另外，油井水淹虽然已很严重，但从地下油水分布情况来看，水淹的主要还是主力油层，大量的中、低渗透层进水很少或者根本没有进水，其中还能看到大片甚至整层的剩余油，具备把中、低渗透层细分出来单独组成一套层系的可能性。因此，进行开发层系细分调整是改善储层动用状况，保持油田稳产、增产，减缓递减的一项主要措施。

（1）开发层系细分调整的原则

一套井网同时开发多储油层时，由于油层的非均质性，造成一部分渗透性较差的油层基本不动用或动用程度很差。这些动用差的油层主要是那些分布零星、延伸不远或渗透率低的油层，这些油层在原井网条件下开发是有困难的，为了充分合理地利用地下资源，就需要调整细分开发层系，还要加密井网。层系细分调整可以单独进行，也可以和井网调整同时进行。

通常油田进行开发细分调整的原则包括下列几个方面：①通过大量的实际资料，并经过油藏动态分析证实，由于某种原因基本未动用或动用较差的油层有可观的储量和一定的生产能力，能保证油田开发层系细分调整后获得较好的经济效果。②弄清细分调整对象。在对已开发层系中各类油层的注水状况、水淹状况和动用状况认识调查研究的基础上，弄清需要调整的油层，以及这些油层目前的状况。③与原井网协调。调整层位在原开发井网一般均已射孔，所以在布井时必须注意新老井在注采系统上的协调。④大面积的层系细分调整时，如果需要划分成多套层系时，则尽可能一次完成，这样的经济效益最佳。⑤层系细分调整时，要求相应的钻井、测井、完井等工艺必须完善、可行。

（2）开发层系细分调整的方法

从我国的实践来看，根据油藏具体地质、开发状况的不同，层系细分调整有以下几种方法：

1）新、老层系完全分开，封堵老层系的井下部的油层，全部转采上部油层，而由新打的调整井来开采下部的油层。这种方法主要适用于层系内主力小层过多，彼此间干扰严重的情况。把它们适当组合后分成若干个独立开发层系，这种方法既便于把新、老层系彻底分开，又利于封堵施工。如果封上部的油层采下部的油层，封堵施工难度大，且不能保证质量。

2）老层系的井不动，把动用不好的中、低渗透油层整层剔出，另打一套新的层系井来进行开发。这种方法主要适用于层系内主力小层动用较好，只是中、低渗透非主力层动用差的情况。这种做法工程上简单，工作量小，但老层系和新层系在老井处是相联系的，两套层系不能完全分开，不能成为完全独立的开发单元，以致在各层系的开发上难以掌握动态，更难以进行调整。针对这种细分方法的弱点，有人提出分期布井的办法，即把原层系中的主力小层先布井开发，等含水到一定程度、产量即将出现递减时才把中、低渗透层作为一套独立的开发层系布井开发，靠新层系的投产来实现接替稳产。这样做的优点是两套层系完全相互独立，避免了相互干扰的影响，便于分别掌握其动态变化及时进行调整；由于中、低渗透层分布情况更为复杂，当主力层组成的层系投入开发时，可以利用这些井进一步详探，把这些中、低渗透层的分布和物性变化描述得更加清楚，为井网的部署提供合理的依据。但是开发初期只靠第一套层系开采，油藏的产量可能会低一些，需要适当提高采油速度，以避免开发初期产量过低的缺点。这种做法会取得较好的效果。

3）把开发层系划分得更细一些，用一套较密的井网打穿各套层系，先开发最下面的一套层系，采完后逐层上返。这种方法最适用于油层多、连通性差，埋藏比较深，油质又比较好的油藏。因为在这种条件下，需要划分的层系多，又需要比较密的井网，才能控制住较多的水驱储量，形成比较完整的注采系统，否则注水效果将会很差，但是井深、层系多，每一套都打很多井，经济上不合算，因此，只有打一套较密的井网，逐层上返，才能取得较好的经济效益。但这样做整个油藏的开发速度可能比较低，开采时间拖得比较长。因此，每一套层系都必须用比较高的速度开发，基本采完后上返。该方法适合于油质比较轻、黏度低的油层开发，在含水不是非常高的时候就能采出绝大部分储量，否则黏度太高，大多数储量要在高含水期采出，就不能使用这种方法。这种方法既可以在开发初期确定层系井网时应用，也可用于后期调整。目前，国内在开发初期还没有应用的实例，作为后期调整已在中原油田的文东油田取得应用，效果很好。

4）不同油层对井网的适应性不同，细分时对中、低渗透层要适当加密。油田开发的实践表明，对分布稳定、渗透率较高的油层，井网密度和注采系统对水驱控制储量的影响较小。因此，井网部署的弹性比较大；而对一些分布不太稳定，渗透率比较低的中、低渗透层，井网布署和井网密度对开发效果的影响变得十分明显，油层的连续性差，井网密度或注采井距对水驱控制储量的关系十分密切。因此，细分层系时对中、低渗透层适当采取较密的井距，有助于提高中、低渗透层的动用程度。

5）细分层系，打一批新井也有助于不断增加油田开采强度，提高整个油田的产液水平。为了保持油田在高含水期的稳产，随着含水率的上升，应不断提高油田的排液量，除提高单井排液量的措施外，打细分加密井，增加出油井点，也是整体提高油田排液量的重要措施。

6）层系细分调整和井网调整同时进行。该方法是针对一部分油层动用不好，而原开采井网对调整对象又显得较稀的条件下使用。这种细分调整是一种全面的调整方式，井打得多，投资较大，只要预测准确，效果也最明显。

7）主要进行层系细分调整，把井网调整放在从属位置。油区开发一段时期后，证实井网是合理的，但由于层系划分的不合理而造成开发效果不好，这时进行层系细分调整是最有效的，可以把井网调整放到从属位置。

8）对层系进行局部细分调整。这里说的局部调整一般有三种类型：一是原井网采用分注合采或合注分采，当发现开发效果不够好时，对分注合采的，增加采油井，对于合注分采的，增加注水井，使两个层系分成两套井网开发，实现分注分采；二是原层系部分封堵，补开部分差油层，这种补孔是在某层系部分非主力层增加开采井点，提高井网密度，从开发上看是合理的，但是由于好油层不能都堵死，所以只能是局部调整措施，由于补孔施工对开采层的污染，所以在选择施工时，又受一定的限制，若不能增产就不应补孔；三是随着油田开发实践，对原来的油层、水层、油水层的再认识，可能在油田内发现一些新的有工业价值的油气层，若可能的话也可以通过补孔开发这些油层。

凡是经过补孔实现层系细分调整的，都要坚持补孔增产的原则。

（3）开发层系细分调整要注意的问题

油田地下调整要和地面流程、站库改造同时进行；大面积进行层系的细分调整是一项投资大的工作，除必须进行可行性研究外，还要开辟试验区；细分调整的时间是很重要的；调整井打完以后，必须认真进行水淹层测井并解释，确定每口井的射孔层位和注采井别，补孔也一样，只有这样才能获得好的效果；层系细分越早，越早解决层间、层内、平面和各种矛盾，开发效果就会越好。

（4）层系细分调整的合理程序

细分调整的合理程序一般分为五大步骤：

1）通过油水井的分层测试和观察井的分析，弄清油层动用状况及潜力所在，确定调整对象。

2）编制细分调整井部署方案或其他形式的调整方案。

3）通过测井，认真弄清调整对象调整井或补孔井的分层水淹情况，对油田地层情况、水淹状况和生产状况进行再认识，确定每口井的具体射孔方案和注采井别。

4）制定射孔方案的实施步骤。

5）观察方案实施效果，并认真进行总结。

2. *油田注采井网调整技术*

合理划分开发层系和合理部署注采井网是开发好油田的两个方面，两者各有侧重，前者侧重于调节层间差异性的影响，减少层间干扰；后者侧重于调节平面差异性的影响，使井网部署能够与油层在平面上的分布状况等非均质特征相适应，经济有效地动用好平面上各个部位的储量，获得尽可能高的水驱波及体积和水驱采收率。同时考虑到钻井成本在油田建立的投资额中占有很大的比重，因此如何以合理的井数获得最好的开发效果和经济效益是一个十分重要的问题。

我国储层砂岩油藏的地质和开发特征决定了油田的开发部署一般不可能一次完成，要在开发实践中根据“实践一步、认识一步、开发一步”原则，在实践中不断加深对油藏非均质性的认识，并进一步指导实践，随着开发形势的变化，适时进行综合性的调整，多次布井，才能不断提高开发水平。具体分析起来，油田注采井网调整的必要性有以下几方面：

①油层多、差异大，开发部署不可能一次完成。我国陆相储层层数多，岩石和流体的物性各异，层间、层内和平面非均质性严重，各个油层的吸水能力、生产能力、自喷能力等差别大，对注采井网的适应性以及对采油工艺的要求也都有很大不同，若采取一次布井的办法，则可能层系过粗、井网过稀，难免顾此失彼，使大部分中、低渗透储层难以动用；若层系过细、井网过密，则投入过大，经济效益差，甚至可能打出很多低效井甚至无效井。因此，应该采取先开采连通性好、渗透性好的主力油层，再开采连通性较差，甚至很差的中、低渗透层，多次布井，分阶段调整。这种方法比较适合我国多层砂岩油藏的实际情况，特别是大型和特大型油田，各局部区域之间也常有很大差异，一次布井更难以适应。

②油藏复杂的非均质性不可能一次认识清楚。我国河流—三角洲沉积多呈较薄的砂泥岩层，目前地震技术还不能把大小、厚薄等砂体的复杂形态和分布状况认识清楚，主要靠钻井所获得的信息。但在一定的井网密度下对于这些砂体形态和分布状况的认识有一定的限度。根据油田实践经验，大体上在探井的井网密度下只能认

识到油层组这个级别；在探井加评价井的井网密度下，可以认识到砂岩组；当基础井网打完以后，对分布面积较大、渗透率较高的砂体可以认识得比较清楚；只有当层系细分调整井打完以后，才能反过来把比较零散和窄小的低渗透层认识清楚。因此，根据初期开发准备阶段稀井网比较粗略的认识，一次性地布完井，将难以符合我国多层砂岩油藏复杂的非均质状况。从这点来看，也应循序渐进，采取多次布井的方式，使我们对储层非均质性主观认识逐步接近于油藏的客观实际，才能正确地指导下一次的开发实践，获得好的开发效果。

③油藏开发是动态的变化过程，一次性的、固定的开发部署不可能适应各开发阶段变动过程的需要。油藏注水开发的工作中，随着注入水的推进，地下油水分布情况不断处于动态变化中，层间、层内和平面矛盾不断在发展和转化，各层位、各部位的压力、产量、含水和动用情况也在不断发生变化。每当地下油分布出现重大变化，原有的层系、井网就可能不适应新的情况，需要进行综合性的重大调整。如果已有的层系、井网不随着地下油水分布的重大变化而及时调整，油藏的生产状况就可能恶化。特别是我国原油黏度一般偏高，大量的可采储量要在高含水期甚至特高含水期采出。由于高含水和特高含水期的开发对象、开采特点、主要对策和措施与中、低含水期有很大不同，对开发初期所确定的层系、井网的调整，是必要的。

综上所述，只有自觉地把握和应用多层砂岩油藏多次布井、适时调整的规律性，才能掌握油藏开发的主动权。当油田的含水率达到80%以上，即进入高含水期时，地下的油水分布已发生了重大变化，油层内已难以找到大片、成层、连续分布的剩余油，剩余油已呈高度分散状态，多分布于各砂体的边界部位、未动用的低渗透薄层以及表外储层，此时油藏平面差异性对开发的影响已经突出成为主要矛盾，靠原来的井网已难以采出这些分散的剩余油，需要进一步加密调整井网。

（1）井网加密方式

一般说来，针对原井网的开发状况，可以采取表3-3中的四种方式。

（2）老井必须采取的相应措施

在进行井网加密调整的地区，老井必须采取相应的措施，主要包括：在编制调整方案时，必须新、老井统一考虑，保持调整对象注采关系协调；保持非调整对象注采关系协调；在实施方案时，新、老井必须同时实施，这样才能保证有好的开发效果；在进行动态分析时，应该既有总的情况，又有分层系情况，这样才能保证掌握油田开采的主动权。

表 3-3 井网加密的方式

类别	内容
主要加密注水井	这种加密方式仍然是普遍的大面积的加密方式。在原来采用行列注水井网的开发区易于应用，对于原来采用面积注水井网的开发区应用起来限制较多；这种加密方式，对于行列井网，主要用于中间井排两侧的第二排间。它适用的地质条件是：第一排间中、低渗透层均能得到较好的动用，再全面打井已没有必要，而第二排间差油层控制程度低，又动用差，这种情况下可以考虑这种方式，即注水井普遍加密，而在局部地区增加少量采油井；加密调整的层位和上一种没有什么不同，但效果会有差别。老井稳产情况将会明显好转。全区采油速度的提高不如全面加密明显，甚至基本不提高，这是因为增加采油井点少，或者不增加，油井内的层间干扰问题得不到彻底解决；对于面积井网，这种方式适用于地质储量已经很好地得到控制，但注采井数比过小，注水井数太少的情况
油水井全面加密	对于那些原井网开发不好的油层，水驱控制程度低，而且这些油层有一定的厚度，绝大多数加密调整井均可能获得较高的生产能力，控制一定的地质储量，从经济上来看又是合理的。在这种情况下就应该油水井全面加密。这种调整的结果会增加水驱油体积，全区采油速度明显提高，老井稳产时间也会延长，最终采收率得到提高。加密调整井网开采的对象是：原井网控制不住，实际资料又证明动用情况很差的油层和已经动用的油层内局部由于某种原因未动用的部位。对于调整层位中局部动用好，甚至已经含水较高的井层不应该射孔采油或注水
高效调整井	由于河流—三角洲沉积的严重非均质性，到高含水期，剩余油不仅呈现高度分散的特点，而且还存在相对富集的部位。高效调整井的任务就是有针对性地用不均匀井网寻找和开采这些未见水或低含水的高渗透厚油层中的剩余油，常获得较高的产量，所以称为高效调整井。部署高效调整井的原则和要求如下：由于油藏内砂体分布和高含水期的油水分布极其复杂，高效调整井必须在较密井网的基础上通过静、动结合的精细油藏描述才能有针对性地进行部署。重点寻找：厚砂体上由于注采不完善而形成的原油滞留部位；较大片厚砂体上边部远离注水井点的原油滞留部位；条带状厚砂体上开采井点后面的未水驱部位；被断层或废弃河道等遮挡所形成的原油滞留部位；尚未动用的独立厚砂体；与周围厚砂体上部相连通的异常厚砂体，或叠加型厚油层上部砂体中的原油滞留部位；高效调整井以具有较高产能和可采储量的油井为主，这类井可以不受原开发层系的约束，只射开未见水或低含水的厚油层；为使高调整井能比较稳定的生产，必须逐井逐层完善注采系统，为之创造良好的水驱条件，可利用其他层系的注水井补孔或高含水井转注，必要时可兼顾周围采油井的需要补钻个别注水井

续表

类别	内容
难采层加密调整井网	这种方式通过加密进一步完善平面上各砂体的注水系统，来挖掘高度分散的剩余储量的潜力，提高水驱波及体积和采收率。难采层加密调整井网的开发对象，包括泛滥和分流平原的河边、河道间、主体薄层砂边部沉积的粉砂及泥质粉砂岩，呈零散、不规则分布，另外就是三角洲前缘席状砂边部水动力变弱部位的薄层席状砂，还有三角洲前缘相外缘的波浪作用下形成的薄而连片的储层，以及原开发井网所没有控制住的小砂体等。这些难采层渗透性差，单层厚度也薄，但由于层数多，叠加起来仍普遍有一定的厚度，采用有效的开采工艺，单井日产量可达8 ~ 10t，仍具有较好的经济效益。部署难采层加密调整井网的原则和要求如下：由于这些难采层叠加起来普遍仍可达一定厚度，所以仍采用均匀布井方式；由于这些难采层除少数大片分布的薄层席状砂以外，绝大多数分布零散，在平面上和纵向上交错分布在原来水淹层的周围，因此要根据水淹层测井解释结果，选择水淹级别比较低的层位，综合考虑老井的情况，按单砂体完善注采系统，进行不均匀的选择性射孔，射孔时切忌射开高含水层；同一套难采层加密井网内的小层物性应大体相近，井段尽量集中，应具有一定的单井射开厚度，以保证获得一定的单井产量和稳产期

（3）打调整井的时间问题

对于零星的注水井和采油井，一般分为两种情况：一种是根据开发方案打完井，对油层再认识后，发现局部井区方案不够合理，通常是主力油层注采系统不完善，这时安排打零星调整井，使主力油层注采系统完善，这种井打的时间很早；另一种是局部地区开发效果不好，水淹体积小，需要打加密调整井，这些地区打井只有在把井下情况看准后才能部署，一般说来时间较晚些。

对于需要普遍打加密调整井的地区，钻井时间的选择取决于两个因素：一是需要，即从油田保持高产稳产出发，最晚的钻井时间也要比油田可能稳不住的年限早2 ~ 3年。在问题看准后，尽量及早实施。二是合理，最好与地面流程的调整和其他工作的改造结合进行；对于主要打注水井的做法，在中含水期调整好些。这是因为只加密调整注水井，油井仍用原来的，这些采油井点含水越高，层间干扰越大，调整效果要受到影响。况且高含水主力层又不能大面积停采，这样势必造成采水量较大，采出这些层的油，相对需要消耗的水量也多，经济效果就差了。

（4）打加密调整井的注意事项

在同一层系的新、老井网注采系统必须协调；加密井网应尽可能同层系的调整结合起来统一考察实施；井网加密除了提高采油速度外，应尽可能提高水驱动用储量，这样有利于提高水驱采收率；射孔时要避开高含水层，以提高这批井的开发效果。加密井打完后，必须对油层情况和水淹情况进行再认识，复核原方案有没有需要调整的地方。在此基础上，编制射孔方案注意要逐井落实射孔层位，为保证这套井网的开发效果，除了非调整层不射孔外，中、高含水层一般不应射孔。注水井网射孔方法控制的严格程度可以比油井宽些；解决好钻加密调整井的工艺和测井工艺是调整效果好的保证。加密调整井的开采层位是调整层中的未见水层和低含水层。一口井只要把一个高含水层误射了，往往将会造成全井高含水，被迫提早上堵水措施，影响了加密调整井的效果，增加了成本。所以要求测井工艺能准确地找出水层，尤其是高含水层；加密调整井是打在已注水开发的地区，整个油层中已有些层水淹，形成油层、水层交错，高压层和低压层交错的情况，因此除了测井解释水平要高外，钻井工艺要达到新的水平，对固井质量也要求很高。这时钻井再不会像开发初期那样，各个油层之间压力比较接近，而是各个层的压力有很大差别，使钻井难度大大增加。

（5）井网局部完善调整

井网局部完善调整就是在油藏高含水后期，针对纵向上、平面上剩余油相对富集井区的挖潜，以完善油砂体平面注采系统和强化低渗薄层注采系统而进行的井网局部调整。调整井大致分为：局部加密井、调整井、更新井、细分层系采差层井、水平井、径向水平井、老井侧钻等。

以提高注采井数比、强化注采系统为主要内容的井网局部完善调整，主要包括三个方面的措施：①在剩余油相对富集区增加油井；②在注水能力不够的井区增加注水井；③对产量较高的报废井，可打更新井。高效调整井的布井方式和密度取决于剩余油的丰度和质量，一方面要保证调整井的经济合理性，另一方面要有利于控制调整对象的平面和层间干扰，达到较高的储量动用程度；以动用低渗透薄层为主的井网局部完善调整，调整对象主要是分散在各单砂体中动用很差和未动用的低渗透薄层，其纵向上与水淹层交互叠加，平面上分散在各见水部位之间，分为四种类型：①分散在河道砂体边部的泛滥型薄层砂；②内前缘席状砂中的低渗透部位；③大片分布的上前缘砂低渗透席状砂；④原开发井网未控制住的小砂体。加密调整的布井方式有两种，一是打点状注水井，以调整注采井距，注水方式要考虑强化注水；二是打加密生产井，以缩小单井控制储量。多数层需要新老井结合，按单砂体完善注采系统，不均匀选择射孔。

（6）井网抽稀

井网抽稀是井网调整的另一种形式，它往往发生在主要油层大面积高含水，这些井层不堵死将造成严重的层间矛盾和平面矛盾，或为了调整层间干扰，或为了保证该层低含水部位更充分受效，控制大量出水，因此有必要进行主要层的井网抽稀工作。

井网抽稀的原则主要有：抽稀后的井网必须保证主力油层平面上注采是协调的，不能出现有注无采或有采无注的情况；抽稀前后力争实现主力油层采油速度不降或少降。对于进行分层堵水的井点，争取做到本井产油量不降，井网抽稀后全区的含水要受到控制，产水量要下降。分层堵水的井应见到明显的降水效果，井网抽稀后注水井的注水量要进行相应的调整，保持主力油层和非主力油层的注采平衡。油井抽稀和注水井抽稀可以同时考虑，但在考虑注水井抽稀时要特别慎重。井网抽稀的主要手段可以有两种，一是关井，二是分层堵水和停注。

分层堵水的做法是一口井只停产主要见水层位，其他低含水的层位继续生产。这样施工费用虽然较高，但能做到：①油井继续采油，得到充分利用；②在多层合采的条件下，原来动用不好的油层得到动用；③被堵层确定实现了停注或停采。

关井抽稀的方法很简单，可以说不需要什么费用，但与分层堵水比较，存在以下缺点：①油井无法继续利用；②其他同井合采的差油层也被抽稀，在多数情况下，这些油层抽稀是不合理的；③受层间倒灌的影响，不少层并没有真的停采或者停注。

从以上分析可以看出，在多层合注合采的条件下分层堵水（包括油井和水井）的办法比地面关井要优越。只有在井下技术状况较好，单一油层或者各个主要层均已高含水，关井才是合理的。

3. *应用周期注水方式改善油田开发效果*

注水是当今世界油田采用的主要开发方式，是最经济有效的提高采收率的方法。注水油田的高含水采油期，是注水油田开发过程中一个重要的时期，我国中等黏度的注水油田，有一半左右的水驱可采储量将在高含水期采出。油田进入高含水期开采后，在稳定注水条件下，注入水很难扩大波及体积，大部分水沿已经形成的水窜通道采出地面，使注入水的利用率越来越低。而且在该阶段随着油田综合含水的升高，地下油水分布日益复杂，油、气、水和岩石的性质发生许多变化；伴随油田采出水量逐渐增加，开发工作量逐渐加大；增产增注的措施效果越来越差；井况也越来越差。因此高含水期的调整工作，关系到整个油田开发水平的高低，不仅难度大，而且非常重要。

以改变油层中的流场来实现油田调整的方法称为水动力学方法。它的主要作用是提高注入水的波及系数，是改善高含水期油田注水开发效果的一种简单易行、经济有效的方法。

注水油田开发调整水动力学方法的概念最早是由苏联人于1986年提出的。在此之前，虽然这种方法早已在应用，但没有专门的独立和研究。由于它在注水油田开发调整中的重大价值，逐渐引起人们的注意，并从1986年起把它作为独立的方法进行研究。水动力学方法按其作用的特点又可分为两种类型：①通过改变井的工作制度，实现油田强化开采的方法；②改变初始采用的井网和层系的调整方法。

水动力学方法与三次采油方法相比，水动力学方法工艺比较简单，成功率高，效果显著，投资较小，经济效益好；而三次采油方法工艺比较复杂，投资大，风险大。水动力学方法往往只需要较小的工作量就能获得较大的成效。

水动力学方法由于实施比较容易，投资比较少，而得到了广泛的应用。在国外，苏联1988年在32个生产联合公司的210个油田上进行了336项试验和推广提高采收率工作，其中热采47项，物理、化学法105项，水动力学法214项。用这些方法增产原油4713×10^4t，其中水动力学方法增产3963×10^4t的，可以看出水动力学方法的应用和效果所占比重多大。在我国，应用水动力学调整方法也出现了一大批成功的典型。例如，喇嘛甸油田改变液流方向的注采系统调整；大庆长垣南部和扶余油田的周期注水；胜地油田胜二区沙二三的封堵大孔道；王场油田的单井吞吐；任丘、莫州油田的降压开采等。这些成功的实例说明水动力学方法在我国有着极为广阔的应用前景。

周期注水也称为不稳定注水、间歇注水、脉冲注水等，是20世纪50年代末和60年代初开始在苏联和美国实施的一种注水方法，在苏联应用比较广泛。20世纪70～80年代，苏联已把这种方法作为注水油田改善开发效果的主要方法，实施规模相当大，主要在西伯利亚、古比雪夫和鞑靼油区共22个油田约80个层系中应用。三个油区实施周期注水，10年内共增产原油22×10^4t。我国20世纪80年代开始在扶余、葡萄花、克拉玛依等油田开发了周期注水的矿场试验，并取得了一定成效。

（1）周期注水的驱油机理

周期性注水作为一种提高原油采收率的注水方法，其作用机理与普通的水驱不完全一样，它主要是利用压力波在不同渗滤特性介质中的传递速度不同，通过周期性的提高和降低注水量的办法使油层内部产生不稳定的压力场和在不同渗透率小层之间产生相应的液体不稳定交替流动。在升压半周期，注水压力加大，一方面部分注入水由于压力升高直接进入低渗层和高渗层内低渗段，驱替那些在常规注水时未能被驱走的剩余油，改善了吸水剖面；另一方面由于注入量的增大，部分在大孔道中流动的水克服毛细管力的作用沿高、低渗段的交界面进入低渗段，使低渗段的部分油被驱替。另外，注水压力的加大使低渗层段获得更多的弹性能，因此，水量越大，升压半周期储层内流体的各种活动越强烈。当进入降压半周期，由于高、低渗段压力传导速度不同，高渗段压力下降快，低渗段压力下降慢，这样高、低渗段间形成一反向的压力梯度，同时由于毛细管力和弹性力的作用，在两段交界面出现低渗段中的部分水和油缓慢向高渗段的大孔道流动，并在生产压差的作用下随后来的驱替水流向生产井，因此，水量越小，高渗层段能量下降越快，越有利于低渗层段较早地发挥其储层能量，而高渗层段内的低渗段流体在弹性能和毛细管力的作用下沿高、低渗段的交界面进入高渗段的时机也越早，流体也越多。

（2）影响周期注水开发效果的油藏条件

油层非均质性的影响。液体是有选择性地沿渗透性好的小层渗流，是渠道流态分布，渗透率非均质性的增加降低了常规注水波及油层的效率。在稳定注水时，各小层的渗透率级差越大，驱替前缘就越不均衡，水驱油的效果就越差。同期注水主要是采用周期性的增加或降低注水量的办法，使油层的高低渗透层之间产生交潜压力波动和相应的液体交渗流动，使通常的稳定注水未波及的低渗透区投入开发，创造了一个相对均衡的推进前缘，提高了水驱油的波及效率，改善了开发效果。地层渗透率的非均质性，特别是纵向非均质性，有利于周期注水压力重新分布时的层间液体交换，有利于提高周期效应的效果。油层非均质性越严重，特别是纵向非均质性越强，周期注水与连续注水相比改善的效果越显著。我国周期注水效果较好的油田大都是非均质比较强的油田，如克拉玛依油田二东区克下组，渗透率严重非均质，同一岩性段内渗透率级差可达几十倍，如果采用连续注水，效果将会是很差的。葡萄花油田、太南油田、扶余油田都是这种情况，特别是扶余油田，属于砂岩裂缝油田，严重非均质。

垂直渗透率的大小对周期注水的效果也有影响。随着垂直渗透率（K_v）和水平渗透率（K_h）比值的增加，常规注水与周期注水采收率都增加，同一K_v/K_h下，周期注水效果好于常规注水，$K_v/K_h=1/2$时，周期注水改善常规连续注水效果最明显，K_v/K_h过大和过小，改善的效果都会减弱。

周期注水对砂岩和碳酸盐岩均有效。效果最好的是高渗透砂岩和低渗透碳酸盐岩储层。

小层平面间的水动力不连通程度参数的影响。实际上，油层通常都是由中间夹着泥岩、粉砂岩和致密石灰岩等不渗透性薄层的不同渗透率小层组成的储油层，在油层中建立不稳定的压力场时，水动力交渗流动只能通过各小层的水动力连通地带实现。引进水动力不连通程度参数来表示这一因素对周期注水的影响，它表示各小层不渗透接触面积与油层整个面积的比例关系。不连通程度值越大，其周期注水效果越差。对于非均质性不同的油层和渗透率组合来说，都存在一个极限值，高于这个值后，一般认为进行周期注水是不合理的。一般情况下可认为不连通程度为0.5是极限值。

周期注水的油藏最好是封闭的，这样才能在短期内将地层压力恢复到预定的较高压力水平上。

周期注水对亲水和亲油的储层都适用。毛细管压力越大即岩石亲水性越强，常规注水及周期注水的效果均越好。同期注水比常规注水改善开发指标的程度则为毛细管压力适中时最高，毛细管压力为零或过大，开发指标提高幅度反而下降。这一点在我国油田实际中也有反映，如周期注水取得效果较好的葡萄花油田、太南油田、扶余油田的岩石润湿性都是偏亲水的。

周期注水时油藏必须具有高于某一临界值的剩余油饱和度。某些试验认为，该临界值随油藏而异，一般应高于水驱后孔隙中的残余油饱和度。

水滞留（利用）系数的影响。水的滞留系数，或者水的利用系数，是指由水淹高渗透小层进入低渗透小层而被滞留下来的那部分水量。其大小取决于岩石及其所含流体的物理、化学性质，其值由实验室确定，建议取值0.5 ～ 0.7；在周期注水的升压半周期，注入水在高低渗透层之间的压差作用下，沿着高低渗透层之间的交渗面进入低渗透层；在降压半周期，高渗层的压力迅速下降，低渗层弹性能释放，孔隙内流体反向注入高渗层，同时部分渗入水滞留在低渗透层孔隙中，被滞留的水取代的原油进入高渗层被采出。通过数值模拟计算表明，水的滞留系数越大，由低渗层进入高渗层的油就越多，周期注水的效果越好。

油水黏度比的影响。周期注水适用于任何黏度的原油，但原油黏度不同，增产效果不同。随着油水黏度比的增加，无论是常规注水，还是周期注水，其效果都变差。这是因为油水黏度比越大，油水流度就越小，注入水更容易形成微观指进现象，油井见水加快，降低了波及系数，这正是高黏油藏注水开发的最不利因素。在其他条件相同的情况下，在高黏油藏中进行周期注水，其效果明显比在低黏油藏中好。可见在常规水驱效果较差的情况下进行周期注水可获得更好的增油效果。

此外，正韵律储层应用周期注水采收率提高幅度大于反韵律油层，周期注水可以用于不同形式的采油井和不同的注水井位置。

（3）周期注水工作方式

按照周期注水不同的频率，可以分为对称型和不对称型两大类。所谓对称型就是指周期注水的注水时间和停注时间相等，不对称型是指注水时间和停注时间不相等，不对称型又可分为短注长停型和短停长注型。中国石油勘探开发研究院通过数值模拟研究了不同工作制度对周期注水效果的影响。在对称型中，研究了一组共三个工作制度，即在采油井连续采油的情况下，注水井采用对称的三个工作制度。在不对称型工作制度中，研究了三组不同的类型：第一组，在采油井连续采油的情况下，注水时间小于停注时间；第二组，在采油井连续采油的情况下，注水时间大于停注时间；第三组，注水井与采油井都不连续工作，注水井注水时，采油井停采，采油井采油时，注水井停注。

在我国进行周期注水的实践中，根据各油田、各区块具体地质条件和气候等状况的不同，已出现了很多不同的做法，包括：①整个区块内的全部注水井全部停注及开注；②各注水井排或将注水井分为若干个组，按井排或井组交替停、开注；③在注水井排（或组）内各注水井周期地交替停、开注；④在注水井内划分几个层段，周期地交替停、开注；⑤在注水井内某一层段周期地交替停、开注，其他层段仍连续注水；⑥注水井注水时，油井停止采油，注水井停注时，油井才开井生产，即一般所谓的脉冲注水；⑦注采井别互换，即部分注水井改采油井，部分采油井转注；⑧单井注水吞吐，即在一口井周期地交替进行注水和采油；⑨注采井同时停注、停采，过一段时间后再开井进行采油和注水。

周期注水工作制度很多，但对某一油田来讲，并不是任何方式都是适用的。例如，对于单井吞吐或注水井改为生产井，只有在亲水、最好是强亲水的条件下才可能取得很好的效果，而对于亲油的储层，很可能是得不偿失。因此，对于某一个具体的油藏来说，在实施中要根据油藏的具体地质条件，运用数值模拟方法或矿场实际试验情况来优选周期注水方式。有时候各种自然地质条件也促使人们使用某一种周期注水方式。例如，大庆的太南开发区地处主寒地区，由于注水井的配注量低，冬天易于冻结，促使人们干脆采取冬天全部注水井停注的办法来实行周期注水。

虽然在不对称注水井短注长停型工作制度中，注水井、采油井交替注采能够获得最高的采收率，但这种工作制度在现场可能较难实施，因为它能够影响到产量，油井停止生产造成的产量损失需要较长的开发时间才能得到补偿。在周期注水过程中，应尽可能选择不对称短注长停型工作制度，也就是在注水半周期内应尽可能用最高的注水速度将水注入，将地层压力恢复到预定的水平上。在停注半周期，在地层压力允许范围内尽可能延长生产时间，这样将获得较好的开发效果。

（4）连续注水转周期注水的最佳时机

目前油田开发一般都采用连续注水方式，在连续注水一段时间后往往为了改善开发效果而转入周期注水，因此就存在一个转入周期注水的最佳时机问题。所谓最佳时机就是在这个时间转为周期注水后，增产油量最多，开发效果最好，在这个问题上目前还没有找到一个明确的界限。在任何阶段由连续注水转为周期注水都能够改善开发效果，越早转入周期注水，效果越好。因为实施周期注水时间越长，则高、低渗透层之间的压差越大，层间液体交渗越充分，周期注水也可用于严重出水的油藏，甚至在连续注水条件下油井已达到经济极限之后也可应用。在实践中，我国胜利、扶余、新疆以及喇萨杏油田杏六区的周期注水都是在含水率达80% ~ 90%，甚至更高的情况下开始的，也都取得了比较好的效果。

（5）周期注水合理周期确定

注水周期的长短决定交渗流量大小和油层压力变化幅度沿油层长度分布的强烈程度，即注入水波及油层范围的大小。根据理论分析，理论注水半周期按下式计算：

$$T = 0.5L^2 / \omega$$

式中，L——注水井排与生产井排之间的距离，cm；

ω——未注水时地层平均导压系数，cm^2/s；

T——注水半周期，s。

上式说明地层的弹性越差，周期越短；油层渗透率越高，周期也越短。

合理的注水周期是实施周期注水的重要参数。停注时间过短，油水来不及充分置换；但如果过长，地层压力下降太多，产液量也随之大幅度下降；并且，当含水率的下降不能补偿产液量下降所造成的产量损失时，油井产量将会下降。

油井井底压力也不宜过多地降至饱和压力以下，以免井底严重脱气，造成产液、产油指数下降，并降低泵效。注水压力的升高也有一定的限度，地层压力一般不宜超过原始地层压力，注水井井底压力也不宜超过岩石破裂压力。因此，注水周期的长短应根据油藏的含水和压力的高低等因素通过数值模拟和现场实际经验来确定；无论是在多油层油藏还是在裂缝性油藏进行周期注水，使用变化的周期是合理的。用最大和最小周期交替造成压力波动，可使注入水波及范围增大，从而驱出更多的原油。随着周期注水轮次的增加，其效果一般将越来越差，甚至完全失效。在这种情况下可以适当延长注水周期，甚至改用另一种更为强化的周期注水方式。

（6）周期注水合理注水量确定

在实施周期注水时，原则上仍应根据注采平衡的原则来确定注水量，但是考虑到进行周期注水以后，含水率和产液量将会下降，波及体积和注水效率都会有所增加，因此实际的注水量将低于连续注水时的注水量。根据国内外的经验，周期注水时的水量大体上为连续注水时的70% ~ 90%，但即使是这样，由于周期注水有相当长的停注时间，因此实际注水强度将大大高于连续注水时的强度。

4. 复杂井技术改善油田开发效果

近年来，世界各地的油田开发商正面临着如何在相同时间内生产更多的石油和天然气，并减少成本。水平井技术提供了达到这一目的的方法，并使某些认为不经济的油田开发成为可能。

（1）复杂井型的优势

钻多分支井的主要目的是要达到增加泄油面积、增加控制储量、增加原油产量、减少钻井成本、使原来不经济的油田或边际油田得以开发，从而极大地改善原油采收率。复杂井型的主要优势，见表3-4。

表3-4 复杂井型的主要优势

优势	内容
增加可采储量	由于钻井成本的降低，使原来认为不经济的油田和效益不好的边际油田可投入开发，可通过钻多分支井在成本增加不大的基础上开采死油区，或原来未被开采的小断块、小油砂体等，这样将大大增加油田的可采储量
降低原油成本	包括钻井成本、井口装置成本、地面管网成本、平台费用成本、钻井过程中的处理费用等各方面。因每个多支井只钻一个主井筒，这样减少了每个分支水平井以上的垂直井段部分，一个多支井相当于多个水平井，这样便减少了多方面的成本，因少钻井，地面装置相应减少或效率提高，平台的效率也提高。通过调研分析，复杂井的开发成本可减少44%以上
减少环境污染	因钻井井段的减少，从而减少钻井液及岩石碎屑的处理及其带来的污染；地面井位的减少同时减少了井口装置等设备，从而减少环境污染等
增加产量，加快投资回收	由于一个多支井相当于多口水平井，从而油井产量大大增加，且增加泄油面积，这样可加快原油的开采，从而加快投资回收，提高开采效益
有利于改善油藏的管理	由于一口多分支井相当于多口水平井，从而使地面井口和平台减少，利于管理。分支井与油藏的接触增加，使泄油面积增加，对油藏的认识加深，便于监测管理等
可利用已有井和新井	多分支井可从原有井的基础上侧钻而成，也可重新钻新井，有很大的灵活性，这样给多支井的应用带来方便
更好地利用平台和井口装置	由于一口多分支井相当于几口水平井，且产量增加，这样可以更有效地利用平台和井口装置
改善边际油田的经济性	由于钻井数量减少，钻井成本降低，地面装置与平台的使用效率增加等，使单位原油的开采成本降低，从而使边际油田投入开发变得更加经济

（2）复杂井布井适应油藏类型与布井原则

复杂井适应的油藏类型主要有：包含有少量的或小断块或独立油砂体的油藏、透镜状油藏、具有很强的方向性的油藏、具有隔层的多油层油藏、贫瘠油藏、已水窜油藏、有两种天然裂缝系统的油藏、原油聚集在射孔段上部、阁楼油藏、水驱油藏等，另外对于受海洋平台的限制，计划将来开发的油区和受地面因素影响而无法正常布井的油藏都可用复杂井的方式很好地解决。

第四章　油气田开发地质研究

第一节　油气田地质研究的意义

油气田地质是指油气田范围的地质工作。从油气田勘探进程来讲，油气田地质工作起始于发现工业性油气藏以后，随着详探阶段的展开，钻井数量的增多，工作重点转向油气田地质研究，油气田地质研究的对象是油气层。了解油气层的手段除地震外主要依靠打井，因此，又把油气田地质称作“地下地质”或“井下地质”，以区别“地面地质”。

油气田地质研究对于油气田开发具有重大意义。油气田在投入开发以前，必须对它的分布范围，油气层的数量及埋深，主要开采层的厚度，油气层物性，圈闭类型，断层分布，油气田的驱动能源及可能建立的驱动方式，油、气、水的物理—化学性质，油气田（藏）储量等情况要有所了解，以便制定开发方案。油气田投入开发以后，油气田地质研究工作进入认识地下地质问题的新阶段。随着各类钻井井数的增加及开采过程中反映出来的问题，检验以往对地下地质情况的认识程度，从而促使对油田地质认识更加准确、精细，更接近地下客观实际，以指导开发方案的调整。研究事物的过程就是深入认识事物的过程，只有对地下情况认识深刻，油田开发措施才能达到油气田长期稳产、高产和提高最终采收率的目的。

油气田地质研究工作内容见表4–1：

表4–1　油气田地质研究工作内容

研究工作	主要内容
油层非均质性研究	碎屑岩储集层岩性和物性在纵向及横向上的变化及其原因、影响因素等
流体性质研究	油、气、水的地面、地下物理—化学性质，油、气、水的空间分布，油–水、气–水过渡带特征等

续表

研究工作	主要内容
储集层研究	油气层的储集类型、岩性、物性、厚度、形态、沉积类型等
构造研究	断层的性质、产状、分布特点、发育时代及其与油气聚集的关系，油气层连通情况和地下构造类型等
油气储量研究	储量参数界限的选定、参数分布和计算方法等

上述研究内容是综合性的，涉及课程面较广，本章重点介绍油气田地质研究的基础资料、油层对比、储集层非均质性研究、油层水洗特征、剩余油研究。

第二节　油气田地质研究的基础资料

油气田地质研究工作的基础资料主要有地质录井资料、矿场地球物理测井资料、开发地震资料、试油（气）地质资料及开发动态资料。

一、地质录井资料

钻井是了解地下地质特征，特别是地层、岩性及所含流体最直接的手段。据不同勘探、开发阶段及目的，钻井可分为：探井、评价井、控制井、开发井、开发调整井、开发加密井、开发检查井等。钻井过程中取得地质资料的工作叫作录井。在钻探井时一般要进行以下录井工作：岩心、岩屑、钻井液、气测、钻时、地球物理测井等。

1. 岩屑录井

地下的岩石被钻头破碎后，随钻井液携带到地面上，这些岩石碎块称作岩屑。随着井眼不断加深，地质人员按照一定的取样深度间距（1 ~ 5m）在井口钻井液槽内捞取岩屑。通过系统的岩屑收集整理工作，可以建立井下的地质剖面。因岩屑自井底到井口需要一定时间，为弄清每次捞取岩屑的确切井深，必须进行深度校正。岩屑自井底到井口所需要的时间叫迟到时间，用T表示，其理论计算公式为：

$$T = \frac{V}{Q} = \frac{\pi(D^2 - d^2)}{4Q} \cdot H$$

式中，T——岩屑迟到时间，min；

V——井眼与钻杆之间的环形空间容积，m^3；

Q——钻井液排量，m^3/min；

D——井径（即钻头直径），m；

d——钻杆外径，m；

H——井深，m。

用理论计算方法求得的迟到时间与实际迟到时间往往不符，这是因为实际井眼不但粗细不匀，而且井径远大于钻头直径。因此，现场常用带颜色的玻璃纸、红砖块或白瓷片等明显标记物，在接单根时投入钻杆内，计算标记物自开泵到重返地面时所需的时间，再减去标记物在钻杆内运行时间，即求得迟到时间，其计算公式如下：

$$T=t-t_0$$

式中，t——标记物在井内往返一周时间，min；

t_0——标记物在钻杆及钻铤内运行时间，min。

式中 t_0 可按下式求得：

$$t_0=\frac{C_1+C_2}{Q}=\frac{\pi d^2{}_1}{4Q}\cdot H_1+\frac{\pi d^2{}_2}{4Q}\cdot H_2$$

式中，C_1，C_2——分别代表钻杆和钻铤的内容积，m^3；

d_1，d_2——分别代表钻杆和钻铤的内径，m；

H_1，H_2——分别代表钻杆和钻铤的长度，m。

每次捞到的岩屑常常不是单一岩性，而是各种岩石碎块的混杂物。造成这种情况的原因是多种多样的，如上部井段松垮掉下的岩石；大块岩屑上返速度变慢，上返时间加长；钻井泵泵量不稳，岩屑上返速度忽快忽慢；井底冲洗不净，积存了岩屑等。因此，利用岩屑录井资料时，必须有个“去粗取精，去伪存真”的整理过程。岩屑整理按表4–2中的步骤进行。

在碳酸盐岩地区，用岩屑录井除了能建立井的完整地层剖面外，更有意义的是发现地下缝洞层。钻遇缝洞层发育层段时，常有钻时降低、钻具放空、井喷等显示，此时必须加密取样，以便利用岩屑中的次生矿物含量及晶形判断缝洞发育程度，一般说来，岩屑中的次生矿物越多，反映出岩层的缝洞也越多，因此，需绘制出井深–次生矿物含量百分比曲线。由于缝洞可能会全部被次生矿物填死，则不具备储集油气的条件，所以还应对缝洞填充情况进行分析。岩屑中自形晶矿物含量越高，缝洞发育程度越好；自形晶体个体越大，说明缝洞越大。反之，被非自形晶矿物充填的缝洞，有效空间较小，储集性能差。

表 4–2 岩屑整理的步骤

步骤	内容
四分法取样	将每包岩屑（500 ~ 700g）摊开后堆成圆锥形，然后用直尺十字交叉分成四等份，取其一份
岩屑百分比的估计	在1/4份岩屑中，分开各种岩性的岩屑，并分别按质量或体积算出各种岩性岩屑占总量的百分比。在确定每包岩屑所代表的岩性时，不是以某种岩性岩屑所占百分比值的高低为根据，应当统观上下各包岩屑，按各岩性岩屑所占百分比增减的趋势而定。一般来说，某种岩性的岩屑百分比增加，说明该井段钻入新地层；某种岩性的岩屑百分比减少，说明该层已经钻过；新岩性的出现，往往在岩屑中百分比值很小，但说明已钻入新的地层；两三种岩性的岩屑同时出现，其百分比也差不多时，说明该段地层为互层
分层与描述	在确定岩性的基础上，按上述步骤参考钻时曲线进行分层。分层时可以一包岩屑定为一层，也可以几包、十几包定为一层。在上一包有新成分出现、下一包明显增多的情况下或相邻几包百分比变化不大时，都可跨包定层。分层后即可按层次逐层描述各种岩性的特征（描述内容见岩心录井）

2. 岩心录井

钻井时用专门的取心工具，从井内钻取的圆柱状岩石称为“岩心”。岩心是认识油气层最直观、最重要的资料，根据它可以了解油层的岩性、厚度、含油性、岩石结构、构造特征以及油气层物性等。但取心钻井成本高，降低了钻井速度，一般只在少数井和需要研究的井段取心。

（1）取心井段的确定

各种探井应取心的井段包括：预计可能有油气层的井段，目的是证实油气层的存在，将岩心进行肉眼及实验鉴定，取得油气层性质的各项参数；主要地层分界线或标准层井段，目的是及时校正设计的剖面，达到预期目的；需要解决地下构造问题的井段，如预计断层附近，证实断层是否存在；完钻井底取心，证实是否钻到设计井深。

油气田详探和开发阶段，要钻资料井以便了解被开发油气层的物性，为开发提供资料，一般是在拟定油气层中取心。还要通过钻检查井来了解油气层在开采过程中油、气、水在地下的运动状态，如了解边水、底水或注入水推进情况，注水开发油田的水洗油层厚度变化、水驱油效率等，以便及时掌握开发、开采动态，为油田开发方案的调整提供依据。

（2）岩心收获率

岩心收获率是指某一次钻进取出岩心的长度和进尺长度之比：

$$岩心收获率=\frac{一次钻进取出的岩心长度}{一次钻进的进尺长度}\times 100\%$$

岩心收获率的高低是取心钻井工作质量的主要标志之一，并直接影响对地下地质情况了解的可靠程度。提高岩心收获率应注重改进取心设备、钻井方式及提高人的技术素质。

（3）岩心描述

岩心描述的内容包括岩性、含油气性、岩石结构、构造、古生物化石、岩石胶结情况、分层厚度、缝洞发育情况以及与上下岩层的接触关系等；对含油气岩心应在岩心取出后立即观察、记录，以防因油气散失而导致含油气岩心描述失真，同时，要确定岩心含油级别，因为含油级别是岩心中含油多少的直观标志。

含油级别主要以含油面积大小和含油饱满程度来确定，一块岩心沿其轴面劈开，新劈开面上含油部分所占面积的百分比，称为该岩心含油面积的百分数。通过观察含油岩心光泽、污手程度、滴水试验等可以判断含油饱满程度，含油饱满程度一般分三级（见表4–3）。

表4–3　含油饱满程度的级别

等级	内容
含油饱满	岩心颗粒孔隙全部被油饱和，新鲜面上油汪汪的，颜色一般较深，油脂感强，油味浓，出筒或新劈开面原油外渗，手摸岩心原油污手，滴水不渗
含油较饱满	颗粒孔隙充满油，但油脂光泽较差，油味较浓，捻碎后污手，滴水不渗
含油不饱满	颗粒孔隙仅部分充油，一般颜色较浅且不均匀，油脂感差，不污手，滴水微渗

根据储集层储油特性不同，分为孔隙性含油、缝洞性含油，并分别划分含油级别。

1）孔隙性含油

孔隙性含油的分级：孔隙性含油是以岩石颗粒骨架间分散孔隙为原油储集场所，岩心以岩性层为单位，以新鲜断面的含油情况为准，分6级：

①饱含油：观察截面95%以上见原油，含油均匀、饱满，原油明显外渗。

②富含油：观察截面75%以上见原油，含油均匀，含封闭的不含油的斑块或条带。

③油浸：观察截面40%以上见原油，含油不均匀，含较多不含油的斑块或条

带，有水渍感，滴水不能呈珠状或半球状。

④油斑：观察截面40% ~ 5%见原油，含油部分呈斑块状、条带状。

⑤油迹：观察截面上只能见到零散的含油斑点，面积在5%以下。

⑥荧光：肉眼看不到原油，荧光检测有显示，系列对比6级以上（含6级）。

岩屑以岩屑录井分层为单元，在自然光下挑选真岩屑，计算挑出的真岩屑中含油岩屑的百分含量，并用此定级。

2）缝洞性含油

缝洞性含油是以岩石的裂缝、溶洞、晶洞作为原油储集场所，岩心以缝洞的含油情况为准，分4级：

①富含油：50%以上（含50%）的缝洞壁上见原油。

②油斑：50% ~ 10%（含10%）的缝洞壁上见原油。

③油迹：只有10%以下的缝洞壁上见原油。

④荧光：缝洞壁上看不到原油，荧光检测或有机溶剂滴泡有显示，系列对比6级以上（含6级）。

岩屑以含油岩屑占同层真岩屑百分含量为准。

①富含油：5%以上（含5%）。

②油斑：5% ~ 1%（含1%）。

③油迹：小于1%。

④荧光：肉眼看不到含油岩屑，荧光检测或有机溶剂滴泡有显示，系列对比6级以上（含6级）。

为了统一标准，将岩心沿轴线劈开，在其劈开的断面上观察统计含油面积百分比。

含油甚微的岩心，可以用试剂浸泡岩样，然后观察试剂的颜色。若试剂被染成某种程度的黄色，说明岩样中有石油存在，常用试剂有氯仿（$CHCl_3$）、四氯化碳（CCl_4）等，含油饱满程度与岩石渗透性及原油性质有关。轻质油易渗出、易挥发，岩心含油显示比含重质原油者弱。渗透性好则原油易散失，所以，高渗透率的岩心含油显示比低渗透率的岩心弱。因此，在利用岩心含油饱满程度来预测油层产油能力高低时，要考虑上述情况，对含油饱满程度所反映的产油能力要作具体分析。利用岩心资料可以建立完整的地层剖面，以便了解储集层岩性的组合特征，并提供油层物性、含油性等情况。岩心经描述后，要妥善保存，可根据需要选样送实验室进行分析。

3. 钻井液录井

（1）钻井液性能

有人称钻井液是钻井的“血液”，可见钻井液在钻井中的重要作用。概括说，钻井液在钻井中有以下作用：一是通过不断循环钻井液，将岩屑携带到地面保持井底清洁；二是钻头的高速旋转与岩石摩擦生热，通过钻井液循环冷却钻头，延长钻头寿命；三是井筒内钻井液液柱支撑了井壁，压住了高压油、气、水层，保证钻井施工顺利进行。

为了使钻井液具有上述三方面作用，必须对钻井液性能有一定的要求。在长期实践中人们积累了一套评价钻井液性能的指标。

1）相对密度：即在标准条件下，钻井液密度与同体积水密度之比，为无因次量。在正常钻井情况下，一般采用1.10 ~ 1.20。钻入高压层时，可根据具体情况适当提高钻井液密度。应做到对油气层“压而不死，活而不喷”，对一般地层“不塌不漏”。

2）钻井液黏度：黏度代表了钻井液流动的黏滞程度。通常在保证携带岩屑的前提下，黏度低些好，过高易造成泥包钻头、卡钻、钻井液脱气困难、砂子不易下沉，影响钻速。一般正常钻进，钻井液黏度为20 ~ 25s。现场采用漏斗黏度计测量钻井液黏度。测量时通过滤网向漏斗中倒入700mL的钻井液，用秒表计下流满500mL量杯的时间（单位：s），即代表所测钻井液的黏度。

3）钻井液切力：钻井液黏土颗粒形状呈薄片状，颗粒之间互相连接，形成网状结构。这种在静止状态形成的网状结构，经机械搅拌，结构又被破坏恢复流动性的性能称为钻井液的“触变性”。当中途钻井液停止循环时，由于黏土颗粒网状结构形成，可将岩屑悬浮于钻井液中，不致下沉而造成卡钻。一经开泵循环，触变性使钻井液重新恢复流动性能。

“切力”表示了钻井液的结构强度，即破坏面积1cm^2黏土颗粒结构，所需要的最小力，或钻井液静止后悬浮岩屑的能力。现场常用浮筒式切力计测量切力，钻井液经搅拌后倒入切力计内停留1min和10mm后测得的切力分别称为初切力和终切力。根据钻井工艺要求，钻井液初切力越低越好，终切力适当为宜。终切力过大钻井液不易流动，岩屑不易沉淀；终切力过小，携带和悬浮岩屑的效果不好，停泵后易造成沉砂。

4）钻井液失水和泥饼：当钻井液柱压力大于地层压力时，钻井液在压差的作用下，部分渗入地层中，这种现象称为钻井液的失水性。失水的多少称作钻井液失水量或滤失量。一般以30min内在0.1MPa压力作用下，用渗过直径为75mm圆形孔板的水量表示，单位为毫升（mL）。钻井液失水的同时，黏土颗粒在井壁岩层表面逐渐聚结而形成泥饼，其厚度以毫米（mm）表示。在测定失水量后，取出失水仪内的筛板，可直接量取泥饼厚度。钻井液失水量小，泥饼薄而致密，可保护井壁和油层，否则易造成井眼缩径、起下钻遇阻遇卡、损害油层、降低原油产能。一般要求失水量不超过10mL，泥饼小于2mm。

5）钻井液含砂量：即钻井液中砂子的含量。含砂量过大会增加钻井液的密度，容易造成沉砂卡钻，增加钻井泵及循环系统的磨损。含砂量单位用百分数表示，钻井液中含砂量要小于2%，用特制沉砂筒测量。

6）钻井液含盐量：即钻井液中含氯化物的数量。通常用测定氯离子的含量表示含盐量，单位用mg/mL表示。它是了解岩层及地层水性质的一个重要数据。

（2）钻井液录井的原理

当钻头钻穿油、气、水层时，油、气、水混入钻井液中，使钻井液性能发生改变。钻井中应定时测定钻井液性能的各指标值，判断是否钻遇油、气、水层。如钻遇高压油气层时，油气侵入钻井液造成密度降低、黏度升高。

钻井液录井还包括对钻井液槽、池内变化情况的观察和记录。例如，钻遇油气层时，井口返出的钻井液中有油花和天然气泡；当钻遇高压水层时，会发生钻井泵停止循环钻井液，井口外溢钻井液，钻井液池的液面上涨等现象。井口地质人员应当与钻井人员密切配合，及时调整钻井液性能，防止井喷、遗漏油气层等事故发生。

4. 荧光录井

当钻遇油层时，一部分油、气进入钻井液，另一些仍留在岩屑中。除在钻井液中能观察到油、气显示外，用荧光分析也可发现含油的岩屑。经深度校正，就可以确定油层的存在和深度。

原油在紫外光照射下发出一种光亮，称之为荧光。荧光录井，就是在暗室内用荧光灯鉴定岩屑是否含有石油。岩屑洗净后在荧光灯下观察，含轻质油的岩屑呈现蓝白—浅黄色，含重质油呈现黄—褐色；含油饱满则光强，含油少则光弱。

在观察时要注意区别矿物发光及岩屑被钻井液混油后污染显现的荧光。矿物发光，如方解石发出亮白色光，石膏则为乳白、天蓝色，盐岩为亮紫色等，当停止紫外光照射后，光亮逐渐消失；而石油沥青类光泽柔和，拿开荧光灯其光泽立即消失，这样就不难从发光的岩样中找出含油岩屑。当钻井液中由于混入油而污染岩屑时，因其在紫外光照射下都有固定的发光颜色，只要细心观察比较，就可以与原油区别；为了能对岩屑含油量进行初步确定，常采用荧光系列分析法。具体做法是：取岩样1g或0.5g；研碎放入试管内，注入10mL或5mL氯仿，封口放置一定时间后在焚光灯下与预先配制好的标准系列对比，确定其含量级别。配制标准系列最好用本地区的原油，这样便于对比和定级。

5. 气测井

在钻穿油气层时，有大量的天然气混入钻井液中。这些气体的主要成分是甲烷、乙烷、丙烷、丁烷等烃类气体，另外还有少量的其他非烃气体，如氢、氮、二氧化碳、硫化氢等。一般把甲烷称为轻烃，把乙烷以上的气态烃称为重烃。气测井时，把甲烷和甲烷以上的气态烃统称为全烃或总烃。

全烃和重烃都是可燃气体，但它们的燃烧点不同，当气体通过半自动气测仪工作臂燃烧时，在微安表上显示的数值也不同。非烃气体显示的数值变化值近似一个定值，通常称为基值。烃类气体燃烧时显示的数值往往高出基值几倍至几十倍，凡超过基值的数值称为异常。

全自动色谱气测仪利用气相色谱法将天然气的各组分逐个分离后，进行测定和记录。它可以分别测定天然气中全烃及甲烷、乙烷、丙烷、异丁烷、正丁烷等组分含量，也可测出非烃类气体组分含量；还可以沿井身连续自动记录钻时、全烃、甲烷、乙烷、丙烷、丁烷及非烃气体等变化曲线。油层在气测曲线上有明显异常，油层越厚，物性越好，原油轻质成分越多，则异常越明显；一般油层的气体组分是以甲烷和重烃为主，非烃很少；气层的天然气组分主要是甲烷，重烃含量很低，非烃极少；油层重烃含量明显高于气层，甲烷含量低于气层。对不含油气的水层，气测曲线无显示。但水层中往往含有可燃气体，气测曲线上甲烷值较高，若水中含油则重烃值较高。此外，一般水中非烃气体异常较高，可作为识别水层标志。

6. 钻时录井

钻时录井是记录每钻进一定进尺所需要的纯钻进时间。一般来说，钻时的大小反映了岩层的可钻性。岩层的可钻性与其岩性、压实程度、硬度等有关。所以钻时的改变，间接地说明钻穿地层岩性的改变，为定性解释岩石类型提供了可能，但有一定的局限性。因为在钻进过程中，种种主客观因素对应用钻时解释井剖面的可靠性有影响。在技术条件方面，如钻头的类型、钻头的新旧程度、钻井参数（转速、排量、钻压）的配合、钻井液性能以及操作状况等，都能影响钻时的大小。有时岩石类型不同，钻时差别也可能很小，这给解释工作带来困难。尽管如此，但在钻井过程中尚未获取电测资料之前，借用钻时资料对识别岩性、建立地层剖面就显得更为重要。

一般每钻进1m记录一次钻时，单位是min/m。还需记录钻头类型、钻头尺寸、磨损程度、钻井泵排量、钻压以及转速等技术资料，作为解释钻时曲线的参考。绘制钻时曲线时，纵坐标表示井深，横坐标表示钻时。把系统记录的钻时按深度标在图上，连接各点即成钻时曲线。

精确的钻时录井可用于解决以下问题：利用钻时曲线与邻井的电测曲线对比，校正原设计的取心深度并确定取心钻头开始取心的井深；与岩心及岩屑录井资料对比，确定岩性及划分地层界线；在石灰岩地区应用钻时录井还可以判断缝、洞发育

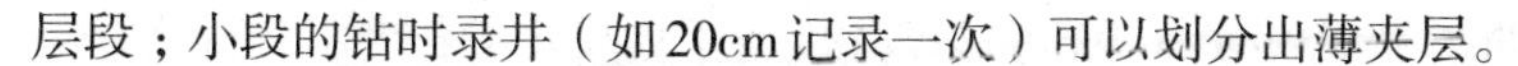

层段；小段的钻时录井（如20cm记录一次）可以划分出薄夹层。

除上述录井方法外，还有井壁取心、地球化学录井等，前者是用井壁取心器在井壁获取岩心样品，后者是对岩心特别是岩屑中的油气进行地球化学分析。

7. 录井资料综合解释及完井综合柱状图的编制

（1）录井资料综合解释

钻井过程中的各项录井资料是编制完井柱状图的基础。这些录井资料在解释地下地质特征上各有优、缺点，因此在解释井身地层剖面时，必须综合解释。岩心录井和岩屑录井资料是直接取得的第一性资料，通过岩心可以直接观察鉴定岩石的成分、结构与构造，判断沉积特征；进行储油（气）层物性参数的化验；生油层的各项生油指标、微古生物和重矿物分析；还可直接观察岩层的接触关系、地下地质构造特征（如断裂情况等）。但由于取心钻速慢、成本高，不可能全井取心。岩屑录井可弥补这一缺陷，但层位深度准确性差、岩样体积小，一般只能作微体古生物、岩石成分、粒度和重矿物分析，很少作油层物性参数分析化验。对于漏取岩心的井段可利用井壁取心器进行井壁取心，其描述与应用类似于岩心录井，但应充分注意其受钻井液浸泡久、取心时强烈冲撞破裂及体积小的影响。

测井资料能连续而完整地反映井身地层剖面的情况，且岩层深度测量准确，但只能间接反映岩层的岩性、物性及含油、气、水等特征。

其他如钻时、钻井液、荧光、气测等录井资料，皆具有效性与片面性，只有相互取长补短、综合应用，才能得出比较可靠的结论。钻探井中一般参照钻时录井将录取的岩屑按深度归位，绘制成岩屑录井柱状剖面图，然后再与电测曲线对比，落实分层深度。总之，绘制综合柱状剖面图，应以岩屑为基础，岩心、井壁取心为依据，确定各层岩性，用电测曲线分层、定深，用标志层卡层位，通过全面分析综合解释各种录井资料，达到岩、电吻合，建立井身岩性剖面，划分出油、气、水层。完井综合柱状剖面图，一般用不同符号和图例，深度按1∶500的比例，自上而下表达出岩层相互叠置关系，同时配置测井和录井曲线及岩性的文字说明。

（2）渗透层的划分及油、气、水层的判断

1）渗透层的划分

储集层的特性之一是具有渗透性，所以在钻井地质剖面解释中对渗透性岩层给予极大重视。在砂岩和泥岩交互的碎屑岩沉积剖面中，渗透层往往是胶结疏松的砂岩层，在地质录井中容易发现。其表现在钻时曲线上呈现低值，在岩屑上因磨损和钻井液冲刷而样品块小且少，有时甚至找不到成块岩屑；岩心因磨损破碎其收获率低，钻井液含砂量增多。

渗透层在测井曲线上表现为：当钻井液矿化度小于地层水矿化度时，自然电位曲线呈现负异常，反之为正异常；渗透性越好，异常值越大，反之则小；微电极曲线呈现中等幅度，且微电位幅度大于微梯度幅度，出现正幅度差，渗透性越好幅度差越大；如果砂岩渗透性均匀则微电位与微梯度曲线平直，不均匀则曲线呈锯齿状；声波时差曲线对渗透层的反映也很明显，时差越大，渗透性越好，反之则差；在通常情况下，自然伽马强度直接反映渗透性砂岩含泥量的多少，渗透性砂岩段的自然伽马值较低。若砂岩为泥质胶结，则自然伽马值增高。

2）油、气、水层的判断

油、气、水层在地质录井和测井曲线上应具备渗透层的特征。判断油、气、水层一般以直接地质录井资料（岩心、岩屑、钻井液、气测）为依据，当在油田进入详探阶段以后，地层的岩性与电性、物性、含油性等关系比较清楚时，也可以用测井资料直接判断油、气、水层。渗透性砂岩层中含有油、气或水，在测井曲线上基本特征是：

①油层：长电极（4m）、短电极的视电阻率曲线上都显示高阻峰值；感应测井的电导率值低；微电极曲线表现为正幅度差；声波时差值中等。

②气层：测井资料的特征与油层基本相同，仅声波时差值较高。

③水层：长电极（4m）视电阻率曲线显示低阻，短电极的视电阻率曲线显示也偏低；自然电位负幅度差大于油层；感应测井的电导率值高；微电极曲线的视电阻值及幅度差低于油层。

（3）探井地质总结报告内容和图幅

探井地质总结报告主要内容，见表4–4。

表4–4　探井地质总结报告主要内容

项目	内容
表格	包括钻井地质基本数据表，地质资料录取统计表，地层、油层、断层数据表，油、气、水综合大表，钻井取心统计表，井壁取心描述记录表，表层、油层套管及固井数据表等
文字报告内容	包括工程简况，地层、油层综述，对油层、地层、构造的新认识，提出该油气层的意见及进一步钻探意见。总结和对比该构造已钻探井的钻探情况并综合评价
图幅	包括1:500完井综合柱状剖面图，1:200油层综合柱状剖面图，1:100（或1:50）岩心柱状剖面图（取心井做），井斜水平投影图（井斜大于3°时做）

二、矿场地球物理测井资料

矿场地球物理测井，简称测井，是用专门的仪器沿井身测量岩石的各种物理特性、流体特性，如导电性、放射性、弹性、导热性等。常用的测井方法有：视电阻率测井、微电极测井、自然电位测井、感应测井、侧向测井、放射性测井、声波时差测井、密度测井、井径测井、地层倾角测井等。

与地质录井方法比较，测井具有工艺简便、成本低、取资料迅速、效果好且连续测量等特点。又由于不同岩石及其内部流体的各种物理特性是有差别的，因此，测井资料可以用来：

（1）判别岩性、确定岩性界面。不但能定性判别岩性，如砾岩、砂岩、泥岩、碳酸盐岩、煤层等，还可定量确定泥质含量，甚至某些矿物含量。

（2）判断渗透层及确定储油物性。用微电极、自然电位等测井资料可判断渗透层，用声波、密度等测井资料可定量确定孔隙度。

（3）判断油、气、水层。用长、短电极系视电阻率和侧向等测井资料可判断油、气、水层，并定量确定含油饱和度。

（4）确定地层产状。用倾角、成像测井资料可确定地层产状。

（5）确定岩石层理类型。用成像测井资料可确定岩石层理类型。

（6）确定岩石裂缝、产状、密度。用成像测井资料可确定岩石裂缝、产状、密度。

（7）确定沉积相。据测井曲线的幅度、顶底接触关系、形态、旋回厚度、齿化程度等可确定沉积相类型。

（8）划分与对比地层。用连续的测井曲线，可进行地层的划分与对比。

（9）确定地层温度。用井温测井资料可确定地层温度。

（10）确定剩余油饱和度。用碳氧比、核磁等测井资料可确定水淹层的剩余油饱和度。

（11）确定油层流量及油、水流量。用生产测井资料可确定油层流量及油、水流量。

（12）其他。除上述外，还有如检查固井质量、准确确定岩层深度等用途。

由此可见，测井是油田地质研究、油田开发工作必不可少的资料，不但可在各类裸眼井中进行测井，还可进行多种方法的套管井测井。

三、开发地震资料

地质录井及矿场地球物理测井资料是钻井井眼的一维资料，为掌握地下构造及地质体的三维变化，提出并发展了地震勘探技术。

1. 地震勘探基本原理

地震勘探是通过人工手段激发地震波，根据地震波在地下传播的特征来研究地下构造、地质体甚至其内流体的一种物探方法。目前油气地震勘探方法主要是反射波法，其基本原理是：用人工方法（如打一口10多米深的井，在井内放10多千克炸药，利用炸药爆炸产生地震波）引起地层震动，地震波在向地下传播过程中遇到两种地层分界面1（如砂岩和泥岩两种地层的分界面），就会发生反射，再向下传播又遇到两种岩层的分界面2（如泥岩和石灰岩的分界面），也发生反射。见图4-1。

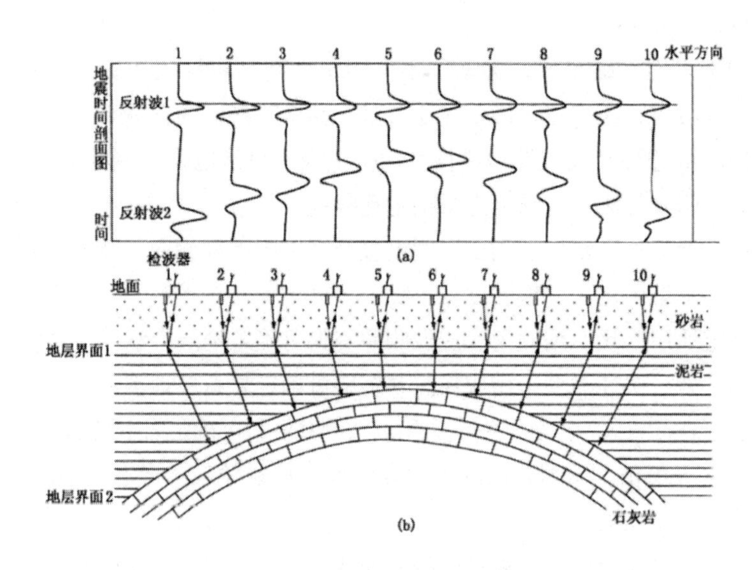

图4-1　反射波法原理示意图

在地面上用精密的仪器把来自各个地层分界面的反射波引起地面振动情况记录下来，然后根据地震波从地面开始向下传播的时刻（即爆炸的时刻）和从地层分界面来的反射波到达地面的时刻，得出地震波从地面向下传播到达地层分界面，又反射回地面的总时间t。又用别的方法测定出地震波在岩层中传播的速度 υ 就可以按公式 $H=1/2\,\upsilon t$ 得出地层分界面的埋藏深度H。

沿着地面上一条测线，一段一段进行观测，并对观测结果进行处理之后，就可以得到形象地反映地下岩层分界面起伏变化的资料——地震时间剖面图［见图4-1（a）］。图4-1（b）的地下剖面中每个炮点旁只画出一个邻近的检波器，时间剖面图中则只显示了每个炮井处的自激自收道。可以看出，地层界面1是水平的，因而在地面各点观测时，这个界面的反射波1的传播时间都相同，这些反射波波形上振幅极大值的连线（地震勘探中称为波的同相轴）就是一条水平直线，形象地反映了界面1的形态。地层界面2是隆起的，所以来自界面2的反射波的传播时间在各点就不一样。在界面埋藏浅的地方，传播时间短；埋藏深的地方，传播时间长。这个反射波的同相轴就是弯曲的，与界面2的形态相对应。在工区内布置许多条测线，组成一个测线网并在每条测线上都进行观测之后，就可得到地下地层起伏的完整概念，再综合其他物探方法与地质钻井等各方面的资料，进行去伪存真、去粗取精、由表及里的分析和研究，就能查明地下可能储油的构造，确定钻探的井位。

要真正运用这个原理来查明地下地质构造，具体的困难是很多的，在沙漠或黄土覆盖的地区炸药爆炸还会产生各种各样的波干扰，对反射波的接收往往造成以假乱真；即使有了质量良好的反射波和它的传播时间，要想了解地下地层分界面的埋藏深度，还必须知道地震波在地层中传播的速度，但要精确地测出地震波的速度也是很困难的。为了克服许多具体的困难，就必须有指导地震勘探生产实践的理论和专门的仪器设备，以及一套生产施工的组织和方法。

2. 地震勘探的基本内容

地震勘探主要包括三项基本内容（见表4–5）。

表4–5 地震勘探主要内容

项目	内容
第一阶段是野外工作	这个阶段的任务是：在地质工作和其他物探工作初步确定的有含油气希望的地区布置测线，进行人工激发地震波，并用野外地震仪把地震波传播的情况记录下来。进行野外生产工作的组织形式是地震队，这一阶段的成果是得到一盒盒记录了地面振动情况的模拟或数字式“磁带”
第二阶段是室内资料处理	这个阶段的任务是根据地震波的传播理论，利用计算机，对野外获得的原始资料进行各种加工处理工作，以及计算地震波在地层内传播的速度等。这一段得出的成果是“地震（时间或深度的）剖面图”和地震波速度、频率、相位及其他资料。资料处理工作在配备有计算机和专用输入、输出设备的计算站完成
第三阶段是地震资料的解释	经过计算机处理得到的地震剖面，虽然已能反映地下地质构造的一些特点。但是地下的情况是很复杂的。地震剖面上的许多现象，既可能反映地下的真实情况，也可能有某些假象，在地震剖面上只能看出地层的起伏形态，但地层的岩性、地质时代等还是不清楚的，一条条地震剖面，只反映了地层沿剖面法线方向的起伏形态，还没有一个完整的立体概念。地震资料的解释工作就是要以辩证唯物主义思想为指导，运用地震波传播的理论和石油地质学的原理综合地质、钻井的资料，对地震剖面进行深入的分析研究，解决上述几方面的问题，对各反射层相当的地质层位作出正确的判断，对地下地质构造的特点作出说明，并绘制反映某些主要层位完整的起伏形态的构造图，最后，查明有含油气希望的构造，提出钻探井位

3. 地震资料在油田开发中的应用

地震资料多用于油气勘探，随着地震技术的发展，已在油田开发方面得到广泛应用。

（1）油田构造精细解释：由于三维地震垂向及平面分辨率的大幅度提高，使二维地震资料难于识别的小断层、小断块、微幅度构造解释等成为可能，而这些构造的识别对油田扩边、油水动态分析、注采井调整、剩余油分析具有重要意义。

（2）储层预测：随着岩性类油气藏越来越成为油气勘探与开发的重要目标，在钻首批开发井之前，储层预测成为重要研究内容，但因此时钻井较少，利用地震波的速度、振幅、相位、频率等参数的变化幅度、范围及地震反射结构等进行储层预测成为重要方法。同理，也可用于油田扩边的储层预测。从而提高开发井、扩边井的成功率。

（3）烃类检测：主要依据同一储层中因流体性质变化而造成的层速度的变化。这种“变化”在地震剖面上出现“平点”“亮点”“暗点”等相应的地震响应。一般情况下，储层中充填的流体降低了它的层速度，流体性质不同，其层速度降低值也不同，气体、原油、水等对层速度的影响程度依次递减。因反射波能量的强弱与反射界面上下地层的波阻抗（VP）差异成正比，所以充填了流体的储层的顶面通常将出现“暗点”反射特征（即负反射）；底界面出现“亮点”反射特征（即正反射）；同一储层内的不同流体之间出现“平点”，且“平点”都是“亮点”。实际上，只有当各种流体充填的厚度能满足地震反射分辨率的要求时“三点”反射特征才有可能出现。此外，振幅随炮检距变化（AVO）分析也是一项直接检测油气的技术。

（4）开发动态监测：在油田开发过程中，随着时间的推移，注入剂（如水或气）的不断注入，使水驱或气驱前沿在油层中从注入井不断向四周推进。在一定地质条件下，若对同一开发区，不同时间阶段进行相同方法地震检测，因油层的水驱或气驱部位与未驱部位的流体、温度等有很大不同，当其足以引起地震反射特征变化时，即可监测到这种驱替前沿的位置及变化。例如，加拿大阿尔伯达北部阿萨巴斯卡（Athabasca）焦油砂注入蒸汽而温度升高时，砂岩的纵波速度随之降低，如在25℃时焦油砂的速度为2800m/s，当温度为100℃时，速度降为2000m/s，为此将注蒸汽前后的地震监测资料比较，可确定焦油砂中的蒸汽前沿。值得注意的是，这是一个埋藏浅、厚度大、油与注入剂（热蒸汽）的密度及温度差异极大的特例，而在埋藏深、砂岩与泥岩薄互层、油与注入水的密度及温度差异不大的情况下，实现开发动态监测则难度较大。随着三维地震、四维地震、井下地震、井间地震等技术的发展，地震资料在开发中的应用必将更深入、更广泛。

四、试油（气）地质资料

地层测试是指在找到油气层后，使油气层的油气流入井内甚至流到地面，并取得油气层产量、压力、产液性质、地层渗透率、流体样品等资料的工作。其主要目的是证实地下有无工业性油气聚集，弄清油气层的产能，油气层的压力，油井、气井开采特点，为开发油气田建立合理开采方式取得经验。

1. 试油方法

一口井固井合格验收后，可进行试油。首先是用带有通井规的油管进行通井并探明人工井底位置，再洗井，至进出口洗井液性质一致、井筒洗净为止；然后，起出油管并射孔，射孔的目的是打开油层（气层）与井筒的通道，让油（气）流入井内。

为了使油（气）流入井内，必须降低井内洗井液柱压力。将油管下入油层中部，安装井口设备（采油树），用清水替出井中洗井液。对于自喷井，洗井液替至中途，可能就自喷了，此时放喷以排出油层内污物。对于低压非自喷井，待井中全部为清水时仍不能自喷，则要采取降低井内液面措施，减小水柱对油层的压力。目前现场一般用抽汲、提捞或气举等方法，完成降低液面的任务。试油最后一道工序，也是最重要的一道工序就是试井，通过试井求得油层产量、压力和确定合理的工作制度。待以上全部工作完成后，就算完成某层试油任务。根据试井资料整理，决定油井转入试采或采取压裂措施，或封堵试油井段进行下一层的试油工作。

试油方法包括分段试油和单层试油两种。

（1）分段试油：每个试油层段划分的粗细，要看试油目的而定。对于以找油为目的的新探区试油层段可略大一些；当油气田进入详探阶段，以探明油水边界、油气边界、气水边界、划分开发层系为目的时，试油层段可以划小一些，大致相当一个“油层组”为划分单元。

（2）单层试油：以单个油层（相当“砂岩组”或砂岩组内单一主力油层）试油是为了确定与验证具有工业性油（气）流的油（气）层物性参数下限，研究空气渗透率与有效渗透率的关系，划分油（气）水界面，了解油气藏边部的油（气）水接触关系及流体性质等。

2. 试油层位的选择

（1）选择试油层位的依据

钻井地质录井和测井资料是选择试油层位的地质依据。在使用这些资料时，必须强调综合应用各种解释成果，如有邻井试油、试采成果应给予考虑。然后逐层确定试油层位。新探区试油的目的在于发现油气藏，因此，在钻井过程中如有良好油气显示，可以停钻进行“中途测试”或提前完井试油，以便争取尽快见到工业性油气流，打开勘探局面。

（2）试油原则

一般的试油原则是在一口井中自下而上逐层试油。每试完一层后，封水泥塞或用分隔器与下一次试油层位分隔开，以便分层取资料。在油气藏（田）勘探后期，地下油层基本搞清的情况下，每口井不必自下而上逐层试油。试油重点应是寻找高产、稳产、厚度大、分布广的油层，以便对这些主力油层的产能尽可能在投入开发前做到更深入了解。

3. 试油、试气资料的用途

通过试油（气）可以获得表4–6中几个方面资料。

表4–6　通过试油（气）可以获得的资料

资料名称	主要内容
压力资料	包括井口压力、流压、压力梯度、压力恢复曲线、原始地层压力
产量资料	包括油、气、水的产量，油气比，含水百分比，最大无阻流量（气井）等
井温资料	包括静止与流动温度、井口温度、地温梯度等
产能资料	包括产量与压力关系方程式、指示曲线、采油指数等
地面条件下原油性质的资料	包括密度、黏度、凝固点、含蜡量、含硫量等
高压物性资料	包括油层条件下原油密度、黏度、体积系数、压缩系数、原始饱和压力、天然气溶解系数等
地层水性质	包括密度、总矿化度、化学成分、水型等
天然气性质的资料	包括密度、组分等

关于试井和资料整理，将在《采油工程》中详细讨论，这里不再重复。总之，试油（气）是深入认识油气层，进行油气藏地质研究非常重要的一项工作；除上述地质录井、测井、地震、试油资料外，还有油田开发动态、实验室化验分析等资料。

第三节　油层对比

一、油层对比的概念

油层对比是指在一个油田范围内，以油层（包括气层）为研究对象，在区域地层对比已确定的含油层系内部进行的分层对比工作。它是在大区域的大套地层如界、系、统、组、阶进行地层对比后，对某段含油层系内进行更细（最小地层单元以下）的划分与对比。油气田进入详探阶段后，人们把地质研究的重点转移到油（气）层研究上来，详细划分油层并了解其分布范围是开发油气田的需要。因此，油层对比是地层对比工作在油田开发阶段的延续和深入。大庆油田发现后，我国的油层对比工作进入了一个崭新阶段。通过反复实践，把油层细分至单一砂层，揭开了陆相油层本来面貌，建立了“油砂体”的概念。在此基础上总结出“旋回对比，分级控制”的陆相碎屑岩油层对比方法，为油田地质研究、分层开采奠定了地质基础。

油层对比以“同一沉积范围内，同一时代沉积物具有相似的沉积特征”作为分层对比的地质理论依据。这些沉积特征包括：岩性、岩石结构、构造、古生物化石、电性、放射性和声学性质等，但这些对比标志应用在地层对比和油层对比时又有主次之分。以古生物化石为例，在地层对比时，化石是对比的重要标志。但在油层对比中，由于层分得很细（厚度可以小于1m），在很短时间单元里生物演化差异不明显，因此，也就无法依靠化石来划分、对比油层。由于油层对比直接为油田开发、开采服务，开发层系的划分及层间连通情况，很大程度取决于油层的隔层条件，因此隔层的厚薄以及平面上延续的稳定性，是油层划分考虑的重要因素之一。油气田地质研究的大量资料来源于测井工作，所以各种测井曲线就成为间接研究岩性和获取岩石物性的重要手段。通过大量探井和资料井的综合录井工作，以解决地层的岩性与电性、放射性等物理特性的对应关系。这些工作一般在详探初期已经完成。

二、碎屑岩油层对比方法

1. 开发阶段含油气地层划分

据石油天然气行业标准《油气层层组划分与对比方法 碎屑岩部分》（SY/T 6166–1995）规定，在油气开发阶段，将含油气地层划分为油（气）层组、砂岩组和小层。

（1）含油层系

一级沉积旋回内的连续沉积，同一含油层系内的油层，其沉积成因、岩石类型相近，油水特征基本一致，并有厚层泥岩为盖层。含油层系的顶、底界面与地层时代分界线具有一致性，一个含油层系可由若干个油（气）层组组成。

（2）油（气）层组

二级沉积旋回中，油气层沉积环境、分布状况、岩石性质、物性特征和油气性质比较接近的含油气层段划分为一个含油（气）层组，一个油（气）层组可由一个或若干个砂岩组组成。在油（气）层组之间应有相对较厚且稳定分布的隔层分隔开，其分界线应尽量与沉积旋回分界线一致。

（3）砂岩组（也称砂层组、复油层）

油（气）层组内相邻的油气层集中发育段划为一个砂岩组。划分的砂岩组应尽量与三级沉积旋回的层位一致。一个砂岩组内可包含数个小层。砂岩组之间应有比较稳定的隔层分隔开。

（4）小层（也称单层、单油层）

以非渗透性岩层分隔开的油气层划为一个小层。同一小层内可包含数个单层。

2. 对比依据

（1）标准层

标准层是指油层剖面上岩性稳定、厚度不大、特征明显（颜色、岩性、化石、特殊矿物、地球物理特性等）、分布面积较广的岩层。它是油层对比最重要的依据。油层对比，首先是标准层的对比，其他次之。显然，标准层越多，油层对比就越容易进行。选择标准层时，首先要研究整个剖面中稳定沉积层分布规律，然后按层逐井追踪，确定其分布范围。一般来说，稳定沉积层多形成于盆地均匀下沉、水域最广的较深水的沉积环境。因为此时沉积物分布面积最大，岩性和厚度较为稳定，在时间上也是等时层。如陆相湖泊沉积中的黑色页岩，三角洲沉积中水进阶段的石灰岩、页岩薄层等。有时大套同类岩性的地层中某些特殊岩性的薄层，也常常是较好的标准层。如陆相碎屑岩剖面中的石灰岩、油页岩、碳质页岩、火山碎屑岩以及岩石类型虽然相似，但具有特殊结构、构造、颜色和化石的岩层都可以选作标准层。

选择标准层时，尽量照顾在剖面上分布均匀，以便保证对比的精度。

根据标准层的分布范围、稳定性及特征明显性，可将标准层分为两级：

一级标准层：岩性、电性特征明显，在三级构造范围内稳定分布。一般为黑色泥岩、页岩、介形虫钙质砂岩（或石灰岩），稳定程度达90%以上，用它基本可以确定油层组界线。

二级标准层（辅助标准层或标志层）：岩性、电性特征较突出，在三级构造的局部范围具有稳定性。岩性一般为钙质粉砂岩与灰绿色、深灰色泥岩组合，稳定程度在50% ~ 90%。在已确定油层组界线的基础上，配合一级旋回特征划分砂岩组和单油层。

在钻井剖面中，利用标准层的电性特征是认准标准层的关键。标准层的电性特征一般有两种表现方式。

单一岩性特征：标准层在电测曲线上具有明显特征，很容易与上下邻层区别，如大庆油田葡I组底灰色介形虫石灰岩或钙质粉砂岩，在微电极曲线和2.5m底部梯度视电阻率曲线上呈明显细长“尖峰”[见图4–2（a）]。

组合电性特征：不同岩石类型组成的稳定层组在电测曲线上的反映如图4–2所示。如图4–2（b）为大庆油田嫩一段萨零—萨Ⅰ组灰黑色泥岩内夹三层油页岩或三层介形虫层，在视电阻率曲线和微电极曲线上出现三个平缓的“小凸起”。萨Ⅰ～萨Ⅱ间夹层的底部标准层，为灰黑色薄层泥岩，上下被含介形虫的黑色泥岩和介形虫泥岩、泥灰岩所夹持，在视电阻率曲线上形成一“U”字形的弯曲[见图4–2（c）]。

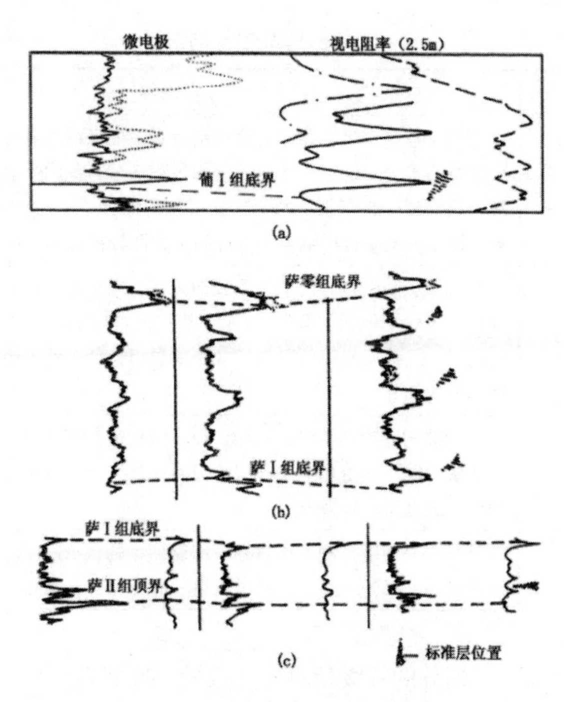

图4–2 标准层电性特征示意图

一个地区符合条件的标准层是客观存在的，但需要经过深入细致的地质录井和地层对比才能发现。对那些厚度小的标准层，岩屑录井不易发现，需要在大量对比中从曲线形态上找出某些特征，然后再查找岩屑或岩心的第一性资料验证核实。总之，对一个地区的标准层，有个认识过程，随着勘探程度的提高，地层研究工作的深入，以及对比方法的多样化，标准层将被陆续发现。

（2）沉积旋回

地壳升降规模越大，其影响范围越广。在地层剖面上体现的旋回幅度（即同一岩性在剖面上重复出现，其相距的地层厚度）也越大，旋回在平面上可对比范围亦越大；相反，地壳升降规模越小，旋回幅度亦越小，可对比范围也越小。地壳运动是不均衡的，表现在升降的规模上（延续时间、幅度、范围）有大有小，并且在总体上升或下降的背景上还有小规模的升降运动。因此，剖面上的旋回就表现出级次来，即在较大幅度的旋回内套有小幅度旋回。在利用旋回对比地层时，可从大到小进行对比。这就是“旋回对比，分级控制”的道理。地层对比和油层对比的对比单元不一样。地层对比各级次划分的旋回幅度大，油层对比则小。在油气田地质研究中，地层沉积旋回划分为以下四级（见表4-7）。

表4-7　地层沉积旋回等级

级别	内容
一级旋回	相当于在整个沉积盆地升降运动背景下的区域性复合沉积旋回，反映了一个完整的水进—稳定—水退的沉积过程。分布范围受盆地内一级构造单元控制，旋回幅度相当于一两个连续沉积的地层“组”，与同级沉积旋回以假整合或微角度不整合接触。一级旋回中岩性较粗的部分相当于一个含油层系
二级旋回	在一级旋回中包含的次一级旋回。在二级构造范围内可以对比，其旋回幅度相当于一个地层“段”。每个二级旋回可以是水进的正旋回或代表水退的反旋回。二级旋回中可以包括几个油层组，每个油层组是二级旋回中油层特性相近的部分
三级旋回	受局部构造控制的沉积旋回，在三级构造范围内可以对比。旋回幅度相当于地层“段”内由几个单砂层与泥岩层组合而成的小的正旋回或反旋回。这种旋回组合又称砂岩组
四级旋回	是受水流强度控制、包含在三级旋回中的次级旋回。其稳定范围局限于三级构造的一部分地区，旋回中较粗的部分相当于单油层。

旋回划分和油层层组划分的等级是对应一致的。旋回划分是以岩性组合为依据，目的在于提供单层对比的标准。层组划分是以油层特性的一致程度为依据，考虑岩相条件和隔层条件，目的是为研究开发层系和部署井网提供地质依据。各级沉积旋回包括了各级层组，各级层组只是各级旋回中含油性能相近的部分或具有含油性能的部分。

3. 对比方法

（1）单井准备工作

油层对比主要是在搞清岩性—电性关系的基础上，大量应用地球物理测井曲线进行油层分层与对比。各油田常使用2.5m底部梯度视电阻率、自然电位和微电极测井曲线。在一口井完钻后，将油层部分的上述测井曲线汇编成单井电测资料图，作为油层对比基础资料。

（2）对比程序

在某三级构造上钻井比较多时，为了掌握油层横向变化规律，先挑选沿构造轴线的各井进行对比，再适当选沿几条垂直构造轴线方向上的井对比，以达到各剖面层位一致，不窜层。然后以这些井为骨干，分区进行对比，达到分区层位一致；经过多次反复，直到各井层位统一为止；在纵向上选择对比单元时，按旋回级次由大到小逐级进行。油层组的划分一般与地层单元一致，因此，完全可以运用区域地层对比方法。砂层组和单油层是更小的对比单元，因岩性、古生物、矿物等在剖面的小层段内变化不大，其对比标志已不明显，故主要是在油层组的对比线控制下，根据岩性、电性所反映的岩性组合特点及厚度比例关系作为对比依据。最后做到油层组、砂岩组、小层三级控制，使其层位一致。

（3）建立标准剖面

标准剖面是在对比中建立起来的，所谓标准是指剖面上油层特征（岩性、电性）在全区具有代表性，且油层发育好。以此剖面为样板，进行新井的油层分层工作，以便于在全区“统层”；为了使标准剖面在全区有代表性，可在几口井挑选有代表性的油层组和砂岩组汇编成标准剖面。随着钻井数量的增加和对比工作的深入，标准剖面也在不断完善。

（4）对比步骤

1）用标准层划分油层组：剖面的顶部和底部都有大段泥岩层，其中顶部灰黑色泥岩和介形虫泥岩为区域地层对比标准层（①号标准层），底部有一层厚20cm的深灰色介形虫泥岩层，紧接其下为一层钙质砂岩，电性特征极为明显。该层在三级构造内普遍存在，亦作为标准层（③号标准层）。在剖面中部有一层灰黑色泥岩层，层位稳定，但因邻层电性不稳，该层只作为辅助标准层（②号标准层）。剖面上油层组数量多少取决于二级旋回的数量，每个二级旋回就相当于一个油层组，二级旋回的性质要参考一级旋回的性质而定。由于该区整个含油层系是在一个一级正沉积旋回背景上沉积的，因此该剖面以②号标准层为界，上下各有一个二级正旋回，即分成两个油层组。

2）利用沉积旋回对比砂岩组：在油层组内应根据岩性组合规律进一步划分若干三级旋回（相当于一个砂岩组）。在二级旋回背景上，各三级旋回均按水进型考虑，即水进开始作为三级旋回的起点，水进结束作为砂岩组的顶界。在剖面上各砂岩组顶部均有一层分布稳定的泥岩层，该层是对比时确定层位关系的具体界线。

3）利用岩性和厚度对比单油层：在局部范围内，同一时期形成的单油层其岩性和厚度是相近似的。因此，在每个三级旋回内，应进一步分析其岩性组合规律，细分若干个四级旋回。在四级旋回内较粗的部分就是单层（含油者称单油层）。按岩性、厚度相似的原则，对比各单油层。由于四级旋回内各单层数量不尽相等，单层厚度也可能相差悬殊，所以在连接对比线时，应视具体情况做层位上的合并、劈分或尖灭。

4）连接对比线：在对比的基础上，将相同层位的顶、底界线分别连接起来。油层对比连线不仅表示各井剖面油层的层位关系，同时还表示油层厚度变化和连通情况。必须强调的是，我们只能在现有井距情况下讨论两口井（甲井和乙井）剖面层位（1、2、3层）对应关系连线问题。由于砂岩体形态变化的复杂性，连线结果完全可能与地下的真实情况不符，这只能通过加密钻井或开发动态进行验证。

（5）制表

根据油层对比成果，把每口井的分层数据，分别记录在统一的表格上，内容包括：小层编号、砂岩厚度、有效厚度、渗透率、地层系数、与邻近井连通情况、小层储量等。这些基础资料是为下一步编绘油层剖面图、油砂体平面图、栅状图、计算储量、油井动态分析和开发方案调整提供依据。

4. 油层对比成果图的编制及应用

通过油层对比工作，获得了地下每个单油层层位关系的资料，对陆相碎屑岩油层在空间的分布状态有了感性认识。油层在地下不是大面积成层分布，而是一些大小、形状、性质不同的砂岩透镜体。这些含油砂岩透镜体，称为油砂体。它是地下储集油气的基本单元，也是在油田开发过程中控制油水运动的相对独立单元。

由于不同的油砂体储油物性、厚度、分布状况都有不同程度的差异。因此，认识油层性质和分布特征，应立足于油砂体的研究。从认识油层内部单个油砂体入手，研究它的形状、大小、性质，然后再综合研究不同类型油砂体在各个油层组、砂岩组中分布所占的比例，从而认识油层组、砂岩组的特征，为开发油气田提供可靠的地质依据。在剖面上，油砂体可以由一个单油层组成，也可由二个至三个相互连通的单油层组成。在平面上，由于岩性变化、断层分隔等原因，同一个单油层可以分成几个油砂体。

对油层的认识程度，取决于井网的密度。在详探阶段，由于井网较稀无法认识油砂体，只有在钻完基础井网的开发区才有可能查明并认识油砂体。油田投入开发以后，通过油、水井的动态分析暴露出的矛盾，应重新修正以往对地下地质情况的不正确认识。

油砂体划分工作是在油层对比的基础上，通过编绘油砂体各种图件来完成的。目前最常用的图幅有：栅状对比图和油砂体平面图。下面分别介绍这两种图的编绘方法。

（1）栅状对比图的编绘

栅状对比图是反映油层在空间变化情况的立体图。由于采用三度空间作图方法，当各井对比线连好后很像立体栅栏，故称栅状对比图。它在油层研究中应用极广，由于研究的目的不同，编图时采用的油层单元也不一样。在油砂体研究中，一般以砂岩组为单元进行编图。图上反映了井间砂岩组内各单油层连通关系和基本数据。编图时使用的基础资料，有单井小层数据表、各井对比连通关系表，编图步骤如下：

1）根据作图范围大小选用适当比例尺的井位图。为了避免南北向井点对比线过陡，可以上下或左右适当移动个别井位或将井位图旋转适当角度，以对比关系清晰为准。

2）各井位旁画出砂岩组柱状剖面。为使单油层表达清晰，纵比例尺要放大。按比例将砂岩组每个单油层顶底界画在柱子内，并自左向右注写渗透率、层号、砂岩厚度和有效厚度数据。

3）根据单井小层数据表连通关系连接对比线。连线时注意从图幅下端各井连起，逐次向上连接各井，这样才能绘出显示立体关系的小层对比图。

4）在小层对比图上划分油砂体。其划分原则如下：纵向上尽量照顾层号相同的层，将相同层号的层划为同一个油砂体，但由于单油层之间经常出现连通情况，这就存在劈分成两个，还是合并为一个油砂体的问题。劈分或合并的原则取决于该两层在栅状对比图上连通井点数占钻遇该两层总井点数的百分比：若大于20%（有定为30%或60%的不等），则划为同一油砂体；若小于20%，则分为两个油砂体。相邻小层在局部地区连通井点集中，则该局部地区划为同一个油砂体，并在物性较差的部位与不连通区切开，在平面上划分油砂体，以砂岩尖灭线、断层线、切割注水井排为界。狭窄地带相连接的成层分布油砂体，可在狭窄地带选择物性差的部位切开，作为两个油砂体考虑。如连通区以外，油层逐渐变薄，最后尖灭，其延长不超过五口井，则与连通区同属一个油砂体；反之，延伸超过五口井，则在连通井点部位切开，作为另一个油砂体考虑。

5）着色区分。在栅状图上用颜色或符号区分不同油砂体。

（2）油砂体平面图的编绘

油砂体平面图是表示油砂体在平面上的特征的图件。在砂岩组栅状图上划分完油砂体后，就可以编绘油砂体平面图。其编绘步骤如下：作图范围同砂岩组栅状对比图，比例尺大小则根据需要和图幅大小而定。按井点画出组成油砂体的各单油层柱子，并分层注明渗透率、层号、砂岩厚度和有效厚度。用符号注明与上、下油砂体有无连通关系。连接对比线。为了在图上表达清晰，仅连接横向对比线。勾绘油砂体边界。以断层线、注水井排为自然界线，一般砂层尖灭线均在有砂层与无砂层井点间通过。有效厚度零线由砂层尖灭线与有效厚度的井点间通过。勾绘渗透率等值线。在有效厚度零线范围内，按渗透率等级（大于$500 \times 10^{-3} \mu m^2$，$300 \times 10^{-3}$ ~ $500 \times 10^{-3} \mu m^2$，小于$300 \times 10^{-3} \mu m^2$）划分等值线，并按高、中、低渗透区着色区分。对各油砂体编号。

三、碳酸盐岩油层对比方法

随着世界各国对碳酸盐岩油气田的大规模勘探与开发，使其储量和产量急剧增加。据不完全统计，碳酸盐岩油气田储量约占世界油气储量的一半，而其产量已达世界油气总产量的60%以上。碳酸盐岩储集层在我国有着广泛分布，四川已发现震旦系白云岩气藏，华北地区多处发现中、上元古界，寒武系，奥陶系“古潜山”石灰岩、白云岩油气藏，川南地区二叠系、三叠系碳酸盐岩中已发现几十个气田，川中地区发现了侏罗系大安寨层介壳石灰岩油藏，济阳和黄骅坳陷亦有第三系生物灰岩和白云岩油藏。在我国云南、广西、贵州发育着大面积巨厚的石灰岩。由此可见，加强碳酸盐岩储集层的研究，对我国石油工业的发展具有重大意义。碳酸盐岩储集层与碎屑岩储集层比较，有一个突出特点是，它的储集空间在沉积时和成岩以后经历了多次次生变化。因此，碳酸盐岩的储集空间、储集物性等较为复杂，常表现出多样性与突变性，更需要细致地研究。我国是勘探开发碳酸盐岩油气田较早的国家，积累了宝贵的经验。

第四节　储集层非均质性

储集层非均质性是油田地质，特别是油田开发地质的最重要研究内容之一，其研究贯穿于油田的各个开发阶段，且随着油田的不断开发，其研究精度、深度、难度逐渐增大。近年来，国内外针对老油田的提高采收率技术，极大地推动了储层非均质性研究的发展。

一、储层非均质性的概念及分类

储集层非均质性是指储集层性质（岩性、物性、厚度、孔隙结构、润湿性等）在三维空间上的变化。在实际工作中，多指储集层岩性、物性（特别是渗透率）在空间上的变化。它是随着油田开发实践及油田地质研究的深入而提出的。

在油田开发初期，由于多为天然能量开采，储集层非均质性对油田开发的影响，尚未暴露出来。但在二次采油注水、注气以后，出现了开发中的层内、平面、层间三大矛盾。人们开始意识到这是由于油层非均质性引起的，它包括微观非均质性、层内非均质性、平面非均质性及层间非均质性对油田开发的影响。其具体表现在注水开采时，水不按照人们的意志流动。例如，最早发现在老君庙油田的边外注水，中心很难见效；大庆油田转入二次开采阶段以后，上述问题普遍存在。

以往非均质性是对储集层这一静态地质体而言。近年来，在此基础上，又提出了流体非均质性的概念，即油层中流体类型（油、气、水）、性质（黏度、溶解气量等）、饱和度、可动性、流体压力等在三维空间上的变化。油层不同时期的流体非均质性将很好地反映油田开发动态过程，特别是剩余油的形成、演化及分布，其综合研究将地质静态和流体动态紧密地结合在一起。

油层非均质性可根据研究着眼点不同分成不同类型，如张朝琛、王文样等分为油田级非均质性、成因单元级非均质性和微观级非均质性；美国学者按决定石油采收率的基本地质因素分为沉积非均质性、构造非均质性、成岩非均质性和流体非均质性；裘亦楠（1992年）将碎屑岩储层非均质性由大至小分成层间非均质性、平面非均质性、层内非均质性和孔隙非均质性四类，我们以裘亦楠的分类方案为基础，综合国内外学者在储层非均质性的研究成果，将储层非均质性分为微观非均质性、层内非均质性、平面非均质性和层间非均质性。这样既和油田开发中的层内、平面、层间“三大矛盾”相对应，又符合非均质性研究三维化趋势。这是因为，对单油层而言，平面和层内非均质性，相当于单油层的三维表述；而对一个开发层系而言，建立在各单油层平面、层内非均质性及其间夹层研究基础上的层间非均质性相当于开发层系的三维表述，并且在油层对比基础上，研究油层非均质性能得到油层具体空间部位的非均质性特征，而不是一个笼统的概念。另外，在微观上也考虑了微观非均质性。

二、微观非均质性

微观非均质性主要是指岩石孔隙结构的非均质性。其主要研究内容为：孔隙结构非均质性及对其有影响的黏土基质、岩石结构特征和矿物学特征等。

1. 孔隙结构非均质性

孔隙结构是指孔隙和喉道的几何形状、大小、分布、相互连通情况以及孔隙与喉道间的配置关系等；孔隙结构特征的研究是油气储层地质学的主要内容之一，它与储集层的认识和评价、油气层产能的预测、油气层改造以及提高采收率的研究都息息相关，孔隙结构特征的研究已成为最基础的研究工作。

储集层中的储集空间是一个复杂的立体孔隙网络系统，在该系统中，对流体储存起较大作用的相对膨大部分，称为孔隙。而另一些在扩大孔隙容积中所起作用不大，但在沟通孔隙形成通道中却起着关键作用的相对狭窄部分，则称为孔隙喉道，如碎屑岩孔隙与孔隙间的狭窄部分。流体在岩石中流动时必须通过喉道，而喉道的粗细特征必然严重地影响岩石的渗透性。对于同样大小的孔隙空间，由于孔隙空间的多少及宽窄不同，岩石渗透性能差别很大。孔隙喉道的几何形状是控制油气生产潜能的关键，也就是说，液体流动条件取决于孔隙喉道的结构（包括孔喉半径的大小，截面形状）以及石油与岩石的接触面大小等。

在不同的接触类型和胶结类型中，常见有五种孔隙喉道类型（见表4-8）。

表4-8　常见孔隙喉道类型

类别	内容
孔隙缩小部分成为喉道	多见于颗粒支撑、无或少胶结物的砂岩。孔隙、喉道难分，孔大喉粗，喉道是孔隙的缩小部分，几乎全为有效孔隙
片状喉道	多见于接触式、线接触式胶结砂岩，是较强烈压实作用使颗粒呈紧密线接触，甚至由压溶作用使晶体再生长，造成孔隙变小、晶间隙成为晶间孔的喉道所致。孔隙很小、喉道极细
可变断面收缩部分成为喉道	多见于颗粒支撑、接触式胶结的砂岩。压实作用使颗粒紧密排列，仍留下较大孔隙，但喉道变窄，呈孔隙较大、喉道细，而具较高孔隙度、很低渗透率
管束状喉道	多见于杂基支撑、基底式及孔隙式胶结类型的砂岩，当杂基及胶结物含量较高时，其内众多微孔隙既是孔隙又是喉道，呈微毛细管束交叉分布。使孔隙度中等至较低、渗透率极低
弯片状喉道	强烈压实作用使颗粒呈镶嵌式接触，不但孔隙很小、喉道极细，而且呈弯片状

此外，若张裂缝发育，则形成板状通道。从整体看，也可以把它们视为一种大的汇总的喉道。这种大喉道控制着它联系的各种微裂缝和孔隙。

（1）孔隙喉道半径及孔隙喉道大小分布

孔隙喉道半径（简称孔喉半径）是以能够通过孔隙喉道的最大球体半径来衡量的，单位为微米（μm）。孔喉半径的大小受孔隙结构影响极大。若孔喉半径大，孔隙空间的连通性好，液体在孔隙系统中的渗流能力就强。地层中液体流动条件取决于孔隙喉道的结构，如孔喉数量、半径大小、截面形状、液体与岩心的接触面大小等都将起一定的作用。

确定孔隙喉道大小分布是研究储集岩孔隙结构的中心问题。把喉道直径及该喉道所控制的孔隙体积占总孔隙体积的百分数称为孔喉大小分布，或称为视孔隙大小分布。其测定方法目前普遍采用压汞法。图4–3反映了储集岩的孔喉半径范围，某一孔喉半径区间所控制的孔隙体积百分数（ΔS_{Hg}）及其渗透率百分数（ΔK），揭示了孔喉大小分布这一最重要的孔隙结构特征。由此也可看出，同一岩石的孔喉半径大小不一，是非均质的。在某一压力下，注入剂也并不能进入所有孔隙和喉道。

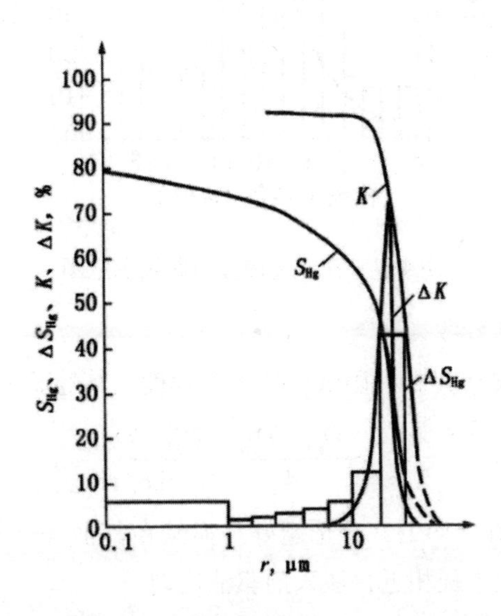

图4–3　孔喉半径、汞饱和度及渗透分布曲线示意图

（2）孔隙喉道平均值和孔隙喉道半径中值

孔隙喉道平均值Rm是孔喉半径总平均值的量度，以ϕ为单位，其经验公式为：

$$R_m=\frac{D_{16}+D_{50}+D_{84}}{3}$$

$$或R_m=\frac{D_5+D_{15}+D_{25}+\cdots+D_{85}+D_{95}}{10}$$

式中，D_x相应于孔隙喉道累积频率曲线（x=1，2，3，…；见图4–4）中，$\Sigma(\Delta V_i/\Delta V_\phi)$=x%处的孔隙喉道半径值（即ϕ值，$\phi=-\log_2 d$。d为孔喉半径，以微米计），称为百分位数。如$D_{16}$即相应于16%处的孔喉半径ϕ值，称为第16百分位数。孔隙喉道半径中值R_{50}即$R_{50}=D_{50}$，它是孔隙喉道大小分布趋势的量度。

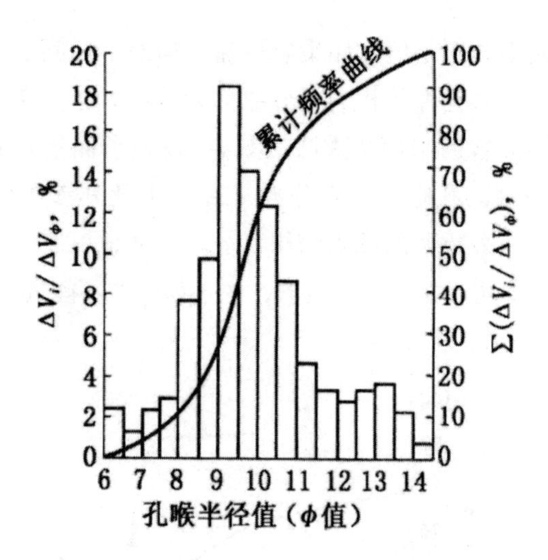

图4-4　孔隙结构分布曲线示意图

（3）孔隙喉道分选系数

孔隙喉道分选系数Sp是指孔隙喉道的均匀程度，其经验公式为：

$$Sp=\frac{D_{84}-D_{16}}{4}+\frac{D_{95}-D_5}{6.6}$$

Sp越小，孔隙喉道越均匀，分选越好。显然在其他条件相同时，Sp越小越好，这是因为同一岩石孔喉半径相近，注入剂驱油均匀。

（4）孔隙喉道歪度

孔隙喉道歪度S_{kp}用以度量孔隙喉道频率曲线的不对称程度，即非正态性特征，其经验公式为：

$$S_{kp}=\frac{(D_{84}+D_{16}-2D_{50})}{2(D_{84}-D_{16})}+\frac{(D_{95}+D_5-2D_{50})}{2(D_{95}-D_5)}$$

孔隙喉道频率曲线左侧（φ值小）陡，右侧（φ值大）缓为正歪度；反之为负歪度。曲线两侧陡缓差异越大，歪度绝对值则越大。

（5）孔隙喉道峰态

孔隙喉道峰态K_p可反映孔隙喉道频率曲线峰的宽度及尖锐程度，其经验公式为：

$$K_p=\frac{D_{95}-D_5}{2.44(D_{75}-D_{25})}$$

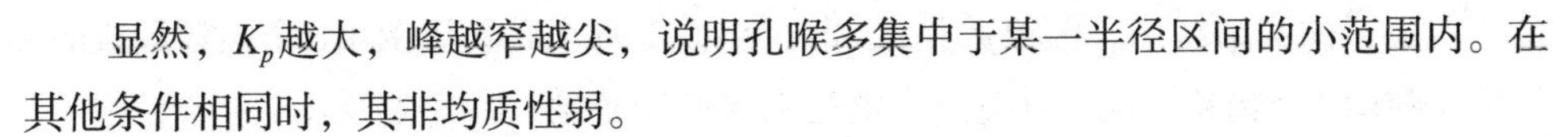

显然，K_p越大，峰越窄越尖，说明孔喉多集中于某一半径区间的小范围内。在其他条件相同时，其非均质性弱。

（6）孔隙喉道分布峰数、峰值、峰位

峰数（N）是指孔隙喉道频率曲线中峰的个数。据此可分成单峰、双峰和多峰型。

峰值（X）是指占孔隙喉道体积百分比最高的孔喉半径处的体积百分数。

峰位（R_v）是指孔隙喉道分布峰值处所对应的孔喉半径。

（7）最大孔隙喉道半径及排驱压力

排驱压力P_d是指汞开始进入岩样所需要的最低压力。在该压力下汞能进入的孔隙喉道半径是岩样中最大孔隙喉道半径P_d。

（8）毛管压力中值

毛管压力中值P_{50}是指含汞饱和度为50%时所对应的毛管压力值。

（9）孔隙喉道比

决定孔隙系统渗流能力的因素除上述孔隙与喉道的大小外，近年不少学者的研究表明，还与孔隙和喉道的配置特点密切相关。用以表征这种配置关系的参数，是孔喉比及孔隙配位数。所谓孔喉比是指孔隙大小与喉道大小的比值，比值越高，渗透能力越低；反之，比值越低，渗透能力越高。与之相适应的是，在开采时，前者在孔隙空间系统中残留的非润湿相流体多，后者则残留的非润湿相流体少，也就是说，当孔喉比增高时，采收率则降低（图4-5）。

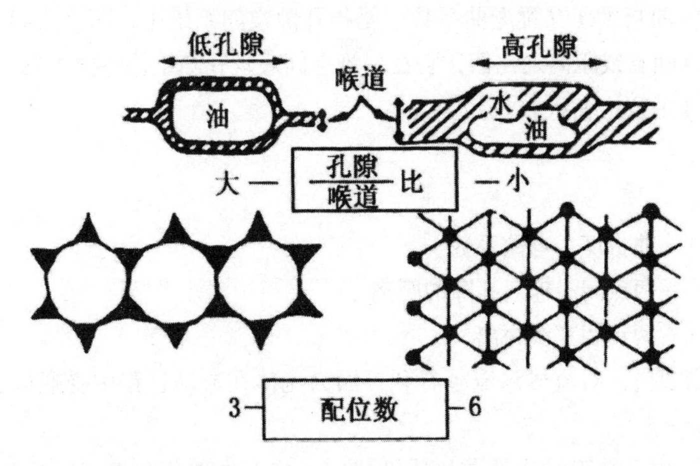

图4-5 孔隙与喉道大小的比值和配位数及其对非润湿相采收率影响示意图

（10）孔喉配位（合）数

配位数是指连通每一个孔隙的喉道数量，它是孔隙系统连通性的一种量度，在单一六边形的网络线中，配位数是3，即在平面上每个颗粒周围由6个颗粒围成时，每个孔隙由3个颗粒围成，并有三个喉道与该孔隙连通，每个喉道由2个颗粒围成。在三重六边形网络中，配位数是6，即上述情况在三维空间时，每个孔隙由平面上3个和上下各一个共5个颗粒围成，并有6个喉道与该孔隙连通，每个喉道由3个颗粒围成（见图4–5）。

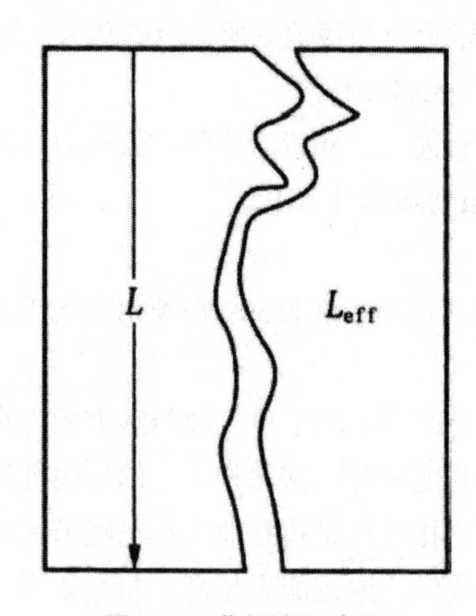

图4–6　曲折度示意图

（11）孔隙曲折度

孔隙结构的曲折度（又称弯曲系数）是指孔隙空间系统中，两点之间沿连通孔隙的距离与两点间直线距离之比值，它在一维空间表现孔隙结构特征（见图4–6）。

孔隙曲折度用公式表示为：

$$T=\frac{L_{eff}}{L}$$

式中，T——曲折度（弯曲系数）；

L_{eff}——两点间沿连通孔隙的距离；

L——两点间直线距离。

曲折度越接近1，对流体渗流越有利，因为流体在流动过程中受通道迂回的阻力最小。

由上可见，岩石孔隙结构的非均质性决定了岩石的储集和渗流特征及其差异，孔隙结构特征控制着流体微观渗流过程、注入剂微观驱油效果及剩余油和残余油的形成。

2. 黏土基质

充填于碎屑岩储集层孔隙内的黏土基质可分为陆源和自生黏土矿物两大类，其含量、类型、产状及对流体敏感性等特征，对储集层的微观非均质性及流体渗流有着重要影响。

黏土含量是指岩石中粒径小于0.01mm的颗粒含量。一般情况下，储集层中其含量越高，则储集层孔隙和喉道越小，渗透率和孔隙度越小。黏土类型可分为高岭石、蒙脱石、伊利石、绿泥石等，不同类型的黏土矿物具有不同的晶形和特征，而且对微观非均质性会产生不同影响，如蒙脱石因具有很强的吸水膨胀性而会造成孔隙堵塞。可分别测定各类黏土矿物的绝对含量或相对含量。

砂岩储集层中的黏土产状，按黏土晶体构造、黏土晶体在孔隙壁上的位置及在粒间孔隙及喉道内的位置，可分为三种类型（见表4–9）。

表4–9　砂岩储集层中的黏土产状类型

类别	内容
孔隙薄膜式（或内衬式）	黏土矿物以相对连续的薄层黏附在孔壁上形成“黏土套”，且垂直孔隙壁的晶粒与颗粒表面有共生格架形成厚度多小于的连续黏土层，具有丰富的微细孔隙空间。薄膜式为主的砂岩泥质相对增多，颗粒排列中等至较紧密，孔隙发育程度中等或较差，一般具中等渗透率和较低产油能力，因具“黏土套”，阻止或减弱了注入油层的外来流体与碎屑颗粒起反应
孔隙搭桥式（或桥塞式）	黏土矿物晶体自孔壁向孔隙空间生长，最终可直达孔隙空间的彼岸，形成黏土桥，而在孔隙中形成网络状分布，将粒间孔隙肢解切割为黏土矿物晶间微孔隙。搭桥式为主的砂岩则胶结物含量最高（泥质含量与薄膜式相近，但方解石含量明显增加），颗粒排列中等紧密，孔隙发育中等、较差或差，具有较低的渗透性
孔隙中分散质点式	黏土矿物以晶体或集合体的分散质点形式分散附着于孔壁或占据部分粒间孔隙。以该类型为主的砂岩泥质含量最低、颗粒疏松且表面较干净、孔隙发育，具有较高的渗透能力及产油能力

综上所述，在相同条件下陆源黏土对油层渗透性的影响程度一般要小于自生黏土。但纹层状的陆源黏土等，对垂向渗流的屏蔽作用大。自生黏土矿物分布在粒间孔隙和孔隙喉道中，它不仅对孔隙结构和产能有重要的影响，而且具有很大比面，因此对油气勘探和开发中的各项增产措施都有重大的影响。黏土矿物对流体敏感性包括速敏、水敏、酸敏、碱敏、盐敏等。

3. 岩石结构特征和岩石矿物学特征

岩石矿物学特征，包括岩石中矿物组成及其含量、基质成分及其含量和分布状况、胶结物成分及其含量和胶结类型、自生矿物和重矿物的组成及含量、各种自生矿物生成和消逝的世代序列、生物和生物碎屑、原生孔隙和次孔隙比例和孔隙演化及其矿物学证据、微裂缝（发育程度、大小、分布特征）及其与矿物成分和胶结程度的关系等。

除以上研究内容外，还有颗粒润湿性、毛细管作用、岩石微观渗流等内容。应该指出的是，许多非均质性的宏观特征是大量微观非均质性的综合体现。另外，流体在储集层中的流动，包括注入剂驱油、剩余油与残余油形成都与微观非均质性密切相关。

三、层内非均质性

层内非均质性是指一个单砂层规模内部垂向上的储集层性质变化。它是直接控制和影响一个单砂层层内垂向上注入剂波及体积的关键地质因素，属于单层规模的描述。从油藏工程角度分析储集层层内非均质性主要指两大方面：一是层内最高渗透率段所处的位置，以及层内各段间渗透率的差异程度；二是一个单砂层规模宏观的垂直渗透率和水平渗透率的比值，是决定流体垂向串流的重要因素。这两方面的层内非均质性表现则又受控于很多地质特征，从储集层地质和储集层沉积学角度应重点研究下述内容。

1. 粒度序列与渗透率序列

一个单砂层内部碎屑颗粒粒度大小在垂向上的变化称为粒度序列；同理，一个单砂层内部渗透率大小在垂向上的变化叫作渗透率序列，其类型有下列几种。

（1）正韵律。自下而上，粒度由粗变细为粒度正韵律，渗透率由大变小为渗透率正韵律，如曲流河道砂体。

（2）反韵律。自下而上，粒度由细变粗为粒度反韵律，渗透率由小变大为渗透率反韵律，如河口坝砂体。

（3）复合韵律。由正韵律与反韵律组成的韵律为复合韵律，有两种形式：正反复合韵律，即下部为正韵律，上部为反韵律；反正复合韵律，即下部为反韵律，上部为正韵律。

（4）均匀韵律。自下而上，粒度基本不变为粒度均匀韵律，渗透率基本不变为渗透率均匀韵律。

（5）薄互层韵律。在主要单砂层（如单一河道）垂向规模内，粒度（或渗透率）呈薄层状突变（增大或减小）且交互出现，如分流间薄层砂体。

（6）其他组合韵律。在主要单砂层垂向规模内，由以上韵律类型中的两种或几种组合而成，命名采用下部类型在前，上部类型在后。如下部为均匀韵律，上部为正韵律，则称均匀—正韵律。

一般情况下，粒度序列反映了能量序列，且粒度增大，渗透率增大，因此同一单砂层的粒度序列与渗透率序列类型基本相同。但是，由于粒度不是决定渗透率大小的唯一地质因素，还有粒度分选性、泥质含量、颗粒排列、成岩作用等，因此，粒度序列与渗透率序列也可不同。粒度序列和渗透率序列对油田开发及调整具有重要意义。以油田注水开发为例，渗透率为正韵律油层，因下部渗透率大，阻力小，加之注入水比油密度大，在垂向上趋于油在上、水在下，造成该类油层下部强水淹，中部中水淹，上部弱水淹或无水淹；注水达一定时间后，驱油效率很差，用含气复合驱及气驱调整有利。渗透率为反韵律油层恰恰相反，因上部渗透率大，吸水能力强；又因为水密度大，在垂向上趋于向下运动而将下部相对低渗透率部分的油驱走。因此，对注水开发而言，在其他条件相同时，反韵律油层开发效果最好，正韵律油层开发效果最差，复合韵律油层居中。然而对反韵律油层注水达一定时间后，若采用与正韵律油层相同的气驱或含气复合驱调整则效果可能会很差，因为注气时只对驱动油层上部的油作用大。由此可见，采用哪种开采措施与地下地质特点密切相关。

2. 沉积构造的垂向演变

层理是碎屑岩的主要沉积构造，由于层理类型不同，其不同粒度纹层的产状和排列组合也不同，从而影响渗透率垂向上的变化和渗透率的各向异性。层理内的纹层是由颗粒成分或粒度或颜色变化而形成的。其成分特别是粒度变化（如由砂质纹层到泥质纹层）在较大程度上控制着垂直和平行纹层方向上的渗透率比值，进而影响渗流方向。

由于层理类型不同，其内部纹层产状、组合关系及其分布规律也不同，为此，应主要研究不同类型层理对渗透率的影响。其包括：纹层产状及组合关系对渗流的影响；最小和最大渗透率方向及方向数；最小和最大方向渗透率比值。如平行层理有两个最小渗透率方向，即垂直纹层方向；而最大渗透率方向有无数个，即平行纹层方向。

一个单砂层在垂向上包括多种层理类型，由上述可知，不同层理类型对渗流影响也不同。所以，单砂层垂向层理类型不同，可能使其垂向渗透率分布特征、最小与最大渗透率方向及比值不同。

3. 层内不连续薄夹（隔）层

（1）层内不连续薄夹（隔）层的作用。层内不连续薄夹（隔）层，是比层理内的不渗透纹层更高一级的非渗透层或特低渗透层。它的作用是对流体流动可起到不渗透隔层作用或极低渗透的高阻作用，对驱油过程影响很大。直接影响一个单砂层从顶到底宏观规模的垂直，水平渗透率比值；直接遮挡注入剂段塞使驱油效果变差。

（2）层内不连续薄夹（隔）层类型。层内不连续薄夹（隔）层按岩性划分为泥质型，砂质泥岩、泥质砂岩等过渡岩性型及碳酸盐岩型三种；按石油运移产物划分为沥青或重油充填条带型；按成岩产物划分为各种胶结条带（硅质、钙质、高岭土胶结等）型和强压实引起的颗粒缝合线型。

（3）各类夹层的大小、产状、成因、分布范围与规律。单砂层内的连续薄夹（隔）层一般不能井间对比，因其薄（几厘米至几十厘米）、分布范围小，且分布复杂多变，目前在开发区准确预测其井间分布仍有较大难度。由于层内薄夹层的大小、产状、分布范围及规律，严格受单砂层形成时的沉积微环境和沉积微过程控制，因此应首先在理论上研究其成因。该方面也是目前国内外现代沉积及野外古代露头精细研究的主要攻关内容。至今，对曲流河砂体内的薄夹层认识较成熟，其成因为河流在曲流带向凹岸侧蚀并在凸岸沉积的侧积微过程中形成的侧积泥岩，其沉积于新月形凸岸坝表面，产状及大小受凸岸坝古地形控制，一般认为宽度为河宽的2/3左右。凸岸坝上部水动力小，易于保存；下部水动力强，易被下次洪水冲蚀掉。

4. 微裂缝

各种层内规模（不穿层）的微裂缝会扩大某一方向的渗透率，改变流体在层内的渗流特征，对此，主要研究微裂缝的大小（长、宽）、产状、密度（即单位面积内裂缝的条数）、组系、成因等。

5. 层内渗透率非均质程度

渗透率序列可以准确地研究一个单砂层在某一井点处的渗透率垂向分布。当一个单砂层有足够多这样的井点时，则对研究渗透率序列在平面上，甚至在三维空间的变化很重要。

四、平面非均质性

平面非均质性是指一个储集层砂岩体的几何形态、规模、连续性以及砂体内孔隙度、渗透率的空间变化所引起的非均质性。它属于砂体规模描述，直接关系到注入剂的平面波及效率。

1. 小层平面沉积微相

平面非均质性研究应首先研究砂体的边界及砂体内部的遮挡边界或岩性、物性变化界线，它们决定着平面非均质性总体格架，并受砂体沉积时沉积亚、微环境控制。如果从非成因角度去研究砂体的分布及内部特征，将会漏掉钻井提供的大量成因信息，并且较难识别和控制砂体内部的遮挡边界或岩性、物性变化界线，甚至是砂体边界，更谈不上对在平面或垂向上相互连通的不同砂体的识别与区分。因此，小层平面沉积微相研究是平面非均质性研究的重要基础。它是在小层划分与对比基础上，通过对各井的同一小层进行沉积微相识别，最后进行平面微相组合分析而实现的。

2. 砂体几何形态及各向连续性

（1）砂体几何形态

砂体几何形态是砂体各向大小的反映，一般以长宽比进行分类：

1）席状砂体：长宽比近于1:1，平面呈等轴状。

2）土豆状砂体：长宽比小于3:1。

3）带状砂体：长宽比在3:1 ~ 20:1之间。

4）鞋带状砂岩：长宽比大于20:1。

5）不规则砂体：形状不规则，一般有一个主要延伸方向。

砂体几何形态受沉积相控制，即使属同一大相，砂体几何形态及非均质性也有差异，如河流相中的高弯度河流与低弯度河流砂体就存在差异。

在油田开发区，通过小层平面沉积微相研究，不但可以得到砂体几何形态，而且可以预测其分布位置及具体特征，且比非成因砂体分布图准确、可靠、全面；砂体的几何形态与井网布置（席状砂体可用大而相等的井和排距；鞋带状砂体垂直鞋带方向井距小，沿鞋带方向井距大）、油水井设计、注入剂波及方向、渗透率平面分布（如沿鞋带方向渗透率变化小，垂直方向变化大）有着密切关系。

（2）砂体规模及各向连续性

砂体规模及各向连续性包括：砂体长度；砂体宽度，或宽、厚比；砂体实际宽度相对既定井距之比；一定井网下的控制程度，用百分率表示。这些参数本身都很简单，但是求得这些参数才是关键，且并非易事。例如，在油田开发之前，用相距几千米的探井、评价井较准确预测砂体的长度和宽度则需较深入的沉积学知识和经验，而这时砂体长度和宽度对正确确定井距、排距、油水井设计及注入剂波及方向都是至关重要的。

3. 砂体连通性

各种成因单元砂体在垂向上和平面上相互接触连通，扩大了储集层的连续性，进而影响到注入剂、油气的平面流路和平面波及范围。因此，这是平面非均质性的一个重要研究内容，它包括以下内容。

（1）砂体配位数

砂体配位数是指与某一个砂体连通接触的砂体数。如图4–6（a）中5号砂体的配位数是3（即2、3、4号砂体），2号砂体配位数是2（即1、5号砂体）。

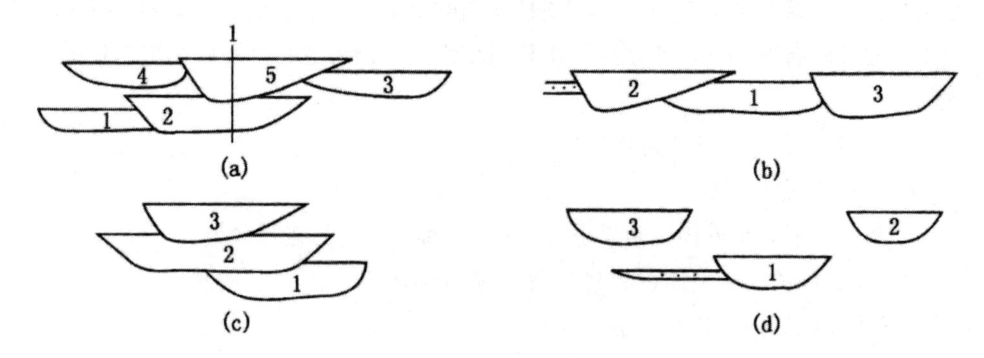

图4–7 连通体及连通方式示意图

（a）连通体；（b）多边式连通；（c）多层式连通；（d）孤立式

（2）连通系数

连通系数是指上、下砂层连通区面积与连通体总面积之比，即：

$$K_{连}=\frac{S_{连}}{S_{总}}$$

这一系数表示储集层纵向上的连通性。$K_{连}$越接近于1，表示储集层连通性越好。

（3）合流系数

合流系数是指m个小砂体中相邻小砂体的平均连通面积与最大连通体面积之比，即：

$$Cc=\sum_{i=1}^{m-1}S_i/[S(m-1)]$$

式中，S——最大连通体面积；

S_i——上、下两个相邻小砂体的连通面积，i=1，2，3，…，m–1；

m——小砂体数。

合流系数（C_c）越趋近于1，连通性越好。

（4）连通体大小

连通体大小是指一个连通体内包括多少个成因单元砂体。如图4–7（a）所示，该连通体大小为5。连通后形成的连通体（复合砂体）有：

1）多边式：不同成因单元砂体以侧向上相互连通为主，见图4–7（b）。

2）多层式（或叠加式）：不同成因单元砂体以垂向上相互连通为主，见图4–7（c）。

3）孤立式：未与其他砂体连通，见图4–7（d）。

由上可以看出，砂体连通性研究应首先在平面和垂向上识别并区分不同成因单元砂体，主要是在小层平面沉积微相研究基础上，进行更细致的成因单元分析。由于不同成因单元砂体内部的岩性、物性、分布模式及规律不同，连通体又是由这些不同成因单元砂体连通而成，因此，若不识别和区分成因单元砂体，则很难弄清该连通体内的岩性、物性、厚度等变化，也无法深入研究平面非均质性。例如，由两个河道砂体垂向切割而连通的一个砂体［见图4–7（a）1井处］，如果没有经过精细研究识别出两个成因单元砂体，而误认为是一个成因砂体，则将无法预测到因上一河道砂体的下部高渗透段而形成的该连通体中部注入剂突进和下一河道砂体的上部低渗透段形成的该连通体中部的剩余油段。同理，也无法预测两个河道成因单元侧向连通造成的河道单元Ⅰ和Ⅱ夹层产状相反，从而导致注入剂段塞的形成与分布。

4. 平面遮挡性

平面遮挡性是指在地层压力差或生产压力差条件下，小层或沉积时间单元级地层内的地质体对储集层内流体流动形成的平面阻挡性。它与砂体连通性属同一问题的正反两方面。平面遮挡可分为：（1）互不连通的砂体间平面遮挡；（2）连通砂体内的局部平面遮挡；（3）单砂体内部的平面遮挡三个级别。其平面分布范围、垂向厚度、遮挡能力都依次变差。

5. 砂体内渗透率和孔隙度平面非均质性

在对砂体格架和遮挡条件进行研究之后，对砂体内渗透率和孔隙度平面分布研究则是平面非均质性研究的重点，特别是渗透率平面非均质性，因为其方向性及大小差异直接影响到流体流动的方向性、流动能力、注入剂平面波及范围和平面驱油效果。渗透率平面非均质性可分为表4–10中的三方面。

表4–10　渗透率平面非均质性分类

类别	内容
微观渗透率方向性	是指砂体内沉积构造和结构因素引起的渗透率方向性。一般以各向渗透率之间的比值来表示
宏观渗透率方向性	是指砂体内由岩性变化引起的宏观渗透率方向性，主要受沉积作用影响，如沉积时高能带与低能带差异，主体带与边缘带差异，砂体几何形态引起的方向性等。可用渗透率等值图表示

续表

类别	内容
裂缝引起的渗透率方向性	是指储层存在裂缝时，它会导致严重的渗透率方向性。应研究各种裂缝的产状，尤其是裂缝走向。常见的裂缝有构造缝和层面缝

五、层间非均质性

层间非均质性是对一套砂、泥岩间互的含油层系的总体研究，属层系规模的储集层描述。由于一个含油层系在纵向上包括多个油层及油层之间的隔层，因此主要研究各种环境的砂体在剖面上交互出现的规律性，垂向各砂体特征及其之间的差异性，以及作为隔层的泥质岩类的发育和分布规律等。其具体研究内容包括以下几方面。

1. 分层系数

分层系数（Ns）是指一定层段内砂层的层数。以平均单井钻遇砂层层数表示，即钻遇砂层总层数（$\sum_{i=1}^{m} N_i$）与统计井数（m）之比，其计算公式为：

$$Ns = \frac{\sum_{i=1}^{m} N_i}{m}$$

对一定层段，当砂岩总厚度一定时，垂向砂层数越多，则分层多，隔层也多，且易产生层间差异。从这一意义上讲，分层系数越大，层间非均质性越严重。利用这一参数时应谨慎，要注意层段厚度及砂岩总厚度相同或相近这一条件。

2. 垂向砂岩密度

垂向砂岩密度（K_n）是指油层剖面中的砂岩厚度（h_s）与地层总厚度（h_L）之比，以百分数表示为：

$$K_n = \frac{h_s}{h_L} \times 100\%$$

$$K_n \in [0,1]$$

K_n实际是油层剖面中的砂岩含量，一般先求出每口井的K_n值，再把整个研究区所有井剖面的K_n值进行算术平均，求出研究区的K_n值。一般K_n值越接近于1，表示均质程度越好。

3. 主力油层与非主力油层的识别及垂向配置关系

主力油层是指在含油层系中分布面积大、厚度大、储油物性好、含油饱和度高、产能高的油层。主力油层与非主力油层在含油层系内是相对的，对不同油田而言，完全

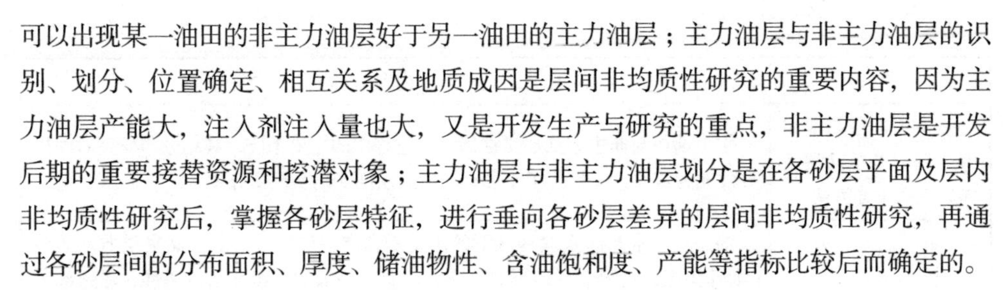

可以出现某一油田的非主力油层好于另一油田的主力油层；主力油层与非主力油层的识别、划分、位置确定、相互关系及地质成因是层间非均质性研究的重要内容，因为主力油层产能大，注入剂注入量也大，又是开发生产与研究的重点，非主力油层是开发后期的重要接替资源和挖潜对象；主力油层与非主力油层划分是在各砂层平面及层内非均质性研究后，掌握各砂层特征，进行垂向各砂层差异的层间非均质性研究，再通过各砂层间的分布面积、厚度、储油物性、含油饱和度、产能等指标比较后而确定的。

4. *层间隔层*

层间隔层是层间非均质性研究的另一重要方面，对研究上下油层的非连通性、隔层对划分开发层系及在同一开发层系内阻挡流体的垂向渗流都具有重要意义。其主要研究内容如下：

（1）隔层的岩石类型：在砂岩和泥岩剖面中主要有泥岩、粉砂质泥岩、泥质粉砂岩、钙质砂岩等，不同类型隔层，其阻挡流体的能力也不同。

（2）隔层平面分布：可用隔层岩石类型与厚度平面分布图表示，也可用不同等级厚度所占井数的分布频率表示。

（3）隔层级别：隔层岩性致密、排替压力大、厚度大、平面分布稳定，则其封隔能力好；反之则差。隔层可分为油层组间隔层、砂层组间隔层，砂层间隔层和砂层内薄夹层四个级别。

5. *裂缝*

裂缝对隔层也有较大影响，即使岩性上封隔能力很强的隔层，当其存在裂缝时，也可降低甚至失去其封隔能力。因此，有必要对隔层中的裂缝进行研究，主要内容包括：裂缝在不同岩性、不同厚度储层中的产状、密度；裂缝与泥质隔层的关系，即构造裂缝的穿层程度；潜在裂缝的特点和分布规律等。

六、油层非均质性的应用

油层非均质性应用的主要内容，见表4–11。

除表4–11中的各项应用外，在油层注入剂选择、三次采油、开发钻井，特别是调整井油层压力预测、试井分析等方面，也与油层非均质性有关。

表4–11　油层非均质性的应用

项目	内容
是开发层系划分与组合的重要依据	开发层系划分与组合的主要依据是油层特征的一致性和隔层分布的稳定性，这正是层间非均质性研究的两大方面

续表

项目	内容
是主力油层与非主力油划分及单油层精细认识的主要方法	主力油层与非主力油层是油田开发过程中的主要矛盾，其划分与研究对油田开发尤为重要，并贯穿于平面、层内、层间非均质性研究中
是油田动态分析的基础与关键	油、气、水及注入剂在地下的流动是在储集层中进行的，储集层非均质性（如储集层的边界、几何形状、分布位置、内部的连续性与连通性、渗透率大小及方向性、层内遮挡等）对这些流体在其中渗流及其所表现出的动态特征，有着十分重要的控制作用。例如，上、下、左、右被泥岩包围的条带砂体中的油气，其本身是一个相对独立的油水运动系统，与其他砂体内油气渗流几乎没有关系。另外，在一个连通砂体内，注入剂的不均衡驱油（如某方向突进、局部未波及、波及区内剩余油等）及平面矛盾、层内矛盾都与该油层平面、层内、微观非均质性紧密相关，而不同油层间注入剂的不均衡性及层间矛盾与层间非均质性紧密相关
是开发井网部署的主要依据	开发井网部署（包括井排方位、井距、排距、注采井网类型等）主要依据开发层系的油层特征，特别是主力油层的分布（包括延伸方向、宽度、长度、几何形状、厚度、物性及含油性等），而主力油层与非主力油层的识别与划分是层间非均质性研究的内容，油层（特别是主力油层）特征则是平面非均质性研究的主要内容。例如，大面积分布的厚层高渗透主力油层可采用大井排距井网及行列注水，面积小而渗透率低的油层可采用相对小井排距及较密的面积注水开发
用于剩余油形成分析及预测	在众多剩余油类型中，有许多是由油层非均质性或与注采井网配合而形成的
是油田开发方案调整的重要依据	油田开发一定时期后，据出现的各种开发矛盾，需进行油田开发方案的调整。油层非均质性是确定调整部位、层位、措施的重要依据，如据油层非均质性形成的剩余油打调整井和渗透率正韵律河道砂体油层在高含水期后的注气开发或三元复合驱开发等
是注水油田水淹层分析的重要地质依据	由上面内容可知，水淹层形成受注采井网、开发过程及注采井间油层非均质性控制，且后者是水淹层形成的最重要地质因素

第五节　油层水洗特征

一、油层内部油水运动机理

在地下油层中，油水分布和运动有其特殊的规律性，这些规律与具体油层的地质特征，共同决定着地下油水运动分布的过程和结果。因此，研究和掌握油层内部油水分布运动的机理，有着重要的意义。

1. 油层内部油水运动的动力

在油层内部，决定油水分布运动的动力有三种：注入水驱动压力、重力、毛管力。这三种力的作用，决定了地下油气水的分布运动状况。

（1）驱动压力的作用

当油藏投入开发以后，或者由于注水形成的注采压差，或者由于降压开采形成的边底水压差，驱使地层流体沿压力下降方向流动。决定其流量大小快慢的因素，则是油层渗透率的高低和注采压差的大小。由于油层渗透率的非均质性，在某一渗透率最大的方向，在注入水驱动压力的作用下，油水运动快、流量大；而在另一渗透率最低的方向，油水运动慢、流量小；在其余方向油水运动的大小快慢介于二者之间。在渗透率方向性较强的油层中，油水运动的这种表现尤为突出，注入水沿高渗透率方向推进十分明显。在油层高渗透率方向的采油井最先见水并快速水淹，而在垂直高渗透率的方向上，油井见水晚，见水后含水上升慢。可见，油层渗透率的方向性差异是造成油水分布运动的平面差异的主要原因。

（2）重力作用

由于油气水三者之间存在明显的密度差异，也由于油气水三者互不混相，密度最大的注入水在油层中总是存在下渗的倾向，而密度很小的注入气（或汽）在油层中总是存在向上 超覆的倾向。在重力作用下，注入水在横向运动的同时将逐渐向油层下部运动，从而使油层下部水洗较充分而上部水洗较差。如果注入的不是水而是气体或蒸汽，则注入气（或汽）在横向运动的同时，将在重力作用下向上超覆，从而使油层上部易于洗到而下部则难以波及。这种注入水（气或汽）的重力作用在油层较薄时表现不明显，因为这时注入水（气或汽）上下运动的空间有限；但在油层厚度增大时，这种表现将愈加明显。

（3）毛管力作用

毛管力作用普遍存在于地层流体与油层岩石的相互作用之中，在孔喉细小的低孔低渗油层中则更为强烈。在注水开发油层中，毛管力的作用主要表现在以下两个方面：

1）驱替作用：在油层岩石的主要流动孔道中，当岩石亲水而且注入水推进速度不是特别大时，毛管力作用方向与注入水推进方向相同，毛管力成为驱替动力可增强注入水的驱替作用。

2）渗吸作用：在亲水油层细小的孔道中，毛管力作用比较强烈，注入水在毛管力作用下会自发进入这些细小孔道并驱替出其中的石油。

显然，对于亲水油层，毛管力作用一般情况下对驱油是有利的；但对于亲油油层，则毛管力作用常常是不利于驱油的。这就是亲水油层适于注水开发的原因。

2. 油层内部油气运动的阻力

油层就驱动条件来说，也是一个矛盾的统一体，既然存在驱油动力，作为矛盾的另一方面，就必然存在阻止石油流动的阻力。

油层内部石油流动时所遇到的阻力主要有表4–12中的几种。

表4–12 油层内部石油流动时所遇到的阻力种类

类别	内容
内摩擦力	内摩擦力是指流体流动时其内部分子间的摩擦力。石油在油层中流动的内摩擦力表现为石油的黏度
外摩擦力	外摩擦力表现为流体流动时与岩石孔隙喉道壁面的摩擦力。由于这种阻力的作用，流体在孔道壁面处的流速等于零，在孔道中心最大。在孔道中流线是按抛物线分布的。因此在油层中被润湿的岩石颗粒表面积的总面积越大，即岩石颗粒越小，石油的流动阻力也就越大
毛细管阻力	在油气储层岩石的孔道中，油—水、油—气或气—水混合流动时，则气体常呈气泡状或气柱状与原油一起流动；水则常呈液滴状或液柱状与原油一起流动（气层中的水则与气一起流动）。当流经孔道断面最窄的毛细管孔道（喉道）处时，由于气泡、液滴或液气柱的表面张力和毛细管作用的结果，形成一种流动阻力，阻碍油气的流动；石油在油层中向井底流动，就是油层中各种驱油动力不断克服各种阻力的结果。这个过程便是能量消耗的过程。一旦油层能量不足以克服流动阻力，于是油流就停止了
相摩擦力	相摩擦力是指油层中存在多相流体（油—气、油—水或油—气—水）混合流动时，各相流体之间的摩擦力。它表现为多相渗流时油相渗透率的大大降低

二、油层剖面水洗特征

从剖面上看，油层水洗、水淹主要受两个因素影响：一是油层厚度大小；二是渗透率的非均质性变化。

1. 油层厚度的影响

油藏注水开发时，油层厚度对注入水的剖面波及程度有很大的影响。如果油层较薄，油层厚度较小，则剖面上注入水易于洗到，油层剖面动用较好，剖面水洗厚度的比例较高，油层采收率较高。但若油层较厚时，由于油水之间的密度差异以及注入水的重力分异作用，注入水在横向运动的同时将逐渐下渗。由于油层较厚，使注入水在剖面上有较大的下渗空间，这就使大量注入水在水平推移的同时向油层下部汇集，从而导致下部油层水洗较好而中、上部油层水洗较差甚至难于洗到。因此，在注水开发的情况下，厚油层总是较薄油层的剖面动用程度低，最终采收率也不高。

2. 渗透率差异的影响

油层剖面渗透率的非均质性变化情况复杂，一般可归结为三种基本类型：渗透率下高上低的正韵律油层，渗透率下低上高的反韵律油层，渗透率呈正、反韵律交叉变化的复合韵律油层。这三种油层的剖面水洗特征具有一定的典型意义。

（1）正韵律油层剖面水洗特征

正韵律油层剖面渗透率变化呈下高上低逐渐变化的特征，水进条件下沉积的砂岩储层大多呈现这种韵律性特征。由于正韵律油层下部渗透率高而上部渗透率低，因而油层下部吸水好而上部吸水差，注入水大量进入油层的下部并沿底部高渗带快速推进。与此同时，重力作用又不断使进入中上部的注入水下沉，更加剧了下部尤其底部油层的过水流量和水洗强度。这就使上部尤其顶部油层难于水洗到，油层的剖面水洗程度与强度的差别增大，油层剖面动用程度降低，油藏开发效果变差，最终采收率较低。

（2）反韵律油层剖面水洗特征

与正韵律油层相反，反韵律油层剖面渗透率变化呈现下低上高的逐渐变化特征。水退条件下沉积的砂岩油层大多呈现这种韵律性特征。由于油层剖面渗透率下低上高、差异明显，在注水开发的情况下，虽然反韵律油层上部渗透率高吸水多，但由于注入水受重力作用逐渐下渗，使吸水较少的下部油层水洗得以加强，从而使吸水较多的上部油层水推速度和水洗强度受到控制。其结果，使油层剖面水洗差异降低，油层剖面动用程度增大，油藏开发效果变好，最终采收率较高。

（3）复合韵律油层水洗特征

复合韵律油层剖面渗透率变化呈现正、反韵律交叉，表现为剖面渗透率变化高低相间，总体较为均质的特点。其水洗、水淹特点介于正韵律油层与反韵律油层之间。复合韵律油层的剖面动用程度与开发效果好于正韵律油层，但较反韵律油层为差。

3. 层内夹层的影响

层内夹层在注采井组范围内的分布状况，对油水运动起着很大的影响。一般来说，只要在注采井组范围内分布比较稳定的夹层，对油水就能起到封隔作用，可以将油层分成两个独立的油水运动单元，这样就把厚油层的层内问题变成了两个相对独立的单层的层间问题；在厚油层中，夹层分布越稳定，油层的水洗厚度就越大。在夹层分布不稳定（比较局限）的注采井组，仍然是下部水洗好，上部水洗差，整个油层剖面水洗厚度小，开发效果较差。因此，在开发过程中，应当努力搞清注采井组内夹层的分布情况，充分利用夹层分布的特点，因势利导，进行调整挖潜。

4. 水锥与气锥的影响

（1）水锥

油藏采用底水驱进行开发时，水驱前缘或水线的推进是从下向上推进的。这时，就整个油藏来说，其油水界面是整体抬升的，但这种抬升在平面上是不均衡的。在远离采油井点的油层部位，油水界面一般比较平整；但在采油井点部位，由于是泄压区（即流体采出的部位），因而它既是平面上压力最低的部位又是流线汇集的部位，由此导致油水界面弯曲向上，形成底水上窜，这就是人们所说的水锥。如果油层剖面非均质性较强，则水锥来得更快，水锥高度也更大。尤其在一些高角度裂缝、垂直裂缝发育的块状底水驱油藏的开发中，水锥现象十分严重。

（2）气锥

气锥现象与水锥有相同的机理。它是在气顶油藏进行气顶驱开发时出现的气顶气向油层部位的射孔井段锥进的一种现象。由于天然气和水比较有低得多的黏度，加之天然气分子比水分子要小，因而气锥比水锥更容易发生，也更为严重。气顶气锥进导致气窜在气顶油藏开发中大量出现。气窜将导致气顶能量大量损耗，降低驱油效果，开发中必须尽量控制。一般在射孔时应尽可能地预留避气高度，并在出现气窜时应及时关井压气锥，以保护气顶能量用于驱油。

三、油层平面水洗特征

油层平面水洗主要受渗透率的平面差异和油水井点位置的影响。平面上在高渗透方向或地带，油层吸水多，水推快，水洗好；在低渗透方向或地带，油层吸水少，水推慢，水洗差。具体情况如下。

1. 平面上高产区带水洗好、动用好，低产区带则较差

实际油层大都存在平面差异，在某些地带的油井生产好、产量高，而在其他地带的油井则生产差产量较低。对一个井组来说，情况也大都类似，在不同方向上的油井，其生产与产量也大多存在明显差异。一般来说，生产好、产量高的油井或区带，油层发育好，渗透率较高；而生产较差、产量较低的油井或区带，油层大多发育较差，其渗透率较低。这种渗透率分布的平面差异使注入水主要进入渗透性好的高产区带。由于高产区带的油井生产好、泄压快，这又将进一步吸引注入水进入高产区带。可见，高产区带吸入水量大、水推快、储量动用好是十分自然的。反之，低产区带渗透性较差，注入水进入较少，油井泄压慢，更减弱了进入的水量和水推速度，其水洗较差、储量动用较低也是自然的。

2. 油层渗透率的方向性

大多数油层渗透率方向性明显。这是因为在沉积岩形成时，总是在顺主水流的方向一些片状、长轴状颗粒多呈“迎流叠瓦”状排列，使水流畅快、渗透性较好、渗透率较高，而在垂直主水流的方向则渗透性相对较差、渗透率较低。对于渗透率方向性明显的油层，其注入水在顺主流线的高渗透方向吸水较多、水推较快，在这个方向上的油井见效快，见效后含水上升快；而在垂直主流线的低渗透方向则吸水较少、水推较慢，在这个方向上的油井见效见水均慢。由此形成油层水驱状况与水洗效果的平面差异。油井在注水不久就会出现暴性水淹。在这种情况下，注入水驱扫或波及的截面积和体积就会很小。出现这种情况时，也会严重影响注水井在其他方向的推进水量和水推速度，形成严重的平面矛盾。

3. 油水井位置的影响

油水井位置对油层平面上的油水分布有重要影响。这种影响主要表现为：在两口相邻采油井的中间部位，注入水难于水洗到。这是因为两口相邻采油井的中间部位压力较采油井附近为高，这就使注入水总是优先并且持续地推向采油井附近一带。只有在油井周围水淹逐渐扩大的情况下，两口相邻采油井中间的一些局部边缘地区才可能少量地、轻微地受到水洗。这就是老油田两口相邻采油井的中间存在井网加密条件的原因。此外，在油藏边缘部位、封闭性断层部位和油层尖灭带附近，往往由于局部井网无法达到注采完善，致使这些局部地域注水井网控制不住，注入水难于洗到，从而导致油层动用程度不高。

4. 油层微构造的影响

所谓油层微构造，是指由于油层顶面的局部起伏变化所形成的微小构造，如小背斜、小鼻隆等正向构造和小向斜小沟槽等负向构造。它们与通常所说的油藏构造的区别在于其空间展布的大小，油层微构造仅仅局限在两口相邻开发井的中间或几个开发井距之内，而油藏构造常常涵盖整个油藏或油藏中相当大的一部分地域。油层微构造对油水分布的影响主要缘于注入水的重力作用。由于注入水的重力作用，使注入水易于进入油水井间的负向构造部位，使这些部位进入水量增多、存水量增大，油层水洗较为充分；而在油水井之间的正向构造部位，注入水进入较少、水洗程度不高，尤其在正向构造的顶部，注入水很难洗到。

在一些单斜油层的上倾方向，常常由于断层、不整合面或岩性遮挡，形成局部微构造。在这样的部位，由于注入水的重力作用，注入水难于进入其上部和顶部，使这些部位的水洗出现与油层微构造相类似的情况。

以上所述，是注水开发油田的一般情况。由于实际油藏类型多样，地质条件千变万化，其水洗特征与水淹规律在各具体油藏将有不同的表现。

第六节　剩余油研究

一、剩余油概念

由于剩余油问题的复杂性、剩余油检测认识的困难性和剩余油研究方法的多样性，导致在剩余油研究领域存在一些含混模糊的概念，比如“剩余油”“残余油”“剩留油”等。剩余油研究的目的在于搞清剩余资源的数量及分布，以便尽技术经济之所能予以最大限度的采出，以获取尽可能高的油气采收率。因此，将剩余油定义为：已开发油藏（或油层）中尚未采出的油气。

二、剩余油检测研究方法

目前，剩余油分布的检测研究方法已有多种。主要的检测方法有：微观模型实验法、生产测井分析法、水淹层测井解释法、剩余油测井法、检查井密闭取心检测法、数值模拟法、生产动态分析法等。上述方法各有特点，又都有其局限性，如何结合具体油藏综合应用各种方法来确定剩余油的准确分布，是剩余油研究的核心与关键。

1. *微观模型实验法*

该方法根据目的层典型铸体薄片资料，将孔喉系统复制刻蚀在玻璃表面，以再现地层孔喉网络情况，然后进行水驱油的实验，并在显微镜下观察或录像。实验中油与水均进行适当着色以增强观察效果。该方法可直观形象地看到水洗油过程和剩余油的微观分布情况。近年来，我国在微观孔隙模型两相驱替实验方面进展很快，主要表现在实验模型的不断更新。最早是网状模型、手工随机刻蚀模型，后来发展到光刻模型、光刻复制模型，目前发展到采用实际岩心制作孔隙模型。

2. *生产测井分析法*

主要采用注水井吸水剖面测试资料与采油井出液剖面测试资料，判定油层剖面动用状况及剩余油分布情况。在油层射开的有效厚度层段中，主要的吸水层段与主要的出油层段应当是储量动用好、剩余油最少的层段；多次测试不吸水不出液的层段，应当是动用最差、剩余油最多的层段；其余层段介于二者之间。国内油田生产测井资料一般较多，选取其中有历年多次测试资料的井，结合油藏静态资料进行分

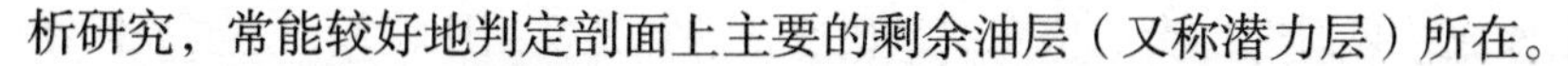
析研究，常能较好地判定剖面上主要的剩余油层（又称潜力层）所在。

3. 水淹层测井解释法

该方法利用在已注水开发多年的老油田中新钻的调整井、更新井、检查井等各类新钻井的完井电测曲线，与原来老井的完井电测曲线进行对比，如果某层段水洗较强，则其含水饱和度与含油饱和度都将发生相应变化，其电阻率、自然电位、声波时差等曲线也将较老井出现明显偏移。在新钻井距一般200m左右的距离之内，其岩性变化一般不大，上述出现测井曲线偏移的井段可以解释为主要水洗水淹层段。在有较多新钻井的完井电测资料时，上述解释具有更高的可靠性。由于此方法在判定剖面剩余油分布的同时，还可根据井网井距及井点的平面位置推测剩余油的平面分布，并且可以用分层试油手段检验和改进剩余油解释的准确性，因而具有更大的实用性。许多老油田近些年钻新井较多资料较丰，因此，这一方法在许多油田受到重视并得到较为广泛的应用。水淹层测井的物理基础是基于这样一种事实，即由于长期注入淡水，将导致油藏储层的岩性、物性、电性、水性和含油性都发生变化，因而在测井曲线上必然出现独特的响应。

4. 剩余油测井法

直接检测剩余油的测井方法近年发展较快，主要有：碳氧比能谱测井、相位介电测井、示踪剂测井和中子测—注—测技术等。以上测井以检测油层剩余油为目的，可以定量求出剩余油在井筒剖面上的分布。这些测井方法，在地球物理测井课程中已有详细介绍。

5. 检查井密闭取心检测法

这是提取油层剩余油饱和度最权威最直接的方法。在老油田开发井网中选取有代表性的部位钻检查井，在目的层部位进行密闭取心并速送室内分析化验，以取得其含油饱和度数据。此即地下油层真实的剩余油饱和度资料，据此可以判定油层剖面剩余油的准确分布情况。再结合检查井的平面位置与注采井网的平面分布，还可推断剩余油的平面分布情况，并可用分段试油予以检验证实，因而具有相当的权威性。此方法也有其局限性：一是一孔之见平面代表性不强，以至于油田很难依据一两口检查井资料概括平面广大区域的剩余油分布情况；二是钻井取心费用高、时间长，资料成本太高。此外，油层岩石强水洗后破碎厉害，常使岩心收获率降低，也会影响其应用。

6. 数值模拟法

将油藏或其中的某部分建立地质模型并数值化，在计算机上对其注采过程进行仿真模拟。可输出任意时刻、任何点面上的剩余油饱和度数值。其优点是数量概念明确，根据条件或结果研究二者的依变关系快速；缺点是实用性较差，主要原因在于实际油藏相当复杂模糊，模拟所需参数太多，其中许多参数准确度太低（不少地质参数很难将误差降到10%甚至20%以下），其计算结果的累积误差必然很大。

7. 生产动态分析法

此方法主要依据油田生产动态资料，通过分析油井见水、见效及产量、压力、含水、气油比的平面分布变化情况，再结合油藏静态地质特征和生产测井资料，来推断地下油水分布运动状况和变化趋势，据此判断储量动用状况和剩余油分布情况。这种方法具资料丰富、可长时期连续追踪分析、费用低廉的优点，是现场应用的重要方法。

以上各种剩余油检测研究方法各有特点，又都有其局限性，任何单独一种方法所得出的剩余油数量及分布的认识，其可靠程度都可能不高，都应予以质疑并用其他方法进行检验、补充或修正。最好能够综合应用以上各种方法进行剩余油研究，这将大大提高剩余油研究认识的可靠程度。

三、剩余油类型及其形成的地质因素

剩余油形成受地质与开发两大因素控制，开发因素主要包括注采井网（井排距、注采方式及配置、井网批次等）及井开发参数，还包括注入剂类型、井别（水井及各种油井）、射孔情况、各生产参数及井的调整等。剩余油类型可分为宏观和微观两种类型。剩余油宏观分布类型及其形成的控制因素包括以下几方面。

1. 主要受地质因素影响而形成的剩余油类型（见表4-13）

表4-13　剩余油类型

类别	内容
井网控制不住型	主要是在原井网虽然钻遇但未射孔，或是原井网未钻遇而新加密井钻遇的油层中的剩余油，其主要受油层宽度及几何形状与原井网井排距大小控制
层间干扰型	存在于纵向上物性相对较差的油层中，在原井网条件下虽然已经射孔，注采关系也相对比较完善，但由于部分油层比其他同时射孔油层的物性差得多，因而不吸水、不出油，造成油层不动用，形成剩余油。该类型是典型的层间非均质性所致
好油层中平面上的差油层部分型	在好油层中由于平面上某一部分物性变差，以致使注入水难以注入，使局部驱油效率较差，水绕过而形成剩余油，这是平面非均质性所致
断层遮挡型	由于封闭性断层的遮挡作用，使断层面成为流体流动边界，而在断层侧造成有注无采或有采无注或无注无采而形成剩余油

续表

类别	内容
层内未水淹型	存在于厚油层中，由于渗透率向上变差，加之层内物性夹层存在，使油层底部严重水淹，而其顶部未水淹形成剩余油，这是典型的层内非均质所致
单向受效型	只有一个注水受效方向，而另一方向油层尖灭或油层变差，或者是钻通油层但未射孔，形成剩余油
成片分布差油层型	油层薄、物性差，虽然分布面积大，原井网注采较完善，但由于井网井距较大，动用差或不动用而形成成片分布的剩余油

2. 主要受开发因素影响而形成的剩余油类型

（1）二线受效型：新加密井钻在原采油井的二线位置，因原来油井截流而形成的剩余油。

（2）滞留区型：主要分布在相邻两三口油井或注水井之间形成水动力滞留区，在厚层或薄层中都占一定比例，但分布面积相对较小。

（3）注采不完善型：原井网虽然有井点钻遇，但由于隔层、固井质量等方面的原因不能射孔，造成有注无采或有采无注或无注无采而形成的剩余油。

（4）隔层损失型：原井网射孔时，考虑当时的工艺水平，为防止窜槽，作为隔层使用而未射孔的层内分布的剩余油。

（5）停产型：开采中由于套管损坏等而停注、停采而新形成的动用不好部位的剩余油。

（6）分步开发型：分步开发，分批投产形成的剩余油。

剩余油微观分布类型及其成因包括：微观分布的剩余油是指宏观上已被注水剂波及驱扫后的某一时间油层微观孔隙中的剩余油。储集层微观非均质性普遍存在于天然储集层中，同一储集层中不同孔喉半径的复杂孔喉网络系统及不同类型颗粒的表面孔壁和润湿性，使微观驱油机理及剩余油、残余油微观形成机理表现为多样化和复杂性。按形成原因将微观剩余油分为两种类型：

第一类是由于注入水的微观指进与绕流而形成的微观团块状剩余油，因为没有被注入水波及，所以保持着原来的状态。微观水驱油模拟实验结果表明，岩石孔隙的大小、连通喉道的粗细和多少及其空间分布的非均质程度，都是形成微观团块状剩余油的客观因素。根据实验过程中对岩样的观察，在直径只有2.5cm的渗流断面内，驱替相沿着相对大的孔道弯弯曲曲地渗流，形成明显的微观水淹区和微观死油区。微观水淹区内岩石颗粒相对较疏松，孔喉较大而且连通较好；而微观死油区内的岩石颗粒则相对紧密，分选程度较差，呈相互镶嵌结构，使孔喉变小，孔道连通程度变差。

第二类是滞留于微观水淹区内的水驱残余油。这部分微观剩余油与微观团块状剩余油相比，在孔隙空间上更为分散，形状也更为复杂多样。细分为如下类型：

（1）单孔道截流型剩余油：它是指因不同半径孔喉中的渗流速度不同出现微观指进，使单孔道油被截流而形成。其成因类似于上述第一类，但其仅在单孔道内，没有形成微观上连续分布的剩余油孔喉群。

（2）油湿油层小孔道剩余油：因注入水压力小于油湿小孔道毛管压力，使水不能进入孔道驱替油所形成的剩余油。

（3）水湿油层大孔道中间滴状滞留油：因水湿油层注入水沿小孔道进入大孔道，而将大孔道中的油分割包围，最后在大孔隙中间形成滴状滞留油。

（4）孔壁油膜型残余油：它是指在水驱孔道孔壁上残余的油膜，多形成于油湿大孔道孔壁上。

（5）角隅残余油：由于孔壁角隅表面吸附作用及注水剂角隅未波及使之在孔隙角隅形成残余油。

大庆油田微观水驱油模拟实验得到两个重要观察结果：一是凡注入水驱扫过的孔隙，其驱替效率较高。根据所占面积比例统计，微观水淹区内的驱油效率在53%～71%，平均64%左右。二是水驱剩余油主要存在于水淹区内注入水未能波及的小片孔隙群中。

第五章　地质作用与造岩矿物研究

第一节　地质作用

一、地质作用的概念与分类

1. 地质作用的概念

自然界中运动是绝对的，静止是相对的。运动是物质的存在方式。地球自形成以来就一直处于不断地运动、发展和演变过程中，例如，地表形态和景观会发生“沧海桑田”的变化，裸露地表的岩石会变得破碎、松散，火山活动喷发出大量的高温熔融物质，地震产生山崩地裂等。这些现象表明地球由于受到某些能量的作用，使其表面形态、内部物质组成及结构与构造等不断发生变化。地质学把这种由自然动力引起地球（最主要是地壳和岩石圈）的物质组成、内部结构、构造和地表形态变化与发展的作用，称为地质作用。把引起这些变化的各种自然力称为地质营力，而传播能量的媒介称为介质。地质作用一方面对已有矿物、岩石、地质构造和地表形态等进行破坏和改造，另一方面又不断形成新的矿物、岩石、地质构造和地表形态。地质作用既有破坏性，又有再造性，是在破坏中再造，在再造中破坏，这对矛盾的统一体在其发展过程中不断改造着地壳或岩石圈，使其总是处于一种新的状态。

2. 地质作用的分类

根据产生地质作用的能量来源和作用部位的不同，地质作用可分为内动力地质作用和外动力地质作用两大类型。其中，内动力地质作用主要发生在地壳深部和地球内部，引起它的能量来源于地球本身，主要包括旋转能、重力能、热能，此外尚有结晶能与化学能等。而外动力地质作用主要发生在地壳的表层或浅层，其能量来自于地球以外，主要是太阳辐射能、日月引力能和生物能，此外尚有恒星及行星的辐射、宇宙射线等，但这部分能量一般相当的小。内、外动力地质作用尽管能量来源和作用部位不同，但在促使地壳演化中所起的作用是相互联系、紧密配合，而又相互制约的。在地壳演化过程中，内动力地质作用起着主导作用，它形成了地表的高低起伏，决定了地壳表面的基本特征和内部构造；而外动力地质作用则是进一步加工和塑造地表形态，破坏内动力地质作用形成的地形和产物，总是削平凸起的地势，而在低凹的地区进行沉积，力求使地表夷平。内动力地质作用进行得越强烈，外动力地质作用进行得也越强烈。整个作用的发展表现为破坏（改造）和沉积（建造）的矛盾统一。在地壳中和地表上，内部的变化主要是建造性的，而外部的变化，在大陆上主要是破坏性的，在海洋里主要是建造性的。

二、内动力地质作用

由地球内部能量引起岩石圈甚至地球的物质成分、内部结构、构造和地表形态变化与发展的作用称为内动力地质作用。内动力地质作用包括地壳运动、岩浆作用、地震作用和变质作用等。各种内动力地质作用都是相互关联的：构造运动可以在地壳内形成断裂，并引起地震的发生，同时为岩浆活动创造了移动的通道；而构造运动和岩浆活动，都可以引起变质作用。总的来说，构造运动在内动力地质作用中起主导作用。

1. 地壳运动

（1）地壳运动的证据

从古到今，无数事实证明地壳在运动。由于它是以极其缓慢的速度进行着，人们不易察觉。我国登山队在喜马拉雅山发现许多海相动物群化石——腕足类，说明在距今约3亿年以前的晚古生代，现今的“世界屋脊”——喜马拉雅山，过去是一个海峡。在大约0.4亿年以前的古近纪才开始上升，平均每年上升约0.5mm，直至200万年以前的新近纪，才初具山的规模。后来上升速度加快，目前它仍在以平均每年2.4cm的速度继续上升。我国北方广大地区，在4.4亿年以前的奥陶纪时，海水广布，一片汪洋，直至奥陶纪末期才上升为陆地。北欧斯堪的纳维亚半岛，是现今还在上升的典型地区，平均每年上升1cm；与之相反，地壳的下沉使荷兰人民几百年来与海水斗争，围海造田著称于世。荷兰是“低洼之国”之意，1/3的土地海拔不到1m，1/4的土地低于海平面，靠筑堤坝来防水淹。地壳除有上升下降外，还会发生水平方向的运动，例如，在1913—1926年间反复的测量经纬度后，测得英国格林威治和美国华盛顿之间，平均每年以70cm的速度彼此靠近。有人应用大量的资料，如大地测量、古生物化石、古地磁、古气候等，科学地论证了约3亿年以前，现今的大陆是合并在一起的。在地壳运动作用下，经过漫长的地质年代，原来完整的大陆，像破碎的冰块逐渐漂离开来，形成现今世界的海洋和大陆分布格局。最直观、最典型的例子是非洲大陆和南美大陆。从世界地图上，可见非洲的西海岸线与南美的东海岸线的轮廓极为相似，就像一张被撕裂的纸，可以重新拼合起来。两地虽相隔万里重洋，但非洲和巴西的片麻岩高原很相似。古生物的遗迹也证明，两个大陆在侏罗纪（距今约1.4亿年）以前，是合为一体的。

上述现象说明地壳在不断运动。这种由地球内动力引起的地壳或岩石圈物质的机械运动，称为地壳运动或构造运动（广义）。

（2）地壳运动的类型

按照地壳运动的方向可分为垂直运动和水平运动两种基本类型（见表5-1）。

表5-1　地壳运动的类型

类别	内容
水平运动	系指沿大地水准面的切线方向的运动，表现为大规模的水平位移。它主要引起地壳的拉张（大洋中脊的扩张）、挤压（板块的消减、碰撞）、平移甚至旋转等，从而使岩层发生弯曲和断裂，地形上则形成山脉和盆地
垂直运动	又称升降运动或垂直升降运动，系指地壳或岩石圈沿地球半径方向或垂直大地水准面方向，发生大规模上升与下降运动。升降运动可以引起海陆变迁、地势高低的改变、岩体的垂直位移以及层状岩石形成大型平缓弯曲

需要强调的是，垂直运动与水平运动是构造运动在两个方面的表现形式，是相辅相成的，相互联系的，不能割裂开来。以水平运动为主时，局部可有垂直运动；反之，以垂直运动为主时，局部可有水平运动。

地壳运动是整体的，同时包括了垂直运动和水平运动，两者在不同地区、不同时间只有主次之分而已。

2. *岩浆作用*

通过火山现象和岩浆岩的研究，以及对各种地球物理资料的分析，证实地壳深处的局部地段和软流圈中确实存在一种由硅酸盐及部分金属氧化物、硫化物和挥发组分组成的熔融物质，即岩浆。这种物质在1000℃左右甚至更高温度和巨大压力下具有极大的潜在膨胀力。一旦由于构造运动破坏了地下平衡或使局部压力降低时，这种物质就会向着压力减小的地方（如隆起、破裂）流动，侵入地壳上部或喷出地表。在运动过程中岩浆与围岩相互作用，不断改变着围岩与自身的化学成分和物理状态。这种从岩浆的形成、演化直至冷凝，岩浆本身发生的变化以及对周围岩石影响的全部地质作用过程称为岩浆活动或岩浆作用。根据岩浆活动的特点，可分为两种活动方式：一种方式是岩浆从深部发源地上升但没有达到地表就冷凝形成岩石，这种作用过程叫作侵入作用，冷凝后形成的岩石叫作侵入岩；另一种活动方式是岩浆直接溢出地面，甚至喷到空中，这种作用过程叫作喷出作用或火山作用。岩浆喷出地表，大部分挥发组分逸散后的溶融体，称为熔浆，其冷却后所形成的岩石叫作熔岩。

（1）喷出作用

1）火山概述

岩浆沿地壳一定通道喷出地表的现象，称为火山喷发。火山喷发是一种极为壮观而又令人生畏的自然现象。“火山”一词源于罗马神话中火神所居住的一座冒烟喷火的山，它是意大利利帕里群岛中的一座火山岛。

习惯上把火山分为：活火山——现在仍继续活动的火山；休眠火山——人类历史上喷发过近代处于相对稳定的火山；死火山——没有活动能力的火山。

火山喷发的固态和液态物质常堆积成圆锥形，称为火山锥；火山物质从地下涌出地面的通道，称为火山喉管；喉管中充填的是由岩浆冷凝成的柱状岩体，称为火山颈；火山物质溢出地面的位置，称为火山口；火山口中积水成湖的叫作火山湖，如位于长白山顶的天池，就是有名的火山湖。火山喷发结束后，火山口的熔浆冷凝收缩或塌陷，形成锅状或漏斗状的地形。当火山再次猛烈喷发时可将原有的火山口炸毁，或者由于岩浆收缩塌陷等可形成更大的圆形或椭圆形洼地，称为破火山口。火山锥、火山喉管、火山口为火山的基本组成部分，称为火山机构。

我国著名的火山胜地黑龙江省五大连池最近一次大规模火山喷发活动是在公元1719—1721年间。这次喷发是非常猛烈的。形成的主要山峰有药泉山、老黑山、火烧山、南格拉球山、北格拉球山、笔架山等。在老黑山等处还留有完整的火山口，并积水形成火山湖。据记载，在老黑山火山湖中生长着倒鳞鱼。这次火山喷出的熔岩堵塞了白河河道，形成了五个湖泊，即五大连池。对于火山的研究包括火山机构、火山喷出物、火山活动规律和岩浆来源等问题。

2）火山喷出物

火山喷出物按其性质可分为气态、液态和固态三种。

1）气态喷出物——火山气体：火山喷发过程中，始终都有气体喷出，但气体喷出量相对集中在火山喷发的初期和晚期。主要以水蒸气为主，约占气体总量的70%，其次有CO_2、N_2、Ar和SO_2，以及少量的CO、H_2、F_2、S_2、O_2等。

2）液态喷出物——熔浆：熔浆是火山喷出物的主体，根据其中SiO_2的百分含量可以分为超基性熔浆（小于45%）、基性熔浆（45%～52%）、中性熔浆（52%～65%）和酸性熔浆（大于65%）四种类型。各种熔浆的性质不同，导致火山喷发的方式差异较大。其中最为典型的是酸性熔浆和基性熔浆。基性熔浆SiO_2含量较低（45%～

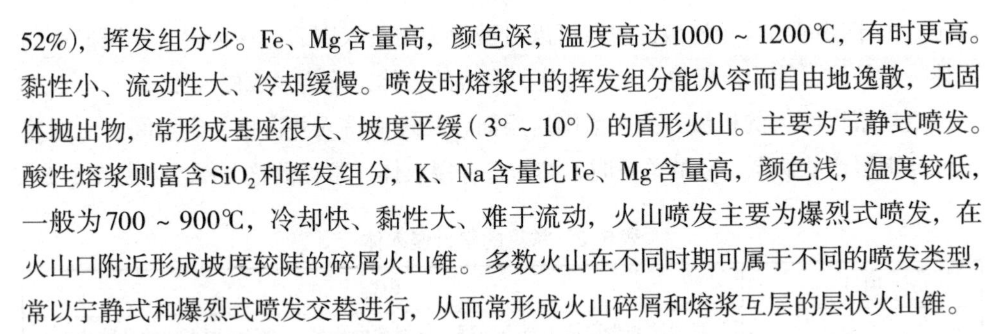

52%），挥发组分少。Fe、Mg含量高，颜色深，温度高达1000 ~ 1200℃，有时更高。黏性小、流动性大、冷却缓慢。喷发时熔浆中的挥发组分能从容而自由地逸散，无固体抛出物，常形成基座很大、坡度平缓（3° ~ 10°）的盾形火山。主要为宁静式喷发。酸性熔浆则富含SiO_2和挥发组分，K、Na含量比Fe、Mg含量高，颜色浅，温度较低，一般为700 ~ 900℃，冷却快、黏性大、难于流动，火山喷发主要为爆烈式喷发，在火山口附近形成坡度较陡的碎屑火山锥。多数火山在不同时期可属于不同的喷发类型，常以宁静式和爆烈式喷发交替进行，从而常形成火山碎屑和熔浆互层的层状火山锥。

3）固态喷出物——火山碎屑

当岩浆由地下深处运移至地壳表层时，因围压骤降，挥发组分聚集并以猛烈爆炸的方式冲破上覆岩层，连同原有火山锥及火山颈的部分或全部以及熔浆等一并喷射到空中，然后以大小不同、形状各异和不同结构的碎块降落到地面，这种火山喷出的固体物质，叫作火山碎屑。火山碎屑可分为下列几类：

①喷出时已固结或半固结的物质。它们无一定的形态与结构，按其大小可分为：火山集块（粒径大于100mm）、火山角砾（粒径介于100 ~ 2mm）、火山灰（粒径介于2 ~ 0.01mm）、火山尘（粒径小于0.01mm）。

②喷出时还保持一定流动性的熔浆。因喷发时它们尚未冷凝成固体，在空中运行时才形成固体，故常形成纺锤形、条带形或各种扭动形状，称为火山弹。也有一些在其降落到地面时与地面冲撞成扁平状的火山饼，有时也可在运行中被拉长成丝状的火山毛等。

③喷出的熔浆由于温压急剧降低，挥发组分大量逸出形成众多的不规则气孔。其中，基性熔浆冷凝形成黑、褐等色的火山渣；酸性熔浆可冷凝形成色浅、质轻、多孔、能浮于水的玻璃质岩石，称为浮岩。

通常情况下，火山固体喷出物大部分降落在火山口附近呈环状或扇状分布，由火山口向外一般由粗变细，每一阶段喷出物形成的片区之间显示出粗略界线。据此可追寻火山口位置或研究火山活动的期次。

（2）侵入作用

岩浆从源地沿地壳薄弱带侵入地壳上部岩层，随着温度降低，在未到达地表就冷凝成岩石的地质过程，称为侵入作用。岩浆侵入作用包括以机械力挤入围岩为主的浅成侵入作用和以热力熔化围岩为主的深成侵入作用两种形式。岩浆在地壳中不同深度冷凝后，则形成各种各样的岩浆岩体，也叫侵入体。侵入体周围的岩石叫围岩。

1）浅成侵入作用

在地壳浅部（3 ~ 6km以上），岩层承受的静压力较小、脆性大，在断裂发育的部位，由于层间结合较松散，岩浆可以机械力为主挤入围岩。这种侵入作用形成的岩体一般较浅，称为浅成侵入作用。其所形成的岩体，称为浅成侵入体。

当岩浆以巨大的机械力为主沿围岩层面、片理面挤入并占据一定空间，冷凝后形成与围岩产状协调一致的关系时，称为整合侵入体。常见的整合侵入体见表5-2。

表5-2　常见的整合侵入体

项目	内容
岩鞍或岩饼	是岩浆顺岩层或不整合面侵入褶皱弯曲岩层虚脱部位而形成的马鞍状小岩体。它在平面上或剖面上多成新月形，其成因与强烈褶皱作用有关
岩床	是岩浆顺围岩层面挤入并形成与围岩平行一致的板状岩体。其厚度从几厘米到几百米，甚至更厚
岩墙和岩脉	岩浆沿断裂机械挤入并占据一定的空间形成与围岩产状不一致的侵入体，称为不整合侵入体。这类侵入体最常见的是岩墙或岩脉。其厚度变化较大，可从几厘米至几百米，长可从数十米至数百千米，通常将厚而较规则的称为岩墙，薄而较复杂的称为岩脉，但是其间并无严格界线
岩盘与岩盆	岩浆顺层面挤入将上覆岩层拱起形成上凸下平的透镜状侵入体称为岩盘。岩盘一般规模较小。岩浆顺向下弯曲的围岩挤入形成中央凹下四周高起形似盆状的侵入体称为岩盆，其规模很大，可达数百千米

2）深成侵入作用

深成侵入作用多发生在地壳的较深处（3 ~ 6km以下），这里压力和温度均较高，岩浆冷却缓慢，因而矿物为全晶质，呈等粒状的粗粒和中粒结构，形成的岩体称为深成侵入体，主要呈岩基、岩株产出。

①岩基：是一种规模巨大的侵入岩体，其横截面积大于100km^2，甚至上万平方千米，深度可达10 ~ 30km。形态不规则，通常向一个方向延伸，与褶皱山脉走向一致。其边缘常有岩脉或岩株穿插于围岩中。这种大规模的岩基主要见于花岗岩类，故有花岗岩基之称。岩基的边界与围岩产状在局部地方可以是平行的，但从整体看来是不平行的，所以为不整合侵入体。

②岩株：是深处的岩浆穿入地壳薄弱地带，如大断裂的深部以及褶皱轴部地带而形成的侵入体。其规模比岩基小，面积小于100km^2。岩株的根部可能与岩基相连，是一种常见的侵入体。它的平面形状往往近圆形或不规则状，与围岩接触面比较陡，也是成不协调接触的。

3. 变质作用

变质作用是指原岩处在特定的地质环境中，由于物理化学条件的改变，使其在固态下改变其矿物成分、结构和构造，从而形成新岩石的过程。经受变质作用所形成的新岩石，称为变质岩。原岩可以是沉积岩、岩浆岩或早先的变质岩。岩石是否发生变质要看其有无重结晶现象或有无变质矿物出现为标志。变质作用通常在高压和高温条件下进行，变质作用的温度一般大于150℃，低于这个温度属于沉积岩的成岩作用范畴。变质作用是在固态下进行的，可以把岩石的初始熔融温度作为它的最高温限，对大多数岩石来说，变质作用的高温限在700 ~ 900℃，高于这个温度属于岩浆作用范畴。

（1）变质作用的因素

引起岩石变质的主要因素是温度、压力及化学活动性流体。有时变质作用以某种因素为主，有时是多种因素起作用，形成复杂的地质环境，互相配合又互相制约，共同改造着岩石。

温度是引起变质作用的主导因素，温度升高会引起岩石的重结晶、加速变质反应和交代作用。温度再高则引起岩石的重熔；变质压力有静压力、定向压力和流体压力。压力可以使矿物重结晶并呈定向排列和机械改造，从而形成变质岩特有的结构和构造，因而是引起变质的另一个重要因素；化学活动性流体是一种以H_2O和CO_2为主，并包含多种金属和非金属如F、Cl、B、P等组分的溶液。在变质过程中，化学活动性流体可以促进组分的溶解，加速扩散速度，增强重结晶作用及变质反应，还可将一些组分带入变质反应中，或带出某些组分，从而使原岩成分发生变化。另外，流体可以降低岩石的重熔温度。

（2）变质作用的基本类型

根据变质作用所处的地质环境、变质因素的组合关系及其产物特征，可将变质作用分为表5-3中的四种主要类型。

表5-3　变质作用的基本类型

类型	内容
接触变质作用	接触变质作用是在岩浆岩体与围岩的接触部位上，由岩浆散发的热量和流体引起的一种变质作用。其温度范围为300 ~ 800℃（有的达1000℃以上）。接触变质作用主要发生在地表至8km深度区间内，压力范围为2×10^7 ~ 30×10^7Pa，与其他变质作用相比其规模是较小的。所以，通常认为接触变质属高温低压变质作用。温度和活动性流体是主要因素。按变质作用的因素及围岩变质特征，可进一步划分为：热接触变质作用，是围岩受到岩架热量的烘烤而产生的变质作用。如泥质岩石变质形成各种角岩，石灰岩可变质形成各种大理岩等。接触交代变质作用，是指在岩浆岩体与围岩接触时，岩浆中的挥发性组分与围岩之间发生物质交换的变质作用。如夕卡岩往往是这种成因

续表

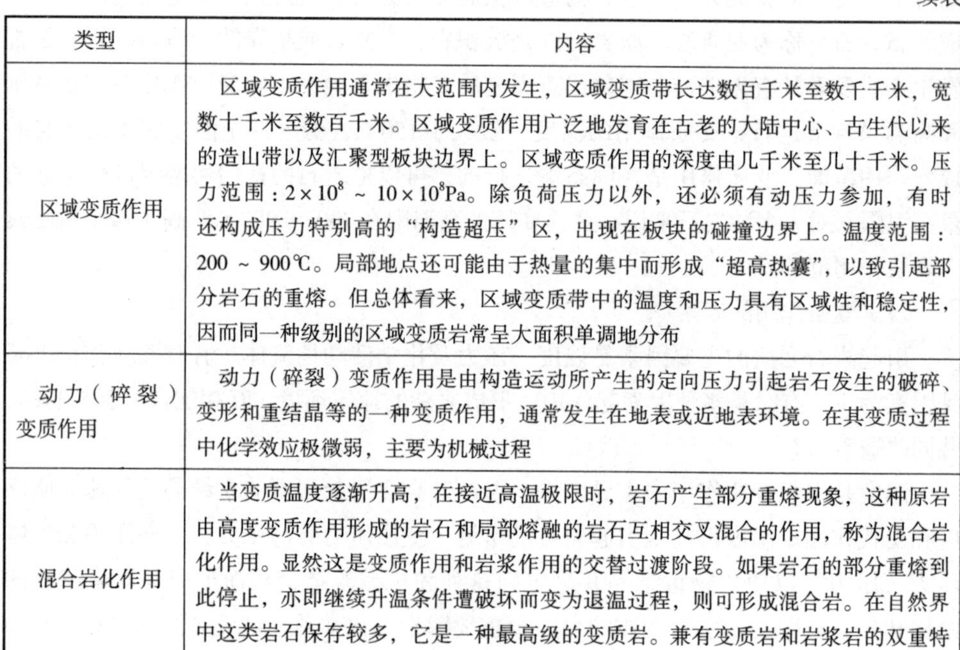

类型	内容
区域变质作用	区域变质作用通常在大范围内发生，区域变质带长达数百千米至数千千米，宽数十千米至数百千米。区域变质作用广泛地发育在古老的大陆中心、古生代以来的造山带以及汇聚型板块边界上。区域变质作用的深度由几千米至几十千米。压力范围：2×10^8 ~ 10×10^8Pa。除负荷压力以外，还必须有动压力参加，有时还构成压力特别高的“构造超压”区，出现在板块的碰撞边界上。温度范围：200 ~ 900℃。局部地点还可能由于热量的集中而形成“超高热囊”，以致引起部分岩石的重熔。但总体看来，区域变质带中的温度和压力具有区域性和稳定性，因而同一种级别的区域变质岩常呈大面积单调地分布
动力（碎裂）变质作用	动力（碎裂）变质作用是由构造运动所产生的定向压力引起岩石发生的破碎、变形和重结晶等的一种变质作用，通常发生在地表或近地表环境。在其变质过程中化学效应极微弱，主要为机械过程
混合岩化作用	当变质温度逐渐升高，在接近高温极限时，岩石产生部分重熔现象，这种原岩由高度变质作用形成的岩石和局部熔融的岩石互相交叉混合的作用，称为混合岩化作用。显然这是变质作用和岩浆作用的交替过渡阶段。如果岩石的部分重熔到此停止，亦即继续升温条件遭破坏而变为退温过程，则可形成混合岩。在自然界中这类岩石保存较多，它是一种最高级的变质岩。兼有变质岩和岩浆岩的双重特征。如果继续升温，变质作用阶段即告终结

4. 地震作用

地震是地球岩石圈物质的快速震动。它是构造运动的一种激烈的表现形式。这种震动常在几秒钟至几分钟内即行停止。据统计，全世界每年发生的地震约500万次，其中大部分是人们不易察觉到的小地震。从全世界地震历史记录来看，七级以上的破坏性地震，平均每年约有20次。

（1）地震的度量

1）震源、震中和震中距

地表以下始发震动的位置叫作震源，它是地震能量积聚和释放的地方。震源是具有一定空间范围的区间，称为震源区。震源垂直投影在地面上的地点叫作震中。震中也是有一定范围的，称为震中区。震中附近震动最大，远离震中震动减弱。震中到震源的距离叫作震源深度。震源深度一般为几千米至300km不等，最大深度可达720km。地表上任何一个地点到震中的水平距离叫作震中距。从震源到地面任一点的距离，叫作震源距离。按震源深度的不同，可将地震分为浅源地震（深度小于70km）、中源地震（深度介于70 ~ 300km）和深源地震（深度大于300km）。

2）地震震级和地震烈度

地震震级是表示一次地震释放能量大小的量度。震源发出的能量越大，震级就越大。震级是以地震仪记录的地震波的最大振幅来计算的。

震级（M）和震源发出的总能量（E）之间的关系是：

$$\log E-11.8+1.5M$$

小于2级的地震，人们感觉不到。2～4级为有感地震。5级以上的地震开始引起不同程度的破坏，称为强震。7级以上的地震为大震，一个7级地震，相当于近30个两万吨级原子弹的能量。已记录的最大地震震级没有超过8.9级的，这是由于岩石强度不能积蓄超过8.9级的弹性应变能的缘故。

地震烈度是指地面及房屋建筑物遭受破坏的程度。地震烈度的大小与震级大小、震源深浅以及该地区的地质构造有关。地震烈度和震级含义很不相同，一般情况下，同一次地震离震中越近的地方烈度越大。震级相同的地震，因震源深浅不同，烈度也不同。浅源地震对地表的破坏性大，甚至在同一个受震区域内，相邻两处的烈度可以相差很大。因为地震发生时，散发出纵波、横波和表面波，波的传播速度不同，可能发生叠加和消减。

（2）地震的成因类型

地震有多种成因，早在1873年R.海尼斯（Hoernes）按其成因分为火山地震、陷落地震、构造地震三种类型。此外，人工爆炸、水库蓄水、深井注水和矿山开采等活动也可以诱发频繁的地震活动，但这些不属于自然地震之列。

1）构造地震。构造地震由构造运动所引起，是地球上数目最多的一类地震，规模可以很大。其特点是活动频繁、分布普遍、延续时间长、影响范围广、破坏性强，造成的灾害也大。世界上大多数地震特别是震级大的地震均属此类。构造地震约占地震总数的90%。这类地震与构造运动有密切联系，常分布在活动断裂带及其附近。一般认为它与断层活动、岩浆活动以及地下深处物质的相变有关。

2）火山地震。火山活动引起的地震称为火山地震。这类地震为数不多，只占地震总数的7%。其特点是震源常限于火山活动地带，一般为深度不超过10km的浅源地震，震级较大，其影响范围很小。现代的火山带较易发生火山地震。

3）陷落地震。陷落地震是由于岩层大规模崩塌或陷落而引起的。这种地震为数很少，只占地震总数的3%左右，一般震级较小，影响范围也不大。地震能量主要来自重力。主要发生在石灰岩或其他易溶岩石（如石膏岩、盐岩等）地区。

三、外动力地质作用

1. 风化作用

风化作用是指由于温度的变化，大气、水和水溶液以及生物的生命活动等因素的影响，使地壳表层的岩石、矿物在原地发生物理的或化学的变化，从而形成松散堆积物的过程。为剥蚀作用创造条件，是外动力地质作用的前导。

出露地表的岩石之所以能发生风化作用，根本原因在于岩石所处的环境和条件发生了变化，导致其所处的平衡条件被破坏，为了达到新的平衡，岩石、矿物风化作用产生。地表或近地表的自然环境与地下深处的自然环境迥然不同。在地表附近处于常温、常压，温度年、日变化频繁，又有大气及生物的作用，特别是溶解有各种气体和各种化学成分的水溶液作用。地下深处的特点是高温、高压、缺乏游离氧、没有生命活动或很弱等，在地下深处形成的岩石（岩浆岩和变质岩）一旦暴露地表或近地表时，为了适应新的地质环境，岩石的结构、构造，甚至矿物成分将发生显著的变化。沉积岩虽然是近地表环境下形成的岩石，但随着自然条件的改变仍要发生变化。风化作用是地表广泛存在的自然破坏现象，如木头腐朽、铁刀生锈、象征着人类文明的古代建筑和石刻（诸如埃及的金字塔和狮身人面像、中国的长城和乐山大佛等）在风雨的摧残中日渐破坏而变得模糊不清等都是风化作用的结果。

（1）风化作用类型

根据风化作用的因素与性质分为物理风化作用、化学风化作用和生物风化作用三种类型。

1）物理风化作用

由于温度的变化、岩石空隙中水和盐分的物态变化以及重力等因素的影响，使地壳表层的岩石、矿物在原地发生机械破碎而不改变其成分的过程叫作物理风化作用。其特点为成分不变，仅体积、形态有变化，即岩石、矿物由大变小。

物理风化作用的方式，见表5-4。

表5-4　物理风化作用的方式

方式	内容
温差风化	由于温度的变化，引起岩石、矿物表里发生胀缩差异而崩解破坏的作用。地表岩石白天在阳光直射下，表层升温很快，因岩石是热的不良导体，热量向内部传递缓慢，造成岩石内外出现温差，由于膨胀，从而产生与表面平行的微裂纹。夜晚岩石表面迅速散热降温，体积收缩，而内部仍受到表面传入的热量的影响，仍处于膨胀之中，岩石表层受张力的作用可形成与表面垂直的微裂纹。这样天长日久，裂纹日益扩大、增多，岩石表面便会产生层层剥落现象，从而坚硬完整的岩石崩解成为碎块

续表

方式	内容
岩石释重	岩石由于负荷减轻、体积膨胀而发生的破坏，引起的剥落或崩解作用。地下深处的岩石都承受着上覆岩层的巨大静压力。而深成侵入岩因为是在强大的均压封闭环境中形成的，岩石内部质点在围压禁锢之中处于紧密状态，一旦升至地表，上覆岩层遭受剥蚀，岩石因卸荷而释重，表层体积膨胀，因而可形成与表面平行或垂直的裂隙，从而可使岩石表层产生层状剥落或发生崩解
结晶撑裂作用	岩石由于其中盐分结晶而遭受的破坏作用。在降水量少、蒸发剧烈的干旱、半干旱地区，地壳表层岩石空隙中含盐分较多。白天，烈日烤晒气温升高，水分蒸发，当盐分浓度增加至过饱和时，会发生结晶，结晶时由于体积膨胀，会使孔隙扩大；夜晚气温降低，盐分从大气中吸收水分而潮解、下渗，同时也将沿途盐分溶解下渗到新产生的空隙中，如此反复进行，同样会导致岩石崩解
冰冻风化	岩石空隙中水的冻结与融化引起的冰劈作用。这是因为水结冰时，体积可增大1/11，岩石空隙中的水在温度降至冰点以下而结冰时，由于体积增大，可对岩壁产生$9.4\times10^{7}\sim5.9\times10^{8}$Pa的压力，这种压力可促使岩壁空隙扩大。温度增至冰点以上时，冰重新融化并向下渗透填满空隙，再冻结时，又可使裂隙扩展。如此反复进行，空隙会不断扩大，从而使岩石崩解。在较高纬度和中纬度的高山地区，昼夜温度变化在0℃上下，冰冻作用频繁，是岩石风化的主要原因，冰冻作用的结果使岩石破裂崩解。另外这种现象在日常生活中也比较常见，如装满水的瓶子冬天放在外面会被胀破都是冰冻风化的结果

物理风化作用的产物：物理风化作用是一种纯机械破碎作用，它使完整的岩石在原地破碎形成大小不等、棱角显著、没有层次的乱石堆，碎屑成分与下伏基岩一致。

2）生物风化作用

生物风化作用是指生物的生命活动及其分解或分泌物质对岩石、矿物的破坏作用。这种作用可以是机械的也可以是化学的。由于生物广泛分布，因此，生物风化作用十分普遍。

①生物风化作用的进行方式

生物的机械风化作用：主要是由于生物的生命活动使岩石发生机械破碎。例如，生长在岩石裂隙中的植物随着根系长大使岩石裂隙不断扩大而崩解（根劈作用）；穴居动物（田鼠、蚂蚁和蚯蚓等）不停息地挖洞掘穴；有蹄类动物对地表岩石的践踏等都是生物机械风化作用的表现。随着人类广泛开发大自然，利用工具、大型机械或爆炸手段等对岩石破坏的速度和规模极为可观，实质上也应归入生物的机械风化作用。

生物化学风化作用：是通过生物的新陈代谢和尸体的分解物进行的风化作用。如植物和细菌在新陈代谢中常常析出有机酸、硝酸、碳酸、亚硝酸和氢氧化铵等溶液腐蚀岩石。

生物遗体在还原环境下经过缓慢的腐烂分解形成一种暗色胶状物质——腐殖质，一方面可为植物生长提供不可缺少的钾盐、磷盐、氮的化合物和各种碳水化合物；另一方面腐殖质所有的有机酸对岩石、矿物可产生腐蚀作用。

生物，特别是微生物的化学风化作用是很强烈的。据统计，每克土壤中可含有几百万个微生物，它们都在不停地制造各种酸类，从而强烈破坏岩石。

②生物风化作用的产物

生物风化作用的产物包括两部分：一部分是生物物理风化作用形成的矿物、岩石碎屑，在成分上与原岩相同；另一部分是生物化学风化作用的产物，其特征是在物质成分上与原岩不一样。生物风化作用的一种重要产物就是土壤，确切地说它是物理、化学和生物风化作用的综合产物，但尤以生物风化作用为主，使其富含腐殖质。土壤一般为灰黑色、结构松软、富含腐殖质的细粒土状物质，与一般残积物的主要区别在于含有大量腐殖质，具有一定的肥力。

综上所述，风化作用的基本类型有物理风化、化学风化和生物风化三种，是促使地表岩石逐渐崩解和腐烂的过程，它形成了各种碎屑和松散的残积物或土壤，也为各种搬运和沉积作用提供了物质来源。也就是说为其他的外力地质作用创造了条件，同时也为风化和沉积矿产的形成创造了条件。

（2）风化壳

岩石的风化产物，除一部分易转移的成分转移到别处外，还有一部分残留在原地，形成残积物。由风化产物覆盖在地表上构成一层不连续的薄壳，称为风化壳。风化壳风化作用的程度由地面向下逐渐减弱，向深部逐渐过渡为未风化的岩石。风化壳下面的未风化的岩石称为基岩，出露地表的基岩称为露头。风化壳剖面具有一定的层次，自上而下分为土壤层、残积层、半风化岩石和基岩，但层次之间没有截然的界线。地质时期形成的风化壳称为古风化壳。古风化壳代表一个长期的沉积间断，是当时地壳上升时经受过强烈风化的标志，也是地层不整合的证据之一。古风化壳中通常还有铁矿、铝土矿、高岭土矿等残积型矿产形成。古风化壳由于岩层疏松多孔，因而是良好的储油岩层。在油气的成藏地质条件配合下，可形成油气藏。

2. 剥蚀作用

地表的矿物、岩石由于风化作用，可以使其分解、破碎，在运动介质作用下（如流水、风等），就可能被剥离原地。剥蚀作用就是指各种运动的介质在其运动过程中，使地表岩石产生破坏并将其产物剥离原地的作用。剥蚀作用是陆地上的一种常见的、重要的地质作用，它塑造了地表千姿百态的地貌形态，同时又是地表物质迁移的重要动力。根据产生剥蚀作用的营力特点不同，剥蚀作用可进一步划分为河流、地下水、海洋、湖泊、冰川、风等的剥蚀作用。剥蚀作用按方式又有机械、化学和生物剥蚀作用三种。

（1）河流的侵蚀作用

1）河流概述

河流是陆地表面有固定水道的常年水流，是塑造陆地面貌的重要地质营力。一条河流在地面上是沿着狭长的谷地流动的，这个被流水所开凿或改造的线状谷地称为河谷。主要由谷坡、谷底、河床组成。其中，河谷两侧的斜坡称为谷坡，谷坡所限定的底部较平坦的部分称为谷底，谷底中常有水流的部分称为河床或河槽，这三者常称为河谷要素。

河谷形态按谷坡的斜度、高度，以及谷坡高度和谷底宽度之间的比例大体可分为“V”形谷、“U”形谷和碟形谷三种。一条很长的河谷，通常可分上游、中游和下游。谷底很窄的“V”形谷和“U”形谷是上游河谷特征；谷底较宽的“V”形谷和“U”形谷是中游河谷特征；碟形谷是下游河谷的典型特征。

河水因重力驱动向下游流动。从源头至河口可将河床水面连成一条弧形曲线，称为河流纵剖面。在纵剖面上，单位长度水面降低的高度称为河床的纵比降。纵剖面和纵比降是一条河流的重要特征之一。如果从源头至河口沿河床地面也连成一线，则称为河底纵剖面。因河床沿线每点深度不同，河底有深塘也有浅滩，因而河底纵剖面线不是平滑的曲线而是一条波状或锯齿状的曲线。

2）河流的侵蚀作用

河流在流动过程中，以其自身的化学动力（溶解力）和机械动力（水力），并以其携带的泥、沙、砾石等碎屑物为工具，对河床加以破坏，使其加深、加宽和加长的过程称为河流的侵蚀作用。侵蚀作用的方式主要有表5-5中的三种。

在表5-5中的三种作用中，前两种是机械侵蚀作用，后者是化学溶蚀作用。它们共同破坏河床，但总的来说，机械侵蚀作用是主要的。

河流的侵蚀作用按照侵蚀作用的方向可分为下蚀作用和侧蚀作用两种类型。

①河流的下蚀作用

河流侵蚀河床底部岩石，从而使河床降低、河谷加深的作用称为下蚀作用。下蚀作用的原因主要有如下几点：

一是顺坡而下的流水在重力作用下产生一个垂直向下的分量，作用于河床的底部，一般坡度越陡，下蚀作用越强。二是河流挟带的碎屑物运动过程中对河床底部具有撞击和磨蚀作用。尤其是山区河流，在洪水期尤为明显。三是由流水中急速旋转的涡流所引起的涡穴作用，它促使砾石像钻具一样作用于河底。河底上被钻出的坑，称为涡穴。

表5–5 侵蚀作用的方式

方式	内容
磨蚀作用	流水携带的大小岩块、泥沙，在流动过程中对河床和两岸的冲击与磨削作用，能把坚硬的基岩磨成深沟，在上游地段和暴雨洪水期最为明显
冲蚀作用	指河流借流水本身的力量冲击岩石，从而破坏河床及两岸，并把泥沙搬运走的作用。在河流上游地段和松散物质分布区域特别明显
溶蚀作用	指流水通过酸性反应和溶解作用，溶解河床及两岸易溶解的岩石、矿物，从而破坏河床的作用。在石灰岩分布地区，地表流水沿裂隙流动，溶解石灰岩形成奇特的岩溶地貌

从整个河床的纵剖面来看，其下游河段通常已经丧失下蚀能力或表现十分微弱。从中游河段向上，下蚀作用强度逐渐增大。在河流的上游以及山区河流，由于河床的纵比降和流水速度大，因此河流的动力在垂直方向上的分量也大，从而产生较强的下蚀能力，这样使河谷的加深速度快于拓宽速度，从而形成在横断面上呈“V”字形的河谷，也称V形谷。例如，我国长江上游的金沙江河谷，谷坡陡，谷底窄，横断面为“V”字形，著名的金沙江虎跳峡的江面最窄处仅40 ~ 60m，最陡的谷坡达70°，峡谷深达3000m。在河流的下游或平原区的河流，情况却相反，下蚀能力较弱。由于不同河段的岩性差异，其抵抗剥蚀的能力也不同。由坚硬岩石组成的河床，抗剥蚀能力强，下蚀作用的速度较慢，河床相对凸起；而由较软岩石组成的河床，抗剥蚀能力弱，下蚀作用的速度较快，河床相对下凹。从而在河床的纵剖面上形成缓、陡坡交替出现的阶梯，在较陡的河床上，流水急，出现水花，形成急流，急流常具有更强的剥蚀能力。在长期的下蚀作用下，在河床的陡、缓交界处，陡坡下部岩石（软的岩石）不断地被剥蚀，而上部的坚硬岩石还保存下来，从而可使河床在纵剖面上出现直立的陡坡。河水从陡坎处直泻而下就形成了瀑布。例如，我国贵州的黄果树瀑布，河水从58m高的悬崖上倾泻而下，极为壮观。瀑布一般在河流的上游较发育。

河水从陡坎直泻而下，具有很强的下蚀能力，除水落差产生极大的冲击力破坏河床外，还以挟带的沙石磨蚀、撞击河床，跌落后翻起的河水或沙石不断破坏陡坎的基部岩石，使陡坎下部的岩石被淘空，形成壁龛。当壁龛不断扩大，壁龛上部的岩石由于失去支撑力而崩塌，便形成新的陡坎，于是陡坎的位置就不断向上游移动。

从瀑布和急流向上游发展并逐渐消失的现象不难看出，下蚀作用在加深河谷的同时，还使河流向源头发展，加长河谷。我们把河流向源头发展的侵蚀作用称为向源侵蚀作用。河流的源头部分，大都存在跌水地段，该处下蚀作用最强，与瀑布、急流后退的现象类似，河流形成后，因向源侵蚀作用，河谷不断向源头方向延伸，加长河谷，直至分水岭。由于自然界种种因素（如水量、地形、岩性、构造等）的影响，不同地区的河流下蚀作用强度和速度是不一样的。若位于同一分水岭两侧的两条河流，如果其中一侧的河流下蚀作用较强、下蚀速度快于另一侧的河流时，其河谷可先发展到分水岭，迫使分水岭不断向下蚀作用弱的河流靠近，最后下蚀能力较强的河流侵蚀到下蚀作用较慢的河流，并夺取了它上游的河水，使其流入自己的河流中，这种现象称为河流的袭夺现象。

河流的下蚀作用不断使河谷加深，但这种作用不是无止境的。河流下切到一定的深度，当河水面与河流注入水体（如海、湖等）的水面高度一致时，河水不再具有势能，活力趋于零，下蚀作用也就停止了。因此，注入水体的水面就是控制河流下蚀作用的极限面，常把该极限面称为河流的侵蚀基准面。河流的侵蚀基准面可分为最终侵蚀基准面和局部侵蚀基准面。陆地上大多数河流最终都注入海洋，所以海平面应是河流的最终侵蚀基准面。局部侵蚀基准面很多，如一些支流汇入主流或湖泊，则主流水面或湖泊水面即为其局部侵蚀基准面。

河流的侵蚀基准面位置稳定不变时，因下蚀作用的长期进行，河床纵坡降会逐渐减小，因而河流活力（动力）也逐渐减弱，当河流下蚀作用进行到某一阶段，河流的活力仅能克服其负载时，河流的下蚀作用和堆积作用将达到平衡状态，这时河流的纵剖面称为河流的平衡剖面。显然，由于各种自然因素是经常变化的，如地壳运动和海平面的变化，都影响到河流的下蚀作用，河流地质作用是难以达到动态平衡的，因而平衡剖面只是一个理想剖面。往往只有河流的某些地段或河流发展的某些阶段达到平衡状态。在理想状态下，河流平衡剖面的形态是一条下凹的圆滑曲线，其上游较陡，下游较平缓并趋向于河流的侵蚀基准面。

②河流的侧蚀作用

河水以自身的动力及挟带的砂石对河床两侧或谷坡进行破坏的作用称为河流的侧蚀作用（或称旁蚀作用）。侧蚀作用的结果使河床弯曲、谷坡后退、河谷加宽。

在自然界，任何一条河流都不会是平直的，总是有些弯曲的，或者河床凹凸不平。当河水流过河湾时，河水在惯性离心力的驱使下，河水的主流线（流速最快点的连线）就会偏向河床的凹岸（河床凹入的一岸），由于受到凹岸的阻挡作用，河水就沿着河床底部流向凸岸，这样就产生了河水的单向环流。在单向环流的作用下，凹岸下部岩石不断破碎被掏空，同时上部的岩石也随之崩塌。破坏下来的岩石碎屑被单向环流的底流搬运到河流的凸岸沉积。其作用结果是河床的凹岸不断向谷坡方向后退，而凸岸不断前伸，河道的曲率逐渐增加，使原来弯曲较小或较平直的河床变得更弯曲，形成河曲（河床的连续弯曲）。

在凹岸后退、凸岸前伸的同时，由于主流线冲击凹岸的点偏向弯顶的下方，而不是凹岸的最大弯曲点，单向环流又是一种螺旋状的流水，所以河弯（曲）的最大弯曲点的位置也不断向下游移动。由于河曲不断向下游移动，河谷的凸出地形不断被削直，其结果使河谷变得越来越宽和越来越直。最后，河床只在宽阔的谷底上迁徙摆动（达不到谷坡），形态变得极度弯曲，这种河流称为蛇曲或自由河曲。蛇曲的发育，使河流（床）的长度不断增长，河床的纵坡降渐渐减小，河流的活力逐渐削弱。随着河床的摆动，蛇曲河床相邻两个河湾的距离不断靠近。在洪水期，由于水量猛增，冲击力加大，河水冲溃两河湾之间的河岸，河水从上一个河湾直接流入相邻的下一个河湾，这种现象称为河流的截弯取直。被遗弃的弯曲河道的两个河口，由于河水受阻发生沉积作用，被泥沙淤积、堵塞，演变形成牛轭湖，在黄河和长江的下游这种现象很常见。

（2）地下水的剥蚀作用

地下水是埋藏在地表以下岩石和松散堆积物空隙中的水体，地下水的来源主要是降水、冰雪融水和地面流水，次要来源有大气的凝结水、埋藏水或岩浆水等。

地表水在重力作用下顺岩石空隙进入地下，在隔水层以上透水层岩石空隙中集中、汇合。岩石空隙充满水的地带称为饱和带，这个带的水称为饱和带水。在饱和带以上岩石空隙中，未被地下水充满的地带叫作包气带或未饱和带，包气带中的地下水叫作包气带水。其中饱和带水可根据水体的埋藏条件和水特征，划分为潜水和层间水两种基本类型。潜水是埋藏在地表以下第一个稳定隔水层以上，具有自由表面的重力水。其自由水面称为潜水面，潜水面通常不是一个平面，一般情况下，常随地形的起伏而起伏。层间水是埋藏在地下两个稳定隔水层之间的透水层内的重力水，又称承压水。

地下水在运动过程中对周围岩石的破坏作用称为地下水的剥蚀作用，因其发生于地下，故又称为潜蚀作用。按作用的方式分为机械潜蚀作用和化学潜蚀作用两种。

地下水对岩石的冲刷破坏作用称为机械潜蚀作用。地下水的流动一般十分缓慢，机械冲刷力极其微弱，它仅仅能冲走松散堆积物中颗粒细小的粉砂，使其结构变得疏松，空隙扩大，甚至引起地面陷落，这种现象在黄土区比较常见。处在岩石洞穴或大裂隙内的地下水，可以有较大的流速和流量，动力较大，机械侵蚀作用较强，其机械剥蚀作用与河流相似。

地下水主要在岩石空隙中渗流，流速慢、水量分散、冲击力小，所以其机械潜蚀作用很弱。但由于地下水的化学成分较复杂，常含有较多CO_2和各种溶剂，因而化学潜蚀作用显著。地下水的化学潜蚀作用是通过地下水对可溶性岩石溶解并把溶解下来的物质带走，使岩石产生破坏的。地下水对任何岩石都可进行不同程度的溶蚀，但最为常见的溶蚀作用发生于一些可溶性岩石地区，如石灰岩地区。地下水沿岩石空隙流动并溶解岩石，使空隙扩大，在岩石内形成各种形状与大小的洞穴。溶蚀作用不断进行，洞穴不断增多、扩大，最终导致洞穴上部岩层因失去支撑而垮塌，形成千姿百态的地表形态。

通常把在可溶性岩石地区发生的以地下水为主（兼有部分地表水的作用）对可溶性岩石进行以化学溶蚀为主、机械冲刷为辅的地质作用以及由此产生的崩塌作用等一系列过程称为岩溶作用或喀斯特作用，形成的地形称为岩溶地形或喀斯特地形。

由于岩溶作用的方向受地下水运动方向的影响，因而在不同的地下水分布带具有不同特征的岩溶地貌，根据地下水的运动特征和岩溶地形的延伸方向，大致可分为以下两类：地下水的垂直运动与岩溶地形在包气带，地下水主要作垂直运动，因而岩溶地形也沿垂直方向发育，主要有溶沟、石芽、落水洞、溶斗等。溶沟和石芽分布于地表，是地表水（片流）向地下水转化的过程中溶蚀地表岩石而形成的沟、槽和脊状凸起。由于地表凹凸不平或受裂隙的影响，在凹入的地方片流的流量较大，流速快；而在凸出的地方片流的流量小，流速慢，因而产生不同的溶蚀速度。溶蚀速度快的地方形成凹入的沟、槽，而溶蚀速度慢的地方形成突出的脊。确切地说，溶沟、石芽是地面流水和地下水共同作用的结果。如果灰岩的层理水平，又发育有垂直的裂隙，在地面流水和地下水沿裂隙溶蚀作用下，使溶沟加深、石芽增长，就可形成巨型石芽，称为石林。如果地面流水沿裂隙下渗不断补充地下水，溶蚀裂隙两侧的岩石，形成向深度发展的陡立深洞，称为落水洞，落水洞是地面流水不断补充地下水的主要途径。溶蚀漏斗分布于地表及浅处的形态如碟状、碗状或漏斗状的溶蚀洼地，它的形成除地面流水和地下水沿垂直方向溶蚀外，还有重力的崩塌作用。

而在潜水面附近，地下水作近于水平方向运动，因而溶蚀作用沿水平方向发展。岩石经溶蚀后形成水平方向延伸的溶洞。溶洞的延伸方向大致可代表潜水面的位置。当地壳运动在一段时期内较稳定或潜水面不变时，地下水沿水平方向溶蚀岩石，逐渐扩大空隙形成溶洞。溶洞的形成除与溶蚀作用有关外，还与重力崩塌作用有关，一个巨大溶洞的形成常常是它们两者共同作用的结果。溶洞的大小很不一致，小者只有数米，大者可达几百千米，有的溶洞高达200m。如果地壳发生阶段性升降运动，潜水面也相应发生变化，从而可形成分布于不同高程的多层溶洞系统，每一层溶洞代表一次地壳稳定时期的潜水面。

（3）冰川的剥蚀作用

冰川是陆地上终年缓慢流动着的巨大冰体。它广泛分布于高纬度地区和中、低纬度的高山（海拔4 ~ 5km以上）地区。积雪层在较长时间的压力等的作用下，经过一系列的物理变化，可形成具可塑性的冰川冰。冰川冰在其自身的压力和重力作用下，沿斜坡或一定的谷道缓慢地流动，就形成了冰川。冰川在流动过程中，以自身的动力及挟带的沙石对冰床岩石的破坏作用称为冰川的刨蚀作用。其方式有挖掘作用和磨蚀作用两种。无论哪种方式，都是一种机械破坏过程。

挖掘作用又称拔蚀作用，是指冰川在运动过程中，将冰床基岩破碎并拔起带走的作用。冰床是指冰川占据的槽、谷。冰川底部的冰在上覆巨厚冰层的压力下，部分融化，冰融水渗入冰床基岩的裂隙中，渗入的水由于压力的减小而重新结冰，并与冰川冻结在一起，当冰川向前运动时，就把冻结在冰川中的岩石拔起，随冰川带走。挖掘作用的强弱受岩石的性质、冰层的厚度等因素影响。冰床岩石的裂隙越发育，冰层越厚，挖掘作用越显著。挖掘作用在冰床的底部最为发育，两侧次之。在挖掘作用下，冰床岩石不断遭受破坏，其结果使冰床加深。在挖掘作用过程中，自始至终有冰劈作用的参与，冰劈作用不断使裂隙扩大，岩石破碎，利于挖掘作用的进行。

磨蚀作用又称锉蚀作用，是指冰川以冻结在其中的岩石碎屑为工具进行刮削、磨蚀冰床的过程。由于冰川是一种固体，冻结在冰川中的岩屑不能自由转动，当冰川流动时，岩屑和冰川也一起整体运动，在岩屑和冰床接触时，岩屑就像锉刀一样锉削冰床中的岩石，使冰床岩石破碎。在被锉削的岩石上常留下一些痕迹，如冰川擦痕、磨光面（冰滔面）等。冰川擦痕一般呈楔形，其延伸方向与冰川的运动方向一致，并且是由粗的一端指向细的一端。具有冰川擦痕的砾石称为条痕石。磨蚀作用的强弱主要取决于冰川含岩屑的数量和岩屑的性质，冰层的厚度以及冰川的流速等。

挖掘作用和磨蚀作用是同时进行的，但在冰床的不同部位这两种方式作用的强度不完全相同。一般在冰床的凸起部位与迎流面磨蚀作用较强，而在冰床的背流面、冰床底部及冰川后缘挖掘作用较盛行一些。刨蚀作用形成的地形称为冰蚀地形，常见的有冰斗、刃脊、角峰和冰蚀谷等（见表5-6）。

表 5-6　常见的冰蚀地形

类别	内容
角峰	当三个或三个以上不同方向的冰斗，在冰川的刨蚀作用下，冰斗的后壁不断后退，它们之间的距离不断缩小，最终围成一个岩壁陡立的，似金字塔形的山峰
冰斗	是由冰川的刨蚀作用形成的具三面陡壁的围椅状洼地，这种洼地常分布于雪线附近，停留在冰斗中的冰川称为冰斗冰川。在冰川的冰劈、刨蚀及重力崩塌的共同作用下，洼地不断加深，后壁及两侧不断后退、变陡，原来的洼地就不断扩大形成冰斗。冰斗一面开口，是冰斗冰川流出的通道
冰蚀谷	经山谷冰川刨蚀、改造而成的谷地称为冰蚀谷。冰蚀谷多数是冰川沿原来的谷地改造而形成的
刃脊	相邻的两个冰斗冰川或山谷冰川，因冰川的刨蚀作用，冰斗的后壁或侧壁、冰川谷的谷壁发生节节后退，使两相邻冰斗或山谷之间的山脊变得越来越窄，形成两侧陡峻、顶部尖锐的形似鱼鳍的山脊，又称鳍脊
羊背石	凸起于冰床上的坚硬基岩受刨蚀后变为一系列低缓的椭圆形小丘，其长轴方向与冰川流动方向一致，且迎流坡较平缓，并有许多冰川擦痕或磨光面，背流坡为陡坎，羊背石可以指示冰川运动的方向

（4）风的剥蚀作用

风的剥蚀作用简称风蚀作用，是指风以其自身的动力及所携带的砂石对地表岩石的破坏作用，它是一种纯机械的破坏作用，按作用方式分为吹蚀（吹扬）作用和磨蚀作用。

1）吹扬作用。风把地表的松散沙粒或尘土扬起并带走的作用，称为吹扬作用。由于是以风的动力把物质吹离原地，故又称为吹蚀作用。当风刮过地面时，风就对沙粒产生正面冲击力以及由紊流和涡流产生上举力，如果这两种合力大于重力，沙粒就能离开地面被扬起随风带走。影响吹扬作用强度的因素主要有风速和地面性质。风速大、地面植被稀少，组成地面的物质松散、细，吹扬作用就强烈；反之，吹扬作用就弱。在沙漠区，地面的沙粒在吹扬作用下不断被带走，形成下凹的洼地，即风蚀洼地。当吹扬作用不断进行，洼地不断加深，当加深到潜水面时，地下水就渗流出来，洼地积水，形成风蚀湖，如我国敦煌的月牙湖。戈壁滩也是吹扬作用的结果，原来分布于地表上的细小物质被风吹走，而粗大的砾石保留在原地，形成戈壁滩。

2）磨蚀作用。风以挟带的沙石对地面岩石的破坏作用称为磨蚀作用。磨蚀作用的强度主要与风沙流的特征有关，因为风沙流在近地表30cm范围内含沙量最高，沙粒的运动也最活跃，所以在该范围内风的磨蚀作用最强烈。风的磨蚀作用还受风速和地面性质的影响，风速大，地面松散物质多，风沙流的含沙量高，风的磨蚀作用就强。

3）风蚀地貌。在长期的风蚀作用下，地面物质不断遭受破坏和改造，可形成各种奇特的地形。在盆地的边缘或孤立凸出的岩块，由于近地面磨蚀作用强，向上减弱，常可形成上大下细、外形呈蘑菇状的石块，称为风蚀蘑菇石。若岩块发育垂直裂隙，经长期风蚀作用和重力崩塌，可形成风蚀柱。产状平缓的基岩裸露区因其岩层软硬相间和垂直节理发育经长期风蚀而形成风蚀城（层叠状的平顶残丘，犹如毁坏的古城堡）。在一些岩壁上，由于岩性软硬不一，抗风蚀能力不同，在风沙流的磨蚀作用下，形成大小不一的风蚀穴，如果一块岩石的表面几乎被大大小小的风蚀穴所包裹，其形状似蜂窝，这种石块称为蜂窝石。风蚀穴的形成是沙石撞击及在洞穴里旋转磨蚀作用的结果。风蚀作用还可沿着前期其他地质作用形成的谷地发育，通过风沙流不断剥蚀谷地的谷壁及谷底，把它改造成风蚀谷。风蚀谷与冰蚀谷、河谷具有显著的不同，其特点是：在平面上无规则延伸；在横剖面上可形成上小下大的葫芦形；谷底极不平坦，忽高忽低，没有从上游到下游逐渐变低的趋势；主风蚀谷和支风蚀谷也呈无规则交汇。一些散布在戈壁滩上或沙漠中的砾石，在风的磨蚀作用下，可形成光滑的磨光面，当下次的风向改变或砾石翻动，又可在砾石上形成另一个磨光面。这样，最终形成棱角明显、具多个磨光面的砾石，称为风棱石。

（5）海洋及湖泊的剥蚀作用

海洋的剥蚀作用是指由海水的机械动能、溶解作用和海洋生物活动等因素引起海岸及海底物质的破坏作用，简称海蚀作用。海蚀作用有机械海蚀作用、化学海蚀作用和生物海蚀作用三种方式。机械海蚀作用主要是由海水运动产生动能而引起的（如波浪、潮汐等），破坏的方式有冲蚀和磨蚀；化学海蚀作用是海水对岩石的溶解或腐蚀作用；生物海蚀作用既有机械的也有化学的。机械、化学和生物海蚀作用这三种方式往往是共同作用的，但以机械方式为主。因海岸地区水浅，受波浪和潮汐作用影响大，因而该区域是海蚀作用最强烈的地带。

由坚硬的、未经移动的岩石组成的海岸称为基岩海岸。该海岸的特点是海底的坡度较陡，海岸线凹凸不平，海水深度由海洋至海岸方向迅速变浅，海底常有礁石。当波浪运动至浅滩或礁石附近时，因海底阻力大，使水面波峰超前涌向岸边并拍击海岸，形成强大的拍岸浪。在基岩海岸的海水面附近，由于海水拍岸浪的机械冲击和海水所携带沙石的磨蚀作用以及化学的溶蚀作用，该部位的岩石不断遭受破碎、被掏空，形成向陆地方向楔入的凹槽，称为海蚀凹槽，有时也可形成海蚀穴（洞）。随着海蚀作用的进一步进行，海蚀凹槽不断扩大，其上的岩石因支撑力减小而不稳定发生重力崩塌，形成陡峭的崖壁，称为海蚀崖。海蚀崖形成后，其基部岩石还继续受海水的剥蚀，又形成新的海蚀凹槽，海蚀凹槽又可形成海蚀崖。如此反复，海蚀崖不断向陆地方向节节后退，在海岸带形成一个向上微凸并向海洋方向微倾斜的平台，称为波切台地。而被破坏下来的碎屑物质搬运至水面以下沉积下来形成波筑台地。

在海岸线向陆地后退和波切台地扩展的过程中，由于组成基岩海岸岩性的差异或海岬和海湾的相间出现、地质构造的影响以及海蚀作用方向的不同等原因，海蚀作用在海岸带上可形成海蚀穹、海蚀柱、海蚀桥等地形。

基岩海岸通常都是由海岬和海湾组成的。在海岬处由于波浪能量集中，海蚀作用强，而不断被破坏，海岸线向陆地方向后退；在海湾处，波浪能量较小，剥蚀作用微弱，而以沉积作用为主。这样，海岬被剥蚀而后退，而海湾却由于沉积作用，海岸线不断向海方向推进，其结果是海岸线向平直方向发展，坡度变得平缓。

由松散沉积物（沙、砾）组成的海岸称为沙质海岸。沙质海岸疏松、坡度缓，波浪从海至岸边波能逐渐消失，所以剥蚀作用较弱，只能对海岸地形进行一定的改造。总之，海蚀作用的结果，使海岸从陡岸向缓岸转化，使曲折的岬湾岸变为平直海岸，使以剥蚀作用为主的海岸向以堆积作用为主的海岸转化。

湖泊是陆地上的积水盆地，其特征与海洋相似，只是在规模上较小。湖泊的湖水运动、剥蚀作用方式、过程及产物与海洋的也极为相似，只是名称不同而已。如湖水的运动有湖浪、潮汐及湖流等，形成的剥蚀地形也有湖蚀凹槽、湖蚀崖等。

3. 搬运作用及沉积作用

岩石遭受风化和剥蚀以后，外力地质作用还在继续进行。母岩的风化和剥蚀产物，除少部分能残留在原地之外，大部分被流水、风力等运动介质搬运走。这种风化和剥蚀作用的产物被运动介质从一个地方转移到另一个地方的过程称为搬运作用，它与剥蚀作用同时进行或紧跟其后。被搬运的物质又在机械的或化学的沉积分异作用下，按一定的规律和先后顺序在适合场所沉积下来，形成沉积物。这种使搬运物质部分或全部停积下来的总过程，称为沉积作用。搬运及沉积作用，可分为机械的、化学的及生物的三种方式。

（1）碎屑物质的搬运及沉积作用

1）碎屑物质在流水中搬运及沉积作用

碎屑物质在流水中搬运和沉积过程中，一般不发生明显的化学变化，只是使碎屑物质呈机械状态进行分散和集中。

流水的机械搬运方式有悬移、跃移和推移三种，以何种方式搬运视碎屑物的受力情况而定：如果上举力大于颗粒在水中的重量，这些颗粒将悬浮于水中运动，称为悬移（能被流水悬移的物质称为悬移质）。悬移靠紊流维持，流水流速增大，紊流增强，流水中悬移物增加且颗粒变粗。如果上举力小于颗粒在水中的重量，颗粒在水流冲力推动下，或沿河床滚动或滑动，称为推移。还有一种中间状态，就是颗粒在水中的重量与上举力不相上下，时而重量大于上举力，时而重量小于上举力，颗粒在水流冲力同时作用下跳跃前进，称为跃移。各种方式的机械搬运之间并无一个绝对的界限，因为随着流速的增减，一定大小的碎屑物，其搬运方式可以不同。

流水的搬运能力是惊人的。据统计，新中国成立前，流经中、上游广大黄土高原的黄河流水，平均每年搬运到河南陕县的泥沙，多达16×10^8t。如把这16×10^8t泥沙堆成宽、高各1m的长堤，它可以绕地球27圈！可见流水的搬运能力之巨大。碎屑物质在流水中的机械搬运，并不是无止境地进行的。在一定的条件下，当流水的动力不足以克服碎屑的重力时，碎屑物质就会沉积下来，堆积在河床或河漫滩上，或在河流注入的静止水体（湖泊或海洋）的水底之上。碎屑物在流水中的搬运和沉积，有两种情况：一是当流水的动力大于碎屑物质的重力时，碎屑物质就处于搬运状态；二是当碎屑物质的重力大于流水的动力时，则处于沉积状态。

随着水流速度由大到小有规律的变化，碎屑物质根据其粒度、密度、形状和矿物成分的不同，在重力的影响下，按一定顺序沉积的现象，称为机械沉积分异作用。碎屑物质的粒度分异特别明显，大的颗粒大多沉积在河流的上游地段，小颗粒则依次沉积在中、下游地段，搬运的时间和距离越长，沉积分异作用越彻底，而且碎屑物因经受磨损，使颗粒逐渐磨圆、变小。机械沉积分异作用的结果，主要是形成砾岩、砂岩、粉砂岩和黏土岩等各种不同粒度的沉积岩，而且它们在空间分布上是彼此过渡的。

在进行粒度分异的同时，还有按相对密度的机械沉积分异。相对密度大的碎屑颗粒集中沉积在河流上游地带，相对密度小的常沉积在下游地带。此外，碎屑形状为片状者搬运距离较远；碎屑物质在空间的上述分布规律是理想的情况，而在自然界里情况是复杂的。由于母岩性质的多样性，风化、剥蚀条件的改变，流速、流量的变化，支流存在以及地壳运动和气候等各种因素的综合影响，都有可能使沉积分异作用难以按理想的状态顺利进行。有时，往往会出现颗粒大小不一、轻重不同的碎屑物质混杂在一起沉积的情况。

2）碎屑物质在海洋、湖泊中的搬运及沉积作用

在海洋中，波浪、潮流和海流是主要搬运营力。在滨海地区，通常以波浪为主要搬运营力；在峡湾或潮汐通道附近，潮流的搬运作用明显；在半深海与深海则以海流为主要营力。搬运的方式为悬移、跃移和推移，其中推移方式的搬运主要出现在海滨，推移物质一部分来自河流，另一部分来自海蚀作用。当波浪垂直海岸作用时，进流将砾石推向岸边，回流则将砂带向深水区。这种物质垂直海岸方向的移动

称为横向搬运。它可使碎屑物质产生良好的分选，并造成碎屑物质由岸向海呈带状分布，即砾石、粗砂在岸边，较细的物质在海洋一侧。滨海砾石的长轴大致与海岸线平行，其最大扁平面倾向海洋。当波浪斜向冲击海岸时，在进流与回流的共同作用下，粗砂和砾石以推移方式沿海岸方向运移，称为纵向搬运。

海洋是最大的沉积场所，海水在不停地运动着。海水在运动过程中就可产生搬运作用。碎屑物质由河流搬运到海洋以后，主要靠海浪、潮汐和洋流进行搬运和分配，其中特别是海浪，表现尤为明显，使沉积物自滨岸朝海洋方向由粗变细有规律地分布。湖泊的搬运作用与海洋类似，但其动能比海洋要小得多。大的湖泊其性质近似于海水盆地，水动力条件基本类似，但其规模和强度都不如海洋。湖泊的水体安静，湖水的搬运力很小，进入湖泊的砾、砂沉积在湖岸附近，较细的黏土随湖流运向湖心。在不泻水湖中，从滨岸至湖心，沉积物由粗到细呈同心环带状分布；在泻水湖的河流入口一端，常形成河口三角洲，粗碎屑沉积物向湖心呈舌状延伸，粒度的分选从河口向湖盆呈半环带状分布。在干旱气候区的湖泊，湖滨发育有砾滩、沙滩、沙嘴、沙坝等。湖心一般为粉砂和湖泥沉积，并可有盐类夹层；在潮湿区的湖泊中，有富含有机质的湖泥沉积。

3）碎屑物质在风作用下的搬运和沉积

风的搬运作用与流水不同，风只能搬运碎屑物质而不能搬运溶解物质。另外，流水只能把碎屑物由高处搬往低处，而风既能把碎屑物由高处运往低处，还能由低处搬到高处。风的搬运方式和流水类似，也有滚动、跳跃和悬浮三种，但以跳跃方式为主。因空气的密度小，颗粒的沉速大，风搬运的悬浮物质细而少，一般限于尘土和粉砂等。由于受地形、地物的影响，近地面的风速变化大，所以较粗的碎屑物在地面上以跳跃或滚动方式搬运。

控制碎屑物在风中的搬运和沉积的因素，主要是风速和碎屑颗粒的沉速。由于空气的密度比水小得多，故其搬运能力比水小。在同一速度下，风的搬运能力平均为水的1/300，但随着颗粒的变细而缩小差异。风的沉积发生在大气介质中，是纯机械的沉积作用。风在搬运过程中，因风速减小或遇到各种障碍物，风运物便沉积下来形成风积物。高空的悬浮物，遇到冷湿气团时，粉砂、微尘可作为水滴的凝聚核心，并随雨滴降落到地面。风的沉积作用具有明显的分带性，干旱的风源地区以风成砂沉积为主，在风源外围的半干旱地区则发育风成黄土沉积。

①风成砂沉积

风沙流遇到障碍物时，砂粒打在障碍物的迎风面上，因能量消耗，沉积下来。如果障碍物是灌木、草丛，部分砂粒便会沉落于灌木或草丛中，最后把障碍物埋没，形成沙堆。沙堆的出现改变了近地面气流的动力结构，在沙堆的背风面，产生涡流，使风力减弱，发生沉积。涡流还可以将沙堆两侧的砂粒卷进背风区沉积，随着沉积作用的进行，背风坡逐渐变陡，最后形成沙丘。风将迎风坡上的砂粒带走，并在背风坡堆积下来，沙丘内部也随之形成顺风向的斜层理。在沙源稀少的地区，如沙漠的边缘，风沙流在开阔平坦的地面上，所形成的月状沙丘称为新月形沙丘。沙丘和沙堆可以孤立存在，也可以连接起来形成沙垄。当一个地区终年盛行两个方向相近的风，并且风力一大一小时，沙堆、沙丘则顺主风向伸延，形成纵向沙垄。如果两股相反方向的风交替作用，并以一个方向的作用占优势，则风沙可聚集成垂直风向的横向沙垄。在干旱区，风力和风向变化很复杂，因此形成的沙丘、沙垄形态各异，风积物中也具有不同倾向的斜层理，于是形成了风成交错层理。在风力作用下，沙堆、沙丘和沙垄表面形成起伏的沙波纹，远远望去，就像浩瀚的海洋一样，这种地貌称为沙漠。

风成砂的特征：砂粒大多为石英，亦有长石、暗色矿物、碳酸盐等不稳定矿物；分选良好；磨圆度高，石英砂的表面呈毛玻璃状，并有小的碰撞坑；较粗的砂粒表面常有氧化铁、氧化锰析出，形成具有油脂光泽的薄膜，称为沙漠岩漆；风成砂中有中小型交错层理，有时出现大型风成板状交错层理；风成砂中生物遗迹稀少，有时存在蒸发盐矿物。

②风成黄土沉积

黄土是一种灰黄或棕黄色的松散土状沉积物，以粉砂和黏土为主，孔隙及垂直节理发育。其成因复杂，但以风成为主。风吹蚀地面时，使大量粉砂和黏土离开地面，在紊流上举力的作用下，悬浮空中，被风带出沙漠区，随着风力的减弱徐徐沉降下来，形成风成黄土。风成黄土沉积基本不受地形影响，山顶、山坡、沟谷中都可发生沉积，降落面积广大。

风成黄土的特征：各地风成黄土的矿物组成基本一致，不受下伏基岩影响，黄土中的矿物碎屑成分有50余种，石英和长石占90%以上；分选性良好，大部分颗粒粒度局限在0.05 ~ 0.005mm的范围内；由于黄土颗粒细，又呈悬移搬运，故其磨圆度差；黄土层理不明显，发育垂直节理；孔隙度高达44% ~ 55%，常含钙质结核。

4）碎屑物质在冰川中的搬运和沉积

冰川的搬运是颇具特色的：首先，它们是固体搬运即载移，搬运能力很大；其次，冻结在冰体内的岩石碎块不能自由移动，彼此间很少摩擦与撞击，只是岩块与岩壁间有摩擦；最后，冰川具有较大的压力，这些特点决定了其沉积物的特征。冰川搬运的物质通常称为冰碛。冰川发生流动说明此时冰面倾斜产生的重力或压力已足够大，由此而引起的平行于冰床方向的分力，已超过冰川与冰床之间或上、下冰层之间的摩擦力，在此情况下，冰川上叠加再大的岩块、再多的岩屑，不但不会阻止冰川的流动，而且会助长冰川的流动。正像在向下坡滑行的车辆上加载重物，会促进车辆运动一样。因此，冰川的机械搬运力巨大，可将体积几百立方米，重几十吨到几万吨的石块搬走。一般将冰川搬运的、直径大于1m的岩块称为漂砾。冰川的搬运能力取决于冰川类型、流动速度、流经区岩石的性质和冰冻风化作用的强弱等因素。

冰川向雪线以下流动，并不是无休止的。随着气温的逐渐升高，冰川逐渐消融，冰运物也就随之堆积，所以冰川消融是冰川堆积的主要原因。此外，冰川前进时若底部碎屑物过多或受基岩的阻挡，也会发生中途停积。由此可见，冰川的沉积是纯机械沉积。

由冰川形成的沉积物统称为冰碛物。冰碛物常具有如下特征：山岳冰川碎屑成分与冰川发育区的基岩成分基本一致，大陆冰川的冰碛物成分复杂，并且细粒碎屑中不稳定的成分较多；由于冰川为固体，无分选作用，故冰碛物分选性极差，大至漂砾，小至黏土，混杂堆积在一起，形成“泥包砾”的现象；冰川中的碎屑颗粒彼此不相磨擦、碰撞，故冰碛物磨圆度极差；岩块和砾石无定向排列，杂乱无章，亦无层理；冰碛物表面常有磨光面或交错的钉头形擦痕，还可出现凹坑和裂隙，具冰川擦痕的砾石称为条痕石；冰碛物内部化石稀少，常保存寒冷型的孢子花粉。

5）碎屑物质在搬运过程中的变化

在搬运过程中，流水内各种酸的溶蚀作用，颗粒之间、颗粒与河床之间碰撞、磨蚀作用以及机械沉积分异作用，都使碎屑颗粒（母岩风化产物中的碎屑及其尚未彻底风化的不稳定成分）本身发生许多重大的变化。随着搬运时间和距离的增加，碎屑颗粒的粒度和密度由大变小，除片状矿物外，颗粒的圆度和球度由差变好，不稳定矿物逐渐减少，稳定矿物含量相对增加，碎屑物质成分由复杂到单纯。上述变化趋势在碎屑沉积岩的岩性上都有所反映。另外，介质条件对沉积分异作用有着直接影响，其中以流水、海（湖）水和风在搬运过程中的机械分异作用比较明显。

（2）溶解物质的搬运及沉积作用

母岩风化产物中的溶解物质，主要为Cl、S、Ca、Na、K、Mg、P、Si、Al、Fe、Mn等。其中，前六种溶解度较大，呈真溶液，余者溶解度较小，主要呈胶体溶液。它们均呈溶解状态，在河水或地下水中，向湖泊和海洋内转移。溶解物质在水中呈溶解状态搬运，称为溶运。

1）胶体溶液物质的搬运及沉积作用

胶体质点直径在1 ~ 100μm之间，多呈分子状态。胶体溶液的性质既不同于碎屑物质，也不同于真溶液。胶体质点带有电荷，带正电荷者为正胶体，如铁、铝等的含水氧化物胶体；带负电荷者为负胶体，如硅、锰等的含水氧化物胶体。同种电荷的胶体质点之间的相互排斥力，是胶体质点仅在重力的影响下难以沉淀的根本原因。当胶体质点的电荷在某些因素的影响下被中和时，质点之间的相互排斥力消失，它们就会相互凝聚而形成大的质点，并在重力的作用下迅速下沉，成为胶体沉积物，这是胶体溶解物质沉淀的根本原因。

电解质的加入，可使胶体质点的电荷中和并使胶体质点发生凝聚而下沉。如河流所搬运的Fe、Mn、Si、Al等大量的胶体物质，进入海洋就大都在近岸地区迅速下沉，就是因为海水中的各种电解质中和了它们的电荷的结果。这也是自然界胶体溶解物质沉淀的主要原因和方式。

不同电荷的胶体相互作用，也可使它们的电荷中和而使胶体发生沉淀。如带正电荷的氧化铝胶体（$Al_2O_3 \cdot nH_2O$）与带负电荷的二氧化硅胶体（$SiO_2 \cdot nH_2O$）相遇，就会相互作用使它们的电荷中和，凝聚成黏土矿物高岭石［$Al_4(Si_4O_{10})(OH)_3$］，这是在海（湖）中形成黏土岩的重要原因之一。

水介质中，如果含有一定量的腐殖酸，将大大增加某些胶体质点的稳定性，使之易于转移而难以沉淀。这种促使胶体物质稳定的作用，称为护胶作用，它对铁的含水氧化物胶体的搬运尤为重要。

介质的pH值（氢离子的浓度或称酸碱度）和Eh值（氧化还原电位，其单位是V）对胶体沉积作用的影响较大，因为不同的胶体在沉淀时都有其特定的pH值和Eh值，否则就不能沉淀。例如，高价铁的氧化物在pH值为2 ~ 5和氧化环境中沉淀，铁的硅酸盐在pH为2 ~ 7和氧化环境中沉淀，铁的碳酸盐和硫化物在pH值大于7和还原环境中沉淀。另外，生物作用、蒸发作用等，对胶体的搬运和沉积也有一定影响。胶体沉积物常呈钟乳状、肾状、豆状、胶冻状等，具贝壳状断口，多为含水量很不固定的含水矿物，化学成分不够固定，并具离子交换性和吸附性，有失水干裂陈化或重结晶现象。

2）真溶液物质的搬运及沉积作用

母岩风化产物中的真溶液物质，主要是Cl、S、Ca、Na、K、Mg等；Si、Al、Fe、Mn等也可部分地呈真溶液状态。真溶液物质的溶解度是控制其搬运及沉积作用的根本因素。真溶液物质的溶解度越大，越易搬运，但越难沉积；反之，溶解度越小，则越易沉积，而越难搬运。

Fe、Mn、Si、Al等氧化物的溶解度较小，故易于沉淀，在它们的搬运和沉积作用中，水介质的各种物理化学条件的影响十分重要。

Fe^{3+}只有在强酸性（PH＜3）的水介质中才能稳定并能作长距离的搬运。当pH大于3时，Fe^{3+}就开始沉淀，Fe^{2+}在pH为5.5 ~ 7时才开始沉淀，因此Fe^{2+}远较Fe^{3+}容易搬运。一般来说，各种物质从真溶液中沉积时均需一定的pH。

Mn的情况与Fe类似，SiO_2的沉淀需要弱酸性条件，而$CaCO_3$的沉淀则需要弱碱性条件，Al_2O_3的沉淀条件更为特殊，它只有在pH为4 ~ 7时才沉淀。

$CaCO_3$的沉淀，除了一定的pH和Eh值条件外，对水介质的温度、压力、CO_2含量等，也有一定的要求。当水介质的温度升高时，水中的CO_2含量降低，从而促使溶解的$Ca(HCO_3)_2$转变为$CaCO_3$并沉淀。实验表明，当温度由25℃升高到65℃时，$CaCO_3$的溶解度可降低10倍。当温度降低或压力加大时，水中的CO_2含量增高，使$CaCO_3$的溶解度增大并溶解成$Ca(HCO_3)_2$。因此$CaCO_3$沉积多见于热带、亚热带地区，在寒带和深海地带很少有$CaCO_3$沉积。

溶解度大的物质，如Cl、S、Na、K、Mg等，水介质条件的影响不大，它们只有在干热的气候条件下，封闭或半封闭的盆地中，或者在水循环受限制的潮上地带的蒸发条件下，当溶液达到过饱和时才能沉积下来。

3）化学沉积分异作用

包括胶体溶液物质和真溶液物质在内的溶解物质，在搬运、沉积过程中，根据其化学元素的活泼性或溶解度的不同，按一定的先后顺序沉积下来，这种过程称为化学沉积分异作用或化学分异作用。各种溶解物质化学沉积分异的大致顺序为：氧化物—磷酸盐—硅酸盐—碳酸盐—硫酸盐及卤化物，并形成各种重要的沉积矿物和化学岩。

化学沉积分异顺序是最理想的情况，但与机械沉积分异作用一样，实际情况远非如此简单，它受多种因素的控制或影响。例如，水介质的各种物理化学条件，影响溶解物质沉淀的顺序，因为每一个元素的沉淀都需要特定的介质性质；气候条件的影响，如在潮湿多雨的地区，由于水介质pH值和含盐度较低，使分异作用不可能进行到硫酸盐和卤化物阶段；构造运动引起母岩区的大幅度隆起，母岩风化作用加强，导致溶解物质的化学成分和数量改变，使正在进行的化学分异在某一阶段发生中断或重复，从而破坏了化学分异作用的完整性；沉积环境的影响也较明显，在含盐度高的闭塞海湾、潟湖和内陆咸水湖中，河流携带的大量化学物质进入这些水盆时，很快在近岸地带发生沉淀，在含盐度较低的湖盆或广阔海洋中，化学分异作用很缓慢；生物的新陈代谢作用能使某些元素富集，特别是生物遗体堆积常形成有机岩或有机矿床等。另外，在自然界中，化学沉积分异作用与机械沉积分异作用是并存的，有时两者之间还互相干扰。在碎屑物质的搬运和沉积过程中，或多或少混杂有溶解物质；在溶解物质的搬运和沉积过程中，也伴随有一定量的碎屑物质；其结果形成碎屑组分与化学组分相互混杂的岩石，如泥灰岩、海绿石砂岩等。但一般来说，机械沉积分异作用比化学沉积分异作用进行得早。当化学沉积分异作用进行到硫酸盐及卤化物阶段时，机械沉积分异作用已基本结束，故蒸发岩中很少有碎屑混入物。

（3）生物的搬运和沉积作用

生物的搬运和沉积作用，有机械的和化学的两种，并以后者为主。生物的机械搬运作用，如蚯蚓和食泥生物对松散物质的搬运。生物的化学搬运及沉积作用，主要发生在生物繁盛的浅海地区和湖泊、沼泽中。在海洋中，有的生物要吸取海水中的Ca、Si、P或CO_2等来维持生命及制造骨骼或外壳等。当它们死后的遗体堆积下来，其中软体部分经过分解可析出CO_2、H_2S、P_2O_5等，可和其他元素化合混于泥中而形成硅藻土、钙质和磷质软泥、腐泥等生物化学沉积。其坚硬的壳体，一部分被海浪击碎，与机械沉积混杂成为生物滩，一部分单独堆积形成介壳灰岩和生物礁灰岩等。此外，生物的新陈代谢过程在海水中吸取或排出某些物质，从而影响海水的化学成分而发生生物化学沉积。

在潮湿气候区的湖泊和沼泽中，由于有大量生物遗体的堆积，在适合的条件下，植物可形成泥炭，而动物遗体和植物碎屑可形成腐泥、硅藻土和白垩等。生物沉积与石油、天然气和煤的形成关系非常密切。沉积于海、湖中的腐泥，是一种油源岩，在一定的温度、压力、化学作用、生物化学作用及还原条件下可转化成石油和天然气。它们在适当的地质条件下聚集起来形成油气田，腐泥成岩后可形成油页岩。当腐泥中含碳量高时，在成煤作用下可形成腐泥煤。沼泽中的泥炭是一种最低级的煤，在温度和压力的影响下，经过去氢、去氧、富集碳的过程可形成腐殖煤。我国的石油资源丰富，绝大多数油气田是在地质时期的湖盆中形成的，如松辽盆地、渤海湾盆地、陕甘宁盆地、柴达木盆地、准噶尔盆地、塔里木盆地等。

（4）掺和作用

掺和作用是指在沉积物的搬运过程中，与分异作用相反，使不同成分和性质的物质混杂在一起的一种地质作用。例如，母岩的风化产物在被流水搬运过程中，各支流带来的各种不同成分的物质掺和到正在主流中进行分异的物质中，打乱了主流搬运物质的正常沉积分异顺序，使沉积物的性质变得更加复杂。又如，在化学沉积分异作用进行的同时，由某种岩石或矿物分解出来的元素，与另一种岩石或矿物分解出来的元素相互混合等。在沉积物形成过程中，分异作用占主导地位，它决定着沉积岩及沉积矿产的形成和分布规律，掺和作用是次要的。分异作用进行得越彻底，各种类型的沉积岩在成分上和结构上的成熟度就越高，从而就越易形成各种沉积矿产。

4. 成岩作用

由松散的沉积物转变为沉积岩的过程称为成岩作用。各种沉积物一般原来都是松散的，在漫长的地质时期中，沉积物逐层堆积，较新的沉积物覆盖在较老的之上，沉积物逐渐加厚。被深埋的早期沉积物，由于上覆沉积物的压力，下部的沉积物逐渐被压实，同时由于孔隙水的溶解、沉淀作用，使颗粒互相胶结；而且部分颗粒发生重结晶，最后，松散的沉积物固结成为坚硬的岩石。由沉积物经成岩作用形成的岩石称为沉积岩。由于沉积岩是在地表或近地表条件下形成的，其形成过程及保存条件与岩浆岩或变质岩明显不同，因此，沉积岩的基本外貌特征与岩浆岩或变质岩有很大差别。成岩作用的主要方式有三种，即压实作用、胶结作用和重结晶作用。

（1）压实作用

压实作用是指沉积物在上覆水体和沉积物的负荷压力下，水分排出、孔隙度降低及体积缩小的过程。任何沉积物转变为沉积岩都经受了压实作用。压实作用只有物理的变化，通常随着埋深增大，岩石的孔隙度和渗透性趋于减小。压力是压实作用的外在因素，决定压实作用影响大小的内在因素是沉积物本身的成分和颗粒大小。一般来说，软泥、黏土等沉积物最易被压实，如黏土转变成黏土岩，其孔隙度由原来的50%减少至20%以下；软泥压实固结成页岩后，其孔隙度由原来的80%降低到20%以下。而砂、砾等粗沉积物在压实作用下，其孔隙度变化则很小。所以在成岩作用阶段，压实作用是使碎屑物质，特别是黏土沉积物成岩的主要因素。

（2）胶结作用

胶结作用是指从孔隙溶液中沉淀出的矿物质（即胶结物）将松散的沉积物黏结成为沉积岩的过程。胶结作用是使碎屑沉积物成岩的关键。使沉积颗粒胶合在一起的矿物质称为胶结物。对于砾、砂和粉砂等碎屑沉积物，压实作用只能引起孔隙度降低和强度增加，但不能使其固结成岩，必须通过沉淀在颗粒孔隙内的化学或生物化学成因的矿物质的胶结作用，才能固结成岩；胶结物的矿物成分种类很多，最常见的胶结物有钙质、硅质、铁质和黏土质。这些胶结物的一部分是与沉积物同时形成的，或由地下水带来的。在重力产生的应力作用下颗粒间的接触点也可以部分溶解，并成为胶结物。胶结物可以充填于岩石的部分空隙，也可以填满岩石的全部空隙。砾岩、砂岩和粉砂岩等粗碎屑岩的形成主要靠胶结作用。对于碳酸盐沉积物，往往在还没有被埋藏时就已经发生强烈的胶结作用。胶结作用可使岩石的孔隙度和渗透性降低，特别是对那些彼此连通的孔隙影响较大。

（3）重结晶作用

重结晶作用是指在温度、压力的影响下，沉积物中的矿物组分部分发生溶解和再结晶，使非晶质变为结晶质，细粒晶变为粗粒晶，从而使沉积物固结成岩的过程。如细晶方解石转变为粗晶方解石，隐晶或微晶高岭石转变为鳞片状结晶高岭石。沉积物中的胶结物发生重结晶作用后，可以形成颗粒细小的矿物，使颗粒间胶结得更紧，岩石变得更坚硬。重结晶前后，矿物的晶形、大小和排列方式发生改变，但化学成分不变。重结晶作用的强弱，与矿物成分、颗粒大小等因素有关。易溶的矿物成分（如碳酸盐类）比较容易发生重结晶作用。一般颗粒越小，越容易被溶解，被溶解的成分容易沿较大颗粒重新结晶，从而使大颗粒的矿物增多、增大。碳酸钙很容易重结晶而变成较粗大的方解石晶体。重结晶作用在化学岩、生物岩及生物化学岩的形成过程中起着重要的作用。

（4）交代作用

交代作用是指一种矿物被另一种矿物替代的作用。交代作用在砂岩中最常见，如氧化硅与方解石的相互替代，黏土矿物被氧化硅或方解石替代等。碎屑岩中的胶结物被氧化硅交代，则称为硅化作用。碳酸盐在成岩阶段，沉积物内方解石（$CaCO_3$）中的Ca^{2+}被水溶液里的Mg^{2+}交代，形成新矿物白云石［$MgCa(CO_3)_2$］的过程称为白云化，此外还有黄铁矿化、重晶石化等。成岩作用特别是压实和胶结作用，使岩石的孔隙度和渗透性发生变化并直接关系到孔隙水的活动、胶结物的填充和油、气的运移聚集。压实作用可使流体从油源层中排出，并向低压处运移而进入储集层。压实作用引起的溶解和重结晶作用可以改善或降低储集层的质量。因此，研究成岩作用对油、气的运移和聚集以及油气田的开采，都具有很重要的现实意义。

第二节　造岩矿物

一、矿物的概念及主要物理性质

矿物是在各种地质作用中形成的天然单质或化合物。它们具有一定的化学成分和内部结构，从而具有一定的形态、物理性质和化学性质。它们在一定的地质和物理化学条件下稳定，是组成岩石和矿石的基本单位。人工可以制造合成矿物，如人造金刚石、人造水晶等，可称之为人工矿物或合成矿物。近年来，随着科学技术的发展，矿物的范围扩大了，包括地球内层及宇宙空间所形成的自然产物，如组成陨石、月球岩石和其他天体的矿物，称为陨石矿物或宇宙矿物。

地壳中的各种化学元素，在各种地质作用下不断进行化合，形成各种矿物。矿物的含义包括如下内容：

（1）矿物是在各种地质作用下或者说在各种自然条件下形成的自然产物，如在岩浆活动过程中，在风化作用过程中，或者在湖泊、海洋的作用下都可形成矿物。

（2）矿物具有相对固定的化学成分，可用化学式来表示。大致可分为单质矿物和化合物矿物。

1）单质矿物：基本上由一种自然元素组成的，如金刚石（C）、自然硫（S）、自然金（Au）等。在自然界里这样的矿物数量不多。

2）化合物：自然界的矿物绝大多数都是化合物矿物，按组成情况又可分为：

①简单化合物：由一种阳离子和一种阴离子化合而成，成分比较简单。例如，石盐（NaCl）、方铅矿（PbS）、石英（SiO_2）以及刚玉（Al_2O_3）等。

②络合物：由一种阳离子和一种络阴离子组合而成，为数最多，常形成各种含氧盐矿物，如方解石（$CaCO_3$）、硬石膏（$CaSO_4$）等。

③复化物：大多数的复化物是由两种或两种以上的阳离子和一种阴离子或络阴离子构成，如铬铁矿（$FeCr_2O_4$）和白云石［$CaMg(CO_3)_2$］；也有由一种阳离子与两种阴离子构成的，如孔雀石［$Cu_2(OH)_2CO_3$］。

（3）绝大多数矿物是固体的，也有少数呈气体或液体状态，如天然气、火山喷发气中的CO_2和水蒸气为气态的，自然汞（Hg）、水（H_2O）等为液态的。

（4）固体矿物按其内部质点的排列方式不同可分为晶质矿物和非晶质矿物两类。

绝大多数固体矿物为晶质矿物，即矿物内部质点（原子、离子或分子）在三维空间呈有规律的周期性重复排列而构成格子状构造，且反映出固定的几何外形。例如，石盐（NaCl）内部的Na^+和Cl^-离子在任一方向上都是按一定间隔重复出现并组成格子状图形。凡内部质点在三维空间呈周期性重复排列（即具有格子状构造）的固体都称为晶体。晶质矿物在有利的条件下都能自发地生长成规则的几何多面体外形。晶体的大小不等，小的可以是几微米到几毫米，大的可以达几十厘米甚至几米以上。

自然界只有少数矿物为非晶质矿物，其内部质点排列无规律（即不具有格子状构造），也没有规则的几何外形。凡内部质点在三维空间不作周期性重复排列的固体都是非晶质体，火山玻璃及一些胶体凝固矿物如蛋白石、玛瑙等属非晶质矿物，非晶质矿物随时间的延长可自发转变为晶质矿物。

（5）由于矿物具有一定的化学成分和格子状构造，决定了矿物具有一定的形态及物理、化学性质。例如，石盐具有相对固定的化学成分即NaCl（因其中常含有不定量的杂质，所以说是相对固定的），立方体晶体，具有相对均匀的物理及化学性质，如透明、硬度很小、溶于水、味咸等，在一定的自然条件下（如内陆湖泊在干燥气候条件下蒸发沉淀）形成的。

矿物是人类生产资料和生活资料的重要来源之一，是构成地壳岩石的物质基础。自然界里的矿物很多，从20世纪初的两千多种到20世纪90年代的五千多种，但最常见的只有五六十种，至于组成岩石的主要矿物只不过二三十种。这些种类少、数量多、在岩石中常见的矿物，称为造岩矿物。它们共占地壳重量的99%，其中以硅酸盐矿物最多。造岩矿物在一定的地质条件下形成各种岩石和矿石。各种造岩矿物都具有一定的形态和物理性质，可以作为鉴别矿物的依据。

二、矿物的形态

矿物的形态即矿物的单体及集合体的形状。具有一定成分和内部结构的矿物具有一定的晶体形态特征，因此在矿物鉴定上具有重要意义。另外，矿物的形态也受生长环境的影响，因此，它又具有成因上的意义。因而矿物的形态是鉴定矿物和判断成因的重要依据。

1. 矿物的单体形态

只有晶质矿物才有可能呈现单体，所以矿物单体形态就是指矿物单晶体的形态。

（1）晶形

在适当的环境里，例如，有使晶体生长的足够空间，矿物晶体往往可以形成一定的几何外形，即具有平整的面，称为晶面；晶面相交的直线，称为晶棱；晶棱汇聚形成的尖称为角顶。

晶体形态多种多样，但基本可分成两类：

1）单形：是由同形等大的晶面组成的晶体。在晶体中出现的几何单形的种数有限，只有47种，最常见的单形有12种。

2）聚形：是由两种或两种以上的单形组成的晶体。聚形的特点是在一个晶体上具有大小不等、形状不同的晶面。如石英晶体的外形即为聚形。应该指出，自然界晶体在结晶过程中因受各种条件限制，往往形成不甚规则或不甚完整的晶形。

（2）双晶

在天然晶体中，常发现两个或两个以上的同种晶体按一定的对称规律形成的各种规则连生体，称为双晶。最常见的有三种类型（见表5–7）。

（3）晶体习性

在相同条件下生长的同种晶体，总是趋向于形成某种特定的晶形和形态特征。这也就是说，各种晶体在形态上都有自己的习性。在相同生长条件下形成的同种晶体所具有的习见形态，称为该矿物晶体的晶体习性（也称结晶习性或晶习）。根据晶体沿空间三个相互垂直方向上发育的相对程度分为三类。

表5-7　常见的双晶类型

类别	内容
聚片双晶	由两个以上的晶体，按同一规律，彼此平行重复连生一起而成
接触双晶	由两个相同的晶体，以一个简单平面相接触而成
穿插双晶	由两个相同的晶体，按一定角度互相穿插而成

1）三向等长：晶体在三个方向上发育相等，呈粒状或等轴状，如石榴石、黄铁矿、磁铁矿等。

2）二向延展：即晶体沿两个方向特别发育，另一个方向发育差，晶体呈片状、板状，如石墨、云母、重晶石等。

3）一向延伸：即晶体沿一个方向特别发育，其余两个方向发育差，晶体呈柱状、针状、纤维状等，如石英、角闪石、石棉、纤维状石膏等。

显然，在上述三种基本类型之间还可以存在过渡类型，如有长柱状、短柱状、厚板状或板柱状等。此外，还有些矿物晶体的晶面上常具有一定形式的条纹，称为晶面条纹。例如，在黄铁矿的立方体晶面上，具有互相垂直的晶面条纹，在水晶晶体的六方柱晶面上具有横的晶面条纹，在电气石晶体的柱面上具有纵的晶面条纹，在斜长石晶面上常有细微密集的双晶条纹。这些特征对于鉴定矿物也有一定意义。

2. *矿物的集合体形态*

自然界矿物可呈单独晶体出现，但大多数是以集合体或胶体形式出现的。同种矿物多个单体聚集在一起的整体称为矿物集合体。研究矿物集合体形态在矿物鉴定及矿物成因研究上有很大意义。矿物集合体形态取决于单体的形态和它们的集合方式。根据集合体中矿物颗粒大小（或可辨度）可分为三种：①肉眼可以辨认单体的为显晶集合体；②显微镜下才能辨认单体的为隐晶集合体；③在显微镜下也不能辨认单体的为胶态集合体。

（1）显晶集合体形态

按单体的结晶习性及集合方式的不同可分为四种类型。

1）粒状集合体

此类是由许多粒状单体任意集合形成的集合体。按其颗粒大小，一般可分为：

①粗粒状集合体：颗粒直径大于5mm。

②中粒状集合体：颗粒直径在1 ~ 5mm之间，肉眼易辨别。

③细粒状集合体：颗粒直径小于1mm，有颗粒感，借助放大镜可以辨别。

粒状集合体多半是从溶液或岩浆中结晶而成的，当溶液达到过饱和或岩浆逐渐冷却时，其中即发生许多“结晶中心”，晶体围绕结晶中心自由发展，及至进一步发展受到周围阻碍，便开始争夺剩余空间，结果形成外形不规则的粒状集合体。

2）片状、鳞片状、板状集合体

此类是由结晶习性为二向延展的单体任意集合形成的集合体。集合体以单体的形状命名：如单体呈片状者，称为片状集合体，单体呈鳞片状者，称为鳞片状集合体，石墨、云母等常形成片状、鳞片状集合体；单体呈板状者，称为板状集合体，如重晶石常形成板状集合体。

3）柱状、针状、纤维状、毛发状、束状、放射状集合体

此类是由一向延伸的单体集合形成的集合体。柱状、针状、毛发状集合体中的单体是呈不规则排列的；如细长单体规则地平行排列称为纤维状集合体，如石棉、石膏等；如成束状排列则称为束状集合体；如果单体围绕某些中心成放射状排列称为放射状集合体。

4）晶簇

晶簇是在岩石的空洞或裂隙中，以洞壁或裂隙壁作为共同基底而生长的单晶体所组成的簇状集合体。它们一端固着于共同的基底上，另一端则自由发育而形成良好的晶形。常见的有石英晶簇和方解石晶簇等，生长晶簇的空洞叫作晶洞。许多良好晶体和宝石是在晶洞中发育而成的。

（2）隐晶和胶态集合体

这类集合体可以由溶液直接结晶或由胶体生成。由于胶体的表面张力作用，常使集合体表面趋于圆形。胶体老化后常变成隐晶质或显晶质，因而使球状体内部产生放射状或纤维状构造。此外，隐晶和胶态集合体还可呈致密块状及土状等。

1）结核体。矿物溶液或胶体溶液围绕某一核心自内向外逐渐生长而形成的球状、透镜状或瘤状的集合体，称为结核体。其大小可由数厘米到数十厘米甚至更大，多存在于沉积岩中，由胶体作用形成。结核内部常具同心层状构造，当胶体老化后，往往可以看到有细长的晶体从中心向外呈放射状排列而具有放射状构造，如黄铁矿结核等。最常形成结核状的矿物有磷灰石、菱铁矿、褐铁矿、蛋白石等。结核也可出现在疏松的沉积物中，如我国北方黄土中常有方解石结核。

2）分泌体。矿物溶液或胶体溶液在形状不规则的或球状的岩石空洞中从洞壁向中心层层沉淀所形成的集合体，称为分泌体。其内部多数具有同心层状构造，各层在

成分和颜色上往往有所差别而构成条带状色环，如玛瑙。空洞常未填满，中心部分是空的，周壁常见晶簇或钟乳状体嵌布。分泌体平均直径小于1cm者通称杏仁状体，如火山岩气孔中充填的方解石白色杏仁体；大于1cm者称为晶腺，如玛瑙的晶腺。

3）鲕状及豆状集合体。此类是由沉积作用形成，常常是围绕着某一物质（矿物碎片、生物碎屑、气泡等）生长而形成的集合体。常具同心层状构造，小于2mm形同鱼子状的，叫作鲕状集合体，如鲕状赤铁矿、鲕状铝土矿等；大于2mm形同豌豆状的，称为豆状集合体。

4）钟乳状、葡萄状、肾状集合体。此类通常是由真溶液或胶体溶液凝聚，逐层堆积形成的集合体，内部常具有同心层状和放射状构造。其外表形状常呈葡萄状和肾状，如肾状赤铁矿等。附着于洞穴顶部自上而下生长者称为石钟乳，溶液下滴至洞穴底部而凝固，逐渐向上生长者称为石笋，石钟乳和石笋上下相连即成石柱，如石灰岩洞中由$CaCO_3$形成的钟乳石、石笋和石柱等。

5）树枝状集合体。在岩石裂缝中还常发现一种黑色的树枝状物质，酷似植物化石，但缺少植物应有的结构（如叶脉等），也称为假化石。这是由氧化锰等溶液沿着裂缝渗透沉淀而形成的。

6）被膜状集合体。矿物呈薄层覆盖于其他矿物或岩石的表面，如各种铜矿表面常有一层因氧化作用而产生的翠绿色孔雀石及天蓝色蓝铜矿的被膜。

7）土状集合体。矿物呈细粉末状较疏松地聚集成块，一般无光泽。许多由风化作用产生的矿物如高岭土等常呈此形态。

8）块状集合体。肉眼看不到单体界限的致密块状体，如块状黄铜矿等。

3. *矿物的主要物理性质*

矿物的物理性质包括矿物的光学性质、力学性质、电学性质、热学性质和其他性质，这些性质是通过矿物的物理变化而表现出来的。由于不同的矿物其化学成分不同，晶体结构不同，从而表现出不同的物理性质。这里着重讨论肉眼能够观察到的主要物理性质，是肉眼鉴定矿物的重要依据。

（1）矿物的光学性质

矿物的光学性质是指矿物对可见光的吸收、透射和反射等的程度不同所引起的各种性质。它包括颜色、条痕、光泽和透明度等。

1）颜色

颜色是矿物吸收可见光后所呈现的色调。若矿物对可见光中各种波长的光波均匀吸收，则随吸收程度的由小变大而分别呈白、灰、黑色；若对各种波长的光波选择性吸收，则呈现被吸收色光的补色。矿物有时因混有不同杂质或其他原因使本身的颜色发生一定的变化。矿物具有各种颜色，如赤铁矿、黄铁矿、孔雀石、蓝铜矿、黑云母等都是根据颜色命名的。

由于矿物颜色，受多种因素影响，而有自色、他色和假色之分。

①自色：即矿物本身固有的颜色，对同一种矿物来说，一般是比较固定的，因此是鉴定矿物的重要标志之一。如黄铜矿的铜黄色、孔雀石的翠绿色、磁铁矿的铁黑色等。矿物自色的产生，主要与矿物的化学组成和晶体结构有关。当矿物的化学组成中含有某些色素离子时，矿物显自色。

②他色：是指矿物因含外来带色杂质而引起的颜色。例如，纯净水晶（SiO_2）是无色透明的，若其中混入微量不同的杂质，即可具有紫色、粉红色、褐色、黑色等。无色、浅色矿物常具他色，他色随杂质不同而改变，因此一般不能作为矿物鉴定的主要特征。

③假色：矿物的颜色是由某些化学的和物理的原因而引起的。例如，片状集合体矿物（如云母）常因光线干涉而产生颜色，称为晕色；容易氧化的矿物在其表面往往形成具一定颜色的氧化薄膜，氧化薄膜的颜色称为锖色，如斑铜矿的新鲜表面本是暗铜红色的，但由于其表面的氧化薄膜的影响，造成了蓝、紫混杂的斑驳色彩，就像水面上的油膜呈现的颜色一样。假色只对个别矿物（如斑铜矿等）具有鉴定意义。颜色是矿物中最直观、最易于识别的一种性质，对于鉴定矿物和找矿都具有重要意义。

2）条痕

矿物粉末的颜色称为条痕。通常是利用条痕板（无釉白瓷板），观察矿物在其上划出的痕迹的颜色。条痕的作用是消除假色，减弱他色，固定自色。有些矿物如赤铁矿，其颜色可能有赤红、黑灰等色，但其条痕则为樱红色，是一致的；有些矿物如自然金、黄铁矿，其颜色大体相同，但其条痕则相差很远，前者为金黄色，后者则为黑或黑绿色。因此条痕在鉴定矿物上具有重要意义。

3）光泽

矿物表面反射光线的能力称为光泽。矿物新鲜表面反射出来的光线越多，光泽越强。矿物的光泽按其强弱可以分为以下几种：

①金属光泽：矿物表面反光最强，如同磨光的金属表面所呈现的光泽。大多数金属矿物具有金属光泽，如黄铁矿、方铅矿、自然金等。

②半金属光泽：较金属光泽稍弱，如同未经磨光的金属表面所呈现的光泽，暗淡。如赤铁矿、磁铁矿等具有这种光泽。

③非金属光泽：是一种不具金属感的光泽，反光能力都比金属和半金属光泽弱。

可分为表5–8中的几种类型。

表5–8 非金属光泽的分类

类别	内容
金刚光泽	光泽闪亮耀眼，以金刚石为典型代表而得名，如金刚石、闪锌矿等的光泽
玻璃光泽	像普通玻璃一样的光泽。大约占矿物总数70%的矿物，如水晶、萤石、方解石等都具有玻璃光泽
油脂光泽	颜色浅、具玻璃光泽或金刚光泽的矿物，在其不平坦的断面所呈现的如同油脂面上见到的那种光泽。如石英，晶面为玻璃光泽，断口为油脂光泽
珍珠光泽	浅色透明矿物如白云母等的解理片上所呈现的如珍珠表面的那种柔和多彩的光泽
土状光泽	具粉末状的矿物集合体（如高岭石等）所呈现的如土块那样的光泽
丝绢光泽	具纤维状集合体的矿物（如石棉及纤维状石膏等）所呈现的蚕丝或丝织品那样的光泽

4）透明度

矿物允许可见光透过的程度，称为矿物的透明度。一般是隔着矿物碎片边缘观察光源一侧的物体。根据所见物体的清晰程度，可将矿物的透明度大致分为三级：

①透明矿物：矿物能全部透过光线，并能透视物体，如水晶、冰洲石等。

②半透明矿物：矿物只能部分透光，能模糊地透视物体，如辰砂、闪锌矿等。

③不透明矿物：矿物不透光，矿物碎片边缘不能透视物体，如黄铁矿、磁铁矿、石墨等。

一般所说矿物的透明度与矿物的大小厚薄有关。大多数矿物标本或样品，表面看是不透明的，但碎成小块或切成薄片，却是透明的，因此不能认为是不透明。透明度又常受颜色、包裹体、气泡、裂隙、解理以及单体和集合体形态的影响。例如，无色透明矿物，其中含有众多细小气泡就会变成乳白色。又如，方解石颗粒是透明的，但其集合体就变成不完全透明。矿物的颜色、条痕、光泽和透明度之间有内在联系，在观察时要注意它们的相互关系。

（2）矿物的力学性质

矿物的力学性质是指矿物受外力作用（敲打、刻划等）后所表现出的性质，包括硬度、解理与断口、延展性、弹性和脆性等。其中以解理和硬度对矿物的鉴定最有意义。

1）硬度

指矿物抵抗外力刻划、压入、研磨的能力。在矿物的肉眼鉴定中，通常用由十种矿物的硬度构成的摩氏硬度计作为衡量硬度等级的标准。其他矿物的硬度是与摩氏硬度计中的标准矿物互相刻划，比较相对软硬来确定的。这样测定的矿物的硬度称为相对硬度。

例如，将欲测定的矿物与硬度计中某矿物（假定是方解石）相刻划，若彼此无损伤，则硬度相等，即可定为3；若此矿物能刻划方解石，但不能刻划萤石，相反却为萤石所刻划，则其硬度当在3 ~ 4之间，因此可定为3.5。依此类推。

摩氏硬度计只代表矿物硬度的相对顺序，而不是绝对硬度的等级。在野外工作中，常用一些更简便的物体来代替硬度计，如指甲（约2.5）、小钢刀（5.5）、石英（7）等。据此，可以把矿物硬度粗略分成软（硬度小于指甲）、中（硬度大于指甲，小于小刀）、硬（硬度大于小刀）三等。测定硬度时必须选择新鲜矿物的光滑面试验，才能获得可靠的结果。较软的矿物上留下被刻划的痕迹，较硬的矿物上则粘有较软矿物的粉末。对于粒状、纤维状矿物，不宜直接刻划，而应将矿物捣碎，在已知硬度的矿物面上摩擦，视其有否擦痕来比较硬度的大小。

2）解理与断口

矿物晶体在外力的作用下按一定方向破裂并产生光滑平面的性质叫作解理。裂成的光滑平面叫作解理面。相同方向的一系列解理，构成一组解理。如云母只有一组解理，可以揭成一页一页的薄片；有的矿物具有二组解理（如长石、角闪石）、三组解理（方解石、白云石、石盐）、四组解理（萤石）以及多组解理。矿物解理的组数多少，由内部质点的排列方式（即晶体结构）所决定。如方解石具有三组解理，外形总是菱面体，敲碎后碎块再小仍为菱面体。若矿物受外力作用，沿任意方向破裂后所出现的各种不规则的断面叫作断口。根据断口的形状，可以分为贝壳状断口、锯齿状断口、参差状断口、平坦状断口等。其中最常见的是在石英、火山玻璃上出现的具同心圆纹的贝壳状断口。一些自然金属矿物常出现尖锐的锯齿状断口。

根据解理产生的难易、解理片的厚薄、解理面的大小及平整光滑程度，可把解理分为五级（见表5–9）。

表5–9　解理的等级

等级	内容
极完全解理	极易获得解理，解理片极薄，解理面大而平整光滑，如云母、石膏等
完全解理	易获得解理，矿物晶体常裂成平滑小块或薄板，解理面相当光滑，如方解石、石盐等

续表

中等解理	较易获得解理，解理面往往不能一劈到底，不很光滑，且不连续，解理与断口共存，常呈现小阶梯状，如普通辉石等
不完全解理	较难得到解理，解理面小且不光滑平坦，以断口为主，如磷灰石等
极不完全解理（无解理）	很难得到解理，肉眼看不见解理面。如石英、磁铁矿等。由此可见，矿物的解理与断口出现的难易程度是互为消长的。也就是说，在容易出现解理的方向则不易出现断口。一个晶体上如被解理面包围越多，则断口出现的机会越少

对具有解理的矿物来说，同种矿物的解理方向和解理程度总是相同的，性质很固定。因此，解理是鉴定矿物的重要特征之一。

3）其他力学性质

①脆性：矿物受力极易破碎，不能弯曲，称为脆性。这类矿物用刀尖刻划即可产生粉末。大部分矿物具有脆性，如方解石等。

②延展性：矿物受力发生塑性变形，如锤成薄片、拉成细丝，这种性质称为延展性。这类矿物用小刀刻划不产生粉末，而是留下光亮的刻痕，如自然金、自然铜等。

③弹性：矿物受外力变形，外力取消后能恢复原状的性质，称为弹性。如云母，屈而能伸，是弹性最强的矿物。

④挠性：矿物受外力变形，外力取消后不能恢复原状的性质，称为挠性。如绿泥石屈而不伸，是挠性明显的矿物。

（3）矿物的其他物理性质

1）矿物的相对密度

矿物的相对密度是指纯净的矿物在空气中的质量与4℃时同体积水的质量之比值。因水在4℃时的密度为1g/cm^3，所以，矿物相对密度的数值与其密度的数值相等。各种不同矿物的相对密度相差很大，主要取决于矿物的化学成分和内部构造。矿物的化学成分中若含有相对原子质量大的元素或者矿物的内部构造中原子或离子堆积比较紧密，则相对密度较大；反之则较小。大多数矿物的相对密度介于2.5 ~ 4之间；一些重金属矿物常在5 ~ 8之间；极少数矿物（如铂族矿物）可达23。

矿物的相对密度不仅对鉴定矿物有实际意义，而且对矿物的分离和选矿工作也起着重要的作用。在矿物的肉眼鉴定工作中，常凭经验用手掂量估计矿物的相对密度，将矿物的相对密度分为三级：

①轻级：相对密度小于2.5，如石盐（2.1 ~ 2.2）、石膏（2.3）。

②中级：相对密度在2.5 ~ 4之间，如石英（2.65）、金刚石（3.5）。

③重级：相对密度大于4，如方铅矿（7.4 ~ 7.6）、自然金（15.6 ~ 19.3）。

在矿物的重砂分析工作中，是以常用重液——三溴甲烷的相对密度2.9为界，把相对密度大于2.9的矿物称为重矿物，低于此值的称为轻矿物。

2）磁性

矿物的磁性是指矿物可被外磁场吸引或排斥的性质。在矿物的肉眼鉴定中，通常只使用普通的磁铁来测试矿物的磁性，能被普通磁铁吸引的，称为磁性矿物，如磁铁矿等；不能被普通磁铁吸引的则统称为“无磁性”矿物。磁性是含铁、钴、镍的少数矿物所特有的性质。矿物的磁性，对于鉴定矿物、分离矿物、选矿及磁法找矿都具有重要的意义。

3）电性

有些矿物受热生电，称为热电性，如电气石；有些矿物受摩擦生电，如琥珀；有的矿物在压力和张力的交互作用下产生电荷效应，称为压电效应，如压电石英。压电石英已被广泛地应用于现代科学技术方面。

4）发光性

有些矿物在外来能量的激发下能发出可见光的性质，若在外界作用消失后停止发光，称为萤光。例如，萤石加热后产生蓝色荧光；白钨矿在紫外线照射下产生天蓝色荧光；金刚石在X射线照射下亦发生天蓝色荧光。有些矿物在外界作用消失后还能继续发光一段时间，称为磷光，如磷灰石。利用发光性可以探查某些特殊矿物（如白钨矿）。

此外，石盐有咸味，泻利盐有苦味，石墨和滑石等手摸有滑腻感，自然硫有硫臭味，高岭石吸水粘舌头等，这些都是容易觉察到的性质，也是鉴定矿物的特征之一。总之，矿物的物理性质很多，但对不同的矿物而言，各有其特点。因此，在鉴定矿物时，应充分利用各种感官，抓住矿物的主要特征，注意从矿物的个性入手，并结合其他特征进行综合鉴别。

二、矿物的分类

1. 自然元素矿物

此大类矿物是自然界中呈元素单质状态产出的矿物。已知的该大类矿物约五十多种，占地壳质量的主要包括金、银、铜、铂等金属元素矿物和砷、锑、铋、碲、硒等半金属元素矿物及硫、碳等非金属元素矿物，也有几种气态元素和很少的液态元素矿物（如自然汞）。对工业有重要意义的有自然金、自然银、自然铜、自然铂、

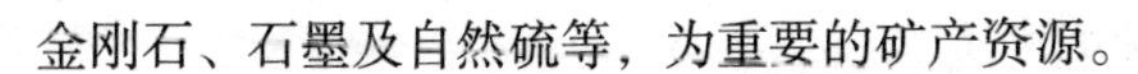

金刚石、石墨及自然硫等，为重要的矿产资源。

2. 硫化物及其他类似化合物矿物

此大类矿物为一系列金属元素与硫、硒、碲等组成的化合物，以硫化物最多。已知的硫化物矿物约有三百余种，约占地壳质量的0.25%。常见的硫化物矿物主要有黄铁矿、黄铜矿、方铅矿、闪锌矿、辉锑矿、辉钼矿等，它们都是工业上有色金属及部分稀有金属的主要矿物原料。

3. 氧化物及氢氧化物矿物

此大类矿物是由一系列金属阳离子及非金属阳离子与O^{2-}或OH^-相结合而形成的化合物。最常见的阳离子是Si^{4+}、Fe^{2+}、Fe^{3+}、AP^{+}、Mn^{4+}、Ti^{4+}等。已知此类矿物约有二百余种，占地壳质量的17%。其中，硅的氧化物（即石英SiO_2）分布最多，约占地壳质量的12.6%；铁的氧化物和氢氧化物（如赤铁矿、磁铁矿、褐铁矿等）分布亦较广泛，占地壳质量的3% ~ 4%。此类矿物中常见的还有铝土矿、刚玉、软锰矿、硬锰矿、锡石等几大类矿物是工业上铁、铬、锰、钦等矿石的主要来源。

4. 含氧酸盐矿物

此大类矿物是各种含氧酸根与金属阳离子结合而形成的化合物。根据含氧酸根可进一步分为硅酸盐、碳酸盐、硫酸盐、磷酸盐、钨酸盐、硝酸盐、铬酸盐、钼酸盐、砷酸盐、钒酸盐和硼酸盐类矿物。其中最主要的是硅酸盐类矿物，硅酸盐类矿物已知约有800余种，是组成地壳的最主要矿物，其总量估计占地壳质量的80%。其中最常见、分布最广的主要有长石（包括钾长石、斜长石等，约占地壳质量的59.5%）、普通辉石、普通角闪石、橄榄石、云母（包括黑云母、白云母等），较常见的矿物有绿泥石、高岭石、石榴子石、红柱石、蓝晶石、绿帘石、蛇纹石、滑石等。

碳酸盐类矿物约有80余种，分布最广的矿物为方解石和白云石，硫酸盐类矿物约有260种，常见的矿物有石膏、重晶石等。磷酸盐矿物中以磷灰石为常见。钨酸盐矿物中以黑钨矿及白钨矿为常见。此大类矿物均呈固态，是大部分非金属矿物原料的主要来源。

5. 卤化物矿物

此大类矿物是卤族元素（F、Cl、Br、I）与K、Na、Ca、Mg等元素化合而成的矿物。其种类较少，在地壳中的含量甚低。常见的矿物有石盐（NaCl）、钾盐（KCl）、萤石（CaF_2）等，它们都是工业上重要的矿产原料。

三、常见的主要造岩矿物及其鉴定特征

地壳中的矿物种数虽然很多，但数量较多且分布较广的矿物并不多。据统计，长石占地壳总质量的59.5%，石英占12.6%，辉石、角闪石、橄榄石占16.8%，云母占3.8%，含钦矿物占1.5%，磷灰石占0.5%。根据专业需要，本节选二十种造岩矿物加以介绍。

1. *石英*

石英（SiO_2）常呈柱状和锥状晶体，柱面上有横纹，集合体有晶簇状、粒状，致密块状。

无色或乳白色、紫、烟灰、黑等色，晶面为玻璃光泽，断口为油脂光泽，透明至半透明；硬度7，无解理，贝壳状断口；相对密度2.65。无色透明者称为水晶，另外还有含有杂质而带颜色的紫水晶、烟水晶等。石英类矿物化学性质稳定，不溶于酸（氢氟酸除外）。

石英的亚种很多，大体上可分为显晶质和隐晶质两类。

（1）显晶质类

因石英内含带色杂质或包裹体所致。

紫水晶（含Fe^{3+}或含Ti^{4+}）、烟水晶（含有机质或含自由Si）、黄水晶（含Fe^{2+}）、蔷薇石英（又叫芙蓉石，含钛或锰）、蓝石英（含TiO_2较高，其次含Al、Mn）、乳石英（乳白色，半透明，因含细分散的气、液包体及微细裂隙及孔洞所致）、砂金石（因含鳞片状赤铁矿、云母等包体而呈褐黄色或微带黄色者）等。

（2）隐晶质异种

1）石髓（玉髓）：为具蜡状光泽和钟乳状外貌的隐晶质石英，按颜色可分为血石髓（又名鸡血石、血滴石）和绿石髓。其中具有白、灰、红等不同颜色组成的同心层状或平行条带状构造者称为玛瑙；含铁等杂质、黑色、贝壳状断口、碎块边缘尖锐、敲击时发生火花的石髓称为燧石（俗名火石）。燧石多以结核状或层状产于海相石灰岩中。

2）碧玉：为产于海相地层中的一种含有铁质和泥质的成分不纯的隐晶质石英集合体，其颜色常呈砖红色、黄褐和绿色。

此外还有一种硬度稍低、具珍珠光泽、蜡状光泽、含水的二氧化硅（$SiO_2 \cdot nH_2O$）固态水胶凝体矿物，称为蛋白石，质纯者为无色或白色，如含杂质则为多种颜色，呈致密块状体。蛋白石胶体老化能逐渐变为石髓或结晶质石英。

3）石英：在三大类岩石中皆有产出，是地壳中分布最广的矿物之一，并且是组成碎屑岩的主要成分，在岩石中呈粒状。石英用途很广，可作光学器皿、精

密仪器的轴承，钟表的“钻石”等；石英砂可用作油层压裂、研磨材料、玻璃及陶瓷等工业的原料；质纯透明、无裂隙、无双晶和包裹体的石英晶体，大小为2cm×2cm×2cm时，可作压电石英片用于无线电工业和超声波技术。

鉴定特征：六方柱及晶面横纹，典型的玻璃光泽，很大的硬度（小刀不能刻划），无解理，贝壳状断口及断口上具油脂光泽。隐晶质各类具明显的似角质光泽、贝壳状断口和硬度大。

2. 长石

长石是地壳中分布最广的一类造岩矿物，除超基性岩和碳酸盐岩外，其他各种类型的岩石都含有长石。长石可成为砂岩的碎屑成分，但其化学稳定性差，易次生变化成白色、灰白色、黄白色的高岭土，遇水易产生膨胀，堵塞岩石的孔隙或使之变小，造成岩石的渗透性降低。在热带气候条件下，可形成铝土矿。主要用于制造玻璃和陶瓷器。

根据化学组成和两组解理面夹角的大小，长石可分为正长石、微斜长石和斜长石等。

（1）正长石

正长石[$K(AlSi_3O_8)$]晶体为板状或短柱状，常见穿插双晶、接触双晶及粒状集合体。一般呈肉红、褐黄、浅黄色，玻璃光泽，透明。硬度6，有两组完全解理，解理面之间成直角（正长石因此得名），相对密度2.54 ~ 2.57。

鉴定特征：以颜色、双晶及解理面夹角等特征区别于斜长石；以其硬度区别于方解石和重晶石等。

产于岩浆岩和变质岩中。正长石是陶瓷及玻璃工业的重要原料。

（2）微斜长石

微斜长石[$K(AlSi_3O_8)$]的化学成分及主要的物理性质与正长石相同，晶体形态也相似，但两组解理之间夹角为89° 40′因其近似90°而得名。产于岩浆岩和变质岩中。

（3）斜长石

化学成分为$Na(AlSi_3O_8)$与$Ca(Al_2Si_2O_8)$的任意混合，可含微量的$K(AlSi_3O_8)$。常为板柱状或板状晶体，可见聚片双晶，在晶面或解理面上可见到细而平行的双晶纹；白至灰白色，带有灰蓝色，玻璃光泽，半透明。两组解理面斜交（86° 24′ ~ 86° 50′左右，斜长石因此得名），硬度6 ~ 6.5，相对密度2.61 ~ 2.76。产于岩浆岩和变质岩中。斜长石比正长石更易风化分解成高岭土、铝土矿等。

鉴定特征：细柱状或板状，白到灰白色，解理面上具双晶纹，小刀刻不动。

3. *方解石*

方解石（$CaCO_3$）晶体常为菱面体或复三方偏三角面体，少数为板状、柱状，常见聚片双晶。集合体常呈晶簇、粒状、隐晶状、鲕状及钟乳状等。多为无色透明或白色，含有铁、锰等杂质时染成黄、玫瑰红、灰、黑等颜色，玻璃光泽。无色透明者称为冰洲石，其具显著的双折射现象；硬度3，菱面体解理完全，性脆。相对密度2.6 ~ 2.8。遇稀盐酸强烈起泡，其化学反应方程式如下：

$CaCO_3+2HCl \rightarrow CaCl_2+H_2O+CO_2\uparrow$

鉴定特征：锤击成菱形碎块（方解石因此得名），小刀易刻动，遇稀盐酸强烈起泡。

方解石成因多样，沉积型、岩浆型和变质型全有。但方解石主要是由$CaCO_3$溶液沉淀或生物遗体沉积而成，为石灰岩的主要造岩矿物，呈粒状或隐晶块状。在碎屑岩中作为胶结物存在。在泉水出口处可以析出$CaCO_3$沉淀物，疏松多孔，称为石灰华。

方解石用作建筑材料（烧石灰和制水泥）和冶金熔剂，冰洲石是重要的光学仪器材料。

4. *白云石*

白云石［$CaMg(CO_3)_2$］一般呈灰白色，或带浅红、黄、褐等色。其形态和主要物理性质与方解石相似，唯晶面稍弯曲，呈马鞍状；比方解石稍硬（硬度3.5 ~ 4）；相对密度2.8 ~ 2.9；与热的或浓的盐酸才起反应，粉末可与冷的稀盐酸起反应，其化学反应方程式如下：

$CaMg(CO_3)_2+4HCl \rightarrow CaCl_2+MgCl_2+2H_2O+2CO_2\uparrow$

鉴定特征：与方解石十分相同，唯有与盐酸起反应上有差别。

白云石成因多为沉积型，是白云岩的主要造岩矿物，由于它比方解石难于风化，所以在野外常见白云岩突出在碳酸盐岩的风化面上。可用作优质耐火材料（用于钢铁及冶金方面）和建筑材料。

5. *白云母*

白云母［$KAl_2(AlSi_3O_{10})(OH)_2$］晶体呈假六方柱状或板状或片状；无色透明，含杂质则带他色；玻璃光泽，解理面珍珠光泽；有一组极完全解理，可劈成薄片，薄片有弹性；硬度2.5 ~ 3；相对密度2.7 ~ 3.1；绝缘及隔热性特强。

鉴定特征：晶形、颜色、解理和弹性。

产于酸性侵入岩和变质岩中。碎屑岩中常有小鳞片状白云母碎片分布。在风化条件下，白云母变成富含水的水白云母，并且是水白云母黏土岩的主要造岩矿物。

因白云母具有优异的绝缘性和耐热性，所以其广泛应用于电气工业，作绝缘、耐热材料。

6. 黑云母

黑云母［$K(Mg, Fe)_3(AlSi_3O_{10})(F, OH)_2$］除颜色为褐色至黑色，有时微带浅红、浅绿等色以及不具有绝缘性以外，其他特征均与白云母相同。黑云母较白云母易风化形成氢氧化物和黏土物质，故在碎屑岩中很少见到。

7. 绿泥石

绿泥石{$(Mg, Fe, Al)_6[(Si, Al)_4O_{10}](OH)_8$}是比较复杂的含水铁镁硅酸盐矿物，化学成分变化不定，其中富含镁的归属正绿泥石类；富含铁的归属鳞绿泥石（主要为鲕绿泥石）类。前者的矿物较多；后者的矿物较少。

晶体常呈片状或板状，集合体呈鳞片状，也有鲕状和致密块状。颜色为浅绿至深绿色，玻璃光泽或油脂光泽，解理面上为珍珠光泽；具极完全解理，能使晶体裂成薄片，薄片具有挠性，硬度2 ~ 2.5；相对密度2.6 ~ 3.3。

鉴定特征：绿泥石与云母极相似，但绿泥石具特有的绿色，有挠性而无弹性。

正绿泥石主要产于变质岩中，是铁镁矿物（如辉石、角闪石和黑云母）的蚀变产物，如绿泥石片岩。鳞绿泥石产于沉积铁矿中，与黄铁矿、菱铁矿共生，反映还原环境，在贫氧富铁的浅海—滨海沉积环境可形成鲕绿泥石层状矿体。

8. 海绿石

海绿石{$K_{<1}(Fe^{3+}, Fe^{2+}, Mg, Al)_{2\sim3}[(Si, Al)Si_3O_{10}](OH)_2 \cdot nH_2O$}晶体极少见，通常呈细小圆粒状和土状集合体。暗绿色至绿黑色，也有黄绿、灰绿色，透明，无光泽；硬度2 ~ 3，性脆；相对密度2.2 ~ 2.8；易溶于HCl。

产于正常浅海砂岩和碳酸盐岩中，在陆相沉积物中虽有发现，但数量有限，是典型的浅水盆地沉积矿物，反映弱氧化环境。在近代深度为300 ~ 500m的海底沉积（绿色淤泥和砂）中亦有发现。在氧化条件下，海绿石易风化呈褐铁矿和游离的二氧化硅。

鉴定特征：绿色、细小圆粒状及与沉积岩中的矿物共生。

可用钾肥，质地纯净者可作颜料。

9. 高岭石

高岭石［$Al_4(Si_4O_{10})(OH)_8$］是由中国江西景德镇高岭得名的。一般呈疏松鳞片状、致密块状、土状集合体，晶体少见。白色或带浅黄、浅红、浅褐等色，块状者为土状光泽；具贝壳状或粗糙状断口，硬度1；相对密度2.58 ~ 2.60；有粗糙感，干燥时有吸水性粘舌，掺水后有可塑性。

鉴定特征：呈土状，性软，粘舌，具可塑性。

高岭石主要是富铝硅酸盐矿物特别是长石的风化产物：

$4K(AlSi_3O_8)+H_2O+2CO_2 \rightarrow Al_4(Si_4O_{10})(OH)_8+8SiO_2+2K_2CO_3$

（钾长石）　　　（高岭石）

高岭石为黏土岩的主要造岩矿物，是黏土、土壤、泥灰岩和页岩的主要成分。用于陶瓷、造纸、化学和建筑等工业。

10. *蒙脱石*

蒙脱石[$(Al_2Mg_3)(Si_4O_{10})(OH)_2 \cdot nH_2O$]又名胶岭石或微晶高岭石，常呈隐晶质块状、土状集合体。白色或带浅红、浅绿、浅蓝色，具油脂光泽，干燥时无光泽；硬度1.5 ~ 2.5；相对密度2 ~ 3。具滑感，吸水膨胀，具有很强的吸附能力和离子交换能力。

鉴定特征：以吸水体积膨胀和强烈的吸附性区别于高岭石。

为表生作用的产物，主要由基性岩浆岩在碱性环境中风化而成，是黏土岩的主要造岩矿物之一。蒙脱石广泛用于陶瓷、染料、造纸、橡胶工业及油脂或石油净化工艺。石油钻井用的钻井液掺入蒙脱石，可增加钻井液黏度。

11. *黄铁矿*

黄铁矿（FeS_2）晶体为立方体或五角十二面体及其聚形；立方体晶面上有三组彼此垂直的平行条纹；集合体多为致密块状、粒状或结核状；浅黄（铜黄）色，条痕绿黑色，金属光泽，不透明；硬度6 ~ 6.5，无解理，具参差状断口，性脆；相对密度4.9 ~ 5.2。

鉴定特征：完好晶体，浅黄色，条痕绿黑色，较大的硬度（小刀刻不动），无解理，燃烧时有硫磺臭味。

黄铁矿是自然界中分布最广泛的一种硫化物矿物，形成于各种地质条件下。有沉积型（在沉积岩、煤系及其他沉积矿床中，黄铁矿常呈粒状或结核状与还原环境下有机质的分解有关，呈黑色）、岩浆型、热液型和接触交代型，特别是在热液作用中常形成大量聚集，后三种与岩浆活动有关。黄铁矿在地表条件下易风化为褐铁矿。黄铁矿是制取硫和硫酸的主要原料。我国黄铁矿储量居于世界前列。

12. *赤铁矿*

赤铁矿（Fe_2O_3）晶体多为菱面体和薄板状。集合体有鲕状、豆状、土状、片状、板状及致密块状。片状和板状集合体的赤铁矿叫作镜铁矿，钢灰色至铁黑色，条痕樱红色，金属光泽，不透明；硬度5.5 ~ 6.5，性脆；相对密度5.0 ~ 5.3；无磁性。镜铁矿主要产于接触变质带，属变质型赤铁矿。

沉积型赤铁矿，常呈鲕状、肾状、块状或粉末状。暗红色，条痕樱红色，半金属或暗淡光泽，硬度较小（2左右）。

鉴定特征：镜铁矿常以板状、鳞片状集合体、钢灰颜色及樱红色条痕为特征。沉积型赤铁矿常以鲕状、肾状等形态，暗红颜色及樱红色条痕为特征。

赤铁矿为最重要的铁矿石之一，赤铁矿粉可用作红色涂料和制红色铅笔。

13. *磁铁矿*

磁铁矿（$FeFe_2O_4$）晶体常为小八面体，有时为菱形十二面体，通常呈粒状或致密块状集合体。铁黑色，条痕黑色，金属或半金属光泽，不透明，硬度5.5 ~ 6，性脆。相对密度4.9 ~ 5.2，具有强磁性。

鉴定特征：铁黑色，条痕黑色，强磁性。

磁铁矿是最重要的铁矿石之一。有热液型和接触变质型两种，均与岩浆活动密切相关。磁铁矿在碎屑岩中属于重矿物成分，在氧化条件下磁铁矿可被氧化成赤铁矿。

14. *褐铁矿*

褐铁矿（$Fe_2O_3 \cdot nH_2O$）是多种含铁矿物和铁、硅的氢氧化物胶凝体以及黏土物质的混合物，其组分不固定，无特定形态，一般呈土状、块状、结核状、肾状、钟乳状、葡萄状等集合体或疏松多孔状，以土状集合体为主。黄褐、黑褐以至黑色，条痕黄褐色（铁锈色），半金属或土状光泽，不透明。硬度1 ~ 4，相对密度2.7 ~ 4.3。

鉴定特征：颜色由铁黑至黄褐，但条痕比较固定，为黄褐色。

成因以风化型为主，含铁矿物经氧化等作用可转变为褐铁矿，常覆盖在铁矿之上构成"铁帽"，成为找矿的标志。有时具有他种含铁矿物的假晶。褐铁矿为一种炼铁矿石，也可以用作褐色颜料。

15. *石盐*

石盐（NaCl）晶体为立方体，集合体多呈粒状或块状。无色透明或白色，含杂质（氢氧化铁、有机质等）而成黄、黑、褐等色，玻璃光泽，表面因潮解而具油脂光泽。硬度2 ~ 2.5，三组完全解理，解理面夹角90°，性脆。相对密度2.1 ~ 2.2。易溶于水，有咸味，燃烧有黄色火焰。

鉴定特征：立方体晶形和解理，味咸，燃烧有黄色火焰等。

内陆湖盆和潟湖沉积成因，反映干燥、炎热的气候条件。用于化工原料、食品及食物防腐剂。

16. *石膏*

石膏（$CaSO_4 \cdot 2H_2O$）晶体常为近菱形板状，有时呈燕尾双晶；集合体呈纤维状或致密块状等。无色透明（透石膏）或白色，有时被染成灰、褐、黄等色，晶面玻璃光泽，纤维状者具丝绢光泽；硬度2，有一组极完全解理，薄片有挠性。相对密度2.3。加热失水可变为硬石膏（$CaSO_4$），硬石膏经水化作用后又变成石膏，体积增大60%。

鉴定特征：一组极完全解理，可裂成薄片，形态为板状或纤维状；硬度低，指甲可以刻动。

石膏多是干燥气候条件下潟湖或盐湖中的化学沉积物。可用于水泥、模型、医药、光学仪器等方面。

17. 重晶石

重晶石（$BaSO_4$）常呈板状或柱状晶体，集合体呈板状、粒状、纤维状、钟乳状和具放射状构造的结核状。无色或白色，有时因杂质而呈浅灰、浅黄、浅红等色，条痕白色，晶面玻璃光泽，解理面珍珠光泽，透明至半透明。硬度3 ~ 3.5。有二组互相垂直的完全解理，性脆。相对密度4.3 ~ 4.6。

鉴定特征：板状晶形，硬度小，完全解理（可碎成小方块），相对密度大（重晶石据此命名），不溶于酸。重晶石与方解石相似，但后者相对密度小，溶于酸，容易区别。

重晶石多为中、低温热液矿脉，也有浅海中沉积形成的。重晶石可作钻探用的钻井液加重剂，又可用以制取优质白色颜料、涂料；在橡胶业、造纸业中用作填充剂和加重剂；在化学工业中用以制取各种钡盐及化学药品等。

18. 普通角闪石

普通角闪石{$Ca_2Na(Mg,Fe)_4(Al,Fe^{3+})[(Si,Al)_4O_{11}]_2(OH)_2$}晶体多为长柱状，横切面为近似菱形的六边形，集合体常呈纤维状和致密块状。暗绿至黑色，条痕白色带绿，玻璃光泽，近不透明。硬度5.5 ~ 6，有两组完全解理，解理面交角呈124°（或56°）。相对密度3.1 ~ 3.4。

鉴定特征：绿黑色，长柱状（横切面为近似菱形的六边形）晶体，相交成124°的解理。

普通角闪石是中性、酸性岩浆岩的重要造岩矿物，也出现于变质岩中，在地表易风化分解。在碎屑岩中以重矿物出现。

19. 普通辉石

普通辉石{$(Ca,Na)(Mg,Fe,Al)[(Si,Al)_2O_6]$}晶体短柱状，横切面近八边形，集合体为致密粒状。绿黑至黑色，条痕浅灰绿色，玻璃光泽，近不透明。硬度5 ~ 6，有两组 中等解理，解理面夹角近直交（87° 或93°）。相对密度3.2 ~ 3.6。

鉴定特征：绿黑或黑色，近八边形短柱状，两组解理近直交。

普通辉石为基性、超基性岩浆岩的重要造岩矿物，也出现于变质岩中，在地表易风化分解。在碎屑岩中有时也可见少量辉石碎屑，属于重矿物之一。

20. *橄榄石*

橄榄石［$Mg, Fe)_2SiO_4$］单晶体为扁柱状，但少见。常为三向等长的粒状集合体。橄榄绿色，风化后为黄、褐、棕红等色，玻璃光泽，断口油脂光泽，透明至半透明。硬度6.5 ~ 7。无解理，具贝壳状断口。性脆。相对密度3.3 ~ 3.5。

鉴定特征：橄榄绿色，玻璃光泽，硬度高。

橄榄石为岩浆中早期结晶的矿物，是基性和超基性岩浆岩的重要造岩矿物，不与石英共生。橄榄石在地表条件下极易风化变成蛇纹石。

应当注意的是，自然界的各种矿物在地壳内并不是单个的孤立存在，而是经过地质作用，形成各种矿物的集合体，以岩石和矿石存在于地壳之中。岩石与矿物不同，矿物是岩石的基本组成单位，其化学成分固定，可用化学分子式表示；岩石的化学成分、内部结构和物理性质复杂而不固定，不能用固定的分子式表示。

矿石是矿体（矿石的堆积体）中开采出来的矿物集合体，在当前经济技术条件下其质和量能适于开采利用的矿体，则称为矿床。矿体是构成矿床的基本组成单位，也是具有一定形状和大小的独立的地质体。在一个矿床中可以有一个或几个矿体。矿体周围不能被利用的岩石称为围岩。

我国的矿产资源丰富，许多矿产的储量已跃居世界前列，如铁、钨、钼、镍、铅、锌稀有元素和稀土元素矿产、石油、煤等。

第六章　沉积岩

第一节　沉积岩的物质成分及分类

一、沉积岩的物质成分

组成沉积岩的全部物质来源有母岩风化产物、有机物质、火山物质及宇宙物质。

先成岩石的风化产物供给了沉积物质，故称先成岩为母岩。母岩可以是岩浆岩与变质岩，也可以是先成的沉积岩。供给沉积物的地区称为供给区或陆源区。母岩风化所供给的沉积物质有固体的碎屑，也有溶解物质，包括胶体与真溶液物质。

有机物是凭借日光、大气和水分而生活的植物或动物。有不少沉积岩及沉积矿产本身就是有机物组成的，如煤、石油、油页岩等，有些岩石含大量的植物遗体。随着地质历史的发展，有机物质在沉积岩中占据越来越重要的地位。

火山物质也是沉积物质的重要来源，它能形成集中的火山碎屑沉积物（岩），也可分散地与正常沉积物质组成过渡类型，即所谓的火山—沉积岩石，在地质历史中占有重要地位。它可组成厚达数百米至数千米的火山碎屑岩系，火山碎屑岩也常伴有用矿产的产出。

此外，沉积物中尚有少量的宇宙物质，如陨石。宇宙物质数量很少，但在远洋及深海沉积物中，由于其他沉积物较少，宇宙物质的相对含量有时可能增加。

按组成沉积岩的矿物的形成阶段，可以分为陆源矿物、同生矿物、成岩矿物、后生矿物和表生矿物五种。陆源矿物，即碎屑矿物，它在沉积岩生成以前就已经存在，故又称为继承矿物。同生矿物，即同生阶段或海解阶段形成的沉积矿物。

同生矿物、成岩矿物与后生矿物及表生矿物系在沉积岩形成过程中生成的，故总称自生矿物。与之相对应的是他生矿物，他生矿物亦即陆源的碎屑矿物。

石英、长石、云母等颗粒都属于陆源碎屑矿物，因为它们都是来自侵蚀区（或称陆源区）的母岩的机械破碎物质，它们在沉积岩中是大量存在的。

黏土矿物既可以是陆源来源，也可以是沉积过程中自生的矿物。陆源的黏土矿物可以作为最细粒级的颗粒而以机械方式搬运、沉积，组成单独的一类沉积岩（黏土岩），或在其他沉积岩中作为次要组分而存在。自生的黏土矿物也可组成单独的岩石，如高岭石、斑脱岩等。

其他的化学沉淀矿物如硅质矿物（石英、玉髓、蛋白石）、磷酸盐矿物（胶磷矿、磷灰石）、碳酸盐矿物（方解石、白云石等）、硅酸盐矿物（鲕绿泥石、海绿石等）、氢氧化铝矿物、硫酸盐及盐类矿物均可单独组成岩石，或在其他岩石中呈混入物的形式出现。

二、沉积岩的分类

根据沉积岩的形成作用划分为表6-1中大类和基本类型。

表6-1　沉积岩的分类

类别	内容
主要由火山碎屑物质和深部卤水组成的沉积岩	主要由火山碎屑物质组成的沉积岩即火山碎屑岩，还可以根据其岩性特征再细分
主要由宇宙物质来源组成的沉积岩	主要由宇宙来源的陨石组成的沉积岩可称为陨石岩
主要由母岩风化产物组成的沉积岩	主要由母岩风化产物组成的沉积岩是最主要的类型，它还可以根据母岩风化产物的类型（碎屑物质及溶解物质）及其搬运沉积作用的不同（机械的和化学的）再划分为两类：碎屑岩和化学岩及生物化学岩。碎屑岩还可以根据其主要的结构特征（即粒度），再进一步划分砾岩、砂岩、粉砂岩和黏土岩。化学岩及生物化学岩还可以根据其主要成分特征，再进一步划分为碳酸盐岩、硫酸盐岩、卤化物岩、硅岩及其他化学岩
主要由生物遗体组成的沉积岩	主要由生物遗体组成的沉积岩即生物岩或有机岩，还可以根据其是否可燃，再划分为可燃生物岩（如煤和油页岩）和非可燃生物岩

第二节　碎屑岩

一、碎屑岩的构造和颜色

碎屑岩的构造是指碎屑岩不同特征组分的空间排列所显示的岩石宏观特征。按其形成的时间，又可分为原生沉积构造和次生沉积构造。原生沉积构造是指陆源碎屑沉积物沉积时到沉积物固结成岩之前，由物理、化学、生物等作用在沉积物内部或者沉积物与流体界面处所形成的构造，既包含了沉积过程中产生的并受沉积条件所控制的沉积构造（如波痕、层理等），也包含了沉积物沉积之后到固结之前由同生作用和准同生变形作用所形成的沉积构造（如滑塌构造、负载构造等）。次生沉积构造是指沉积物固结之后由压实作用、成岩作用等所产生的沉积构造（如成岩结核等）。

碎屑岩的构造可以根据它们的几何形状、形态、产出位置作形态分类，也可以按照其成因作成因分类。本书是在综合前人成果的基础上，采用成因和形态相结合的分类方法。首先按形成机理将沉积构造分为物理成因构造、化学成因构造、生物成因构造三大类，然后再根据成因和形态特征，并考虑到实际应用方便作进一步的划分。

1. 物理成因构造

（1）流动成因构造

流动成因构造也称流动构造，系指沉积物在搬运和沉积时，由于流体（主要是水和空气）的流动作用，在沉积物表面或内部所形成的构造。

1）层面构造

①波痕。波痕是流体沿非黏性沉积物表面流动过程中，在沉积物表面产生的波状起伏的构造痕迹。波痕波脊的形态可以呈直线状、弯曲状、链状（脊向迎流方向弯曲）、新月状（脊向迎流方向弯曲）、舌状（脊向背流方向弯曲）及菱形。波脊形态变化与水动力强度有直接关系，一般来说，随着水动力强度增大，波脊形态由简单变复杂，由连续变断续。波脊之间可以平行、分叉或合并等。波痕按其形成介质类型可分为流水波痕、风成波痕和浪成波痕。

②原生流水线理或剥离线理。这种构造常出现在具有平行层理的砂岩中，沿着砂岩内层面剥开，出现大致平行的非常微弱的线状沟和脊，斯托克斯把它称作原生流水线理，又因它在剥开面上比较清楚，所以又称剥离线理。它是由砂粒在沉积物表面作连续滚动留下的痕迹，所以它与平行层理经常共生。

③侵蚀模——槽模。由于水流的涡流对泥质物表面侵蚀，形成许多顺流方向由深变浅的勺形凹坑，在上覆砂岩底面铸造成一系列规则而不连续的舌状凸起印模，也称作槽模。凸起稍高的上游一端呈浑圆状，向下游一端变宽、变平逐渐并入底面中。槽模的大小和形状是变化的，可以呈舌状、锥状、三角形等，形态上可对称或不对称。最突出的部分是原侵蚀最深的部分，高几毫米到2 ~ 3cm，长数厘米至数十厘米，多成群出现，顺着水流方向排列，而浑圆凸起端迎着水流上游方向，所以

槽模具有明确的古水流流向意义。

④冲刷痕。流水在岩层表面上冲蚀的高低起伏的痕迹。

2）层理构造的概念及基本术语

层理构造是碎屑岩中最重要的一种构造。它是沉积物沉积时在层内由沉积物的成分、结构、颜色及层的厚度、形状等沿垂向的变化而显示出来成层构造。描述层理常用表6-2中的基本术语。

表6-2 层理的基本术语

名称	内容
纹层	纹层是组成层理的最小单位，其厚度常以毫米计，同一纹层往往具有比较均一的成分和结构，但有时也有粒度变化，它是在相同水动力条件下同时形成的
层系	层系又称丛系，是由成分、结构、产状和厚度基本相同的纹层组成，它是在同一环境的相同水动力条件下，不同时间形成的纹层组成
层系组	层系组简称层组，是由两个或两个以上的相似层系组成，是在同一沉积环境的相似水动力条件下形成的
层	层也称单层，是在基本稳定的介质条件下沉积的一个单元，表示最小的岩石地层单位，它由成分基本一致的沉积物组成。层与层之间有层面分隔，层面代表了短暂的无沉积或沉积作用突然变化的间断面。层的厚度变化很大，可由数毫米至数米。按层的厚度可分为：块状层（厚度大于1m）、厚层（厚度介于1 ~ 0.5m）、中层（厚度介于0.5 ~ 0.1m）、薄层（厚度介于0.1 ~ 0.01m）、微层（厚度小于0.01m）。一个单层内可以是一种类型的层理，也可以包含多种层理类型。层理的要素有纹层、层系和层系组

3）层理主要类型及其特征

①块状层理。层内物质均匀，组分和结构上无差异，不显纹层构造的层理，称为块状层理，也称作均匀层理。这种层理在泥岩中及厚层的粗碎屑岩中常见。一般讲块状层理是快速堆积、沉积物来不及分异形成的。

②韵律层理。韵律层理是由两种或两种以上的岩性层有规律地重复而成的。每一种岩性层（纹层）的厚度在数毫米至数十厘米，岩性层间一般互相平行或近于平行。韵律层理通常以结构和颜色不同而显示。

③粒序层理。粒序层理又称递变层理，其内部没有纹层，是自下而上粒度大小发生有规律变化的一种层理类型。自下而上粒度由粗变细称为正粒序（递变）层理，正粒序层理的形成往往与沉积环境能量逐渐减小有关。自下而上粒度由细变粗称为反粒序（递变）层理。不含细粒物质的反粒序层理可能是流动期间动力筛作用的产物（米德尔顿，1970年），也可能是介质流动强度增大的结果；含有细粒物质的反递

变层理往往与重力流作用增强有关。

④水平层理与平行层理。水平层理主要产出于泥质岩、粉砂岩中，其特征是纹层平直，相互平行并与层面平行，纹层可连续或断续。它是在比较弱的水动力条件下，由悬浮载荷缓慢沉积而成。常见于海湖深水环境、河漫环境、潟湖环境等。平行层理，外貌上与水平层理极为相似，它们的区别在于平行层理主要产出于砂岩中，是在较强的水动力条件下形成的，具平行层理的砂岩沿层面剥开，在剥开面上可见到剥离线理。平行层理一般出现在急流及能量高的沉积环境中，如河道、湖岸、海滩等环境中，常与大型交错层理共生。

⑤交错层理。交错层理的特征是纹层与层系界面斜交，由于纹层是倾斜的，所以又称斜层理。多出现于河流、三角洲、浅海（湖）及海岸环境。交错层理的成因、形态、大小变化多样。根据交错层理层系界面的形态、层系界面间的相互关系，可划分出表6–3中的类型。

表6–3　交错层理的类型

种类	内容
楔状交错层理	层系界面平直，层系界面之间不相平行，纹层与层系界面相交
板状交错层理	层系界面平直且相互平行、纹层与层系界面相交
波状交错层理	层系界呈波状或不规则状，界面连续或断续，纹层与层系界面相交
羽状交错层理	在两个相邻的交错层理层系中，纹层倾向相反，形似羽毛，故称羽状交错层理，这种层埋是由双向水流作用形成的。主要出现于潮汐和滨浅海（湖）等环境
槽状交错层理	层系界面呈下凹的槽形，层系界面之间有切割关系，纹层与层系界面相交
透镜状层理	透镜状层理是在水动力条件较弱，泥的供应、沉积和保存有利的情况下形成的。其特点是砂质沉积物呈透镜状包裹在泥质沉物之中，形成“泥包砂”的特征，砂质透镜体在空间上呈断续分布，内部一般具有良好的波痕前积纹层，实际上是孤立波痕的产物
波状层理	波状层理是介于脉状层理与透镜状层理之间的过渡类型层理，它是在强、弱水动力条件交替出现的情况下形成的。其特征是砂层与泥层交替出现，其界面波状起伏
脉状层理	脉状层理是在水动力较强，砂的供应、沉积和保存有利的条件下形成的。这种层理主要显示泥质沉积物呈脉状分布在砂质波痕的波谷中，而波脊上很薄或缺失，形成“砂包泥”。砂质层内往往具有发育良好的波状前积纹层。泥质脉状体形态多样，可呈孤立的、分叉的、断续波状的、分叉波状的等

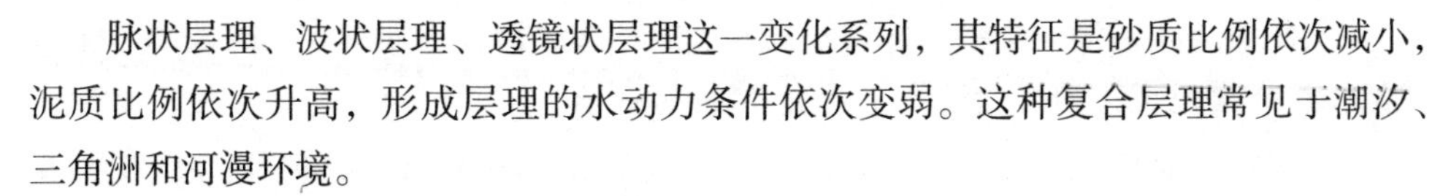

脉状层理、波状层理、透镜状层理这一变化系列，其特征是砂质比例依次减小，泥质比例依次升高，形成层理的水动力条件依次变弱。这种复合层理常见于潮汐、三角洲和河漫环境。

（2）同生变形构造

沉积物沉积后，在固结成岩之前，沉积物尚处于塑性状态，在变形力作用的影响下，所形成的构造都称为同生变形构造，多见于三角洲前缘、边滩（点坝）和浊积环境。

1）负载构造。负载构造是指覆盖在泥岩上的砂岩底面上的圆丘状或不规则的瘤状凸起。排列杂乱、大小不一，从几厘米到几十厘米。凸起高度从几毫米到十几厘米。它是由于下伏饱和水的塑性软泥承受上覆砂层的不均匀负荷压力，而使砂质物质陷入到下伏泥层中，同时泥层以舌形或火焰形向上穿刺到上覆砂层中，这种泥质物称为火焰状构造。

2）球状和枕状构造。这种构造主要分布在泥质层之上的砂岩层的底部，由于砂层被分割成许多孤立或成群作雁行排列的枕状或椭球状，大小从几厘米到数米不等的岩体。悬浮于泥质层之中。多数人认为，这种构造的形成，垂向位移是主要的，而水平位移是次要的，它是一种外界因素影响（如地震等）发生的沉陷作用所致。

3）包卷层理和滑塌构造。包卷层理是一个层内的纹层发生柔皱现象，表现为连续开阔“向斜”和紧密“背斜”纹层所组成。一般只限于一个层内的纹层变形，而不涉及上下层。它是由沉积层内的液化而发生横向流动而形成的。滑塌构造是指沉积层在重力作用下，发生运动所产生的各种同生变形构造的总称。多表现为小的褶曲或复杂褶皱常伴有滑动面或小断层。它与包卷层理的不同之处在于纹层不连续常有错断和角砾化现象。

4）碟状构造。碟状构造指粉砂岩或砂岩中向上弯曲的形似“碟状”的泥质纹层。其直径为1 ~ 50cm，彼此之间可互相叠复，每个“碟”的边缘突然向上弯曲。一般认为，它是在沉积物沉积或固结时，由超孔隙压力所引起的孔隙水向上流动形成的，多发育在快速沉积并饱含孔隙水的砂层中。

（3）暴露成因构造

暴露成因构造是沉积物露出水面（或在水面附近），沉积物表面在蒸发作用下逐渐干涸收缩，或撞击、冲蚀而形成的，它是层面构造一种类型。这种构造具有指示沉积环境及古气候的意义。

1）干裂。干裂是指泥质沉积物或灰泥沉积物，暴露干涸、收缩而产生的裂隙，裂隙断面呈“V”字形，也可呈“U”字形。

2）雨痕及冰雹痕。雨痕、冰雹痕是雨滴或冰雹降落在泥质沉积物的表面，撞击成的小坑。多出现于河漫、滨海（湖）、潮坪等环境。

3）流痕。流痕是在水位降低，沉积物即将露出水面时，薄水层汇集在沉积物表面上流动时形成的侵蚀痕。一般呈齿状、梳状、穗状、树枝状、蛇曲状等。多出现在潮坪和海滩环境。

2. 化学成因构造

化学成因构造是指沉积物沉积时期和沉积后由结晶、溶解、沉淀等化学作用在沉积物表面上或沉积物中所形成的构造。碎屑岩中化学成因构造的主要类型有晶体印痕与假晶、结核等。

（1）晶体印痕与假晶

在适当的条件下，盐类矿物如石盐、石膏等晶体可以在松软的沉积物表面结晶。当这些晶体被溶解而消失后，在沉积物表面就留下具有晶体形态的特征印痕，即晶体印痕，也称晶痕。这种印痕被沉积物充填后，就形成晶体假象即假晶。最常见的是石盐晶痕和假晶，保留在泥岩的表面。多产出于盐湖、内陆盐沼以及气候温暖的潮坪环境。

（2）结核

结核是指成分、结构、颜色等方面与围岩有明显差别的自生矿物集合体。结核大小不一，从数毫米到数十厘米，大者可达几米（龟背石）。形态常呈球状、椭球状及不规则团块状，可呈孤立或串珠状出现。

结核按其形成阶段可分为同生结核、成岩结核及后生结核，它们可以依据与纹层的关系来区别。一般来说，同生结核不切割纹层，成岩结核部分切割纹层，而后生结核全部切割纹层。结核按成分可分为钙质结核、硅质结核、菱铁矿结核、磷质结核、锰质结核等。一般钙质结核出现在碎屑岩中（如洪泛平原泥质沉积物）；黄铁矿结核或菱铁矿结核常出现在煤系地层中；燧石结核常顺层分布在碳酸盐岩中。

（3）生物成因构造

生物成因的沉积构造是指由于生物活动或生长而在沉积物表面或内部留下的各种痕迹，其中主要包括生物遗迹构造、生物扰动构造、植物根痕等。

（4）颜色

碎屑岩的颜色是碎屑岩最醒目的标志，是鉴别岩石、划分和对比地层、寻找矿产、分析判断古气候和古地理条件的重要依据之一。按成因可分为三类，即继承色、自生色和次生色。继承色和自生色都是原生色。

继承色主要取决于陆源碎屑颗粒的颜色，而碎屑颗粒是母岩机械风化的产物，故碎屑岩的颜色继承了母岩的颜色。如长石砂岩多呈红色，这是因为花岗质母岩中的长石颗粒是红色的缘故。同样，纯石英砂岩因为碎屑石英无色透明而呈白色。

自生色取决于黏土质沉积物堆积过程及其早期成岩过程中自生矿物的颜色。比如，含海绿石或鲕绿泥石的岩石常呈各种色调的绿色和黄银色，红色软泥是因为其中含赤铁矿。

次生色主要是在成岩作用阶段或风化过程中，沉积岩原生组分发生次生变化，由新生成的次生矿物所造成的颜色。这种颜色多半是由氧化作用或还原作用、水化作用或脱水作用，以及各种矿物（化合物）带入岩石中或从岩石中析出等引起的。

碎屑岩的颜色主要取决于岩石的成分，即取决于岩石中所含的染色物质——色素。

灰色和黑色大多数黏土岩由暗灰色变为黑色，是因为存在有机质（炭质、沥青质）或分散状硫化铁（黄铁矿、白铁矿）造成的。岩石的颜色随着有机碳含量的增加而变深，表明岩石形成于还原或强还原环境中。

红、棕、黄色这些颜色通常是由于岩石中含有铁的氧化物或氢氧化物（赤铁矿、褐铁矿等）染色的结果。若系自生色，则表示沉积时为氧化或强氧化环境。

岩石的绿色多数是由于其中含有低价铁的矿物（如海绿石、鲕绿泥石等）所致；少数是由于含铜的化合物所致，如含孔雀石而呈鲜艳的绿色。若系自生色，绿色一般反映弱还原环境。

二、碎屑岩的成分

碎屑岩由碎屑成分和填隙物成分（包括杂基和胶结物）组成，碎屑成分占50%以上。碎屑岩的性质主要是由碎屑组分的性质决定的。

1. 碎屑成分

碎屑岩的碎屑成分，除陆源矿物碎屑外，还有各种岩石碎屑，后者是以矿物集合体的形式出现，其成分反映着母岩的岩石类型。

（1）矿物碎屑

现已发现的碎屑矿物约有160种，最常见的约20种。但在一种碎屑岩中，其主要碎屑矿物通常不过3 ~ 5种。碎屑矿物按相对密度可分为轻矿物（相对密度小于2.86）和重矿物（相对密度大于2.86）两类。前者主要为石英、长石；后者主要为岩浆岩中的副矿物（如榍石、锆石）、部分铁镁矿物（如辉石、角闪石），以及变质岩中的变质矿物（如石榴石、红柱石）。此外，重矿物还包括沉积和成岩过程中形成的相对密度较大的自生矿物（如黄铁矿、重晶石），但它们属于化学成因范畴。

（2）岩屑

岩屑是母岩岩石的碎块，是保持母岩结构的矿物集合体。因此，岩屑是提供沉积物来源区的岩石类型的直接标志。但是由于各类岩石的成分、结构、风化稳定度等存在显著差别，所以在风化、搬运过程中，各类岩屑含量变化极大，实际上并不是各类母岩都能形成岩屑。

2. 填隙物成分

在碎屑岩中杂基和胶结物都可作为碎屑颗粒间的填隙物，但它们在性质、成因以及对岩石所起的作用并不相同。

（1）杂基

杂基也称为基质，是碎屑岩中细小的机械成因组分，其粒级以泥为主，可包括一些细粉砂。杂基的成分最常见的是高岭石、水云母、蒙脱石等黏土矿物，有时可见有灰泥和云泥。各种细粉砂级碎屑，如绢云母、绿泥石、石英、长石及隐晶结构的岩石碎屑等，也属于杂基范畴。它们是悬浮载荷经卸载后形成的堆积产物。在不同的碎屑岩中杂基含量不同，有的杂基含量甚高，而有的却完全不含杂基。碎屑岩中保留大量杂基，表明沉积环境中分选作用不强，沉积物没有经过再改造作用，从而不同粒度的泥和砂混杂堆积。在潟湖及湖泊的低能环境中形成的砂岩，以及洪积及深水重力流成因中都混有大量杂基。

（2）胶结物

胶结物是碎屑岩中以化学沉淀方式形成于粒间孔隙中的自生矿物。它们有的形成于沉积一同生期，但大多数是成岩期的沉淀产物。碎屑岩中主要胶结物是硅质（石英、玉髓和蛋白石）、碳酸盐（方解石、白云石）及一部分铁质（赤铁矿、褐铁矿）。此外，硬石膏、石膏、黄铁矿以及高岭石、水云母、蒙脱石、海绿石、绿泥石等黏土矿物都可作为碎屑岩的胶结物。

三、碎屑岩的结构

碎屑岩的结构是指组成碎屑岩的各部分自身特征及其间相互关系。由母岩机械破碎作用的产物所形成的碎屑岩具有“碎屑结构”。其结构组分最为复杂，有颗粒、填隙物（包括杂基和胶结物）及孔隙。

1. 碎屑颗粒结构特征

碎屑颗粒结构包括粒度大小、圆度、球度、形状和颗粒表面特征五个方面，其中粒度大小和圆度是碎屑岩结构特征研究重要内容。

（1）碎屑颗粒粒度

碎屑颗粒的粒度是指碎屑颗粒的绝对大小，一般用颗粒的直径来计量。据水力学的研究，直径大于2mm的碎屑颗粒一般是以滚动方式沿底部搬运；粒径2 ~ 0.05mm的颗粒在搬运过程中常以跳跃方式搬运；小于0.05mm的颗粒，常呈悬浮搬运，有明显的凝聚现象。从成分特征来看，大于2mm的颗粒多为岩屑，单矿物极少见；粒径在2 ~ 0.05mm的颗粒多为矿物碎屑，如石英、长石等；小于0.05mm的颗粒则以黏土矿物为主。

碎屑岩粒度特征明显受沉积介质动力条件和搬运距离的控制。随着搬运距离的增长，颗粒的平均粒度变小、分选性好。沉积介质的性质，如风的搬运比水搬运分选性要好。水流能量强，沉积的碎屑岩粒度粗，缺少细粒组分；水流能量弱，则沉积物粒度细或粗细混杂。

（2）碎屑颗粒圆度

圆度是指碎屑颗粒的棱角被磨圆的程度。它与颗粒的形状关系较小，只与棱的尖锐程度关系密切。一般将圆度分为四级（见表6–4）。

表6–4 圆度的等级

级别	内容
棱角状	碎屑颗粒具有尖锐的棱角，棱角没有或很少有磨蚀的痕迹，反映未经搬运
次棱角状	碎屑颗粒的棱角稍有磨蚀现象，但棱角仍清楚可见，反映颗粒在棱角形成后经过短距离搬运
次圆状	碎屑颗粒的棱角有明显的磨损，棱角圆化，但颗粒的原始轮廓、棱角所在位置还清楚，反映颗粒经过了较长距离搬运
圆状	碎屑颗粒的棱角已磨损消失，颗粒圆化，原始轮廓、棱角位置难于推断，这是颗粒经过长距离搬运，长期磨蚀的结果

颗粒的圆度主要与搬运距离、搬运方式有关，但还受矿物结晶习性影响，如推移搬运的颗粒比悬移搬运的颗粒易磨圆，软的颗粒比硬的颗粒易磨圆。研究圆度主要是针对推移载荷，而悬移载荷的圆度研究意义不大。

2. 填隙物结构特征

碎屑岩的填隙物包括杂基（基质）和胶结物。由于它们的成因不同，因此在结构上也表现着各自的特点。

（1）杂基的结构

杂基是碎屑岩中与粗碎屑同时以机械方式沉积下来的、起填隙作用的细粒组分，粒度一般小于0.03mm（或大于5φ，φ=-$\log_2$d，(i指颗粒直径，mm)，不同于化学沉淀组分。但这里指出的杂基粒度界限主要适用于砂岩；对于更粗的碎屑岩，如在砾岩中，杂基也相对变粗，除泥以外可以包括粉砂甚至砂级颗粒。杂基的含量和性质可以反映搬运介质的流动特性及碎屑组分的分选性，因而也是碎屑岩结构成熟度的重要标志。这正是认识杂基重要性的意义所在。

沉积物重力流中含有大量杂基，由此形成的沉积物是以杂基支撑结构为特征；而牵引流中主要搬运床沙载荷，最终形成的砂质沉积物以颗粒支撑结构为特征，杂基含量很少，粒间由化学沉淀胶结物充填。可见杂基含量是识别流体密度和黏度的标志。同时，杂基含量也是重要的水动力强度标志。在高能量环境中，水流的簸选能力强，黏土会被移去，从而形成干净的砂质沉积物；相反，砂岩中杂基含量高，则表明分选能力差，这是结构成熟度低的表现。杂基含量也是沉积速率的标志，一般地说，沉积越快，杂基含量越高。

（2）胶结物的结构

胶结物是化学成因物质，它的结构与化学岩的结构类似，按结晶颗粒大小可分为三种。

1）非晶质结构：蛋白石及磷酸盐矿物常形成非晶质胶结物，它们在偏光显微镜下表现为均质体性质。

2）隐晶质结构：隐晶质结构用肉眼不能分辨晶粒，但在偏光显微镜下能见到微弱的晶体光性，如玉髓、隐晶质磷酸盐、碳酸盐等。

3）显晶粒状结构：胶结物呈结晶粒状分布于碎屑颗粒之间，因晶粒较大，在手标本上可以分辨，碳酸盐胶结物常具有这种结构。显晶粒状胶结物可以呈粒状或纤维状分散于碎屑颗粒之间，也可以围绕碎屑颗粒呈薄膜状或放射状生长，从而构成薄膜胶结或栉壳状胶结。方解石、文石、玉髓易形成栉壳状结构，其特征是晶体长轴垂直颗粒边缘生长。

（3）胶结类型和颗粒接触类型

在碎屑岩中，碎屑颗粒和填隙物间的关系称为胶结类型或支撑类型。它取决于颗粒和填隙物的相对含量和颗粒之间的接触关系。首先，按颗粒和杂基的相对含量分为杂基支撑和颗粒支撑两大类，再按颗粒和胶结物的相对含量和相互关系分为基底胶结、孔隙胶结、接触式胶结及镶嵌胶结四类。基底胶结属于基质支撑，孔隙胶结和接触胶结属颗粒支撑，镶嵌胶结则是颗粒与颗粒呈缝合接触。在基底胶结中，颗粒漂浮在杂基中，彼此不相接触，基质对颗粒起黏结作用。具这种胶结类型的碎屑岩一般是由快速堆积的密度流沉积而成的。孔隙胶结中颗粒互相接触，构成孔隙，胶结物充填于孔隙中，反映稳定强水流的沉积特征。接触胶结中胶结物只分布在颗粒接触处附近，而在孔隙中央没有胶结物，这种胶结类型可能与毛细管作用并发生的沉淀作用有关，也可以是由孔隙胶结的岩石，胶结物溶蚀而成。镶嵌胶结实际上是颗粒缝合接触，反映遭受了强烈的压实压溶作用。

根据颗粒间的接触强度，可区分出四种颗粒间接触类型，即点接触、线接触、凹凸接触和缝合接触。这四种接触关系，反映了压实作用逐渐增强。

3. 碎屑的分选程度

碎屑颗粒的大小均一程度，简称为分选度。一般根据碎屑岩中主要粒级的含量，划分为三级：

（1）分选好：碎屑岩中主要粒级含量大于75%，颗粒大小较均匀；

（2）分选中等：主要粒级含量为50% ~ 75%；

（3）分选差：主要粒级含量小于50%，各种粒级的碎屑混合在一起，大小不均一。

碎屑岩中碎屑的分选度，同圆度、球度一样，直接与离母岩的远近、搬运时间的长短以及介质的性质有关。一般来说，经过远距离和长期搬运才沉积下来的碎屑物，颗粒的分选度和圆度、球度都好，如海洋和大湖泊的沉积。而搬运距离较近、时间较短就沉积下来的碎屑物，颗粒的分选度和圆度、球度都较差，如洪积、冲积和较小湖泊中的沉积。对不同的介质来说，碎屑的分选度不同，以风的最好，海、湖次之，冰川最差。

研究碎屑颗粒的成分、分选度和圆度、球度等特点，可以追溯当时沉积物的来源方向和推断母岩的岩石性质，对找矿有指导意义。同时，对研究储集层，评价碎屑岩的储油物性好坏，也有实际意义。

4. 孔隙结构

孔隙是碎屑岩的重要结构组分之一，其间可以充填大量的气体（如天然气等）或液体（如水、石油等）。孔隙可分为原生孔隙和次生孔隙两类。原生孔隙主要是粒间孔隙，即碎屑颗粒原始格架间的孔隙。它往往或多或少被后期成岩过程所形成的胶结物充填，真正的原生孔隙在沉积岩中很难全部保留。次生孔隙是沉积物沉积以后，特别是在固结成岩之后，岩石组分（颗粒、填隙物）发生溶蚀作用的结果。被溶蚀的组分不仅有碳酸盐、硫酸盐和氯化物等易溶矿物，一些难溶组分如石英、长石、部分岩屑等的溶蚀现象在碎屑岩中也十分常见。因此，人们越来越认识到次生孔隙对油气储集的重要性。

四、碎屑岩的分类

粒度资料是分析沉积岩成因及特征的重要依据，是碎屑岩分类和命名的基础，其他的分类命名（如成分的、成因的）常是在这一基础上进行的。结合我国各油田生产实际，采用十进制将碎屑岩划分为烁岩、砂岩、粉砂岩和黏土岩，每类再进一步细分。

假如碎屑岩的粒度分选程度非常好，其碎屑基本属于一个粒级，那么它的粒度分类和命名非常简单，只需要把各相应的粒级后面加一个“岩”字就行了。如中砾岩、粗砂岩或细粉砂岩等。然而，自然界的情况并不是这么简单。碎屑岩大都是由几个不同粒级的碎屑所组成，随着各种粒级所占百分含量的不同，应给予不同的命名。常用的粒度分类命名原则如下：

三级命名法。以含量大于或等于50%的粒级定岩石的主名，即基本名。含量介于50% ~ 25%的粒级以形容词“××质”的形式写在主名之前；含量在25% ~ 10%的粒级作次要形容词，以“含××”的形式写在最前面；含量小于10%的粒级一般不反映在岩石的名称中。

假如碎屑岩的粒度分选较差，所含粒级较多，但没有一个粒级的含量是大于或等于50%，而含50% ~ 25%的粒级又不止一个，这时则以含量50% ~ 25%的粒级进行复合命名，以“××—××岩”的形式表示，含量较多的写在后面。其他含量少的粒级仍按第一条原则处理。

若碎屑岩的粒度分选更差，不但没有含量大于50%的粒级，而且含量为50% ~ 25%的粒级也没有或者只有一个。则应将此岩石的全部粒度组分分别合并为砾、砂和粉砂三大级，然后按前两条原则命名。

五、砾岩

砾岩主要由砾石组成。碎屑大都是岩屑而不是矿物碎屑，填隙物以细砂、粉砂和黏土物质作为基质，与砾石同时或大致同时沉积下来。胶结物为方解石、二氧化硅、氢氧化铁等，是在沉积期以后从胶体溶液或真溶液中沉淀出来的化学物质。

砾岩的沉积构造通常见大型斜层理，有时呈均匀块状。沉积成因的砾岩种类很多，但都是其他岩石遭受破坏的最初产物，在原地或后来的机械沉积分异作用过程中堆积形成的。可以组成厚度极大的砾岩层或以夹层、薄层、透镜体存在于其他岩系中。由于砾石的性质取决于母岩性质，且其搬运距离一般不远，所以砾石的成分是推断物源区位置和母岩性质的最可靠的直接资料。

根据砾岩的各种特征，除按粒度分类外，还有下列四种不同的分类。

1. 根据砾石圆度分类

（1）砾岩：圆状和次圆状砾石含量大于50%。一般由沉积作用形成。

（2）角砾岩：棱角状和次棱角状砾石含量大于50%。除沉积作用形成的角砾岩外，还有构造角砾岩、火山角砾岩及化学作用成因的洞穴角砾岩和盐溶角砾岩等。

（3）砾岩与角砾岩之间过渡的岩石类型，可称为砾岩—角砾岩。

2. 根据砾石成分分类

（1）单成分砾岩：同种成分的砾石占75%以上，多为稳定性高、磨圆度好的岩屑或矿物碎屑，如石英岩、燧石、石英等。它代表改造作用比较彻底的产物，分布于地形平缓的滨岸地带。由石灰岩碎屑组成的近岸陡崖堆积也可形成成分单一的石灰岩质角砾岩。

（2）复成分砾岩：由多种砾石组成，成分复杂，各种类型的砾石都不超过50%。砾石的分选和圆度不好，层理不明显，多沿山区呈带状分布，厚度变化大，为母岩迅速破坏和迅速堆积的产物。其成因类型很多，以造山期后的河成砾岩和山麓洪积砾岩分布最广。复成分砾岩应根据主要砾石的成分命名，如石英砂岩—花岗岩砾岩，不能笼统地称为复成分砾岩。

3. 根据砾岩在剖面中的位置分类

根据砾岩在地质剖面中的位置及其下伏岩层的接触关系，把砾岩分为底砾岩和层间砾岩。

（1）底砾岩：砾岩常位于海（湖）侵层位的最底部，分布在侵蚀面上，与下伏地层呈假整合或不整合接触，为海侵开始阶段的产物。其特点是砾岩成分一般较简单，稳定性高的坚硬砾石较多，磨圆度高，分选性好；基质含量少，主要是砂质—粉砂质充填物。这表明砾石经过长距离的搬运，上、下岩层之间有沉积间断。

（2）层间砾岩：砾岩整合地夹在其他岩层之间，与下伏地层是连续沉积，它的存在不代表有沉积间断。其特点是砾石成分中可有不稳定的岩层或以岩屑为主，如石灰岩、黏土岩及粉砂岩等的岩屑，磨圆度差，基质成分复杂。是当地岩石边冲刷边沉积的产物，在剖面中往往与砂岩、黏土岩组合成多个岩性下粗上细的正旋回。

4. 根据成因分类

成因分类是采用具有成因意义的岩石特征，作为分类的基础。可分为以下四类。

（1）海（湖）成砾岩：由河流搬运来的砾石在滨岸地带受波浪作用长期改造而成。其特点是砾石成分较单一，以稳定组分为主，如石英岩、燧石及石英等。砾石圆度好且颗粒均匀，常呈叠瓦状排列，最大扁平面朝海的方向倾斜，与砂岩斜层理倾向基本一致，倾角小于13°，一般为7°～8°。长轴多与海（湖）岸平行，常以底砾岩出现在地层剖面中。在陡峻海岸地带，由于海浪的强烈冲击，形成岸边崩落滑动型砾岩—角砾岩。其特点是棱角状砾石与磨圆的砾石同时存在；分选很差，大小相差悬殊；分布局限，厚度变化大，常呈透镜体出现。

（2）河成砾岩：常见于山区河流，多位于河床沉积的底部。其特点是砾石成分复杂，各种岩石的砾岩都有；基质中有大量石英、长石、暗色矿物等砂级碎屑和泥质混入物；分选较差；砾石最大扁平面向源倾斜，呈叠瓦状排列，砾石倾向与砂岩斜层理倾向相反，倾角一般为13°～30°；其长轴多与水流方向垂直，但近岸处多与岸边平行；一般多呈透镜体出现。砾岩的底部有冲刷现象。

在平原河流的三角洲中，有时可见到砾石成分较简单的砾岩和角砾岩，分布极窄，这是粉砂质和泥质的水下河岸被冲蚀的结果。砾石排列方向，受河流和海浪作用控制，最大扁平面向两个相反的方向倾斜，一部分向河源方向倾斜，一部分向海洋方向倾斜，其长轴方向基本一致，大都垂直于河流方向或海浪前进方向。

（3）洪积砾岩：砾岩沿山麓分布，其特点是砾石较粗大，含较多中砾级甚至粗砾级砾石，其成分取决于被山区洪流所切割的母岩的性质；基质成分常与砾石成分相似，并多具有泥质；胶结物多为钙质、铁质；分选很差，圆度低；岩体呈透镜状或楔状体。靠近山麓的岩体一侧，常见有切割—充填构造。

（4）冰川角砾岩：常通称冰碛岩。其特点是成分复杂，常有不稳定组分；分选极差，大砾石和泥、砂混杂；砾石多呈棱角状，有时具几个磨平面，砾石表面常有丁字形擦痕；层理不清，常呈块状；砾石排列紊乱，最大扁平面倾角很大，甚至直立。

六、砂岩

砂岩是指主要由砂（1～0.1mm粒级的陆源碎屑颗粒）组成的碎屑岩。在砂岩中，砂的含量大于50%。砂岩的分布很广，仅次于黏土岩。

1. 砂岩的成分分类

砂岩的碎屑成分较为复杂。砂级碎屑组分以石英为主，其次是长石和各种岩屑，有时含云母和绿泥石等碎屑矿物。重矿物含量一般不超过1%。从结构上来看，砂岩由砂级碎屑、基质和胶结物三部分组成。基质粒度小于0.03mm，含量的多少反映岩石的分选好坏，是介质流体性质（密度和黏度）的一种标志。胶结物主要反映相应形成阶段的物理化学条件。与岩浆岩的平均化学成分相比较，砂岩中的SiO_2含量很高，而Al_2O_3含量则大为减少，这是由于机械沉积作用使不稳定组分（长石和岩屑）

被大量破坏淘汰，而稳定组分石英则相对富集的结果。

砂岩分类有各种不同方案，意见不一致。目前普遍采用三角形图解，也有用表格形式的。比较完备的砂岩分类是采用四组分体系，即根据石英、长石、岩屑和黏土基质的含量分类。

首先按基质含量将砂岩分为纯净砂岩（通称砂岩）和杂砂岩两大类。前者基质含量小于15%，分选性好；后者基质含量大于15%，分选性差。基质含量大于50%时，则为黏土岩。

然后，在砂岩和杂砂岩中，按照三角图解中三端元组分石英、长石及岩屑的相对含量划分类型。如长石含量大于25%，长石大于岩屑的为长石砂岩（杂砂岩）类；如岩屑含量大于25%，岩屑大于长石的为岩屑砂岩（杂砂岩）类；如长石和岩屑含量都小于25%的为石英砂岩（杂砂岩）类。每类按具体界限再划分亚类。

砂岩（杂砂岩）基本类型的划分，没有考虑次要矿物、特殊矿物及胶结物。当砂岩中含有这些矿物时，可采用附加定名，如海绿石石英砂岩。胶结物在岩石定名中应表示出来，其命名原则，与碎屑岩的粒度分类命名原则一样。当某种胶结物占岩石总量50% ~ 25%时，定名以“××质”表示；当胶结物含量为10% ~ 25%时，以“含××”表示。因此，有钙质石英砂岩、硅质砂岩、含钙石英砂岩、含硅砂岩之称等。

2. 主要砂岩类型及其特征

（1）石英砂岩

石英砂岩的主要碎屑成分是石英，其含量占90%以上。具有分选性最好、磨圆度最高、石英最富集、重矿物最少的特征。石英颗粒一般为中至细砂。长石含量小于10%，主要为微斜长石、正长石和钠长石。岩屑含量小于10%，是少量磨圆的燧石和石英岩等；重矿物极少，通常由极圆的锆石、电气石、金红石等稳定组分组成；胶结物大多为硅质，次为钙质、铁质及海绿石等。砂岩的颜色主要取决于胶结物的颜色，硅质、钙质胶结者多呈白色或灰白色，铁质胶结者呈红褐色，含海绿石者呈浅绿色。石英砂岩的成因，主要是由于早先存在的砂岩，经历长期、多次再沉积的结果，也可能有些是直接来源于花岗岩质母岩。石英砂岩主要产于构造条件相对稳定地区，经历的沉积旋回越多，石英砂岩越纯，一般多形成于浅海、浅湖地区，呈厚度不大的稳定层状，具有波痕和交错层理等特征构造。

（2）长石砂岩

长石砂岩主要由石英和长石组成，石英含量小于75%，长石含量大于25%，岩屑含量小于25%。石英颗粒一般不规则，磨圆度差。长石含量高是长石砂岩的特点，可达25% ~ 100%，但实际上很少高于75%，主要为正长石，斜长石较少。含有白云母和黑云母碎屑，有时含量高达10%以上，常富集平行层理。岩屑含量较高，其种类取决于陆源区的母岩类型。重矿物一般比石英砂岩的含量高，可达1%以上，稳定组分和稳定性差的重矿物都有。胶结物常为钙质，还有铁质，含少量黏土基质，一般是高岭石质。中、细粒结构常见，也有粗粒结构。分选及圆度变化大，由分选差的棱角状到分选好、圆度高的都有。长石砂岩的形成，是含长石组分高的母岩（如花岗岩、花岗片麻岩）被强烈风化后的产物经短距离搬运、快速堆积而成。主要形成于构造条件比较强烈的地区，多为靠近母岩区的大陆沉积物，被堆积在山间坳陷区内，常与相似成分的砾岩及粉砂岩、页岩共生。

（3）岩屑砂岩

岩屑砂岩含有较多的岩屑。在其碎屑含量中，岩屑大于25%，长石小于25%，石英小于75%。岩屑成分复杂，常见的是各类喷出岩、千枚岩、板岩、泥质岩、硅质岩等细晶或隐晶结构的母岩碎屑。石英也是岩屑砂岩的主要成分，在含沉积岩屑的砂岩中，其石英比其他砂岩类中的石英要圆些，在含变质岩屑的砂岩中，其石英往往呈棱角状至次棱角状。长石含量较少，一般为酸性斜长石，有黑云母和白云母碎屑平行层理面排列。重矿物种类较多，稳定性好和稳定性差的组分都有。胶结物有钙质和硅质，一般缺乏基质物质。岩屑砂岩一般呈浅灰色、灰绿色及黑色，粒度多为细粒结构，分选性及磨圆度差。可根据含量高的岩屑成分，将岩屑砂岩进一步划分和命名，如变质岩屑砂岩、火山岩屑砂岩、粉泥岩屑砂岩、燧石岩屑砂岩等。岩屑砂岩的形成条件，与长石砂岩基本类似。反映母岩较复杂，物理风化作用强烈，近源快速堆积。多在地壳运动剧烈时期形成。

（4）杂砂岩

杂砂岩一般富含具棱角的石英，有不同比例的长石和岩屑，含少量云母碎屑。有的还有方解石、铁白云石等碳酸盐矿物，一般呈斑点状分布。富含基质（大于15%）是杂砂岩的基本特征或主要标志。胶结物比净砂岩少。基质主要是绿泥石、绢云母以及粉砂级细粒石英、长石。它们把碎屑黏合起来形成杂砂岩，一般碎屑颗粒越细，基质含量越高。杂砂岩呈暗灰色或黑色，岩性坚硬、固结良好，分选性和磨圆度极差，由细砾至细小质点的各种粒级都有，颗粒多具尖棱角状，颗粒之间为黏土基质填塞，渗透性特差。

杂砂岩形成条件与长石砂岩类似，但来源区比长石砂岩更富于变化和复杂。杂砂岩通常堆积在地壳活动性大、急剧沉降的地槽中。常产于重力流成因的海（湖）相浊积岩中。

砂岩是良好的油气储集岩。据统计，在世界上已发现的油气田中，有半数以上是砂岩储集油气。我国已发现的油气田，储集岩大多数为碎屑岩类型。良好的砂岩储集岩，大多数是中砂岩和细砂岩，其次是粗砂岩和粗粉砂岩，个别地区有砾质砂岩和细砾岩。从砂岩类型来看，石英砂岩的储油物性最好，其次是长石砂岩，岩屑砂岩一般不是良好储油岩，因其渗透性差。我国大多数油田的砂岩类型属长石砂岩，长石含量常高达30% ~ 40%，甚至可达50%以上，主要为钾长石和酸性斜长石碎屑，风化程度较低，表面光洁，渗透性一般良好，有的为高产油层。

七、粉砂岩

粉砂岩是指碎屑颗粒粒度在0.1 ~ 0.01mm的细小碎屑岩，碎屑含量大于50%。其中粒级在0.1 ~ 0.05mm者称为粗粉砂岩；0.05 ~ 0.01mm者称为细粉砂岩。粗粉砂岩可作为油气的储集岩，含黏土物质特别是有机质的细粉砂岩，可以成为生油岩。黄土就是一种半固结泥质粉砂岩。

粉砂岩中的碎屑物质成分较单纯，以稳定组分石英为主；长石较少，多为钾长石，其次为酸性斜长石；岩屑极少或无，白云母较多。重矿物含量比砂岩多，可达2% ~ 3%，多为稳定性高的锆石、石榴石、磁铁矿、钛铁矿等，黏土基质含量高，常向黏土岩过渡形成粉砂质黏土岩。胶结物以碳酸盐为主，铁质和硅质少。磨圆度不高，分选较好。粉砂岩常具薄的水平层理、波状层理和揉皱构造。

粉砂岩除按粒度分为粗粉砂岩和细粉砂岩，还可进一步分类。如果根据粒度分类，当粉砂岩中混入较多的砂和黏土时，亦可按三级复合命名原则命名，如含砂泥质粉砂岩、含泥砂质粉砂岩等；如果根据碎屑成分的含量分类，可分为以石英为主的单成分粉砂岩，含较多长石、云母和其他碎屑的复成分粉砂岩；如果根据胶结物成分分类，可命名为铁质粉砂岩、钙质粉砂岩、白云质粉砂岩等。粉砂岩是经过长距离搬运，在稳定的水动力条件下缓慢沉积形成的，其分布很广，一般出现在砂岩向泥岩过渡的水流缓慢地带。多产于海（湖）水深处的底部以及河漫滩、三角洲、潟湖、沼泽地区。

八、黏土岩

黏土岩主要由黏土矿物组成，是分布最广的沉积岩，它约占沉积岩总量的60%。

1. 粘土岩的成分

黏土岩中黏土矿物含量大于50%，同时也常有一些非黏土的碎屑矿物、化学沉淀矿物及有机物质等。黏土矿物主要有高岭石、蒙脱石、伊利石、绿泥石，其次是多水高岭石、拜来石、水铝英石等。它们决定黏土岩的性质。

非黏土的碎屑矿物主要是石英，还有长石、云母、各种重矿物等。石英碎屑含量一般小于0.1%，长石更少。这些碎屑矿物大都是陆源物质，对于判断母岩成分、物源方向和黏土岩的成因，以及进行地层划分、对比提供了依据。非黏土的沉淀矿物有赤铁矿、软锰矿、各种铝土矿、蛋白石、方解石、白云石、菱铁矿、石膏、硬石膏、重晶石、黄铁矿、磷灰石、石盐等。它们对判断黏土岩的沉积条件及成岩后生的变化很有用处。

有机物质有煤、腐泥质、沥青质、生物遗体等。黏土岩中有机质含量高，是很重要的生油岩。

黏土岩的化学成分，与岩砾岩的主要化学成分大致类似，主要是SiO_2、Al_2O_3、铁的氧化物和挥发物质等。不同类型的黏土岩，化学组分变化较大。

2. 黏土岩的结构

根据黏土岩中黏土矿物和非黏土碎屑矿物的百分含量，按三级命名原则，可分为黏土结构、含粉砂的黏土结构、粉砂质黏土结构、含砂的黏土结构、砂质黏土结构等。此外，如黏土岩中有具核心及同心层的黏土矿物或其他矿物的鲕粒，则为鲕粒黏土结构；在细小的黏土基质中，如有较大的黏土矿物晶体，则为斑状黏土结构；如含有生物化石，则为含生物黏土结构。

3. 黏土岩的构造和颜色

黏土岩的构造包括大型和显微型两种。前者有层理和层面构造，在野外肉眼可见。后者有显微鳞片构造、显微杂乱构造和显微定向构造，是由各种极小的鳞片状、纤维状黏土矿物分别按不规则、杂乱、定向方式排列而成，需在显微镜下才能辨别。黏土岩多呈水平层理，细层厚度小于1cm者称为页理或页状层理；细层厚度小于1mm者称为纹理。湖成黏土岩常呈小的韵律性层理，它是在静水或流动性十分微弱，搅动力不强的水动力条件下沉积而成。

黏土岩的颜色主要由其化学成分决定，与其他矿物成分也有关。一般来说，黏土岩中含Fe_2O_3或Fe^{3+}者呈红、紫、褐等色；含FeO或Fe^{2+}者呈绿、灰色；含有机质（C）多者呈黑色；含海绿石和绿泥石者呈绿色。

4. 黏土岩的分类

根据黏土矿物成分，黏土岩可分为以伊利石为主的伊利石黏土岩（又称水云母黏土岩或水白云母黏土岩）、以高岭石为主的高岭石黏土岩和以蒙脱石为主的蒙脱石黏土岩（又称斑脱岩、膨润石、漂白石等）三种主要类型。前者分布最广，在各种大陆和海洋环境均可形成；后两种黏土岩按成因均可分为风化残积型和沉积型。还有一些过渡类型，如高岭石—伊利石黏土岩、蒙脱石—伊利石黏土岩等。因黏土矿物太细，肉眼难以辨认，这种分类在野外不太适用。

按构造特征，可将页理发育的黏土岩称为页岩，页理不发育的称为泥岩。页岩和泥岩大都是复成分的，以伊利石和高岭石为主要成分。常根据其成分、结构、颜色等特征作具体命名，如灰质页岩、油页岩、钙质泥岩、硅质页岩、炭质页岩、黑色泥岩、紫红色泥岩等。

此外，如果黏土岩中非黏土矿物的含量较多，则应按三级命名原则，在名称上反映出来，如含石英的高岭石黏土岩、铁质高岭石黏土岩、铝土页岩等。

九、火山碎屑岩

火山作用的产物是火山岩，它包括熔岩、次火山岩和火山碎屑岩三大类。熔岩是岩浆溢出地表凝固而形成的岩石；次火山岩是岩浆上升到近地表附近（没有溢出地表）凝固而成的岩石；火山碎屑岩是火山喷发所产生的同期碎屑物，在陆上或水下堆（沉）积并固结而成的岩石。这里不包括由已固结的火山碎屑岩经风化、搬运、再沉积的岩石，因为此类岩石已属于碎屑岩范畴。典型的火山碎屑岩是指火山碎屑物质的含量达90%以上的岩石。但由于此类岩石中常有数量不等的正常沉积物和熔岩物质的混入，因此广义的火山碎屑岩是指介于熔岩和正常沉积岩之间的过渡类型岩石，它包括了火山碎屑物质含量不等的各类岩石。

火山碎屑岩在成因上具有双重性：其一，此类岩石的物质来源主要来自地下熔浆，与相应的熔岩有密切关系；其二，火山碎屑物喷出后，其搬运和沉积机理与沉积岩的形成方式类似，并具陆源碎屑岩的结构构造特点。因此，它的归属问题尚不统一，有的把它归为沉积岩，有的将它归为火成岩。

1. 火山碎屑岩的成分

火山碎屑物质按其组成及结晶状况分为岩屑（岩石碎屑）、晶屑（晶体碎屑）和玻屑（玻璃碎屑）三种（见表6–5）。

2. 火山碎屑岩的结构、构造及颜色

（1）火山碎屑岩的结构

火山碎屑岩的结构组分可按粒径大小进行划分，目前通用的粒级划分为：集块（粒径大于100mm）、火山角砾（粒径100 ~ 2mm）、火山灰（粒径2 ~ 0.01mm）、火山尘（粒径小于0.01mm）。

表 6-5 火山碎屑物质按其组成及结晶状况分类

类别	内容
晶屑	晶屑是指在火山爆发时，熔浆中已结晶的斑晶和已成岩石所含的晶体被崩碎而成的矿物碎屑。由于中酸性的岩浆易于爆发，所以经常见到石英、钾长石及斜长石，其次是黑云母和角闪石，辉石和橄榄石则非常罕见。晶屑的外形常不规则，一般呈棱角状，有的因受熔浆的熔蚀而呈圆形或港湾状
玻屑	玻屑粒径通常大小在0.1 ~ 0.01mm之间，很少超过2mm；粒径在2 ~ 0.01mm之间者称为火山灰，粒径小于0.01mm者称为火山尘，依其物态可分为刚性和塑性两种，刚性玻屑有弧面棱角状和浮石状两种，前者出现普遍，形状多样，常用弓形、弧形、镰刀形、月牙形、鸡骨、管状、海绵骨针状、不规则尖角状等一系列形容词来描述；后者不甚普遍，是没有彻底炸碎的弧面棱角状玻屑，内部保留较多气孔，状如浮石，在中基性火山碎屑岩中出现较多。塑性玻屑是炽热的玻屑在上覆火山碎屑物的重压下，彼此压扁拉长叠置定向排列，且相互粘连熔结在一起而成。强烈塑变玻屑显流纹状，通称假流纹构造
岩屑	岩屑形状多样，大小不一，从微细粒至数米的巨块均有。依其物态可分为刚性、塑性、半塑性三种。刚性岩屑指早已凝固的熔岩（包括各种微晶质及玻璃质熔岩）、火山通道围岩以及火山基底岩石（包括沉积岩、变质岩和火成岩）等，经火山爆发作用而破碎的岩石碎屑。半塑性岩屑包括火山弹和火山角砾，是具有一种特定形态和内部构造的火山碎屑物。塑性岩屑（火焰石）又名饼状体或浆屑，粒径一般大于2mm。它是未凝固的炽热塑性熔浆团在气体作用下喷至地表，经撕裂、溅落而成。因喷发高度不大，于火山口附近堆积压扁拉长形成火焰状、透镜状和枝杈状等各种形状的火焰石

专属性的火山碎屑岩结构有：集块结构（火山集块含量大于50%）、火山角砾结构（火山角砾含量人于75%）、凝灰结构（火山灰含量大于75%）。视碎屑形态特点，尚有塑变碎屑结构（主要由塑变碎屑组成）、碎屑熔岩结构（基质为熔岩结构）、沉凝灰结构（指混入正常沉积物而言），以及凝灰砂状、凝灰粉砂状等过渡类型结构。

（2）火山碎屑岩的构造

在火山碎屑岩中，常见的构造有层理、斑杂构造、平行构造以及假流纹构造。

1）层理：火山碎屑岩通常不显层理，但在水携或风携的火山碎屑沉积中，也可出现小型至大型交错层理以及平行层理。在陆上或水下火山碎屑重力流以悬浮和递变悬浮搬运与沉积的火山碎屑岩类中，可出现递变层理。在重力流水道中，可见到递变、反递变以及叠复递变层理。

2）斑杂构造：是火山碎屑物在颜色、粒度、成分上分布不均，且排列无序，而表现出来的一种杂乱构造。

3）平行构造：泛指由伸长形的火山碎屑物，如透镜体、饼状体、熔岩团块和条带等定向排列所组成的构造。它的连续性、平行性不及假流纹构造。

4）假流纹构造：主要出现在流纹质熔结凝灰岩中。根据塑性玻屑可见燕尾状分叉，在刚性碎屑边部可见塑变不强的弧面棱角状外形，“假流纹”延伸不远，一般无气孔及杏仁体等，而有别于流纹构造。

除上述构造外，有时还见气孔构造、杏仁构造、火山泥球及豆石构造等，甚至在某些火山碎屑岩中还见有生物搅动构造及实体化石。

（3）火山碎屑岩的颜色

火山碎屑岩常具有特殊鲜艳的颜色，如浅红、紫红、嫩绿、浅黄、灰绿等，它是野外鉴别火山碎屑岩的重要标志之一。颜色主要取决于物质成分。中基性火山碎屑岩色深，为暗紫红、墨绿等色；中酸性者色则浅，常为粉红、浅黄等色。其次取决于次生变化，如绿泥石化则显绿色，蒙脱石化则显灰白或浅红色。

3. 火山碎屑岩的分类及主要类型

（1）火山碎屑岩的分类及命名

广义的火山碎屑岩类的分类和命名原则是：①根据物质来源和生成方式，划分为火山碎屑岩类型、向熔岩过渡类型和向沉积岩过渡类型三种成因类型。②根据碎屑物质相对含量和固结成岩方式，划分为火山碎屑熔岩、熔结火山碎屑岩、火山碎屑岩、沉火山碎屑岩和火山碎屑沉积岩五种岩类。③根据碎屑粒度和各粒级组分的相对含量，划分为三个基本种属，即集块岩、火山角砾岩和凝灰岩，之间的过渡型为凝灰角砾岩、角砾凝灰岩等。

最后再以碎屑物态、成分、构造等依次作为形容词，对三个基本种属岩石进行命名，如晶屑凝灰岩、流纹质晶屑凝灰岩、含火山球流纹质玻屑凝灰岩等。次生变化也常作为命名的形容词，如硅化凝灰岩、蒙脱石化凝灰岩、沸石凝灰岩和变质流纹质晶屑凝灰岩等。

（2）主要岩类特征

1）火山碎屑熔岩类。它是火山碎屑岩向熔岩过渡的一个类型，熔岩基质中可含10% ~ 90%的火山碎屑物质。具碎屑熔岩结构，块状构造。熔岩基质中可含数量不定的斑晶，呈斑状结构，发育有气孔、杏仁构造。火山碎屑主要是晶屑及一部分岩屑，玻屑少见。当成分相近时，往往不易区分岩屑和熔岩基质，而误认为熔岩。按主要粒级碎屑划分为集块熔岩、角砾熔岩和凝灰熔岩。

2）熔结火山碎屑岩类。它是以熔结（焊结）方式而形成的一类火山碎屑岩。火山碎屑物质达90%以上，其中以塑变碎屑为主。主要产于火山颈、破火山口、火山构造洼地和巨大的火山碎屑流与侵入状的熔结凝灰岩体中，其中较粗粒的熔结集块岩和熔结角砾岩分布不广，主要组成近火山口相。细粒的熔结凝灰岩分布很广，可组成厚大的火山碎屑岩层。

3）火山碎屑岩类。即狭义的火山碎屑岩类，火山碎屑占90% ~ 50%以上，经压积或压实作用成岩。按粒度大小分为集块岩、火山角烁岩和凝灰岩。

4）集块岩。具集块结构，集块占50%以上。由火山弹及熔岩碎块堆积而成，也常混入一些火山管道的围岩碎屑，一般未经过搬运而呈棱角状，由细粒级角砾、岩屑、晶屑及火山灰充填压实胶结成岩。多分布于火山通道附近构成火山锥，或充填于火山通道之中。

5）火山角砾岩。主要由大小不等的熔岩角砾（含量大于50%）组成，分选差，不具层理，通常为火山灰充填，并经压实胶结成岩。多分布在火山口附近。

6）凝灰岩。指粒径小于2mm的火山碎屑物含量超过50%的火山碎屑岩。按碎屑粒级进一步分为粗（粒径2 ~ 1mm）、细（粒径1 ~ 0.1mm）、粉（粒径0.1 ~ 0.01mm）和微（粒径小于0.01mm）四种凝灰岩。碎屑成分主要是火山灰，按其物态及相对含量，分单屑凝灰岩（玻屑凝灰岩、晶屑凝灰岩或岩屑凝灰岩）、双屑凝灰岩（两种物态碎屑均在25%以上）和多屑凝灰岩（三种物态碎屑均在20%以上）。其中以玻屑凝灰岩、晶屑—玻屑凝灰岩最常见，具典型凝灰结构，熔岩成分多为流纹质，次为英安质。

7）沉火山碎屑岩类。它是火山碎屑岩和正常沉积岩间的过渡类型，火山碎屑物质90% ~ 50%，其他为正常沉积物（包括陆源砂、粉砂、泥质、水盆地沉淀的化学物质及少量的碳屑、生物碎屑等），经压实和化学胶结成岩，因常见层理构造而称为沉火山碎屑岩类。它与陆源火山碎屑沉积物的区别是新鲜、棱角明显、无明显磨蚀边缘及风化边缘。它广泛分布于火山岩地区，常常夹于火山岩—火山碎屑岩系中，代表火山喷发旋回的间断产物。

8）火山碎屑沉积岩类。以正常的沉积物为主，火山碎屑物质占50% ~ 10%，岩性特征基本同于正常沉积岩。当沉积物主要是陆源砂时，称为凝灰质砂岩；主要为泥时，称为凝灰质泥岩；主要为碳酸盐时，称为凝灰质石灰岩或凝灰质白云岩等一系列过渡类型岩石。

第三节　碳酸盐岩

碳酸盐岩系指主要由化学沉淀的方解石、白云石等碳酸盐矿物组成的沉积岩。主要的岩石类型为石灰岩（方解石含量大于50%）和白云岩（白云石含量大于

50%)。它们还经常和陆源碎屑及黏土组成各种过渡类型的岩石。

一、碳酸盐岩的成分及成分分类

1. 碳酸盐岩的成分

（1）矿物成分

碳酸盐岩主要由方解石和白云石两种碳酸盐矿物组成。

在方解石矿物系列中，除方解石外，还有文石、高镁方解石、低镁方解石等矿物。文石是方解石的同质异象变体，在现代沉积中常呈针状，有时也呈泥状。高镁方解石，有时也叫镁方解石，$MgCO_3$含量可达10%～30%。低镁方解石，亦称方解石，其$MgCO_3$含量一般小于4%。在这三种碳酸盐矿物中，高镁方解石最不稳定，文石次之，低镁方解石较稳定，因此，在沉积后作用过程中，高镁方解石和文石都要转变为低镁方解石。所以，高镁方解石和文石主要出现在现代碳酸盐沉积物中，在古代的碳酸盐岩中为方解石，不存在文石与高镁方解石。

在白云石矿物系列中，除白云石外，还有原白云石。白云石理想的化学式是$CaMg(CO_3)_2$。理想的白云石矿物的晶体构造中，Mg^{2+}、Ca^{2+}、CO_3^{2-}都有其特定的位置，各自的离子面在垂直C轴的方向上，相互交替叠积，这便是所说的最有序的晶体状态。在自然界中，富钙的白云石，其化学式大体在$CaMg(CO_3)_2$和$Ca(Mg_{0.84}Ca_{0.16})(CO_3)_2$之间变化，晶体构造亦非有序。这种富钙的白云石称为原白云石，它在自然界中欠稳定，随着时间的推移，将逐渐转化成更加化学计量、更为有序的白云石。

碳酸盐岩中还常有铁白云石、菱铁矿、菱镁矿等碳酸盐矿物和在沉积环境中自生的非碳酸盐矿物，如石膏、硬石膏、天青石、重晶石、萤石、石盐、钾石盐、玉髓、自生石英、黄铁矿、赤铁矿、海绿石、胶磷矿等。另外，还常含一些陆源矿物，如黏土矿物、石英、长石、云母、绿泥石以及一些重矿物等和有机质。

（2）化学成分

碳酸盐岩的主要化学成分有CaO、MgO和CO_2，其余氧化物有SiO_2、TiO_2、Al_2O_3、FeO、Fe_2O_3、K_2O、Na_2O、H_2O等。纯石灰岩（纯方解石）的理论化学成分为：CaO占56%，CO_2占44%；而石灰岩的一般化学成分：CaO_2占42.61%，MgO占7.90%，CO_2占41.58%，占5.19%，其他氧化物仅占2.72%。白云岩如果是纯由白云石所组成，其主要化学成分为：CaO占30.4%，MgO占21.7%，CO_2占47.9%。碳酸盐岩的化学成分除了主要的CaO、MgO、CO_2外，SiO_2的含量与黏土、陆源石英以及硅质生物和炉石的存在有关。如Al_2O_3含量较少，也和黏土有关；随着黏土的出现，K_2O、Na_2O、H_2O也少于正常值；氧化铁与P_2O_5的出现和铁质矿物与胶磷矿有关；如果出现较多的SO_2，则可能与黄铁矿或石膏及硬石膏有关。

碳酸盐岩中，还常含有一些微量元素或痕量元素，如Sr、Ba、Mn、Co、Ni、Pb、Zn、Cu、Cr、V、Ga、Ti、B等。这些元素在地层划分和对比以及沉积环境分析上，有时很有意义。如硼（B），在碳酸盐岩中的含量随其沉积环境的水体含盐度增高而增高（开阔海石灰岩的硼含量约为0.05%，局限海石灰岩的硼含量约为0.14%，潮上云坪准同生白云岩中的硼含量约为0.24%），因此，碳酸盐岩中的硼含量就可作为古沉积环境水体含盐度的良好标志。

2. *碳酸盐岩的成分分类*

成分分类是碳酸盐岩的基本分类。碳酸盐岩的成分分类涉及石灰岩与白云岩过渡类型的划分，以及碳酸盐岩与黏土岩及砂岩过渡类型及划分。

二、碳酸盐岩的构造

碳酸盐岩几乎具有全部沉积岩的构造类型。此外，碳酸盐岩还有一些自己独有的构造类型。在这里，只讲述一些碳酸盐岩中特有的构造类型，至于在碎屑岩中常见的一些构造，不再赘述。

1. *叠层石构造*

叠层石构造也称为叠层构造或叠层藻构造，简称为叠层石。叠层石由两种基本层组成：（1）富藻纹层，又称为暗层，藻类组分含量多，有机质高，碳酸盐沉积物少，故色暗；（2）富碳酸盐纹层，又称为亮层，藻类组分含量少，有机质低，故色浅。这两种基本层交互出现，即成叠层石构造。

叠层石中的藻组分主要是丝状或球状的蓝绿藻。根据对现代碳酸盐沉积物中蓝绿藻席的观察研究得知，这种藻席主要生活在潮间浅水地带，营光合作用而生长，分泌大量的黏液，这种黏液可以捕集碳酸盐颗粒和泥，就像捕蝇纸捕黏苍蝇一样。一般来说，在风暴期或高潮期，被风暴水流或潮汐水流带来的碳酸盐颗粒和泥，将大量地被这种富含黏液的藻席捕获，从而形成富碳酸盐的纹层；相反，在非风暴期，则主要形成富藻的纹层。也有另外的观察表明，在白天，藻类光合作用兴旺，主要形成富藻纹层；在夜间，则主要形成贫藻的纹层。

叠层石的形态十分多样，但基本形态只有两种，即层状的（包括波状的等）和柱状的（包括锥状的等），其他形态都是这两种基本形态的过渡或组合。一般来说，层状形态叠层石生成环境的水动力条件较弱，多属潮间带上部的产物；柱状形态叠层石生成环境的水动力条件较强，多为潮间带下部及潮下带上部的产物。

2. 鸟眼构造

在泥晶或粉晶的石灰岩中，常见一种毫米级大小的、多呈定向排列的、多为方解石或硬石膏充填的孔隙，因其形似鸟眼，故称为鸟眼构造；又因其形似窗格，故也称为窗格构造；又因这样充填或半充填的孔隙呈白色，似雪花，故也称为雪花构造。其实，这是一种孔隙类型，把它归入结构范畴为宜。一般认为鸟眼构造是潮上带标志。具体地说，这种鸟眼构造乃是一种非钙化的藻类，经溶解、腐烂或干涸后，被稍后的亮晶方解石充填而成。

3. 示顶底构造

在碳酸盐岩的孔隙中，如在鸟眼孔隙、生物体腔孔隙以及其他孔隙中，常见两种不同特征的充填物。在孔隙底部或下部主要为泥晶或粉晶方解石，色较暗；在孔隙顶部或上部为亮晶方解石，色浅且多呈白色。两者界面平直，且同一岩层中的各个孔隙的类似界面都相互平行。这两种不同的孔隙充填物代表两个不同时期的充填作用。底部或下部的泥粉晶充填物常是上覆盖层遭受淋滤作用时由淋滤水沉淀的，上部或顶部的亮晶方解石则是后期充填的。两者之间的平直界面代表沉淀时的沉积界面，与水平面是平行的。因此，根据这一充填孔隙构造，可以判断岩层的顶底，故称为示顶底构造，亦可简称为示底构造。

4. 缝合线构造

缝合线构造是碳酸盐岩中常见的一种裂缝构造。在岩层的切面上，它呈现为锯齿状的曲线，此即称为缝合线；在平面上，即在沿此裂缝破裂面上，它呈现为参差不平凹凸起伏的面，此即缝合面；从立体上看，这些凹下或凸起的大小不等的柱体，称为缝合柱。在这三种表现形式中，以缝合线最常见。缝合线构造的大小差别甚大。大者，其凹凸幅度可达十几厘米甚至更大；小者，其凹凸幅度小于1mm，仅在显微镜下才能看出。缝合线中常富集不溶残余物，如黏土、有机质、砂等。缝合线的形态是多样的，它的形成与成岩后生阶段的压溶作用有关。

5. 虫孔及虫迹构造

虫孔也属于生物成因构造，它包括生物穿孔、生物潜穴（或生物掘穴、虫穴）、生物爬行痕迹等，这里说的生物主要是蠕虫动物或软体动物等。生物穿孔是指生物的生活活动，在固结或半固结的岩石或生物组分中通过穿孔方式所形成的一种孔状或管状构造。生物潜穴（或生物掘穴、虫穴）是指在尚未固结的沉积物中，由于生物的生活活动所造成的一种洞穴、孔穴、管穴构造。生物爬行痕迹是指生物在尚未固结的沉积物表面上爬行的痕迹。虫孔及虫迹构造可以指示生物特征及其活动情况，是很有用的环境分析标志。

三、碳酸盐岩的结构

碳酸盐岩的结构与岩石的成因有密切的关系，它不仅是岩石分类命名的主要依据，而且也是环境分析的重要标志。岩石的结构直接和油气储集、含水层分布、层控矿床的赋存有一定联系。碳酸盐岩结构按成因分为粒屑（颗粒）结构、生物骨架结构、晶粒结构、残余结构四类。

1. 粒屑（颗粒）结构

与波浪和流水作用有关的碳酸盐岩，常常具有粒屑结构，即由颗粒（内碎屑、鲕粒、生物碎屑、球粒与粪球粒、藻粒等）、泥晶基质（或灰泥杂基）、亮晶胶结物三种结构组分构成。

（1）颗粒

碳酸盐岩中的颗粒，与碎屑岩中的碎屑颗粒相似。颗粒可分为盆外和盆内两种，前者来源于盆外风化的碳酸盐岩碎屑；后者来源于盆地之内，即通过化学、生物化学、生物以及机械的作用所形成的。这种盆内成因的颗粒被福克（1962年）称作“异常化学颗粒”，简称异化粒，国内称为“粒屑”或“颗粒”。常见的类型有内碎屑、鲕粒、生屑、球粒、藻粒等。

1）内碎屑。内碎屑主要是在沉积盆地中沉积不久的、半固结或固结的各种碳酸盐沉积物，受波浪、潮汐水流、风暴流、重力流等的作用，破碎、搬运、磨蚀、再沉积而成的。内碎屑常具有复杂的内部结构，可含有化石、细粒、球粒以及早先形成的内碎屑等，其磨蚀的边缘常切割它所包含的化石、鲕粒等颗粒。

根据大小，可把内碎屑划分为砾屑（直径大于2mm）、砂屑（直径为0.05 ~ 2mm）和粉屑（直径为0.005 ~ 0.05mm），砂屑和粉屑还可进一步细分。

砾石级的内碎屑即砾屑，早就被人们所认识。我国北方寒武系及奥陶系中广泛分布的竹叶状砾屑，就是最好的一个实例。这种砾屑多呈扁饼状，圆度好，分选也常较好，其侧面常呈长条状，似竹叶，故常称其为竹叶状砾屑，也可简称其为“竹叶”。其扁平面多与层面平行，但也有与层面斜交甚至垂直的，也有呈叠瓦状排列或旋涡状排列的；其磨圆度通常相当好，分选好到中等。有的竹叶状砾屑的表面或表层还常有褐色，即所说的氧化圈。砾屑之间多为灰泥基质，亮晶胶结物少见。所有这些特征都表明，这种竹叶状砾屑是在浅水海洋环境中，半固结或已固结的碳酸盐岩层，经强大的水流、潮汐或风暴作用，发生破碎、磨蚀、搬运并堆积而成。与层面斜交或垂直以及呈叠瓦状或旋涡状排列的竹叶，更反映了强大的水动力条件。近来，有些学者把竹叶状砾屑视作风暴的产物，也有人把它的分布与地震作用联系起来。

碳酸盐岩中，非竹叶状的砾屑也相当常见。

砂级的内碎屑即砂屑，因其细小，露头上有时不易辨别或被忽略；也因其细小，常常被搬运到较远的地方，所以其分布比砾屑更为广泛。它一般具有较刚性的外形和不同程度的磨圆。砂屑的成因与砾屑相似，也是先期沉积物的破碎产物，只是破碎更为强烈罢了，主要见于高能环境。

粉砂级的内碎屑即粉屑也广泛存在，其特征基本上同砂屑，仅粒级较小罢了，常与泥屑共生。圆度和分选均较好的粉屑与球粒难以区别。粉屑仅存在于较低能的环境中。

泥屑相当于泥级内碎屑，可以是化学的、生物的或机械成因，但三者难以区别。但泥屑仅于低能环境沉积。

2）鲕粒。鲕粒是具有核心和同心层结构的球状颗粒（直径为2 ~ 0.25mm），很像鱼子（即鲕），故得名。常见的鲕粒为粗砂级（直径为1 ~ 0.5mm），大于2mm和小于0.25mm的鲕粒较少见。粒径超过2mm者称为豆粒。

鲕粒通常由两部分组成：一是核心（可以是内碎屑、生物碎屑、陆源碎屑以及其他物质等）；二是同心层（主要由泥晶方解石组成，现代海洋中的鲕粒主要由文石组成，同心层由1 ~ 2圈到近百圈）。有的鲕粒具放射状结构，此放射结构有的可以穿过整个同心层，有的则只限于几个同心层中。

根据鲕粒形态、内部结构以及结晶特点，可将鲕粒划分正常鲕（同心层厚度大于核心的直径）、表皮鲕或表鲕（同心层厚度小于核心直径）、复鲕（在一个鲕粒中包含有两个或多个小鲕粒）、放射鲕（具有放射结构的鲕）、负鲕或空心鲕（核心及同心层大部分被溶蚀，基本上只有一个外壳层）五种类型。

关于鲕粒的成因，有许多学说和观点，但归纳起来，不外乎两种，即有机说和无机说。早在18世纪末，就有人发现鲕粒中有藻类存在。后来又有人把鲕粒放在酸中溶解，也发现有藻的残余。这就使他们提出鲕粒是藻成因的学说。开始，这一学说受到很多学者的赞同，但不久就受到了抨击。反对者认为，鲕粒中藻（常是藻管）并不一定是在鲕粒形成时就存在的，而是在鲕粒形成后由藻的穿孔作用形成的，即是在沉积以后才进去的；另外，在洞穴中和锅炉中，以及在实验室中，都可以形成鲕粒，这就很难说是藻在起决定作用。因此，现在支持这一学说的人已不多。

无机沉淀学说把鲕粒的生成与它的结构特征（有核心和同心层）及其生成环境（水动力条件较强的地区）联系起来，因此说服力较强。卡耶（Cayeux，1935年）曾提出鲕生长的必要条件是：$CaCO_3$供应丰富而且达到饱和，有充分的核心来源，水要受到搅动。

韦尔（Weyl，1967年）在巴哈马地区进行了实验观察，对鲕的同心层结构的生成有较好的说明。韦尔注意到，当把碳酸盐颗粒浸入温暖的饱和$CaCO_3$的表层海水中，围绕这种颗粒表面的沉淀作用立刻发生，但几分钟以后，沉淀作用的速度突然变慢。这时，颗粒的表层沉淀物（即新生成的一个同心层）似乎与海水处于平衡状态。当这一新生的鲕粒（这时当然是表皮鲕）沉在海底后，虽然其粒间孔隙仍充满着海水，但这时它已变得很稳定，不再与海水发生什么作用。假如这一表皮鲕又被动荡的海水搅动起来，又一次悬浮在饱和$CaCO_3$的表层海水中，则围绕其表面的沉淀作用马上重新开始。同样，在前几分钟内，沉淀作用的速度也是很快的，但后来也会变慢。当它再一次沉到海底时，它又与海水处于平衡态。就这样，悬浮一次，长一个同心层。当该地区的水动力条件不再能把它们搅动起来时，鲕粒就算最后形成，从此就长期地沉积在海底。显然，潮汐作用发育地区，如潮汐坝和潮汐三角洲地区，是形成鲕粒的理想环境。因为在这种环境中，往返的强大的水流可使颗粒多次地处于悬浮状态，从而使它们形成多层的同心层外壳。因此，鲕粒的同心层数目可以表示其反复呈悬浮状态的次数，鲕粒同心层壳的厚度可以指示其处于上述反复悬浮沉积过程的时间长短。

3）生物碎屑。生物碎屑又称生物颗粒、生屑、生粒、骨屑或骨粒，是指经过不同程度搬运和磨蚀的生物硬体（骨骼或外壳），也包括某些原地自解或食肉动物造成的生物碎屑。生物颗粒是碳酸盐岩的重要组成部分，常形成生物碳酸盐岩。生物碳酸盐岩不仅是重要的烃源岩，而且其原生骨骼内孔隙往往是油气及多种金属矿液的渗滤、交代和富集的空间。

4）球粒与粪球粒。球粒指不具特殊内部结构的、泥晶的、球形或卵形的、分选较好的粉砂级或细砂级的颗粒。其成因是由碳酸盐岩机械破碎磨蚀或化学凝聚而成。粪球粒是由生物排泄而成，因富含有机质，故颜色较暗。现代球粒和粪球粒形成于静水环境，古代球粒也常常出现于泥晶灰岩中，其岩石也不具有强水动力标志。因此，球粒是低能环境的产物。

5）藻粒。是一类与藻有成因联系的颗粒，包括核形石、凝块石、藻屑和藻鲕粒等。

①核形石：又称藻灰结核，由核心和藻菌类黏结而成的同心层包壳所组成（有时也可以叠加放射状纹）。核心通常是泥晶团、藻团或生物碎屑。包壳全由含藻迹的泥晶或由亮暗纹层组成（详见藻叠层构造）。

②凝块石：凝块石是一种由藻凝聚的颗粒，外形极不规则，呈凝血块状，但边缘一般清楚。其内部为均一的泥晶质，可见部分藻迹，有机质含量高，色暗。按粒度可分砾状和砂状两种。阿特肯（Aitken）认为凝块石可形成于潮间带下部水域，

亦可形成于静水到强烈搅动的环境。

③藻屑：藻屑是由上述藻粒或藻体破碎而成的颗粒。但一般只有核形石、层纹石和叠石等的破碎产物才可能较确切地被鉴别出来。

（2）泥晶基质和亮晶胶结物

1）泥晶基质。泥或泥晶是与颗粒同时堆积下来的泥级碳酸盐质点。“泥”“微晶碳酸盐泥”“微晶”“泥晶”“泥屑”都是同义语。其粒级以0.005mm为界，与黏土岩中的黏土（泥）相当。按成分可分为由方解石构成的灰泥和由白云石构成的云泥。灰泥的成因有化学沉淀作用、生物作用和机械破碎作用三种。由化学沉淀及生物作用生成的灰泥称为泥晶，由机械破碎作用生成的灰泥称为泥屑。云泥的成因较复杂，一般认为是朝上带的碳酸钙沉积不久便被高镁粒间水白云化而成，是“准同生”交代作用的产物。

2）亮晶胶结物。亮晶胶结物主要是指以化学方式沉淀于颗粒之间的结晶方解石或其他矿物，它与砂岩中的胶结物相似。与灰泥相比，这种方解石的晶粒较粗大，通常都大于0.005mm或大于0.01mm。由于晶体较清洁明亮，故常称为“亮晶方解石”“亮晶方解石收结物”或“亮晶”。这种亮晶方解石胶结物是颗粒沉积以后，在颗粒之间的粒间水中以化学沉淀作用生成的，所以又常称为“淀晶方解石”“淀晶方解石胶结物”或“淀晶”。组成胶结物的亮晶方解石常具有世代性。第一世代的胶结物常未充填满孔隙而围绕颗粒表面呈栉壳状或马牙状分布，剩余孔隙常被呈粒状嵌晶的第二世代胶结物充填。凡有两个世代胶结物的碳酸盐岩，其粒间孔隙就大为减小了。

亮晶方解石胶结物与粒间灰泥的区别在于：亮晶晶粒较大，灰泥则较小；亮晶较清洁明亮，灰泥则较污浊；亮晶胶结物常呈现出栉壳状等特殊分布状况，灰泥则不是这样。

2. 生物骨架结构

生物骨架，主要是指原地生长的群体生物（如珊瑚、苔藓、海绵、层孔虫等），以其坚硬的钙质骨骼所形成的骨骼格架。另外，一些藻类，如蓝藻和红藻，其黏液可以黏结其他碳酸盐组分，如灰泥、颗粒、生物碎屑等，从而形成黏结格架，如各种叠层石以及其他黏结格架。骨骼格架及黏结格架都是生物格架，它们是礁碳酸盐岩的必不可少的组分。

3. 晶粒结构

化学沉淀方式形成的碳酸盐和上述各种原生结构的石灰岩经过强烈重结晶作用，常具有明显的晶粒结构，晶粒可根据其粒度划分为：砾晶（粒径大于2mm）、砂晶（粒径2 ~ 0.005mm）、粉晶（粒径0.05 ~ 0.005mm）及泥晶（粒径小于0.005mm）。

砂晶还可细分为极粗晶、粗晶、中晶、细晶及极细晶，粉晶还可细分为粗粉晶和细粉晶。

4. 残余结构

前述各种结构的灰岩不彻底的白云岩化或重结晶后，保留下来的结构称为残余结构，如残余砂屑结构、残余鲕粒结构、残余生屑结构。

四、碳酸盐岩的结构分类

碳酸盐岩的结构分类，国内外有多种方案，其中最杰出的是福克（Folk，1962年）和邓哈姆（Dunham，1962年）的石灰岩结构分类方案。这些分类是碳酸盐岩岩石学及岩相古地理学的基础，是碳酸盐岩岩石学领域中的里程碑。

1. 福克的石灰岩分类方案

福克（Folk，1962年）的石灰岩分类基本上是一个三端元的分类。这三个端元是：异化颗粒，相当于通常所说的颗粒；微晶方解石泥或简称为微晶，相当于通常所说的灰泥或泥晶；亮晶方解石胶结物或简称为亮晶。

福克以这三种主要结构组分当作三角形图解的三个端点，把石灰岩划分为三个主要的类型，即亮晶异化石灰岩、微晶异化石灰岩和微晶石灰岩。

（1）党晶异化石灰岩

亮晶异化石灰岩主要由异化颗粒组成，其粒间孔隙主要为亮晶方解石充填，或者空着，很少含有微晶方解石泥。这种石灰岩是在水动力条件很强的环境中形成的。强大和持续的水流或波浪使异化颗粒得到很好淘洗，把微晶方解石泥从沉积环境中冲洗走，因此沉积下来冲洗很好的异化颗粒。在异化颗粒沉积以后被从粒间水沉淀的亮晶方解石胶结成岩，因而形成了亮晶异化石灰岩。

（2）微晶异化石灰岩

微晶异化石灰岩主要由异化颗粒和微晶方解石泥组成，不含或很少含亮晶方解石胶结物。形成这种石灰岩的水动力条件比亮晶异化石灰岩弱得多，因此微晶方解石泥很难被冲洗走，所以异化颗粒和微晶方解石泥一起沉积下来，由灰泥胶结成岩。由于异化颗粒的粒间孔隙已被微晶方解石所充填，所以就没有多少空间再让粒间水占据，因此也就不可能沉淀出较多的亮晶方解石。

（3）微晶石灰岩

微晶石灰岩几乎全由微晶方解石泥组成。这是水动力条件很弱的环境的产物。福克把亮晶异化石灰岩和微晶异化石灰岩叫作异常化学岩；把微晶石岩叫作正常化学岩。此外，还有由生物骨架所组成的礁石灰岩，福克把它叫作生物岩。这是福克分类的第四类石灰岩。

2. *邓哈姆的石灰岩分类方案*

邓哈姆（Dunham，1962年）的石灰岩分类方案在国外也很流行，影响亦很大。邓哈姆的分类，对于颗粒—灰泥石灰岩来说，是两端元组分的分类。邓哈姆根据颗粒（相当于福克的异化颗粒）和泥（相当于福克的微晶方解石泥）的相对含量，即支撑类型，把颗粒—灰泥石灰岩分为四类，即颗粒岩、泥质颗粒岩、颗粒质泥岩、泥岩。

颗粒岩几乎全由颗粒组成，颗粒支撑，不含泥或含泥很少；泥质颗粒岩主要由颗粒组成，颗粒支撑，其粒间孔隙中充填着泥；颗粒质泥岩主要由泥组成，含有少量颗粒（颗料含量大于10%），泥支撑；泥岩几乎全由泥组成（颗粒含量小于10%），泥支撑。

颗粒岩是高能环境的产物，泥岩是低能环境的产物，颗粒质泥岩和泥质颗粒岩介于前二者之间。

此外，邓哈姆还分出“黏结岩”和“结晶碳酸盐岩”两种特殊的岩石类型。

五、碳酸盐岩的主要类型

1. *颗粒—灰泥石灰岩类*

（1）内碎屑灰岩。以内碎屑颗粒含量大于50%的石灰岩称为内碎屑灰岩。按内碎屑的大小，可分为砾屑灰岩、砂屑灰岩粉屑灰岩等。内碎屑之间可充填灰泥杂基或亮晶胶结物或两者均有。亮晶胶结的内碎屑灰岩产于高能环境，泥晶胶结的内碎屑灰岩产于低能环境。内碎屑的圆度因搬运磨蚀程度而明显不同。

在潮上带水流活动有限的陆棚区或浊流出现的深水低能环境形成的砾屑或砂屑灰岩，分选性和磨圆度均很差，而灰泥杂基含量较高。常见微晶内碎屑灰岩和内碎屑微晶灰岩。冲洗干净、磨圆和分选好的砾屑或砂屑灰岩，通常代表浅水并受强烈的波浪和流水作用的高能环境，灰泥被簸选走，而内碎屑粒间孔被亮晶方解石胶结，一般为亮晶内碎屑灰岩类。岩层内波痕、交错层理及冲刷构选特别常见。粉屑灰岩多为泥晶胶结，亦见亮晶胶结者，主要产于中低能环境。

（2）鲕粒石灰岩。鲕粒含量大于50%的石灰岩称为鲕粒石灰岩，也有的称为鲕状灰岩。由于填隙物性质不同，鲕粒石灰岩又分为亮晶鲕粒灰岩和微晶鲕粒灰岩。前者为高能环境的产物；后者是低能环境的产物。按鲕粒类型不同，可分出正常鲕灰岩、放射鲕灰岩、薄皮鲕灰岩、复鲕灰岩以及经早期压实作用的变形鲕灰岩与经过重结晶的单晶鲕灰岩和多晶鲕灰岩等。鲕粒灰岩形成于温暖浅水、中等搅动的环境，常产于水下潮汐沙坝或潮汐三角洲地区。放射鲕灰岩则产于静水的咸化潟湖及盐湖中。

（3）生屑灰岩。生物（屑）含量大于50%的石灰岩称为生屑灰岩。按填隙物性质不同可分为亮晶生物（屑）灰岩和泥晶生物（屑）灰岩。亮晶生物（屑）灰岩是高能环境产物，主要形成于潮间和潮下的生物碎屑滩。只有把生物（屑）间的灰泥或微晶泥冲洗干净，才可满足粒间亮晶方解石胶结物沉淀的条件。当生物介壳或介屑置于灰泥杂基中便构成泥晶生物（屑）灰岩。它是由静水环境下形成的。在形成的过程中，介屑可以是外边漂入的，亦可以是原地的生物遗体被碳酸泥掩埋。

（4）藻粒石灰岩。简称藻灰岩，一种由钙藻堆积，或者由于藻类生命活动产生的石灰岩。如有些藻类可以分泌钙质或促使水介质沉淀出钙质，构成坚硬钙质鞘，直接形成岩石。有些藻类通过特殊的生长方式，例如，蓝绿藻的生命活动过程，可形成一种具有叠层构造的灰岩。藻灰岩常以藻灰结核、藻团块、藻屑及藻鲕粒的形态出现，在我国震旦纪地层中较常见。

（5）泥晶或微晶灰岩。泥晶石灰岩或称为灰泥石灰岩，一般呈灰色至深灰色，薄至中层为主。岩石主要由泥晶方解石构成，其中颗粒含量小于10%或不含颗粒。这类石灰岩中时常发育水平纹理，其层面常发育水平虫迹，层内可见生物扰动构造。纯泥晶石灰岩常具光滑的贝壳状断口。这类岩石中颗粒含量很低，但颗粒的类型尤其是生物碎屑的种类为判断岩石沉积环境的重要标志。泥晶石灰岩主要发育于基本没有簸选的低能环境，如浅水潟湖、局限台地或较深水的斜坡和盆地环境等。

2. *晶粒石灰岩*

这是一类较特殊的石灰岩，主要由方解石晶粒组成。其中较粗晶的晶粒石灰岩大都是重结晶作用或交代作用的产物。按晶粒的大小可以细分为粉晶石灰岩、细晶石灰岩和粗晶石灰岩等。这类岩石的原始沉积结构和构造，可以通过阴极发光法等方法识别。

3. *生物礁石灰岩*

生物礁石灰岩主要是由造礁生物骨架及造礁生物黏结的灰泥沉积物等组成的石灰岩。主要的造礁生物有钙藻、珊瑚、海绵动物、苔藓虫、厚壳蛤等，并随着地质时代而变化。按造礁生物的种类，可以由组成生物礁的生物命名，如藻礁灰岩、珊瑚礁灰岩等。由于生物礁灰岩多孔，渗透性良好，因此常是良好的油气储集岩。

第四节　煤和油页岩

一、煤

1. 煤岩组分及其特征

（1）煤岩组分及煤的光泽类型

煤的基本组成单位为煤岩组分。有四种煤岩组分，即镜煤、亮煤、暗煤和丝炭。镜煤为黑色，光泽强，均一，性脆，贝壳状断口，在煤层中常呈透镜状或条带状产出，大多厚几毫米到1～2cm，有时呈线理状夹在亮煤或暗煤中；丝炭呈灰黑色，外观似木炭，具明显的纤维结构和丝绢光泽，疏松多孔，性脆，染手，常呈扁平透镜体沿煤的层面分布，大多厚1～2mm至几毫米；亮煤是最常见的煤岩类型，其光泽仅次于镜煤，但均一程度不如镜煤，表面隐约可见微细纹理，亮煤的许多性质介于镜煤与暗煤之间；暗煤为灰黑色，光泽暗淡，致密，坚硬而具韧性。在煤层中，可以由暗煤为主形成较厚的分层，暗煤甚至可以单独成层。

煤的光泽类型有四种，即光亮型煤、半亮型煤、半暗型煤及暗型煤。光亮型煤主要由镜煤和亮煤组成，光泽强，具条带状构造，但条带之间的光泽差别不大，具贝亮状断口，内生裂隙发育，性脆，易开采，宜于炼焦；半亮型煤常以亮煤为主，也有镜煤和暗煤，有时也夹有丝炭，光泽比光亮型煤弱，条带构造明显，内生裂隙发育，常具阶梯状断口，这是最常见的一种煤岩类型；半暗型煤常以暗煤为主，也有亮煤，有时也夹有镜煤和丝炭，光泽弱，色深灰，具粒状结构，硬度和相对密度都较大；暗型煤主要由暗煤组成，有时夹有少量镜煤、亮煤、丝炭的透镜体，光泽暗淡，通常呈块状构造，致密，坚硬，相对密度大，内生裂隙不发育。

（2）煤的物理性质

煤的物理性质是鉴别各种煤类型尤其是各种变质煤类型的重要依据（见表6–6）。

（3）煤的化学性质

煤中都含有水，水有外在水、内在水、结晶水之分。水分对煤的储存、运输、加工利用等都是不利的。煤的灰分是指煤完全燃烧后剩下来的残渣，它主要是由煤中的各种矿物质组成的。灰分当然是影响煤质量的不利成分，对炼焦及化工用煤都很不利。挥发分是指把煤放在与空气隔绝的条件下加热，从煤中分解出来的焦油蒸气和气体，如氮、氢、甲烷、二氧化碳、硫化氢以及其他有机化合物。

表 6-6　煤的物理性质

项目	内容
条痕色	褐煤为褐色；低变质烟煤和中变质烟煤为深褐到褐黑色；高变质烟煤为黑色，微带褐色；无烟煤为深黑、深灰色；腐泥煤有时为黄色，有时为褐色
颜色	骤然一看，煤都是黑色的，其实不尽如此。褐煤是褐黑色或暗黑色；低变质烟煤呈蓝黑色，并带有淡褐色的色调；中变质烟煤呈黑色；高变质烟煤呈黑色，并带钢灰色色彩；无烟煤呈钢灰色；腐泥煤颜色多变，有深灰、浅黄、褐、灰绿、黑色不等，但通常为黑色
相对密度	煤的相对密度变化很大，这与煤的类型、杂质含量等因素有关。褐煤一般小于1.3；烟煤多为1.3 ~ 1.4；无烟煤多为1.4 ~ 1.9；腐泥煤相对密度最小，一般仅为1.1
硬度	以矿物学上的摩氏硬度为准，泥炭和褐煤的硬度最小，为2 ~ 2.5；无烟煤的硬度最大，接近4
光泽	烟煤变质程度越高，光泽则越强。低变质烟煤往往具暗淡的沥青状光泽或弱玻璃光泽；中变质烟煤呈玻璃光泽；高变质烟煤呈强玻璃光泽；无烟煤呈金属光泽或似金属光泽；褐煤一般无光泽或呈蜡状光泽；腐泥煤一般也无光泽或光泽暗淡
裂隙	裂隙分内生裂隙及外生裂隙两种。内生裂隙往往与煤的层理垂直，裂隙面平坦，裂隙不穿过整个标本，光亮型煤的内生裂隙最发育。外生裂隙是由于外力引起的，往往穿过整个标本，裂隙面不规则，常有擦痕伴生，裂隙常与层理斜交
断口	腐泥煤和无烟煤比较均一，常呈贝壳状断口；其他的烟煤多呈不平坦状、阶梯状、棱角状断口等

煤的黏结性是指煤在密闭条件下加热到一定温度后，能够熔融、黏结在一起形成焦块的性质。煤的发热量是指单位重量的煤完全燃烧时放出的热量，又称为热值，通常以J/kg表示。在灰分一定的情况下，随着煤的变质程度的增高，煤中固定碳的含量也相应地增高，其水分含量和挥发分含量则相应地降低。在各种煤类型中，以焦煤的发热量最高。

煤的元素分析主要是测定煤的有机质的五个主要元素，即碳、氢、氧、氮、硫，有时也测定碱、氯、砷、锗、镓、铀、钒等微量及伴生元素。随着煤化程度的增高，煤中的氢、氧含量降低，碳含量则增高。煤中的硫、氯、砷、磷往往是工业利用中的有害元素。煤中的锗、镓、铀、钒等伴生元素往往可以富集成为工业矿床。

2. 煤的沉积环境及演化

（1）成煤环境

成煤的物质基础是泥炭，而这需要一定的条件，首先需要大量植物的持续繁殖，其次是植物遗体不被全部氧化分解，能够保存下来并转化为泥炭，具备这样条件的场所就是沼泽。

按照水介质的含盐度，沼泽可分为淡水的、半咸水的和咸水的，前者一般是内陆型的，后两者则都与海水有关，发育于滨海地域。按照水分的补给来源，沼泽可划分为低位沼泽、高位沼泽和中位沼泽三种类型。低位沼泽由地下水补给，潜水面较高，其地下水面的高度几乎与沼泽表面相等，高等植物繁盛，易形成森林沼泽；高位沼泽主要以大气降水为补给来源，其地下水面经常低于凸起的沼泽表面，常常只有苔藓植物分布；中位沼泽或过渡型沼泽，既有低位沼泽的特点，又有高位沼泽的特点，具有混生的植物群落。

（2）煤的形成演化

成煤的原始物质主要是植物。植物分高等植物和低等植物。高等植物的构造比较复杂，是成煤的主体，有根、茎、叶之分，主要由木质素和纤维素组成，还有树脂、角质层、果壳、孢子、花粉等稳定组分，它们多生长在陆地上或浅水沼泽地带。低等植物主要是各种藻类，构造简单，主要由脂肪及蛋白质组成，多繁殖于较深水的沼泽、湖泊以及浅海环境中。

成煤过程大致可以分为三个阶段：第一阶段为泥炭化作用；第二阶段为泥炭的成岩作用阶段；第三阶段为变质作用阶段。

二、油页岩

油页岩又称为油母页岩，是指主要由藻类及一部分低等生物的遗体经腐泥化作用和煤化作用而形成的一种高灰分的低变质的腐泥煤。油页岩含有一定的沥青物质或油母物质，通过加热（干馏）可从中提取原油。因此，油页岩是一种石油资源。此外，油页岩也是一种化工原料，从中可以提取硫酸铵、吡啶等多种化工产品。

油页岩的有机成分有碳、氢、氧、氮、硫等。与煤不同的是它的碳氢比低（小于10），含油率高，氮、硫含量也较高。油页岩的无机成分一般为黏土和粉砂，有时也出现碳酸盐矿物和黄铁矿等。评价油页岩最重要的工艺指标是含油率和发热量，一般工业要求含油率要大于4%。

油页岩的页状层理发育，甚至可呈极薄的纸状层理；有时，外表看起来也呈块状，但一经风化，其页理就呈现出来了。油页岩的颜色多样，有暗褐、浅黄、黄褐、褐黑、灰黑、深绿、黑色不等。条痕有褐至黑色不等。一般是含油率越高，其颜色越暗，风化后，颜色常变浅。相对密度为1.4 ~ 2.3，比一般的页岩轻，干燥的油页岩相对密度更小。大都坚韧不易破碎，常具有弹性，含油率高，者用小刀刮起的薄片可发生卷曲。含油率为4% ~ 20%不等，高的可达30%。可燃，含油率高的用火柴即可点燃。

油页岩的生成环境与腐泥煤的生成环境近似，主要为水流闭塞的湖泊环境。内陆淡水湖泊、滨海地带时有海水注入的半咸水湖泊、潟湖，甚至海湾，都是形成油页岩的良好环境。正常海洋环境生成的油页岩不常见。

第七章　地层学的基本原理和方法

第一节　地层学的基本概念和原理

一、地层及地层学的概念

地壳中的层状岩石泛称岩层，包括沉积岩、火山岩和侵入岩中的岩床等顺层分布的岩浆岩及上述岩石变质而成的变质岩。地层是指具有某种共同特征和属性的岩层。岩层的特征包括岩石的颜色、结构、构造、成分及厚度、接触关系等具体物质的特征。它们是客观存在，不因人的认识而改变的。属性是指人们根据岩石特征分析推断得出的岩层形成的时间、环境、成因等，它可因人的认识而改变。地层与岩层的主要区别是地层具有时间的含义，在地层层序中有一定的位置。某一时期形成的岩层，称为该时期的地层，如白垩纪形成的岩层称为白垩纪地层。所谓油层即产油的地层，煤层即产煤的地层。

地层学即研究地层的科学，它是地质科学的重要基础学科，主要研究构成地壳的层状或似层状岩石体的特征和属性，并将它们划分为不同类型和级别的地层单位，进而确定各地层单位之间的空间关系和时间顺序。地层除了具有一定的形体和岩石内容外，还具有时间顺序的含义，从这个意义来说，地球上的所有岩石，都应归入地层学的研究范畴。由于岩石圈的种种运动，各个地区的地层并非都完整无缺地从老到新顺序排列，而是有的缺失，有的褶皱甚至倒转。对地层进行系统的清理，按其形成顺序划分成不同的地层单位，并确定各个岩层的形成时间和顺序及其横向分布情况，即划分对比地层，是地层研究的首要任务。在工作实践中地质学家认识到地层学不仅要研究岩层的形成顺序和时代关系，还要研究地层的物质组成、时空分布规律和形成环境，及其经历的构造变动等，进而推断地史时期重大的地质事件及地壳的演化规律。总之，地层研究涉及地层的各种特征和属性。地层就像一部万卷巨著，记录和保存了地球的演化历史，记载着地质时期的构造运动、岩浆活动、变质作用、风化剥蚀、搬运沉积等各种地质作用及古地理、古气候的变化和地质矿产的形成过程。所以地层是研究岩石圈乃至全球地质发展史的基础资料，是区域地质研究的基础。

地层研究对矿产的勘探与开发有重要的指导作用。目前世界上95%的能源和75%的工业原料来自矿产资源，而任何矿产资源的勘探和开发都离不开地层研究。地层中蕴藏着丰富的矿产，有些地层几乎完全由矿产组成，如煤层、磷矿层、盐岩层及各种金属矿层等。各种矿产资源在地层中的分布是有规律可循的，如条带状磁铁石英岩富存于太古宇之中。石油、天然气、煤等可燃有机矿产与地层的关系更为密切。在中、外油气勘探史中，由于地层研究失误而导致探井井位或井深设计不当而造成极大浪费，甚至直接延误油田发现的不乏其例（胡朝元等，1985年）。通过对一个地区的地层层序、厚度变化、地层间的接触关系等进行分析，可以推断一个地区的地质发展史和油气等矿产的形成、运移、聚集及成藏条件，从而了解矿产的分布规律，为进一步制定勘探和开发的方案提供依据。

地层学是一门综合性学科，在三百多年的发展过程中，已形成了许多分支学科，如稳定同位素地层学、地震地层学、层序地层学、磁性地层学、事件地层学等。众多新的地层学分支极大地开阔了地层学的研究领域，提高了地层的分辨率和对比精度。

二、地层之间的关系及其意义

1. 地层的接触关系

地层的接触关系可反映地史时期地壳运动的性质、特点及何时发生了何种地质作用。地层的接触关系可分为整合接触与不整合接触两大类。强烈的构造运动常伴有岩浆活动、变质作用，从而使沉积岩与岩浆岩或变质岩相接触。沉积岩与岩浆岩或变质岩接触，称为非整合或异岩不整合，人们常把它归入角度不整合。沉积岩与岩浆岩之间的接触关系可分为侵入接触和沉积接触，它们可以反映不同的岩浆作用特点及作用时间。侵入接触指侵入体与围岩之间的接触关系，即地层形成以后被岩浆侵入，造成岩浆岩体切割、穿插围岩。沉积接触则是指先成的岩浆岩体露出地表遭受风化剥蚀，之后因地壳下降在岩浆岩体之上又沉积了新地层，从而造成上覆沉积岩与下伏岩体之间的沉积接触。

2. 超覆、退覆

地层的接触关系与沉积盆地的水体进、退密切相关。水进过程中形成的沉积称为水进（如海进、湖进）序列。水进序列的特点是：从沉积盆地某一点来看，岩性在纵向上的规律变化反映了水体变深的过程。从空间分布来看，新沉积地层的分布范围超过了下伏较老地层的分布范围，这种现象称为超覆。新地层超过老地层分布范围的地带称为超覆区。在超覆区内越来越新的沉积地层依次向陆地方向扩展，逐渐超越下面的较老地层，新地层直接覆盖于盆地周缘的剥蚀面上（其间缺失部分地层），称为超覆不整合。若沉积盆地水面相对下降，水体分布范围缩小，称为水退（如海退）。水退过程中形成的沉积称为水退序列。水退序列的特点是：从沉积盆地的某一点来看，岩性在纵向上的规律变化反映了水体变浅的过程。从空间分布来看，新沉积地层的分布范围小于下伏地层的范围，这种现象称为退覆。较新地层未覆盖的地区称为退覆区。

3. 沉积旋回（沉积韵律）

成因上有联系的、地层的岩性或岩石组合按一定的生成顺序在剖面上有规律的叠覆现象称为沉积旋回，如砾岩—砂岩—粘土岩—石灰岩等。一般将局部地区小规模的岩性特征按一定顺序规律叠覆的现象称为沉积韵律，如岩石的粒度由粗到细或由细到粗等。人们常常将沉积韵律的规律性叠覆称为沉积相旋回，简称沉积旋回。韵律和旋回常常作为同义词，如曲流河的滞留沉积—边滩沉积—泛滥平原沉积、浊流沉积的鲍玛序列等，都是几种岩性规律叠覆形成的旋回性韵律（也泛称旋回层序）。潮汐变化、季节性气候变化等都可造成沉积特征的规律性叠覆形成沉积韵律。沉积旋回的产生及发展受多种因素的影响，主要有地壳升、降等构造环境的改变，海（湖）平面的升降，气候变化，沉积物来源及其供应速率改变等。例如，水进导致浅水相变为深水相的水进旋回；水退导致深水相变为浅水相的水退旋回；如果水进旋回紧接一个水退旋回，就构成了一个完整沉积旋回。因为水退沉积易被剥蚀，所以水退序列常常保存不完整或完全缺失，取而代之的是一个大陆侵蚀面。

在一个地区或一个地层剖面中，许多因素常常叠加在一起，使沉积旋回变得复杂，并显示出不同的级次。大小不同级次的旋回层序有不同的意义，工作中要具体情况具体分析。例如，由滨海相变为浅海相，再由浅海相变为河流相构成一个完整的沉积旋回（一级旋回），它由下部的水进旋回（滨海—浅海相）和上部的水退旋回（浅海—河流相）两个二级旋回构成，每个二级旋回又包含若干个次级旋回。如河流沉积是由河床沉积—泛滥平原沉积构成的，每一个河床沉积—泛滥平原沉积，都构成一个由河道迁移（或侵蚀基准面升降）而形成的次级旋回层序。

三、地层层序及地质年代

1. 地层层序

地层层序即地层形成的先后顺序。不清楚地层层序，就无法进行地质构造、沉积环境、矿产的分布规律等研究工作，所以地质工作者要根据觅序性标志确立研究区正常的地层层序。任何地区的地层研究，首先都要选择露头好、地层发育相对齐全的剖面系统观察，记录并研究各层的岩性、化石、厚度、接触关系、含矿情况等，将地层由老到新排序。自然界常见倾斜岩层，在未经强烈构造变动而使地层发生倒转或被逆掩断层复杂化的情况下，沿着岩层倾向观察，地层的时代应越来越新。在自然露头中，很少见到连续、规则、完整的地层剖面，所以一个地区的地层层序通常是经过不同地点的多个地层剖面观察、整理、综合而成的。在观察路线上常常发现地层的某些层段被覆盖，在这种情况下，应沿着岩层走向在该路线的附近追索，找出其他露头上的对应层位，互相拼接起来。

2. 相对地质年代及其确定方法

反映岩石、地层或地质事件先后顺序的时间，称为相对地质年代。岩层的相对地质年代或地层层序可以利用化石层序律、切割律、地层层序律等生物学方法和岩石学方法来确定。

（1）根据地层层序律确定相对地质年代

早在17世纪丹麦学者N.steno（1669年）就指出，未经强烈构造变动的正常地层应当是新地层叠覆于老地层之上，这就是地层层序律。据此，未经强烈构造变动、未发生倒转或逆掩断层的情况下，地层保持正常层序——下老上新。构造运动常常导致岩层倾斜、直立、断裂甚至倒转，改变了原有的地层层序。所以地层研究首先要确定地层层序。确定地层层序的关键，是判断各岩层的顶、底面。确定岩层顶、底面，恢复地层层序的标志主要有古生物、岩性、地质构造等。

（2）根据化石确定相对地质年代

众所周知，生物由简单到复杂、由低级到高级不断发展进化，其进化过程是不可逆的，所以不同时代的地层含有不同的化石群，同一时代的地层，含有同时代的化石或化石组合，这就是著名的化石层序律。根据化石层序律，不同地区含有同时代化石的地层是同时形成的，含有古老生物化石的地层应该位于含较新时代化石的地层之下，反之，则说明该地区可能存在逆掩断层或地层发生了倒转。此外，利用化石贝壳的保存状态也可判断地层顶底（贝壳上部有时未完全填满），异地埋藏的软体动物贝壳，往往以其凸面向上为最稳定的保存状态。根据遗迹化石、生物的生长状态等也可恢复地层层序，如植物根总是向下的；珊瑚等一些固着生长的动物向上生长，其顶、底位置与岩层的顶、底一致。

（3）根据切割律和包含原理确定相对地质年代

构造运动和岩浆活动，可使不同岩层、岩体之间出现断裂或切割穿插关系，被

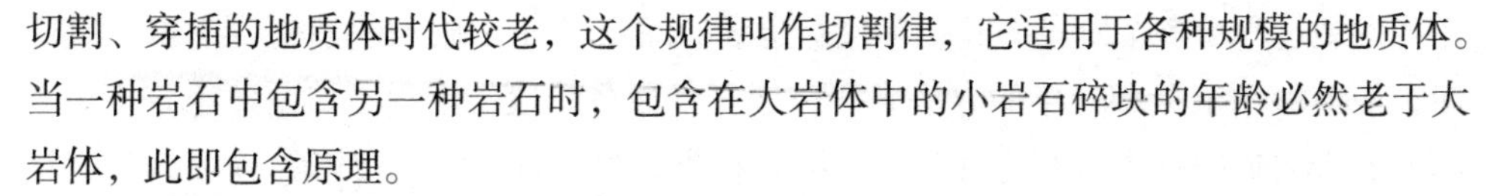
切割、穿插的地质体时代较老，这个规律叫作切割律，它适用于各种规模的地质体。当一种岩石中包含另一种岩石时，包含在大岩体中的小岩石碎块的年龄必然老于大岩体，此即包含原理。

（4）根据岩石的结构、构造等岩性特征确定相对地质年代

沉积构造可用于确定地层层序。例如，斜层理的细层向下收敛、向上凹、上端被水流切割；对称波痕的尖峰、泥裂的开口均应向上（泥裂被泥沙充填后，充填物的形态也呈上宽下窄的楔形）。

常见的觅序性标志还有沉积序列等，如煤层之下常有根土岩。微观标志需要借助显微镜来观察，如石灰岩中裂隙和裂纹的充填物等。对于火山岩系，确定岩层的顶、底也有规律可循。一般来说，熔岩顶部的气孔构造多而大、形状不规则，底部气孔小、常为椭圆状。在年代较老的熔岩中，气孔常被次生矿物充填呈杏仁状。另外，熔浆喷出地表，其表面与空气接触，因此熔岩常有氧化顶（红顶）和绿底。

（5）根据接触关系推断相对年龄

在不整合接触的两套地层中，上覆地层的底部（古陆表面）常有底砾岩、残积层、古土壤及溶解作用的迹象。岩浆岩与沉积岩呈侵入接触时，侵入岩的时代比沉积岩新；岩浆岩与上覆沉积岩为沉积接触时，则岩浆岩的时代比上覆沉积岩老。喷出岩比下伏岩石的时代新，比其上覆岩石的时代老。

3. 绝对地质年龄（同位素地质年龄）的确定方法

根据地层的相对地质年龄可知地层在剖面中的相对顺序和位置及各地史阶段地壳演化的主要进程和发生的事件，但不知道各阶段起止的确切年代和延续时间及岩石形成的具体年代。另外，一些老地层常常缺乏有效的化石资料，加之其形成后经历了多次构造变动、岩浆活动及变质作用，所以难以利用化石或单纯利用叠覆律、切割律等方法来确定地层的新老。自从1898年同位素衰变现象及其衰变规律逐渐被认识以来，人们就试图利用同位素的衰变规律来测算岩石形成的年代及顺序。利用岩石矿物中的放射性同位素及其衰变产物的数量比借助仪器测算得出的岩石矿物的年龄叫作同位素地质年龄（绝对地质年龄）。放射性元素以恒定的速率（不受外界条件影响）衰变为非放射性的子体同位素，测出了矿物岩石中的已知放射性元素及其衰变产物，即可按公式算出岩石形成的年龄。常用的同位素年龄测定法有钍铀铅法、铷锶法、钾氩法、放射性碳法、裂变径迹法等，各种方法各有利弊，工作中应根据所测地层的样品选择适宜的方法，如更新世以来的含碳岩石用^{14}C测定法效果较好。

同位素测年法的出现，使人类对地球的形成时间及各种地质作用进行的时间和

地壳发展过程中各个阶段的起止年代、延续时间及岩石、地层的具体年龄得以了解，使人们能够用定量和纪年的方法来研究地壳发展各阶段的进程。如白垩纪始于距今约145.5Ma前（Ma表示百万年），结束于距今约65.5Ma。同位素年龄可以为年代地层系统提供年龄数据。在岩浆岩、变质岩及一些未发现化石或构造变动强烈的地层研究中，同位素年龄测定法尤为重要。

第二节　地层划分与对比的概念与多重地层单位

各种岩石和矿产都形成于一定的时空条件下。只有通过地层划分对比、厘清地层的时代顺序，才能编制各种地质图，以了解区域构造及矿产资源的分布规律，从而为勘探、开发提供依据。由于地层划分对比直接影响地质学及其应用学科，因此一直是地质学研究的热点。

一、地层划分对比的概念

前已述及，地层多因地壳运动而变得复杂，有的缺失，有的褶皱、直立甚至倒转。确立正常的地层层序、厘清研究区各地层的分布规律，以及缺失了哪些地层、缺失的原因是什么等，都必须通过地层的划分和对比来解决。

地层的岩石学特征、生物学特征、同位素年龄等均可作为地层划分的依据，依据不同，建立的地层单位也不同。例如，根据地层的生物或生态特征所建立的地层单位是生物地层单位或生态地层单位；根据地层的磁学属性划分的地层单位是磁性地层单位，等等。地层有多少种特征和属性，就可以划分出多少种地层单位，这就是多重地层单位的立论依据。同一个地层剖面可以根据不同的特征和属性划分出多种不同的地层单位，各种地层单位的界线常常不一致。

要厘清地层的分布规律，仅仅是地层划分还不够，地层在横向上的分布情况及构造特点，必须通过地层对比才能知晓。地层对比即根据地层的各种特征和属性把不同剖面划分的地层单位进行比较，比较它们的特征或属性是否一致，层位是否相当，从而了解它们的相互关系及分布规律。

地层的划分和对比是不可分割的，划分是对比的基础，对比又促进划分。概括说，地层划分对比就是确定地层的相对新老关系及其在空间的分布状况，厘清地层在纵向和横向上的变化规律。

二、地层系统

地层系统包括两个要素：一是组成地层序列的各种地层单位；二是这些单位之间的相互关系。多种多样的地层单位可概括为两大地层系统，即着重体现地层固有特征的物质性地层单位系统和着重体现地层时间属性的时间（年代）地层单位系统。时间地层单位系统是全球（或大区域）统一的，它们有强烈的时间概念。物质性地层单位系统与时间阶段没有严格固定的对应关系，而是因地而异，多数是地方性的。目前最常用的物质性地层单位系统是岩石地层单位系统。岩石地层单位系统和时间地层单位系统是两个相互独立的地层单位系统，地层划分时，这两个地层单位系统并存于同一剖面中。

三、岩石地层单位

1. 岩石地层单位的概念及其划分依据

以岩性特征为主要依据划分的地层单位称为岩石地层单位。岩石地层划分是任何地质调查工作必须进行的首要步骤。识别和建立岩石地层单位有助于厘清地壳岩石由老到新的顺序及其性质，以便于确定岩石的成因及寻找矿产资源。地层的岩石特征、基本层序、结构、厚度和形态、接触关系及磁性、电性等地球物理特征和地球化学特征都可作为岩石地层单位的划分依据。

基本层序是指沉积地层纵向序列中按某种规律叠覆出现的单层组合，它是岩石地层单位最基础的组构单元。例如，浊流沉积中的鲍玛序列就是一种典型的基本层序，组成这个基本层序的各单层按顺序叠覆。基本层序之间常常是侵蚀面，内部是连续沉积的，常常有旋回性。地层在时空上的组构方式称为地层结构。研究表明大多数地层是由有限的岩石类型构成的，这些岩层通常以规律的组合方式组构在一起。如各种旋回沉积序列属于有序多层式结构，它构成了地层的基本层序。

岩石地层单位一般分为群、组、段、层四级（见表7-1）。

表7-1　岩石地层单位划分

等级	内容
群	是最高的一级岩石地层单位，它可由若干个岩石特征基本一致的组联合构成，但是组并非都要归并为群。一套厚度巨大、岩类复杂、未作深入研究、因构造变动使原始层序暂时不能恢复的岩系，可称为一个群。群的顶、底界面常常是沉积间断或不整合，群内可以有平行不整合

续表

等级	内容
组	是有规律的岩相、岩石组合，它是岩石地层单位系统的基本单位。一个组可由一种岩石构成，也可由几种不同的岩石有规律的组合而成。组通常由一种基本层序构成，或有成因联系的二三种基本层序构成。内部不分段的组只有一种结构类型，内部分段的组可有多种结构类型。组的顶、底界线应明显，可以是不整合界线，也可是整合界线，组内不能有明显的不整合。组的厚度一般是几米到几百米，在区域地质图（1:5万至1:20万）上通常可表示出来。组和群的名称一般取自地层发育区的地名，如鞍山群、毛庄组等
段	是组内次一级的岩石地层单位，它不能脱离组而独立存在。但是组并非都要分段，有时仅仅把组的某个部分指定为段。段常常以组内明显的岩性、结构、成因等特征来划分，如太原组按三个沉积旋回分成三段。一个段由一种结构类型、有成因联系的岩层组成
层	是最小的一级岩石地层单位。它可由特征明显不同于相邻岩层的地层构成，如页岩层、含油层、煤层等

岩石地层单位的界线应划在岩性突变处，也可人为地放在渐变带内，但是它必须体现岩性的变化。岩层间的关系常常很复杂，例如，按一定的沉积韵律逐渐过渡、两种以上岩石类型互相交替过渡等。确定界线应以既能反映岩石变化规律、又切实可行为原则。例如，在地下由于钻井的塌陷，最好将界线置于某种特定岩石类型出现的最高位置处。岩石地层单位形成的时间可用时、时代或时期表示。

2. *岩石地层单位的性质*

不论哪一级岩石地层单位都是依岩性，而不是依形成时间划分的，所以岩石地层单位有一定的岩石内容，没有严格的时间界限，因为岩性与其形成时的环境条件密切相关，而环境条件在不同地区有明显的差别，所以岩石地层单位是地方性的。例如，同是早寒武世后期形成的地层，在华北为馒头组的紫红色钙质页岩夹泥质灰岩；在滇东则为龙王庙组的白云岩夹页岩、粉砂岩。在侧向加积的情况下，各岩相带的岩性界面随时间推移而侧向移动，导致岩石地层单位的界线穿越时间界线。岩石地层单位穿越时间界线（与时间地层单位的界线不平行）的现象称为穿时性。如华北地区三山子组白云岩在临汝属中寒武统，向北层位逐渐升高。

地层的岩石学特征是客观存在的，所有地层工作都以岩石地层单位系统为基础。任何研究区，划分岩石地层单位，建立从老到新的岩石地层单位系统，都是地层研究的第一步。

四、生物地层单位

依据地层中的生物化石划分的地层单位称为生物地层单位。其基本单位是生物地层带，简称生物带。常用的生物带有组合带、延限带、富集带等。

组合带是三个以上分类单位整体上构成一个独特的自然组合，并以此区别于相邻地层的生物组合。延限带表示一个或多个分类单位整个分布范围内所形成的地层，如类三角蚌延限带，是指类三角蚌从出现直到绝灭期间所形成的地层。富集带是指某类化石属种最多的一段地层。生物带是根据化石建立的，所以地层层序中未见化石的部分不能建立生物地层单位，即地层层序中存在未发现化石的部分——哑带。由于存在哑带，所以生物地层单位常常是不连续的，不能形成独立的地层单位系统，只是为建立年代地层单位系统服务的过渡性环节；由于生物化石可显示地质演化的进程，所以生物地层单位能够指示相对地质年代，如褶珠蚌延限带可指示早白垩世。由于环境的限制和生物迁移等原因，生物地层单位的界线并非到处都等时，或者说生物地层单位有时也表现出穿时性。一般来说，生物地层单位的界线比岩石地层单位的界线更接近等时面。生物地层单位和岩石地层单位的界线在局部地区可以吻合。

五、年代（时间）地层单位

年代地层单位是指在特定的地质时间间隔内形成的岩石体。划分年代地层单位的主要目的是确定地层的时间关系。

1. 年代地层单位的划分

年代地层划分即把一个地区或一个剖面上的地层按形成时间划分为不同的地层单位。生物演化阶段是年代地层单位划分的主要依据。此外，放射性同位素年龄及古地磁特征也是年代地层单位划分的重要依据。按生物演化的阶段性，地质学家建立了宇、界、系、统、阶、亚阶等不同级别的年代地层单位（时间地层单位）。它们分别与地质年代单位的宙、代、纪、世、期、亚期严格对应。

全球年代地层单位是以其底界来厘定的。显生宙（5.42亿年前至现代）全球年代地层单位和埃迪卡拉系的底界通过全球界线层型剖面和层型点（GSSP）厘定，而前寒武系的年代地层界线则采用绝对年龄作为全球标准地层年龄（GSSA）。

宇是最大的年代地层单位，它是与地质时间“宙”对应的年代地层单位。如太古宙地层称为太古宇。太古宇和元古宇通称前寒武系。

界是与地质时间“代”对应的年代地层单位。如中生代地层为中生界。

系是与地质时间“纪”对应的年代地层单位，是界的一部分。如古近纪地层为古近系。系的名称多取自首先建立和描述该地层的地点（古近系等例外）。

统是与地质时间“世”对应的年代地层单位。与世对应的统的名称一般是在系的名称前加下、中、上等字样，如下泥盆统、中泥盆统、上泥盆统。新生界统名较特殊。

阶是年代地层单位的基本单位，对应于地质年代单位的“期”。一般来说，阶是统的再分，如华南上二叠统建了二个阶，也有的统只有一个阶。

2. 年代地层单位的性质

年代地层单位是根据地层的形成时间划分的，其顶、底界线都以等时面为界，其级别的大小取决于岩石形成的时间长短。年代地层单位与地质年代单位严格对应，不同地区的同一年代地层单位可有不同的岩石内容，但其形成时间相同。从理论上来说，各级年代地层单位都应是全球性的，但是由于目前年代地层对比的精度有限，通常只有较高级别的年代地层单位才有全球性，因为它们是根据生物演化阶段的总面貌划分的。例如，多节、多刺、小尾是早寒武世三叶虫的共同特征，体现了生物发展的相似水平和演化阶段。这种不受生物分区影响的生物群总体演化阶段的一致性，是统（世）及其以上年代地层单位（地质年代单位）划分的客观依据，所以统及其以上的年代地层单位是全球性的，而阶多数是区域性的。无论哪一级年代地层单位都是按照地层形成的新老顺序划分的，它是一切地层、地质工作参考和对比的标准。

年代地层单位与岩石地层单位的关系。为便于工作，应尽量使岩石地层单位的界线与年代地层单位的界线一致。但是岩石地层单位主要是依据岩性建立的，而岩性是随着沉积环境的变迁或沉积作用方式的演变而变化的。所以同一岩石地层单位的界面不可能到处等时，实际上，多数岩石地层单位与时间地层单位的界面不一致，侧向加积的地层界面是穿时的。在大洋、大湖的中心沉积物是垂向加积的，其形成的地层符合地层层序律、地层之间的岩性界面与时间界面完全一致。同一年代地层单位应到处等时，例如，无论在哪里下白垩统都是早白垩世形成的，它不可能穿时。时间地层单位无固定的岩石内容，而岩石地层单位有具体的岩石内容，如三山子组是以白云岩为主，否则就不能称为三山子组。统及其以上的年代地层单位是全球性的，而岩石地层单位只分布于一定的地区，所以是地方性的，如太原组分布于华北和东北南部，明水组仅分布于松辽盆地。

六、层型（典型剖面）与标准剖面

通过地层划分可以建立不同类型的地层单位。建立一个地层单位时必须遵循优先权法则，并在其分布范围内选择一个典型剖面，作为这个地层单位的层型。层型就是一个已经命名的地层单位或地层界线的、原始的或后来被指定作为对比标准的地层剖面或界线。常用的层型有两类，即单位层型和界线层型。单位层型是说明和识别一个地层单位的标准，单位层型的上下界线就是它的界线层型。界线层型是识别地质界线的一个特殊岩层序列中的一个特殊点。一个地层单位通常有一个层型，距层型剖面较远时，由于沉积环境的变化，层型剖面很难直接作为划分对比的标准，所以要建立地区性的标准剖面。标准剖面是层型剖面的延伸，凡是根据层型选定的、可作为某一地区某一时代地层对比标准的典型剖面都可称为标准剖面。标准剖面应选在层序正常且齐全、化石丰富、研究详细、构造简单的地区，应尽力排除因构造因素造成的层序重复和缺失等的影响。标准剖面应该选择在适当的位置、有一定的代表性，以便对研究区有一定的控制作用。在大范围内，标准剖面往往是几个剖面综合而成的。

七、带和标志层

根据地层的各种特征或属性，可以建立多种“带”。如用于年代地层的是时间带（年代带）；用于磁性地层的有极性带；用于岩石地层的有岩石带、矿物带、变质带等。

标志层是地层剖面中的一些特殊层位，其具有特征明显、容易识别、厚度不大、分布比较稳定等特点，可作为地层划分对比的标志。例如，松辽盆地嫩二段底部厚2 ~ 10m的、富含白色大个体介形虫和金黄色叶肢介的褐黑色油页岩，其岩性及测井曲线的特征都非常明显，在全盆地稳定分布，是松辽盆地地层划分对比的重要标志；华北上石炭统底部（下奥陶统之上）的铝土矿是华北地区上石炭统底的标志，为华北地区地层的划分和对比提供了极大的方便。

标志层的选择条件很广，它可以是岩层、含矿层，也可以是化石层等，如油页岩层、结核层、燧石层、火山碎屑岩层、海绿石层、介形虫层等。只要它们的特征不同于其上下层位，在一定区域内广泛分布，在纵向上有一定的层位，即可作为标志层。具有某种特征的多个单层的自然组合可作为复合标志层。在野外常常选择抗风化能力强的石英砂岩、硅质岩等。根据分布范围、稳定程度及特征明显性，标志层可分为不同的级别。一级标志层在整个沉积盆地都有分布，可用于全盆地的地层划分与对比；二级标志层分布于局部地区，只能用于局部地区。有些标志层如大面积的火山灰层、冰碛岩层、蒸发岩层等分布范围较广，可作为大区域地层划分对比的标志，小行星撞击事件层等具有等时性特征的标志层，可用于年代地层单位的对比。

八、地层代号简介

在地质图、表上，地层单位常用专门的符号即地层代号表示。宙、代、纪、世、期的代号与相应的宇、界、系、统、阶的代号相同。宇用两个大写正体字母表示，如太古宇（Ar-chean）的代号是AR；界用两个正体字母表示，第一字母大写，第二字母一般小写，如古生代（Paleoizoic）的代号是Pz；系一般是用一个大写字母表示，如奥陶系（Ordovician）的代号是O；统的代号通常是在系的代号右下角加阿拉伯数字，如J_1、J_2、J_3分别表示下、中、上侏罗统；两分的系用1、2表示下、上统。阶的代号一般是在统的代号右上角用阿拉伯数字注以该阶在统内所处位置的顺序号，例如，上二叠统吴家坪阶的代号可是P3S，以上代号均为正体字。组的代号是在统的代号右下角加小写斜体组名汉语拼音第一个字母（在一个统内，组名汉语拼音第一个字母重复时，较新的组的代号是在第一字母后再加一个与第一字母最接近的子音字母），如在松辽盆地K_{1q}和K_{1qn}分别代表下白垩统泉头组及其上的青山口组；段的代号通常是在组的代号右上角用阿拉伯数字注以该段在组内所处位置的顺序号，如泉头组第四段的代号是K_{1q}^{4}。

九、年代地层表与地质年代表

资源和生态环境等问题要求人类必须关注全球的变化。进行全球性的探索必须有全球科学家的共同语言——国际年代地层（地质年代）表。因为有了统一的标准才便于研究相同时间间隔内古地理、古气候等各种地质问题，否则很多研究都难以有效地开展。地质年代表是联系漫长地质历史中各种地质事件的纽带。

一个地区往往是一个时期接受沉积，另一个时期遭受剥蚀。同一时期往往是此区遭剥蚀，他区接受沉积，几乎没有一个地层是覆盖全球的。气候事件的影响可能波及全球，但是记录该事件的沉积物却是有限的。所以任何一个国家和地区的地层都不是完整无缺的，必须把全球各地局部出露的地层按时间顺序综合排列起来，才能形成完整的年代地层序列。全球年代地层表的建立和充实完善，有赖于合理而详细的地方性区域年代地层表的确立。为了建立大区域乃至全球的地层系统，就要将各地的地层剖面进行综合对比研究，然后将地球上年代最老到最新的岩石所代表的时间阶段排成先后顺序，才能构成国际上通用的相对地质年代表。19世纪以来，世界各地都先后建立了区域地层系统，通过地区间的对比及互相补充，19世纪晚期已建立了世界性的标准年代地层表。从此，地层学步入了系统化、科学化的轨道。此后，随着地层学的发展，年代地层（地质年代）表的内容不断丰富和精确，在整个地球科学的发展中发挥了重要作用。

第三节 地层划分对比的方法

地层的各种特征和属性都可用于地层的划分和对比，所以地层划分对比的方法多种多样。地球磁场倒转、稳定同位素的种类和含量变化等地球化学信息、层序地层学、定量地层学等，为地层研究开辟了更多的新领域，但是所有这些方法都不能简单地取代传统地层学方法。传统地层学主要是围绕地层划分对比这一地层学的基本内容从岩性和化石等方面建立各个地区的地层层序，同时确立其与标准年代地层表之间的时间关系。

一、岩石学方法

无论是根据露头还是根据探井剖面建立地层层序，首先都是以岩石特征进行地层划分和对比。在地壳的发展过程中，无机界和有机界的发展都有明显的阶段性和不可逆性。由于不同时期自然地理环境不可能完全一致，所以在同一剖面中，不同时代的岩层尽管某些岩石外表特征相似，实际上也有差异，这种差异表现在岩石的物理、化学特征上。在一定的范围内，同一地层由于沉积条件相同或相似，可表现为相同或相似的岩石组合，所以可根据岩性进行划分对比。例如，将岩性相同或大致相同的连续岩层划分为一个基本岩石地层单位（如组）。岩石地层对比就是对一定范围内不同地点的岩石地层单位进行比较，确定它们的岩性特征和地层位置是否相当。岩石学方法对比地层，除考虑岩石的成分、颜色、结构、构造及岩石组合、沉积旋回（韵律）等特征外，还必须考虑地层剖面中的上下层位关系及横向上岩性、岩相的变化。区域性不整合也应作为地层划分对比的依据。岩石地层学方法常用的划分对比标志有岩性、标志层、地层结构（沉积旋回）、接触关系等。

1. 岩性法

岩性法即根据岩性特征来划分对比地层。例如，蓟县、昌平两地新元古界青白口群的划分和对比，蓟县剖面地层发育较齐全、构造简单、化石丰富、厚度大，是我国中、新元古界的典型剖面。据岩性特征其青白口群可分为页岩为主的下马岭组、砂岩为主的龙山组和泥灰岩为主的景儿峪组，龙山组又进一步分为下部的砂岩段和上部的页岩夹砂岩段。昌平剖面距离蓟县不远，与蓟县剖面对比，可作同样的划分。由于蓟县、昌平两剖面青白口群的沉积环境及距物源区的远近不同，所以两剖面的岩性不完全相同，但是在弄清其岩性变化规律的基础上，可以追踪对比。实践证明这种划分不仅适合于蓟县、昌平两地，在整个北京西山和冀东一带都可对比。

碎屑物质在搬运过程中，抗风化能力弱的不稳定物质易遭破坏，因此，稳定与不稳定重矿物之比可反映母岩区的远近。同一物源区同一层位的岩层中重矿物组合和含量相似或有一定的变化规律。所以，在同一物源的情况下，重矿物组合及各种重矿物的含量变化规律可作为地层划分、对比的依据。具体方法是，先选一个剖面（或一口井）系统取样；分析、鉴定；然后建立重矿物标准剖面；其他剖面有问题的层段取样分析后，再与标准剖面对比。例如，松辽盆地某井的泉头组第三段和第四段界线不易确定，对该井岩心取样作矿物成分分析后，依其矿物成分及含量变化趋势，即可将二者分开。

2. 利用标志层划分对比

在岩石地层学中常常用标志层划分对比地层。要确定标志层首先是研究地层剖面中稳定沉积层的分布规律，弄清其分布范围。一般来说，稳定沉积层多是盆地均匀下沉、水域最广时期的较深水环境下形成的。因为此时的沉积物分布范围最广，所以岩性和厚度也较稳定，如湖泊沉积中的黑色页岩等。在没发现理想标志层的情况下，可以选择具有某种特征的多个单层的自然组合作为复合标志层。当剖面中存在几个岩性相似的标志层时，要了解标志层邻层的特征，还要注意标志层的分布范围和相变情况。例如，松辽盆地嫩二段底部的油页岩为一级标志层（主要标志层）在全盆地都有分布，可用于全盆地的地层划分与对比；二级标志层（辅助标志层）分布于盆地内的某些地区，只能用于盆地内某些地区的划分与对比。

3. 根据地层结构划分对比

多种岩层规律组合而成的有序多层式地层结构可构成各种旋回序列。每个沉积旋回都有其自身的特点，都是地壳不同发展阶段的自然产物。沉积旋回反映了地壳运动、古地理环境及沉积作用的规律性变化，所以沉积旋回是划分和建立地层单位的重要依据。同一沉积区或构造区同一时期形成的沉积旋回性质相同或相似，所以沉积旋回是地层对比的重要标志。陆相沉积岩性常常不稳定，而地壳升、降和水体进、退等原因造成的沉积旋回（韵律）却比较稳定，因此在陆相地层研究中沉积旋回备受重视。由于造成沉积旋回的地壳震荡运动、气候变化及水体进、退总是区域性的，所以同一时期尽管不同地点的沉积物成分可能不同，但是在同一沉积盆地、同一地壳运动影响范围内，沉积物在地层剖面上的变化趋势是相同的，虽然不同地点岩性不同，但沉积旋回的性质相似，因此在横向上可以对比。根据沉积旋回划分对比地层，比单凭某些岩性特征更准确、更方便。地壳运动是不均衡的，每次构造运动的规模（延续时间、位移幅度、影响范围）不同，而且在总体上升或下降的背景下还有小规模的升降运动，反映在地层剖面上的沉积旋回常表现出不同的级次，即大幅度的旋回内包含若干次一级的旋回。利用沉积旋回划分对比地层时应从大到小逐级进行。一级沉积旋回中的水进序列（水进半旋回）和水退序列（水退半旋回）相当于二级沉积旋回。由于局部构造等因素的影响，二级沉积旋回还可划分出更次一级的沉积旋回（三级、四级）。不同级次沉积旋回的控制因素和影响范围不同，用于地层划分对比的范围也不同，高级别沉积旋回分布范围大，低级别沉积旋回分布范围小。一般来说，一级旋回可用于整个沉积盆地的地层划分对比；二级旋回可用于盆地内二级构造范围内的地层对比。由气候变化导致的全球性海平面升降造成的沉积旋回具有“同时性”特征，可作为年代地层对比的依据。

各剖面所处的位置及距物源区远近不同，所以同一时期不同地点形成的旋回数目及其岩性不同。盆地边缘水浅受地壳运动影响自然地理条件变化明显频繁，所以沉积旋回明显；而盆地中央沉积条件相对稳定，旋回明显性较差。所以盆地中央和边缘，沉积旋回的数目及地层的岩性、厚度不同。在一定范围内，地壳升降运动的性质与水进或水退的趋势一致，所以沉积旋回法对比地层时，主要考虑旋回的类型。沉积旋回（韵律）法划分对比地层的一般步骤是：首先综合分析岩石的成因标志，推断岩石的成因类型并分析其横向和纵向上的变化规律，确定研究区的岩石共生序列和相序；按岩石成因类型在纵向上的变化规律划分各个剖面（各井）的沉积旋回，确定旋回类型和旋回组合；只要各剖面的一系列沉积旋回组合相似，即使旋回数目、厚度、岩性不同，也可以认为它们的层位相当。沉积旋回法对比地层并非是不同剖面的旋回与旋回之间一一对比，更不是砂对砂、泥对泥的简单对比，而是以旋回组合为单位将各个地层剖面进行对比。

4. 接触关系在地层划分对比中的应用

前已述及，地层不整合接触反映地壳发展过程中地壳运动的特点、性质发生了阶段性的变化。因此，不整合面是地史阶段划分及地层对比的自然界线和重要标志。

一些沉积间断时间较长的不整合面上常有底砾岩，或铝质岩、铁质岩，它们常常有标志层的作用，成为地层划分的极好界线。构造运动引起的古地理、古构造等自然地理环境的巨大变化，不仅造成岩性变化，同时也造成生物界的变革，因此，不整合与生物界的变化往往吻合，与生物演化的阶段相一致。不整合面常常代表一次区域性的地壳运动，有较大的分布范围。如果不同地区的地层为同一个可追索的不整合面所限定，这些地层的层位就大致相当。如华北、东北南部地区石炭系含煤地层直接覆盖在奥陶系厚层石灰岩之上，二者间接触面不平整，岩性和化石明显不连续，是地层划分对比的良好标志。

利用不整合对比地层时要注意每次构造运动的剧烈程度不同、延续的时间和影响范围也各不相同，所以其造成的不整合在地层划分对比上的意义也有差异。例如，遍及整个华北的奥陶系与石炭系之间的平行不整合面，可作为整个华北奥陶系与石炭系划分、对比的标志；而松辽盆地四方台组与嫩江组之间的不整合仅限于松辽盆地之内的地层对比。一般来说，由于沉积作用和构造运动在不同地区不可能完全一致，所以接触关系不能作为年代地层划分对比的依据。但是由全球性海平面周期性升降造成的不整合面具有"等时"或"近等时"的特征，可用于年代地层研究。另外，同一次地壳运动在不同地区的表现形式不同，所以在不同地区表现为不同的地层接触关系。由于不整合面是大陆侵蚀面，侵蚀的时间长短、侵蚀作用进行的程度，在不同地区不一定相同，所以其下伏地层的顶面不是到处等时；不整合面之上的地层是在水进过程中逐步形成的，其底面在大范围内也是不等时的。

5. 地球物理和地球化学方法

岩石的地球物理性质和地球化学性质受控于岩性及岩石中所含流体的性质，所以岩石的地球物理性质和地球化学性质可从不同侧面反映地下岩石的物质组成、结构、构造等岩性特征、岩石组合及其中所含的流体。因此根据不同的地球物理性质和地球化学性质可以把不同时期的地层划分开，并且以此进行地层对比。地球物理方法和地球化学方法广泛地用于地下（缺少露头的地区）地层及海底地层研究中。

在油气勘探中较常用的地球物理方法有地震、测井等。地震勘探中获得的反射波资料是地层的地震响应。各反射同相轴的系统中断面反映沉积过程的间断，这种间断面也具有相对等时性。上下两间断面之间的地层，可视为大体连续沉积的一个地层单元，称为地震层序。同一反射界面的反射波有相同或相似的特征。据此，沿横向对比追踪出同一反射界面，就可实现对同一地质界面的对比。利用地震资料划分对比地层时，也要选择一些连续性好的地震反射波同相轴作为划分对比地层的地震标志层。在没有钻井或钻井资料很少的地区，地震反射波组追踪是地层划分对比的有效方法。通过地震资料的处理和解释不仅可以划分对比地层层序、确定地层接触关系、推断沉积环境和沉积体系，还可以圈定隐蔽矿藏的位置及类型、判断岩石类型和岩石渗透率、孔隙度及孔隙所含流体、估算地层压力，推测流体运移方向等，从而对地层进行更详尽的解释。20世纪70年代地震地层学已发展成为一门独立的地球科学。

油田地质研究的大量资料都来自测井工作，如电测井、声波测井、地层倾角测井等。测井曲线的种类很多，划分对比地层最常用的是视电阻率曲线、自然电位曲线、微电极曲线、双侧向曲线等。各种曲线对不同岩性特征反映的敏感程度不同，应具体情况具体分析、综合运用各种方法。

地球化学方法主要是对岩层中的某些化学元素如主要元素、微量元素及它们的同位素作半定量或定量分析，然后根据化学元素的含量变化及不同层位的比例关系划分对比地层。

由于不同时期沉积环境的变化，不同层位地层的岩石及生物化石中化学元素的种类和数量各不相同。在一定的范围内相同层位的地层中某些化学元素有一定的分布规律，据此可以划分对比地层。碳酸盐岩地层中的Ca/Mg比、黏土岩中SiO_2/Al_2O_3比值等常量元素的含量常常用于地层的划分与对比。

放射性同位素在地层学中的应用前已述及。$^{13}C/^{12}C$、$^{18}O/^{16}O$、$^{34}S/^{32}S$等稳定同位素组成在地层中的变化规律也常常用于划分对比地层。

岩石学方法划分对比地层应注意，由于岩石地层单位有穿时性，所以即使是同一岩石地层单位在不同地点的形成的时间也只是大致相近（岩石学方法只能说明岩石地层的位置是否相当）。

又由于同一时期不同地区有不同的沉积环境，形成不同的岩石特征；只要形成条件相同，不同时代的地层就可具有相似的岩性特征，所以岩石学方法通常适用于同一沉积盆地（小范围）的岩石地层单位的对比；不同沉积盆地即使岩性相近，也不能用岩石学方法对比地层。由于岩石学方法只能说明地层的相对新老，不能确切地说明地层时代，所以在岩石地层划分的基础上，必须寻找地层剖面中的化石及地质年代标志，以便大致确定各岩石地层单位的形成时代，尤其是在构造变动复杂的地区岩石学方法必须与生物学方法、同位素测年等方法结合起来。要特别注意识别同相异期的地层，以免把不同时代、岩性相似的地层当作同一时代的。对于没有发现化石的地层，应参考邻区有化石资料的地层剖面，或根据上下含化石的地层进行推断，大致确定地层的时代与层序，寒武系之下的变质岩，应考虑同位素年龄。任何地层划分对比都不能摆脱时间的限制。单靠岩性很难确定地层的地质年龄，所以，岩石学方法一般是在生物地层学工作的基础上，即大的层位已知的情况下，或与生物地层学方法、同位素地层学方法同时进行。

二、生物地层学方法

在地层的形成过程中，生物不停地从低级向高级演化，因此不同时期的地层含有不同的化石。生物地层划分是通过逐层采集化石，将含有不同化石的地层划分开，并根据化石的时代属性确定地层层位。生物地层对比是将不同地层剖面的生物学特征进行比较，论证它们的化石特征和生物地层位置是否相当。生物地层学方法的理论依据是生物演化的进步性、统一性、阶段性、不可逆性等基本规律和生物层序律，Smith称其为“用化石鉴定地层”。这一原理可概括为：含有相同化石或含有同时代化石的地层是同时形成的；不同时代的地层含有不同的化石。

生物地层学方法以生物发展演化的不同阶段作为地层划分的依据。由于生物演化阶段大致反映地史发展的自然阶段，因此生物学方法不仅用于生物地层对比，也可近似于地层的年代对比。生物学方法不仅在同一沉积盆地内的地层对比中有重要意义，在互不连通的不同盆地，不同洲际之间的地层对比中更有独特的作用。目前使用的年代地层系统，特别是寒武纪以来的年代地层单位主要是利用生物学方法建立和识别的。尽管不同生物地理区的地层可以含有不同的化石，但是通过对过渡区混生生物群的研究可以弄清不同化石的对应关系。所以不同生物地理区、含有不同化石的地层也可进行对比。利用一些远距离传播的生物化石可直接对形成于不同环境互不连通的盆地，甚至不同洲际之间的地层进行对比。例如，有些孢粉可以远距离传播，其分布不受海、陆环境的限制。常用的生物学方法有标准化石法、化石组合法、生物演化法、古生态学方法、百分统计法等。

（1）标准化石法：因为标准化石演化迅速、地理分布广，所以既能准确地确定地层的时代，又便于远距离的地层对比。

（2）化石组合法：即对地层中所有的化石进行系统研究、综合分析，根据生物的共生组合及其变化情况划分对比地层。油田常常选择发育较好的地层剖面系统采集样品或化石，建立标准化石组合，以此作为地层划分对比的标准，新井发现化石后通过与标准化石组合对比，来确定其相当于哪一层位。松辽盆地等各含油气盆地都建立了介形类等化石组合，其不仅用于地层划分对比，而且也用于油层的划分对比。

（3）种系发生法（生物演化法）：即根据生物的演化特点和生物的兴衰演变规律来划分对比地层。例如，多节、多刺、小尾是早寒武世三叶虫的演化特点，不论是亚洲、北美还是西欧的地层，只要其中所含的三叶虫化石具备上述特点，就可确定它们形成于早寒武世。

（4）百分统计法：即选择地层发育较齐全的剖面（标准剖面）逐层、系统地采集化石，并编制出各层位的详细化石目录，以此作为划分对比地层的标准，未知剖面所含的化石与标准剖面进行对比，即可确定未知剖面相当于标准剖面的哪一层位。百分统计法常用于微体化石，例如，对未知剖面进行孢粉分析，统计其孢粉组合，然后与标准剖面各个层位对比，从而确定未知剖面的层位。

利用化石划分对比地层应考虑地层中整个化石群的特征，因为化石群的特征可以大体反映该时期生物群的面貌，反映生物界一定演化阶段的特点。结合具体情况，充分运用各种化石，可解决一些延续时间较长的化石不能确切划分地层时代的问题。例如，在某地层中同时存在甲、乙两种化石，单靠甲化石或乙化石都不能确切地确定该地层属于哪个系、哪个统，但是当它们出现在同一地层中（成为一个自然组合），就可以确定该地层形成于早石炭世。

在两个大的地层单位之间，常常有新、老化石错综交替的复杂现象。新、老生物更替，常常要经历一个较长的过渡时期，形成一个过渡性地层。由于过渡层中新老生物混生和逐渐过渡，所以过渡层的时代常常有争议，一般来说，应以新生分子大量出现之处作为分层界线。因为新生分子在其适宜的环境中会迅速繁盛，而古老分子在衰亡过程中有些个体往往能够在局部地区残存下来，除突然灾变外，古老分子一般不会同时全部消失。例如，我国华南、西南地区更新世繁盛的大熊猫，在更新世末期大量衰亡后，还有少数孑遗分子在四川西北部高山区残存下来。利用化石应注意的其他问题在古生物部分已经述及，此不赘述。

三、事件地层学方法

事件地层学根据地球演化进程中，某种突发的作用力或异常因素所导致的自然界剧烈变化的短期现象，研究岩石体中保存的突然事件的标志、规模、性质及成因，进而对地球上的相关层状岩石体进行划分和对比。事件地层学特别强调易于识别的自然界线，以大规模的生物绝灭事件和沉积事件为标志，把年代地层界线确定在沉积或生物发生全球性突变的界面上。它通常以一个面或一个极薄的特定层为代表，并伴有特殊的地球化学异常。火山喷发、古地磁极转向、海平面升降变化、冰川事件和大气圈、水圈的物化条件变化引起的岩石圈、生物圈的明显改变及外星撞击地球等，都是影响范围极广的稀有的突变或灾变事件。它们打破了长期缓慢演变的“正常”状态，导致有机界和无机界走上新的发展阶段，这些事件是地层划分对比的自然标志。事件界线容易辨认，往往具有全球等时性。

同一事件在不同地区不同条件下可有不同的反映。例如，奥陶纪末期的冰川作用在北非形成大规模冰盖沉积，在西欧为冰水沉积，其沉积记录虽然不同，但都是同一冰川事件的产物，因而可作为对比的标志。

四、年代地层对比的方法

年代地层对比是论证不同地区相应地层的地质年龄及它们在年代地层表中所处的位置是否相当。虽然岩石地层对比、生物地层对比都要考虑地层的形成时间，但是同一岩石地层单位、同一生物地层单位的形成时间只是大致相当。而同一年代地层单位必须是严格等时。年代地层对比的方法主要有同位素测年法、生物学方法、磁性地层法、气候学方法等。

岩浆岩、变质岩及缺乏生物记录构造变动复杂的沉积岩，主要是根据同位素年龄来划分对比。

生物学方法是年代地层对比较常用的方法。虽然由于生物迁移、扩散、环境变化及化石采集等因素的影响，对比的结果常常有一定的误差，生物带之间的界面也可能是局部穿时的。但是，利用化石划分的地层界线是以生物演化的不同阶段作为依据，因此可大致反映地史发展的自然阶段。一般来说，用浮游生物化石较用底栖固着生物化石在时间对比上更为准确（因为浮游生物分布范围广，迁移较快）。以生物演化为基础建立的地质年代表可以确定地质事件的时序。

许多古老的地层，以及岩浆岩和中、深变质岩中不含化石，使化石的应用受到很大限制。1853年Melloni发现岩石中磁性矿物所具有的剩余磁性记录了岩石形成时的地球磁场特征，20世纪50年代古地磁学已发展成为一门独立的地球科学。地史时期地磁场的极性保存于含有铁磁性矿物的岩石中，它是在岩石形成时受当时地磁场的影响而产生的，叫作剩余磁性。古地磁研究表明，地史时期的古地磁极是随着时间的推移而变化的，其有时与现今的地磁场方向一致为正向极性；有时与现今的地磁场方向相反为反向极性。古地磁学通过测定岩石中保存的剩余磁性，来追溯地史时期地磁场方向、地磁场强度等地磁要素的变化。由于地磁场的极性倒转具有全球性和同时性，所以可用于全球范围的地层对比。极性单位界面是全球性等时面，结合同位素年龄资料，将地磁的极性按地史顺序编排起来，所建立的鉴定岩石地质年龄的地磁极性年表已广泛应用于年代地层的划分对比，尤其是中、新生界（较新地层）的古地磁研究程度较高，其可靠性更强。大量研究表明，地磁极性倒转并非是孤立的，如生物绝灭（人们发现，地球磁场出现反向时，许多动、植物属种都突然消失，之后又很快出现新的属种）、气候变化、火山活动等地球上的许多自然现象都与地磁极性倒转密切相关，这些地质事件都可用于年代地层对比。随着超导物理研究方法的突破及可用于测量弱磁性样品的超导磁力仪的出现，磁性地层学方法将不受岩性限制，剩磁测试将更精确、更快捷。

气候学方法：例如，湖泊沉积中的季节纹层可反映形成时间，瑞典学者根据某湖泊沉积剖面的33000个沉积纹层，确定该湖泊有1.65万年的沉积历史（每年形成一深、一浅两个沉积纹层）。

除上述方法外，小行星撞击地球、全球性海平面变化等事件都可作为年代地层对比的标志。年代地层划分对比的方法不胜枚举，但是，目前还没有一种方法能够十全十美地解决问题。按时间地层单位的概念，同一时间地层单位的界面应到处等时，然而由于目前年代地层对比的手段还不完备，这种等时仅仅是概略的，距今年代越久远，年代对比的误差也越大。生物地层学资料只能提供一个“相对时间”的概念，同位素测年提供的年龄数据也存在误差。

总之，地层的年代对比，还需进行长期的探索，从经典的年代地层学（放射性测年和生物年代）到今天的“多学科年代地层学”，各种方法的使用以及更多信息的取得，使年代地层学成为多学科综合研究的领域。要使不同地区的同一界面尽可能等时，对比时应尽可能综合运用一切可作为年代对比的手段，尽可能运用一切可反映地质时代的证据（如生物演化、构造运动、同位素年代测定、古地磁、重大地质事件、沉积作用、古地理、古气候等方法），以达到趋近等时的目的。随着科技的发展，年代地层的对比必将日益精确。

第八章　构造地质与沉积相

第一节　构造地质

一、岩石变形的概念

构成地壳的各种岩层和岩体，在漫长的地质历史过程中受到地壳运动所引起的地应力的作用，发生变形和变位，从而形成了地壳上各式各样的地质构造。因此，我们在学习地壳的地质构造之前，介绍一点岩石变形的概念。

1. 应力及岩石变形的概念

（1）应力及地应力

岩石和其他固体物质一样，当它们受到外力作用发生变形时，必然会在岩石内部产生与作用力（即外力）相平衡的内力或附加内力。附加内力阻止物体继续变形并力图恢复其原来的形状。在内力均匀分布的情况下，作用于单位面积上的内力，称为应力。地壳中单位面积上的内力就是地应力，地应力是导致地壳中的岩层和岩体发生变形、变位，形成各种地质构造的根本动力。

（2）岩石变形方式

岩石的变形是指岩层、岩体受到外力作用后，内部质点间相对位置发生改变所导致的体积和形状的改变，称为变形。变形可以是体积的改变，也可以是形状的改变，或二者均有改变。岩石变形主要有拉伸、挤压、剪切、弯曲和扭转五种方式。从变形特征来看，可以归纳为均匀变形和非均匀变形两种类型。

均匀变形是指岩石各个部分的变形性质、方向和大小都相同的变形，如拉伸、挤压和剪切变形。非均匀变形是指岩石各个部分的变形性质、方向和大小都不同的变形，如弯曲和扭转变形。岩石变形程度的量度称为应变或变形量，一般以其相对变形来量度，即应变是指变形前后两个状态岩石形状的改变量，可用百分数表示。

2. 岩石变形的特征

在应力作用下，岩石与其他固体物质一样会产生变形，随着作用力的增大，一般都经过弹性变形、塑性变形和断裂变形三个阶段（见图8-1）。

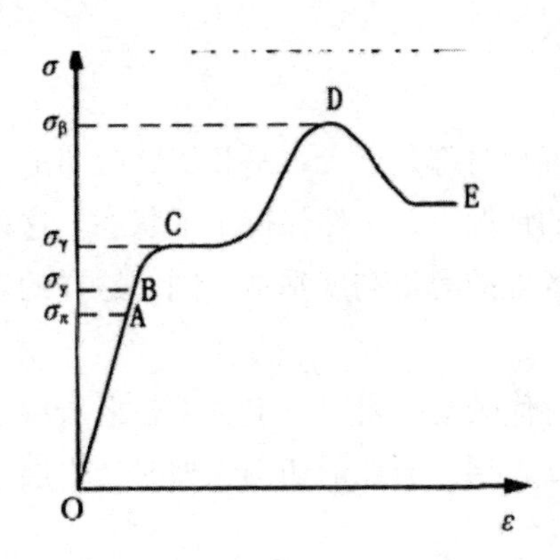

图8-1　韧性材料拉伸时的应力应变曲线示意图

（1）弹性变形阶段（O→B）

当岩石受应力作用时发生变形，在应力达到弹性极限（σy）之前取消外力作用后，岩石完全恢复变形前的状态，这种变形称为弹性变形。弹性变形在岩石中不留变形痕迹，但地震波等弹性波在地壳中能传播，即是岩石弹性变形的表征。

（2）塑性变形阶段（B→D）

应力超过岩石的弹性极限后，岩石继续变形，即应力增力口，应变也增加。在应力达到强度极限（σ_{β}）前，即使卸载完全恢复其原来的状态，大部分的变形仍能保持下来，这一变形过程称为塑性变形阶段。塑性变形过程能形成各种褶皱构造。

（3）断裂变形阶段（D→E）

应力达到或超过岩石的强度极限或破裂极限时，岩石内部的结合力遭到破坏而产生破裂面，使岩石失去连续完整性，这一变形阶段称为断裂变形。断裂变形过程能形成各种断裂构造。

岩石的变形是应力作用的结果。岩石变形过程除与应力的性质、大小、方向和作用时间等因素相关外，还与岩石的力学性质和地质环境等因素有关。因此，岩石变形过程极为复杂，它决定了地质构造的复杂性和多样性。

二、岩层及其产状

岩层是指由岩石组成的地层，它可以理解为由两个平行或近于平行的面所限制的、岩性基本一致的层状岩体。由沉积作用形成的岩层称为沉积岩层。岩层的顶、底界面之间的垂直距离为岩层的厚度。由于沉积环境和条件的不同，岩层厚度有的稳定，有的不稳定。当岩层向一侧变薄以致厚度变为零时，称为尖灭；当岩层向两侧尖灭时，形成透镜体。

1. 水平岩层

沉积物在大区域内沉积时都是近于水平和层状分布的。沉积物固结成岩后，在未遭受强烈的构造变动的情况下，仍然保持水平状态。这种岩层层面平行大地水准面，即同一岩层层面上各处的海拔高度基本相同，这样的岩层，称为水平岩层。水平岩层具有如下基本特征：

（1）层序正常时，时代较新的岩层一定位于较老岩层之上。当地形剥蚀、切割较轻时，地表只出露最新岩层。当地形切割强烈时，岩层越老，出露位置越低；岩层越新，出露位置越高。

（2）在地质图上，水平岩层的地质界线（岩层与岩层之间的分界线）与地形等高线平行或重合。

（3）水平岩层的厚度等于岩层顶面标高与底面标高之差值；水平岩层的露头宽度（即岩层顶界线与底界线的水平距离）取决于地形坡度和岩层厚度。当地形坡度相同时，岩层厚度大，则露头宽度大；岩层厚度小，则露头宽度小。当岩层厚度相同时，地形坡度陡，露头宽度小；地形坡度缓，露头宽度大。

2. 倾斜岩层

由于地壳运动的影响，自然界中保持水平产状的岩层并不多，多数岩层是倾斜的。这种岩层层面与大地水准面呈一定的角度相交，或同一岩层层面上具有不同海拔高度，称为倾斜岩层。倾斜岩层常常是褶皱的一翼，或是断层的一盘，或是地壳差异升降造成的区域性倾斜，它是地壳中岩层的主要存在形式。若一个地区的一系列岩层倾向、倾角大致相同，则称为单斜岩层或单斜构造。

（1）倾斜岩层的产状

倾斜岩层在三维空间可以向不同的方向倾斜，且可以有不同的倾斜程度和延伸方位，这可以用产状来定量描述。通常把岩层在三维空间产出的状态称为岩层产状。倾斜岩层产状可以用走向、倾向和倾角三个要素来表述（见图8-2）。

1）走向。岩层面与水平面的交线称走向线（AOB）。走向线两端所指的方向称为走向，常用空间方位角表示。因此，岩层走向有两个方位角数值，两者相差180°。岩层走向表示岩层在空间的水平延伸方向。

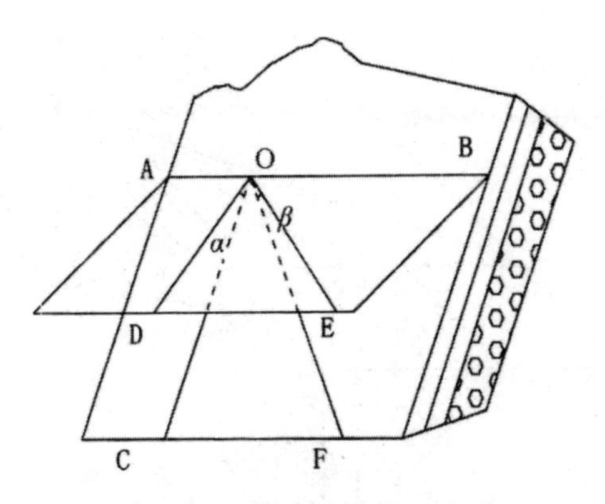

图8-2 倾斜岩层产状示意图

2）倾向。在岩层层面上，顺倾斜面向下引出走向线的垂线称为倾斜线（OC）。倾斜线的平面投影线指向岩层下倾一端的方向称为倾向（OD）或真倾向，同样用空间方位角表示。倾向与走向垂直，即倾向 ±90° 为走向。在岩层面上凡与岩层走向线斜交的任一直线均为视倾斜线（如OF），其在水平面上投影线所指的倾斜方向称为视倾向或假倾向（OE）。

3）倾角。岩层的倾斜线（OC）及在水平面上的投影线（OD）之间的夹角称为倾角或真倾角（∠COD或 α）。视倾斜线（OF）与它在水平面上的投影线（OE）之间的夹角称为视倾角或假倾角（∠FOE或 β）。真倾角（α）和视倾角（β）存在下列关系：

$$\tan\beta = \tan\alpha \cdot \cos\varphi$$

式中，φ——真倾向与视倾向之间的夹角（∠DOE）。

真倾角最大，视倾角永远小于真倾角。由上式得知，越大，视倾角越小。水平岩层倾角为0°，直立岩层倾角为90°，倾斜岩层倾角介于0° ~ 90° 之间。

地面岩层产状可用地质罗盘直接测量。地下岩层产状可通过定向取心或地层倾角测井获得，也可由钻探及地震勘探等地球物理资料间接求取。

（2）倾斜岩层的厚度

倾斜岩层的厚度（真厚度）是指岩层顶面和底面之间的垂直距离。在垂直岩层走向的直立剖面上，岩层真厚度就是岩层顶、底界线的垂直距离（见图8-3中h）。

倾斜岩层的铅直厚度是指岩层顶、底面之间铅直方向的距离（见图8-3中H）。也就是垂直井钻探中钻穿的岩层的井深厚度。铅直厚度（H）和真厚度（h）存在如下关系：

$$h = H \cdot \cos\alpha$$

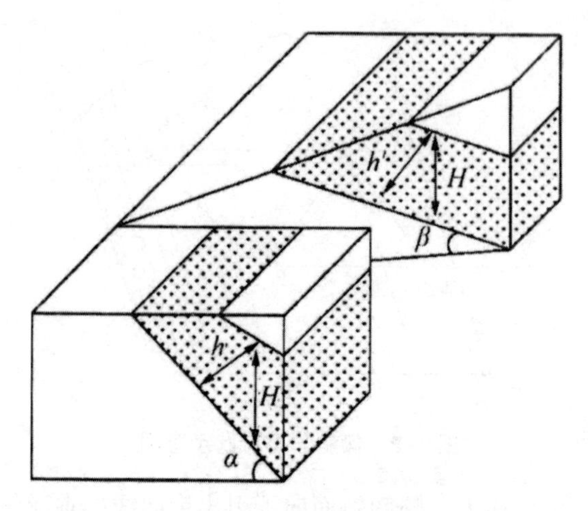

图8-3 岩层的真厚度、铅直厚度和视厚度

式中，α——岩层的真倾角。

在与岩层走向斜交的直立剖面上，或在与岩层面不垂直的任何方向的斜剖面上测得的岩层顶、底界线之间的垂直距离，都是视厚度（见图8-3中h′）。视厚度（h′）与铅直厚度（H）存在如下关系：

$$h' = H \cdot \cos\beta$$

式中，β——岩层的视倾角。

（3）倾斜岩层的出露特征

倾斜岩层的地质界线与地形等高线是相交的。受地形的坡向、坡度与岩层的倾向、倾角之间的关系影响，地质界线和地形等高线的形态，都相当复杂。直立岩层的地质界线则不受地形的影响，在地质图上表现为一条直线。

倾斜岩层的露头宽度受岩层厚度、岩层产状（倾向、倾角）和地面产状（坡向、坡角）三方面因素影响，这些因素的多样性组合使倾斜岩层的露头宽度复杂、多变。

三、褶皱构造

层状岩石在构造应力的作用下发生弯曲变形，形成一系列的波状弯曲现象称为褶皱（构造）。褶皱是地壳中最常见的地质构造现象，在层理发育的沉积岩中表现更为明显，它是岩石塑性变形的表现形式。背斜构造是最常见的油气藏类型或构造圈闭类型。

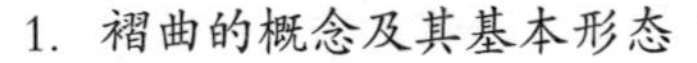

1. 褶曲的概念及其基本形态

褶曲是褶皱一系列弯曲中的单个弯曲，是褶皱的基本单位。褶曲按其形态可分为背斜和向斜两种基本类型。背斜是指岩层向上弯曲，核心部位的岩层老，向两侧岩层对称地变新，两翼岩层相背倾斜。向斜是指岩层向下弯曲，核心部位的岩层新，向两侧岩层对称地变老，两翼岩层相向倾斜。

2. 褶曲的几何要素

褶曲的几何形态千姿百态，为了准确描述、对比和研究褶曲构造，必须有统一衡量和比较的标准或参照系统，这就是褶曲的几何要素。褶曲要素主要包括内容（见表8-1）：

表8-1　褶曲要素主要内容

项目	内容
转折端	指由一翼向另一翼过渡的弯曲部分
枢纽	褶曲的同一岩层面或褶皱面上各最大弯曲点的连线。枢纽可以是直线或曲线，可以水平或倾伏。它描述的是褶曲在空间的起伏状态
核部和翼部	核部简称核，是指褶曲中心部位的岩层或地层。翼部简称翼，是指褶曲核部两侧的岩层或地层
轴迹	轴面与地面或任一平面的交线称为轴迹，在油田上又称为轴线，它可以是直线或曲线。轴迹代表了褶曲在横向上的延伸、展布方向
脊和脊面	背斜和向斜各岩层面（或褶曲面）在剖面上的最高点和最低点分别称为脊（也叫顶）和槽。同一岩层面上连接脊和槽的连线分别称为脊线（或顶线）和槽线，它们可以是直线或曲线。当轴面直立时，脊线和枢纽是相互重叠的。包含背斜褶曲各层面脊线的几何面称为脊面，它可以是平面或曲面
轴面	由褶曲各层面（或褶皱面）的枢纽构成的假想几何面称为轴面。轴面可以是平面或曲面。其产状可以用走向、倾向和倾角来确定。轴面大致把褶曲平分为两部分

3. 褶曲的分类

自然界中褶曲具有各种不同的几何形态和空间产出状态，通常可根据褶曲要素的变化及组合，从不同侧面对褶曲进行分类与描述。

（1）剖面上的褶曲形态分类

1）根据褶曲轴面产状和两翼岩层产状分类

①直立褶曲：轴面直立，两翼岩层倾向相反，倾角相近，直立褶曲也称对称褶曲。

②斜歪褶曲：轴面倾斜，两翼岩层倾向相反，倾角不等，所以又称不对称褶曲。

③倒转褶曲：轴面倾斜，两翼岩层倾向相同，一翼岩层层序正常，另一翼岩层

层序倒转（即时代较老岩层在新岩层之上）。

④平卧褶曲：轴面近于水平，一翼岩层层序正常，另一翼岩层层序倒转。

⑤翻卷褶曲：轴面弯曲的平卧褶曲。

2）根据褶曲的转折端形态分类（见表8–2）

表8–2 褶曲根据转折端形态分类

类别	内容
箱形和屉形褶曲	箱形褶曲为顶部平坦、两翼较陡的背斜构造；屉形褶曲为槽部平缓开阔、两翼陡直的向斜构造。它们具有一对共轭的轴面
尖棱褶曲	两翼平直相交，转折端为尖顶状（往往只是一点），整体形态呈尖棱状
挠曲和构造阶地	一段平缓的倾斜岩层突然变陡而表现出的褶曲面的膝状弯曲叫作挠曲；在倾斜岩层地区，有一段岩层产状平缓或近于水平而表现出的阶梯状弯曲称为构造阶地
圆弧褶曲	转折端或褶曲面呈圆弧状弯曲，褶曲顶部开阔
扇形褶曲	转折端呈圆弧状、正常层序，两翼均有倒转现象，构成扇形。通常由背斜构成的扇形褶曲称为正扇形构造，而由向斜构成的扇形褶曲称为反扇形构造

（2）平面上的褶曲形态分类

在平面上，褶曲同样表现为各种各样的形态。通常根据褶曲同一岩层的闭合线的长轴与短轴长度之比值不同，进行如下褶曲平面形态分类：

①线状褶曲：褶曲沿长轴方向延伸很远，褶曲长轴与短轴之比大于10:1。

②长轴褶曲：褶曲长、短轴之比为10:1 ~ 5:1。

③短轴褶曲：褶曲长、短轴之比为5:1 ~ 3:1。

④穹窿：长、短轴之比小于3:1的背斜构造。

⑤鼻状构造：摺曲的枢纽一端抬起，另一端下倾。在地质图上的岩层分界线和构造图上的等高线，表现为枢纽下倾端闭合，抬起端敞开。

⑥构造盆地：长短轴之比小于3:1的向斜构造，褶曲面从四周向中心倾斜。

4. 褶曲的组合形态

如前所述，褶曲仅是岩层褶皱的一个弯曲，称为局部构造。然而，在一定区域内，岩层的塑性变形往往不只是一个简单的弯曲，而是由一系列连续的波状弯曲——褶曲组成，并在空间作有规律的组合，构成了复杂的褶皱构造。两个或两个以上的连续的褶曲才称为褶皱，所以褶曲的组合形态才是褶皱形态。

（1）在剖面上褶曲的组合形态

1）复背斜和复向斜。巨大的背斜或向斜褶曲，其翼部被次一级褶曲复杂化，这些次一级小褶曲的轴向与大褶曲的轴向一致。这种巨大的背斜和向斜褶曲分别称为复背斜和复向斜。复背斜和复向斜统称为复式褶皱。

2）隔挡式和隔槽式褶皱。背斜与向斜褶曲发育的不同，背斜上凸明显突出，向斜非常平缓而开阔，称为隔挡式组合。相反，向斜下凹明显突出，背斜平坦而开阔，称为隔槽式组合。

（2）在平面上褶曲的组合形态

①平行式：一系列背斜与向斜相间排列，轴线近于平行。

②分支式：一个褶曲在延伸方向上分成几个褶曲。

③扫帚式：相间排列的背斜与向斜，一端收敛，一端撒开。

④雁行式：一系列褶曲轴线错开呈斜列展布。

⑤羽状：两行褶曲，相对斜列。

四、断裂构造

1. 节理

节理又称裂缝或裂隙，是地壳上部岩石中广泛发育的一种地质构造现象。按节理的成因不同，节理可分为原生节理和次生节理两大类。原生节理是指成岩过程中形成的节理，如岩浆冷凝、收缩形成的岩浆岩原生节理。次生节理是指成岩后次生变化形成的节理，又可分为非构造节理（如风化节理）和构造节理两种类型。

节理常是内生热液金属矿床的矿液运移通道和富集场所，也是石油、天然气及地下水的运移通道和储集场所。裂缝不仅能形成裂缝型油气藏或油气田，是重要的油气勘探对象；裂缝还常常改善岩石中的孔隙度和渗透率，对油气田开发具有重要影响。因此，研究裂缝性质、发育规律和裂缝参数，对油气田的勘探和开发具有重要的现实意义。

（1）节理与相关构造的几何关系分类

1）根据节理与所在岩层产状的几何关系分类

①走向节理：节理走向平行岩层走向。

②倾向节理：节理走向垂直岩层走向。

③斜向节理：节理走向斜交岩层走向。

④顺层节理：节理面平行岩层层面。

2）根据节理与褶皱轴的几何关系分类

①纵节理：节理走向平行褶曲轴线。

②横节理：节理走向垂直褶曲轴线。

②斜节理：节理走向斜交褶曲轴线。

（2）节理的力学性质分类及特征

按构造节理的力学性质，可分为剪节理和张节理两种类型。

1）剪节理及其特征

剪节理是剪应力产生的破裂面，具有如下主要特征：①产状稳定，沿走向和倾向延伸较远；②节理面平直、光滑，常见有擦痕和磨光镜面；③节理面一般紧闭，不被矿脉充填，若被充填，则脉宽均匀一致，脉壁较为平直；④遇砾石时，常切割砾石；⑤常呈共轭“X”型节理系、棋盘格式等规则组合型式。

2）张节理及其特征

张节理是由张应力产生的破裂面，即岩石中张应力达到或超过岩石的抗张强度后，在垂直于张应力方向上产生的破裂面。其主要特征如下：①产状不稳定，沿走向、倾向延伸不远，且产状常有变化；②节理面粗糙、凸凹不平，一般没有擦痕和磨光镜面；③节理面张开，常被矿脉充填，脉宽不均匀，脉壁凸凹不平；④遇砾石时，一般绕砾石而过；⑤其平面组合一般呈不规则状或树枝状。

2. 断层

断层是断裂面两侧发生明显相对移动的断裂构造。断层在地壳中广泛发育，是地壳中最重要的地质构造现象之一。断层常常控制含油气盆地的形成、发展和演化；控制盆地内次级构造带及圈闭构造的形成、发育和分布；控制盆地内沉积作用和沉积相带的展布以及油气生成、运移、聚集和保存。断层也是许多内生金属矿床的运移通道和富集场所。断层活动是地震发生的主要根源，大型工程所在区域地壳的稳定性也与断层发育及活动程度密切相关。因此，研究断层构造具有极为重要的理论和现实意义。

（1）断层的几何要素

要研究断层，首先必须要搞清断层的几何要素。断层的几何要素包括断层的基本组成部分及描述断层空间位置和运动性质有关的几何参数。

1）断层面。岩块或岩层被断开、滑动的破裂面称为断层面。断层面可以是平面或曲面，用走向、倾向和倾角来确定其空间位置——断面产状。断层规模较大时，断层面常具有一定宽度，是由一系列破裂面组成的带，称为断层带。断层面与地面的交线，则称为断层线。在油田的实际地质工作中或在地下构造图上，断层线实际上是指地下某岩层层面与断层面的交线在水平面的投影线。

2）断盘。断层面两侧沿断层面发生位移的岩块称为断盘。当断层面倾斜时，位于断层面上侧的一盘称为上盘，下侧的一盘称为下盘。当断层面直立或描述断盘在平面上的相对位置时，可按断盘相对于断层面走向的方位描述，如南北向断层的东盘、西盘，东西向断层的南盘、北盘等。按断盘相对升降滑动，可将相对上升的一盘称为上升盘，相对下降的一盘称为下降盘。

3）位移。断层最显著的特征就是断盘沿断层面产生过明显的位移。断层位移是断层两侧岩块相对移动的距离的泛称。因此，位移是断层的重要特征。位移的量一般用滑距和断距来表示。

①总滑距：指断层两盘的实际位移距离。由于需要确定断层两盘错断前后的两个对应点才能确定滑距，因此实际应用难度很大。总滑距在断层面走向线上和倾斜线上的分量分别称为走向滑距和倾斜滑距。

②断距：指断层两盘上的对应层之间的相对距离。断距比滑距容易确定，因此断距被广泛应用。但在不同方位的剖面上测得的断距值是不同的，在垂直于被错断岩层走向的剖面上可测得的断距有：

a．地层断距：断层两盘上对应层之间的垂直距离。

b．铅直地层断距：断层两盘上对应层之间的铅直距离。

c．水平地层断距：断层两盘上对应层之间的水平距离。

（2）断层的分类

1）按断层与相关构造的几何关系分类

按断层与所在岩层的几何关系分类可分为：

①走向断层：断层走向平行岩层走向。

②倾向断层：断层走向垂直岩层走向。

③斜向断层：断层走向斜交岩层走向。

④顺层断层：断层面平行岩层层面。

按断层与褶皱的几何关系分类可分为：

①纵断层：断层走向平行褶皱轴向。

②横断层：断层走向垂直褶皱轴向。

③斜断层：断层走向斜交褶皱轴向。

上述断层分类，与节理分类原则相同。

2）按断层两盘相对运动分类

①正断层：断层两盘沿断层面倾向滑动，上盘相对下降，下盘相对上升。

②逆断层：断层两盘沿断层面倾向滑动，上盘相对上升，下盘相对下降。断层面倾角大于45° 的逆断层一般称为高角度逆断层，有人也称为冲断层；倾角小45° 的低角度逆断层，称为逆掩断层。规模巨大且上盘沿波状起伏的低角度断层面作远

距离推移（数千米至数百千米）的逆断层称为辗掩断层，或称为逆冲推覆构造、冲断推覆构造（推覆体）。

③平移断层：断层两盘基本上沿断层走向作相对水平移动，又称走向滑动断层。根据断层两盘相对滑动方向，平移断层又有右行（右旋）和左行（左旋）之分。当垂直断层走向观察时，对盘向右方滑动（即顺时针方向旋转）者为右行平移断层；反之，对盘向左方滑动（即逆时针方向旋转）者称左行平移断层。

（3）断层的剖面组合类型

在剖面上断层常以组合形式出现，常见的组合形式有以下三种。

1）阶梯状断层

由数条走向大致平行、倾向相同的正断层组成，各正断层的上盘沿同一方向依次下降，形成阶梯状组合，故称阶梯状断层。

2）地堑与地垒

地堑是由两条或两条以上走向大致平行、倾向相对的正断层组成，中间岩块为位于中心的两条断层共同的下降盘，常常形成负地形；地垒是由两条或两条以上走向大致平行、倾向相背的正断层组成，中间岩块为位于中心的两条断层共同的上升盘，常常形成正地形。地堑与地垒有时可以相间排列，相伴产生。形成地堑和地垒的断层并不都是正断层，有时可以是逆断层，只不过没有正断层普遍。

3）叠瓦式断层

叠瓦式断层又称叠瓦状构造，是由一系列产状相近的逆冲断层组成，其上盘依次向上逆冲，断层面呈叠瓦式组合。叠瓦式断层是逆冲断层最常见的组合型式。

（4）断层的野外识别

断层活动总是会形成或留下许多地质现象，它是断层识别的重要依据。

1）构造线的不连续

构造线或地质体沿走向突然中断或错位，是断层存在的直接标志。构造线包括地层界线、岩层界线、不整合面、断层线、褶皱轴、矿脉、岩脉、岩体等。当有断层存在时，构造线的不连续既可在平面上观察到，也可在剖面上出现，或同时在平面和剖面上表现出来。构造线是确定断层存在的可靠标志。

2）地层的重复和缺失

断层的活动常常造成地层的重复和缺失。重复是原来顺序排列的地层部分或全部重复出现，但与褶皱造成地层的对称重复不同，它是单向重复。缺失是指地层序列中的一层或数层在地面断失的现象。在钻穿断层面的探井中常出现地层重复和断失现象。走向断层由于断层性质不同及断层与岩层产状不同，会出现不同的地层重复和缺失情况。

3）断层面（带）的构造特征

断层面（带）是断层存在的直接标志。断层活动会在断层面上形成断层擦痕、摩擦镜面和阶步等构造现象。断层带中还会形成断层角砾岩、碎裂岩、糜棱岩等断层构造岩以及构造透镜体等构造现象。

4）断层附近的构造现象

断层的活动常使断层面（带）附近的岩层发生塑性变形和脆性变形。前者常形成牵引构造或牵引褶皱、派生褶皱或次级小褶皱；后者常形成派生羽状张节理和羽状剪节理以及次级小断层等。上述这些构造现象是断层存在的直接标志。

5）地貌标志

断层活动常常在宏观地貌特征上也有明显的反映，如断层崖和断层三角面，山脊被错断或断开，水系突然改向或平直延伸，线状或串珠状分布的湖泊、洼地和泉水及温泉，串珠状分布的岩体或火山口等，都可能是断层存在的重要线索或间接标志。

五、不整合

1. 整合与不整合

（1）整合接触

如果一个地区保持稳定下降，沉积作用不断地进行，沉积物就会连续不断地一层层堆积下来，这样，不同时代形成的一套地层接触关系就是连续的，这种接触关系称为整合接触。连续沉积的两套地层之间没有明显的、突变的岩性变化，它们常常是逐渐过渡的。如果在沉积过程中曾经有一段时间沉积作用停止，但并没有发生明显的大陆侵蚀作用，而后又接受沉积，这样就造成了沉积间断。间断面上下的地层岩性改变有时较明显，容易识别；有时无显著变化。地层的连续接触和短暂的沉积间断接触都属于整合接触。例如，在陆相淤积物和洪积物的形成过程中，沉积作用和侵蚀作用经常交替进行，这种极短暂的侵蚀造成的沉积间断往往是由季节变化引起的。在洪水期河流发生泛滥，携带大量物质造成沉积，在枯水期则没有沉积甚至有短暂的侵蚀，这种现象只能称为小间断，仍然属于整合接触。

整合接触说明在形成该套地层的地质时期，该区的地质构造环境是稳定的。这种稳定可以是长期持续缓慢的下降，也可以是逐渐地相对上升，或是相对均衡。

（2）不整合接触

如果一个地区沉积了一套岩层，之后又上升露出水面并遭受侵蚀，造成较长期的沉积间断，然后再重新下降接受沉积，则在先后沉积的地层之间缺失了某一时期的地层，造成上下地层时代的不连续。上下地层之间的这种接触关系称为不整合接触。上下呈不整合接触的地层之间隔着一个大陆侵蚀面——沉积间断面，这个面就叫不整合面。它代表没有沉积的侵蚀时期，所以不整合面上常有风化侵蚀的痕迹。不整合面以下的岩系叫作下伏岩系，不整合面以上的岩系叫作上覆岩系。不整合面在地面上的出露线叫作不整合线，它是一种重要的地质界线。

根据不整合面上下两套地层的产状及其所反映的地壳运动性质，不整合可分为平行不整合及角度不整合两大类。

1）平行不整合

平行不整合也叫假整合，它是指不整合面上下两套地层的产状要素基本一致。平行不整合的存在，说明原来的沉积区曾经上升为古陆剥蚀区，在上升过程中地层没有发生明显的褶皱或倾斜，只是露出水面造成沉积间断并遭受剥蚀，直至该区再度下降为沉积区，接受新的沉积。因此平行不整合接触的上下两套地层之间缺失了一部分地层，但彼此的产状基本一致。

2）角度不整合

角度不整合即狭义的不整合，它是指上下两套地层之间不仅缺失部分地层，而且上下地层的产状也不相同。角度不整合的形成过程可以概括为：下降接受沉积→褶皱上升（常伴有断裂活动、岩浆活动、区域变质等）、沉积间断、遭受风化侵蚀→再下降接受沉积。由于新沉积物形成之前，老岩层已遭受强烈变动，所以新老地层的产状不同。角度不整合的存在，说明该区在上覆地层沉积之前曾发生过褶皱、上升等构造变动。因此它是划分大地构造单元和构造运动阶段的重要依据。

3）其他形式的不整合

地层不整合接触形式是多种多样的，除上述两种典型的类型外，还可分出多种类型。与油气关系比较密切的有：

①局部不整合与区域不整合：局限于局部地理范围，由局部构造因素引起的不整合叫作局部不整合；分布于较大区域的不整合叫作区域不整合，二者仅是个相对的概念。

②超覆不整合：当沉积盆地相对下降，水体及沉积范围不断扩大，造成海、湖的边缘地带新地层超越老地层的分布范围，而直接覆盖在盆地边缘的剥蚀面上，形成超覆不整合。

③嵌入不整合：在起伏较大的不整合面上，新岩层充填在局部低凹处，就像嵌入在老地层之中，这种现象就叫作嵌入不整合。这种不整合可以看成为局部角度不

整合。

④侵入接触（不整合）及沉积接触（不整合）：前者是指岩浆侵入地壳后，围岩与侵入岩的接触关系；后者是指时代较新的沉积岩层直接沉积在古老的火山岩系之上形成的接触关系。

2. 不整合的识别

不整合面与整合面比较而言相对是不平整的，表现为起伏不平。因沉积间断而引起沉积环境的变化，往往造成不整合面上、下岩性突变。上覆层的底部出现底砾岩，砾石成分往往与下伏的老地层岩性有关。长期的剥蚀、风化作用使不整合面附近形成一个以下伏岩性为主、岩石结构松散的风化壳，其颜色与上、下地层有较大区别。不整合面附近常富集铁、铝、锰等有用沉积矿产。对于角度不整合，不整合面上、下地层的产状有明显差别。不整合面上、下两套地层之间有沉积间断，古生物演化不连续，缺失某些时代地层，在岩性、岩相、生物种群等方面均不同，并且这种不连续不是断层所致。不整合面上、下两套地层的构造变形强弱程度不同，一般说不整合面以下的老地层经受过多次构造变动，构造变形较为强烈、复杂。有时两套地层的构造线方向迥然不同。此外，两者的岩浆活动和变质作用都存在较大的差异。

六、同沉积构造及底辟构造

1. 同沉积背斜

同沉积背斜是指在沉积盆地整体沉降、接受沉积的同时，由于局部隆起形成的沉积岩层的背斜构造。其形成过程是隆起、沉积和变形同时进行，在局部隆起区形成沉积岩层，并因存在垂向上的作用力和压实作用，导致岩层发生弯曲变形，从而形成背斜构造。同沉积背斜具有如下基本特征：①顶部岩层厚度小，两翼岩层厚度大。这种厚度变化可以由某些单层厚度横向变化产生，也可以是两翼岩层向顶部上倾尖灭，顶部存在沉积间断造成。②单层厚度横向变化的岩层中，同一岩层横向上常常存在岩性及岩相变化。顶部岩性粗，为浅水相沉积，向两翼岩性逐渐变细，过渡到深水相沉积。③背斜构造幅度下部大、上部小。④两翼岩层倾角下部陡、上部缓。⑤同沉积背斜具备构造面积和构造幅度大、圈闭条件好、储集层发育、生储盖组合配置好以及靠近油气源、形成时间早等有利条件。因此，对油气聚集非常有利，能形成大型油气田。

2. 潜山披覆构造

潜山披覆构造是一种复合构造类型，由不整合面以下的潜山和不整合面之上的沉积盖层形成的披覆构造组成。潜山与披覆构造相辅相成、密切配合、缺一不可。

潜山又称古潜山，是现在仍被后期沉积物所覆盖的某一古侵蚀面的较高地带，它可以是断层活动形成的断块潜山，也可以是地表岩层经风化剥蚀而成的残山，即沉积盆地基底中的古凸起。在地壳沉降作用下，这些古凸起被新的沉积地层埋藏起来而成为潜山。覆盖在潜山之上的新的沉积地层，由于差异压实作用而形成一个背斜构造披覆在潜山之上，两者共同组成潜山披覆构造。显然，潜山披覆构造是由不整合面和古剥蚀面下面的潜山和其上的披覆构造两大部分有机组合而成。潜山通常是由老岩层或岩体构成，经风化剥蚀作用的长期改造，形成一系列裂缝、溶孔、溶洞，甚至是较厚的风化或半风化岩层。因此，它具备良好的储集性能，常形成新生古储式油气藏，其产油气潜能很高。剥蚀面以上的披覆构造，是沉积作用和差异压实作用的产物。由于形成时间早、生储盖组合好，因此潜山披覆构造具备良好的油气成藏条件。

3. 同生断层

同生断层又称生长断层或同沉积断层，是指在沉积过程中长期发育、逐渐生长起来的断层。这种断裂的形成与沉积同时发生，即边沉积、边断裂，并且往往控制沉积作用。大型同生断层常常控制盆地的发生、发展和演化，控制盆地的沉积作用、沉积相带的发育和展布，控制油气的成藏条件，因而成为油气勘探中的重要地质构造类型之一。同生断层具有如下特征：①下降盘的地层厚度明显大于上升盘的地层厚度，同一层位下降盘地层厚度与上升盆地层厚度之比值称为生长指数。生长指数越大，反映断层的同生活动越强烈。②断层的落差（或断距）随着深度的增加而增大。③同生断层的断层面通常具有上陡下缓的犁式断层特征。④同生断层的下降盘常发育滚动背斜（又称逆牵引背斜或反牵引背斜）和反向断层。⑤同生断层形成的滚动背斜和断块构造等多种构造圈闭，具有形成时间短、距油源近，生储盖组合良好等有利于油气聚集的条件，因此能形成油气十分丰富的油气藏。

4. 底辟构造

底辟构造是地下高韧性岩体在构造应力的作用下，或者由于岩石物质间密度差异所引起的浮力作用，向上流动并挤入上覆岩层之中而形成的各种构造，因此也有人称之为“挤入构造”。研究表明，某些岩层在应力作用下将会像流体或黏性固体一样流动，这些岩层包括蒸发岩（特别是盐）、黏土岩、泥炭、泥灰岩、冰及火成岩和某些变质岩。但最普遍、最重要的是盐（包括与其伴生的石膏）和黏土底辟构造。盐底辟构造通常又称为盐丘，是由盐岩和石膏向上流动和挤入围岩，使上覆岩层发生拱曲隆起形成的构造。当岩浆体上拱、侵入围岩，使上覆岩层发生拱曲，则形成岩浆底辟。

底辟的向上运动是相对于周围地区的沉积物而言的，通常是随着沉积盆地的发展而下沉，只有当底辟的向上生长快于周围沉积物的沉陷时，它才具有绝对的向上运动。底辟构造附近是油气聚集的有利场所。

按照底辟核与围岩的关系可将底辟分为刺穿构造和隐刺穿构造。隐刺穿构造是指底辟物质没有刺穿围岩，其底辟核顶面的形态和围岩保持一致。这种底辟构造常常是底辟发育初期的形态，或者是由于底辟物质黏度大、塑性差、变形弱的结果。刺穿底辟通常是底辟发育到成熟阶段的产物。

七、大地构造简介

1. 地槽和地台说

这一学说根据地壳活动性大小、升降运动的强弱将地壳划分为地槽和地台两个构造单元。

（1）地槽

地槽是地壳上强烈活动的地区。该区曾接受巨厚的沉积；褶皱变动和断裂变动剧烈、规模大、类型多，褶皱常呈紧闭线形，断裂多为走向逆断层、逆掩断层；与其伴生的岩浆活动强烈，从基性到酸性，从侵入到喷出都有；区域变质作用复杂而强烈等。地史时期的地槽现今已褶皱成大的山脉，如喜马拉雅山、天山、阿伯拉契山、乌拉尔山等。于是给人们的印象是，地槽的形状应是长条形的，长可达数百千米至数千千米，宽数十千米至数百千米。有的地质学家明确提出地槽是当今大山系发展过程中的一个特点，是地槽结束时的产物。

地槽从发生到结束经历了两个阶段：

第一阶段以沉降为主，初期是缓慢下降，下降的差异性明显，下降过程中海侵不断扩大，邻区和地槽内相对高地的大量物质被搬运到低洼处沉积下来，形成陆源碎屑沉积，褶皱与断裂活动微弱，岩浆活动为基性喷发岩。晚期沉降速度加快，海侵扩大，高地被夷平，气候也向潮湿海洋性气候发展，化学风化与剥蚀加剧，沉积物由陆源碎屑转为以碳酸盐岩沉积为主，岩浆活动为基性层状侵入。

第二阶段以上升为主，上升的同时出现海退，碳酸盐岩沉积转化为陆源碎屑沉积。上升过程中伴随有强烈褶皱和断裂，常见复背斜、复向斜，断裂与褶皱在剖面上紧密排列。岩浆活动由弱到强，形成巨大岩基和岩株等酸性、中性火成岩侵入体。褶皱、断裂和岩浆活动造成区域变质情况普遍存在。与此同时，内生矿床和变质矿床形成。至此地槽结束了活动状态，转变为相对稳定的褶皱山系。

地槽从下降发展到回返上升形成褶皱山系，这一发展过程称为地槽构造旋回。

地槽是根据发育的时代命名的，而褶皱带则以构造运动名称命名。例如，在早古生代期间活动的地槽，在早古生代末褶皱回返成褶皱带的，称为早古生代地槽和加里东褶皱带。晚古生代活动到晚古生代末褶皱回返成褶皱带的，称为晚古生代地槽和海西褶皱带。中生代、新生代活动并在此期间结束的地槽称为中生代（或新生代）地槽和阿尔卑斯褶皱带。

地槽可分为位于两个稳定地块之间的正地槽与位于稳定地块内部、活动性较差的准地槽。正地槽又可进一步分为优地槽与冒地槽。优地槽指离稳定地块较远，地壳活动较强，有蛇绿岩，火山物质为重要组成成分的地槽；冒地槽则是指靠近稳定地块，没有蛇绿岩，缺少火山物质，以碎屑岩及碳酸盐岩为主的地槽。

（2）地台

地台是地壳上相对稳定的地区。地台最重要的特点是具有双层结构，下层称为基底，上层称为盖层，两者为不整合接触。盖层由沉积岩组成，厚度薄、岩相变化不大。地壳运动主要表现为大面积的缓慢的升降运动，构造变形轻微，岩层产状平缓，褶曲在平面上分布无规律性，以穹窿、短轴背斜为主，断层多为高角度正断层。岩浆活动也较微弱，岩石很少受到区域变质作用。下层的基底由巨厚的沉积岩和火山岩组成，构造比较复杂，岩石多受变质作用影响，表明基底由地槽演变而来。地台是地槽回返后经侵蚀夷平，其上接受沉积盖层而成。从这一概念出发，任何一褶皱回返的地槽都可以演变成地台。但自古生代以后回返的地槽，由于其上部的盖层很不发育，至今仍属于褶皱的山区，我们习惯称为褶皱带而不叫地台（或称年轻地台）。对于基底为前寒武纪以前形成，上部又有较厚的沉积盖层称作地台（或称古地台）。地台的发展显然经历了两个阶段：初始阶段，被夷平的褶皱带下降接受沉积，开始以陆源碎屑为主，随着沉降加速，海侵扩大，形成广泛的碳酸盐岩沉积，同时有基性岩浆喷发活动和岩浆层状侵入。地台发育的第二阶段以上升为主，逐渐海退，碳酸盐岩沉积逐渐被碎屑岩沉积所取代。地壳不均一上升形成平缓褶皱和高角度断层，也有微量火成岩侵入，盖层未遭受区域变质作用。

地台在平面上多为圆形、菱形和多边形，在地形上大多表现为平坦的平原或高原。但也有地形较为复杂的地台，如我国的华北地台和扬子地台往往平原与高原交替存在，地台周边常见较高的山脉。

（3）地槽和地台内部构造单元的划分

首先，从宏观上将地壳划分为地槽和地台两个一级构造单元，但地槽和地台内部还有区别，可以划分出次一级的构造单元。二级构造单元的地槽是地槽系中强烈活动区，其岩相、厚度变化大，构造变动与岩浆活动特别强烈的地区。地槽的次级构造单元是地向斜、地背斜和边缘坳陷：地向斜是地槽中负向单元，早期强烈下降，后期褶皱隆起，岩浆活动、变质作用都很强烈；地背斜是地槽中正向单元，长期相对隆起，缺失沉积或有较薄沉积，岩浆活动、变质作用也发育；边缘坳陷是指地槽回返后，在与地台交界处形成的坳陷，它是地槽与地台之间的过渡单元。

根据地台内部基底升降情况和构造变动特点的不同将地台划分出地盾（地轴）、台背斜、台向斜、台褶带四个二级构造单元。地盾是地台上长期裸露地表的剥蚀区，上面的沉积盖层很薄或没有沉积物。长条形的地盾叫作地轴。地台上的隆起区叫作台背斜，坳陷区叫作台向斜，前者沉积盖层比后者薄，发育也不完全，沉积间断较多。台褶带是地台上的褶皱带，早期下降接受沉积，后期上升褶皱。一种台褶带与地轴或台背斜相伴而生，一升一降；一种台褶带发育在地台边缘，是受相邻地槽强烈坳陷影响的结果。

地台内的三级构造单元是隆起区（带）、隆断区（带）、隆褶区（带）、坳陷区（带）、坳断区（带）、坳褶区（带）。它们的第一个字往往是用来反映历史发展中的升降情况，而后一个字反映构造变动的状态。例如，隆褶区表示在地质历史发展中是相对隆起，由于构填运动影响而形成以褶皱为主的地区（带）。隆起区与坳陷区则表示构造变动不显著的上升或下降的单元。地台的三级单元与中间地块次级单元可以通用，并增加山前坳陷一词。山前坳陷指地台或中间地块边缘因相邻地区上升成山而形成的强烈坳陷地带。

地槽系与地台的四级和五级名词通用。四级构造单元名称命名原则与上述原则相同，五级构造单元的名称与构造地质学所指的含义相同。

2. 板块构造说

板块构造是20世纪60年代产生的大地构造的新学说，其基本观点认为，地球表层的岩石圈并非完整的一个壳体，它是由一组比较薄的壳状板块组成。这些刚性的岩石板块像湖面上的大片浮冰漂浮在地球上的软流层上。各板块的边缘地带是地质和构造作用的活跃地带，地震和火山活动常常发生于此。这些边界地带也是造山运动的场所，而在板块内部是相对稳定地区。板块不断地生长、运动和消亡，特别是板块在软流层上的运动是形成地表各种构造变形的原因。

板块构造学说虽然诞生在20世纪60年代，但其思想体系的萌发应追溯到20世纪初德国气象学家魏格纳的大陆漂移说。魏氏的研究主要立足于大陆地质资料，阐明大陆是在水平位移的。到了60年代初，海洋研究成果证明海底在不断扩张、不断生长和不断消亡，海底也在发生水平位移。板块构造学说则是把大陆与海洋作为统一整体考虑，论述整个地壳在软流层上的漂移机制。因此有人把板块构造学说称作全球构造学说。所以要了解板块构造学说，首先应当知道什么是大陆漂移说和海底扩张说。

（1）大陆漂移说

魏格纳在1910年一次偶然的机会阅读世界地图时，发现非洲西海岸与南美的巴西海岸的轮廓极为吻合，好像一张纸撕开了一样，可以重新拼凑起来。以后他广泛收集地球物理学、地质学、古生物学与生态学、古气候学及大地测量学方面的证据，来说明大陆的水平位移和海陆起源。1915年正式提出了大陆漂移的学说，完成了他的大陆漂移学说的著作——《大陆与海洋的起源》。魏氏认为在晚石炭世以前，地球上的陆地是完整的一块，称作泛大陆，从晚石炭世以后开始分裂，散落到全球各处，直至第四纪构成今天这个样子。对于今天的大陆是否还在“漂移”魏格纳回答是肯定的，他做了许多预测，回答了今后海陆分布的未来。科学的创见不单是发现客观现象，更重要的是对客观现象做出科学的解释。魏格纳在证明大陆漂移时，有许多客观存在的事实继承了前人的研究成果，所不同的是他用大陆漂移的观点对前人的成果做出更加令人信服的解释。魏氏大陆漂移说的主要证据有：

1）大西洋东西两岸轮廓如同一张撕裂的纸，可以拼合起来。他认为大陆应在深海中的大陆坡边缘进行拼合。南美与非洲在海平面200m以下拼合比海岸线拼合更加吻合，在海平面以下2000m等深线两大陆几乎可以完全重合。1965年布拉德等人使用电子计算机，选择915m等深线作为大陆边缘，对大西洋两岸进行拼接效果良好。

2）南美、非洲、印度、澳大利亚和南极洲的地层发育极为相似。石炭纪—二叠系冰碛层、三叠系页岩、下三叠统红层和侏罗纪熔岩的对比，层位都比较吻合。此外，非洲巨大的片麻岩高原与巴西的片麻岩高原十分相似。

3）地质构造线的吻合。欧洲三条并列的古老褶皱带都从大西洋的此岸延伸到彼岸。这三条褶皱带是：①石炭纪褶皱带，它使北美的煤层好像是欧洲煤层的直接延续；②志留纪和泥盆纪褶皱带，或称加里东山系，它一侧在中欧高文恩山和阿登高地，到苏格兰与大西洋彼岸阿巴拉契亚山的纽芬兰处相接；③在上述加里东山系以北，欧洲的赫布里底群岛和北苏格兰片麻岩山脉，在北美与此相应的是拉布拉多的同时代片麻岩山脉，这些山脉向南一直到达贝尔岛海峡，并深入加拿大内部。非洲南部东西走向的次瓦尔特山（二叠纪）可以延伸到南美的布宜诺斯艾利斯，此处地表没有明显的地形显示，但发现一条走向一致的古老褶皱，与南非开普山脉极为相似。总之，只有大陆拼接后，各大陆由地槽回返的山脉才不会在大陆边缘突然终止，而是形成环绕着古大陆的连续褶皱带。这与现今的地槽都位于大陆边缘的情况一致。

在魏格纳提出大陆漂移说之前，不少生物学家和古生物学家对大西洋东西两岸的生物分布都做了详细的研究，尤其是那些不能漂洋过海的生物，如蜗牛、蚯蚓和淡水鱼类，从现今的德国到不列颠群岛、冰岛、格陵兰直到美洲均有同种属的分布。舌蕨类和爬虫类的中龙科在南大西洋两岸都有分布。这无疑说明大西洋东西两岸过去是连接的事实。

魏格纳论证大陆漂移的证据是丰富的，限于篇幅不能一一列举。但是作为一个完整的学说，他没有解决漂移的机制问题。魏格纳认为轻的硅铝层在重的硅镁层上漂浮、移动。但是根据地球物理资料证实，硅镁层的刚性大于硅铝层，不可能发生这样的漂移。因此，大陆漂移说受到许多地球物理学家和地质学家的反对。到20世纪50年代，英国的布莱克特和朗科恩等人测定各大陆的古地磁极，发现磁极在地史年代中是变化的，各大陆测定的磁极变化轨迹不尽相同，从而证实了大陆之间确实存在相对移动，于是大陆漂移说又重新焕发了青春。

古地磁极的研究是建立在对磁化岩石研究的基础上。岩石在形成过程中受地球磁场的影响而磁化，变成磁化岩石。对于火成岩则随着岩浆冷却到900℃时完全凝固，500℃以前磁铁矿的原子围绕它们在矿物结构中的正常位置振动，进一步冷却，原子振动量减小，磁场开始作用，矿石内的小原子团开始按照地球磁力线方向排列起来，每块矿石变成一个极性与地球磁场极性一致的小磁石。对于沉积岩的磁化过程是通过水或风搬运来的颗粒，一部分为磁化颗粒，在水中悬浮时受地磁场影响排列起来。但是沉积岩中磁化颗粒有限，加之在沉积和固结成岩中，可能发生物理化学变化影响磁化方向，所以沉积岩的磁化强度和磁化的稳定程度都不如火成岩。

（2）海底扩张说

20世纪50年代前后，由于全世界大规模的海洋地理、海洋地球物理和海洋地质研究工作的开展，证明了洋底不是简单的深海盆地。H.H.Hess（1946年）发现海底平顶火山，它是由海岭上火山岛熄灭、山顶被浪削蚀后下沉水下形成，可深达几千米。M.E.Ewing和B.C.Heezen在大洋中发现了绵延很长的海岭系统。将北冰洋、中大西洋、印度洋的海底山脉称作脊，脊上通常有一狭窄裂谷；而将东太平洋海底山脉称作隆，隆上比较简单，未发现裂谷。海洋地貌另一醒目的形态就是岛弧及其邻近海沟，组成弧—沟系统。

H.W.Menard和R.S.Dietz（1952年）对太平洋中巨大破裂带的发现也是大洋研究中最重要成果之一。现已知在所有大洋中都有这种破裂带，它们是长而窄的海底山脉带，可长达几千千米、宽数十千米，多与海岭相垂直，分隔着不同块体。

海洋地质研究还表明海底沉积厚度小，海底岩石年龄比大陆要年轻得多。洋壳最老岩石的年龄不超过2亿年。离中脊或中隆越远，火山岛越老。沉积物厚度也从中脊或中隆处的无沉积或少量沉积向大陆坡脚下明显增厚。

20世纪50年代古地磁学兴起，证明在各地史时期磁极位置多变。二叠纪以来在不同大陆采集岩石标本所确定的古地磁极迁移轨迹不同，较老地质时期各大陆极移轨迹相离很远，时代变新逐渐移至现在磁北极位置。如果把大陆重新拼合，极移轨迹则可重叠在一起。这证明各大陆间相对位置的确有过变化。

H.H.Hess和R.S.Dietz（1961年）根据地理、地质及地球物理各方面证据首先提出了一个新的重要设想，即大洋中脊（或中隆）是地幔物质上升，不断形成新地壳的地带。Dietz（1961年）将此论断定名为海底扩张说，以反映这一全部过程。Hess（1962年）在《大洋盆地的历史》一文中提出了所需的模式。

海底扩张说的要点是，软流层的超基性物质由海岭断裂中涌出，形成新的洋底条带，并推动较老的洋底条带向外扩张，越扩张越远，岩石层在深海沟处下沉而返回软流层。这样造成一个物质循环，由于洋底一面生长，一面消亡，不断更新，洋底上下就没有比中生代更老的沉积和岩石。运动最主要的动力是由于地幔物质的对流，运动的速度为每年一厘米至几厘米，整个大洋底每3亿年或4亿年更新一次，对流循环的尺度可达几千千米。在地质时期循环系统的位置不是固定不变的，因而导致大地构造形态的变化。对流发生在软流层内，对流所产生的拽力，作用于岩石圈的底部，而不是地壳的底部。海岭处于对流的上升区，故那里的热流较高。海岭两边的地形崎岖，海底的死火山和平顶山离海岭越远，其年龄越老，这都是海底扩张所致。各大陆确实曾经发生过大幅度移动，大陆仿佛坐在传送带上在对流圈上慢慢移动。当大陆达到对流的汇集点时，因较轻则停止不动。大陆常位于对流汇集的地点，因处于压缩应力状态下，形成挤压型构造，而大洋盆地则处于张应力状态下。但如果有一新的对流循环由大陆下面上升时，大陆将被冲破而产生新的断裂。当对流循环的形态改变，原来的海岭也要改变，故海岭不是永久的形态。

（3）板块构造学说

1）板块构造学说的提出

海底扩张说提出后，又有大量观测、研究成果支持这种设想。其中令人信服的最重要的证据是地磁地层学在洋底的应用，地磁场的反转和大洋中许多地区的磁异常的线性排列可以确定大洋底的运动方向和运动量。

岩石磁化方向有正向和反向的变化，是普遍的现象。正向和反向的时间在全球是一致的，这可用磁场本身转换了方向来解释，地磁场转向的时间间隔很不规则，但转向的时间是可以确定的，故可按照地磁场的方向及转动时间编出地磁极转向

（或反向）年表。J.R.Heirtzler等（1968年）编制了0.76亿年地磁反向年表，其中有171次地磁场倒转事件。

大洋中许多地区的磁异常分布有明显的特征，在海岭两边的正异常和负异常条带与海岭的走向平行，并且呈对称分布，尤其在海岭附近更为明显，常可延至很远的距离，只有当跨过大断裂时，磁异常条带的图案才整体被错动，这种情况在各大洋中均有。根据这些结果，F.J.Vine和Matthews（1963年）进一步提出以下解释：海底是软流层上升的物质由海岭涌出向两边扩张所造成的。当它们一面扩张，一面冷却时，便取得磁性，其方向与当时的地磁场方向一致。由于在扩张的过程中，地磁场多次转向，而海底凝固后的磁性又是稳定的，所以扩张的海底在不同的时期磁化方向不同。也就是说，与海岭距离不同的海底是由正负磁化相间的磁块连结而成的。海底好像是一个巨大的磁带，上面记录着地磁场转向和海底扩张的信息。磁异常在海岭两边的对称性只不过是两边扩张速度相等的结果。海底扩张速度可以根据同位素年龄和观测到的磁异常间隔计算出来。

20世纪60年代中期，W.J.Morgan（1968年）将分隔的坚硬岩石层的各部分称作块；D.P.Mckenzie（1967年）则称之为板块；F.J.Vine和H.H.Hess（1968年）明确提出了“板块构造”这一名称；B.Lsacks等研究全球构造和其地震现象，定名为“新全球构造”。板块构造学说运用各方面资料，把地球作为一个统一的整体，提出了地球上层（包括软流圈在内）的运动学和动力学模型。它的提出是地学发展史的一次重大革命。

2）板块构造学说的基本理论

地球的坚硬外壳——岩石圈不是一个整体，而是被断裂网络和活动带分成分隔的块体，这些块体称为板块。分隔板块的线或边界，叫作板块分界线或板块边界。

板块构造学说认为，大地构造活动的基本原因是几个巨大岩石圈板块的相互作用而引起的。这些板块的强度很大，主要变形发生在其边缘部分。由于板块之间相互活动，在边界及其附近常产生一些特殊的复杂地质现象。岩石圈在板块离散边界处（洋中脊、洋中隆）增生，由于其下软流圈对流的带动，岩石圈板块由海岭向两边扩张。在聚敛边界处（弧沟系、碰撞造山带）大洋岩石圈消减或消亡，大陆岩石圈增长，通过软流圈完成对流的循环。在转换边界上形成巨型走向滑移断裂带。在岩石圈运动过程中，这些板块边界是最重要的构造带，它们是互相制约的。

X.LePichon（1968年）根据地震特别是浅源地震震中密集带，以及断层和火山的分布，将全球岩石圈划分为六大板块，它们的名称是：欧亚板块、非洲板块、美洲板块、太平洋板块、印度板块和南极洲板块。从板块构造观点研究固体地球表面，对大陆和海洋分界的海岸线或大陆坡都将失去意义，陆地与海洋可以划归同一板块。上述六大板块除太平洋板块不包括大陆台地外，其余板块均包括大陆台地和洋盆两部分。大陆仅是板块上的一部分随板块漂移，板块之间彼此镶嵌在一起，连续地覆盖在地球表面。

按照板块说，板块边界有三种类型：①分离型（离散型）板块边界，相当于大洋中脊轴部，其两侧板块相背运动，留下的空间被软流层上升的岩浆物质填充，形成新的洋壳。②汇聚型板块边界，相当于海沟和年轻造山带，两侧板块相对运动，碰撞后一板块俯冲到另一板块之下。大洋板块与大陆板块碰撞处出现海沟和岛弧，岛弧及大陆边缘多火山和地震活动，如果是两大陆板块碰撞则形成造山带。此外，在两板块碰撞处，常形成一些特殊变质岩带和混杂岩堆积。③平错型板块边界（转换型边界），在边界上岩石圈既不增长也不消失，两个板块以断层形式接触。这种平错型板块边界首先发现在大洋中脊附近，大洋中脊常被众多的垂直中脊的断层所错开，错开距离可达数百千米。这些断层初始认为是平推断层，后经加拿大多伦多大学威尔逊研究认为，这是与平推断层性质不同的一种断层——转换断层（见图8-4）。若是平推断层错动应沿断裂AD线发生，两边洋中脊（FB、CE）随时间推移错动距离加大，错动的平推断距向两端逐渐减弱而消失。转换断层与上述情况不同，错动仅发生在中脊轴线之间的BC段上，BC线以外的AB、CD段断层两侧海底扩张方向相同，其间无错动。

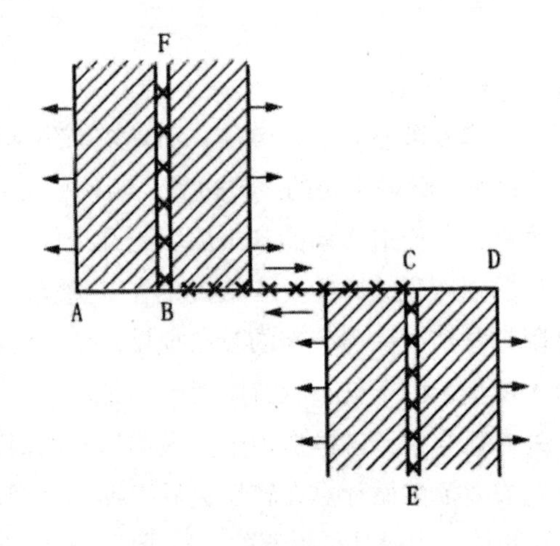

图8-4　转换断层示意图

岩石圈板块为什么会不停地运动，目前多数人认为板块的驱动力是地幔的对流作用。地幔对流的原因是地幔上部物质与下部物质所处的温度不同而形成的密度差。

深部高温低密度物质上升至大洋中脊，部分物质外泄形成新的地壳，大部分物质沿地壳做水平运动，同时拖曳上部地壳沿水平方向运动。在拖曳地壳过程中，上地幔物质的热量逐渐被地壳吸收而冷却，密度也相应加大，直至两大板块相遇时，这些高密度物质下沉。估计两种不同密度的物质在地幔深部也形成闭合，并以近似水平向的流动，把物质从下降流区传送到上升流区。产生地幔对流的热能主要来自地幔岩石放射性元素锐变发出的热量。

威尔逊和摩根等人在研究世界各地火山形成的岛链后，提出板块驱动的新的解释——热柱对流模式。地幔物质上升运动全部限制在大约20个热柱内，这些柱形熔岩热流从地核与地幔边界升起，穿过下地幔直至软流圈，然后呈放射状向四处流动给板块施加力量，这些力的合力以及各板块沿边界互相制约所产生的合力确定了板块运动的方向。与热柱流上升的同时，地幔其余物质十分缓慢下降形成对流。威尔逊认为来自地幔深处的熔岩来源地点固定不变，而板块不断移动，因此，上升的热柱可能使岩石圈向上凸起，在地壳表面构成一系列由老到新的火山锥体。当这些锥体露出水面时就显现出排列有序的火山岛链，岛链排列的方向正是板块运动的方向。

板块运动的驱动力，虽然多数人认为是地幔对流结果，但由于目前人们对地幔的成分、理化性质以及温度、压力等资料知之甚少，许多都是推测，因此地幔对流到目前还是一种假说。不少人对地幔物质能否对流问题提出质疑也是必然的。随着科学技术发展，板块运动的驱动力问题必将得到令人信服的解答。

第二节 沉积相

一、沉积相概念及分类

1. 沉积相的概念

沉积相分析是沉积岩石学的主要任务之一，它是重建古地理、恢复古环境、预测和确定各种沉积物及沉积矿产分布的有效手段。对石油天然气而言，它也是研究预测烃源岩、储集岩和盖层空间展布的有效手段。近年来，沉积相研究取得显著进展，形成了较为完善的概念和研究方法。

（1）沉积环境、沉积相、沉积模式

沉积环境是在物理上、化学上和生物上不同于相邻地区的一块地球表面。它是以沉积为主的自然地理单元。按地质营力分大陆、海洋和过渡环境等。

不同学者对相的理解有所不同。一般把沉积相理解为沉积环境及在该环境下形成的沉积物（岩）特征的综合。这种沉积相的概念包含了沉积环境和沉积特征两个方面内容，并依据沉积环境和沉积特征的差异把同一沉积相进一步划分为亚相、微相。

沉积微相是物理、化学、生物特征相对均匀的微环境及在该环境下形成的沉积物（岩）特征的综合。沉积模式或称相模式是指沉积相空间组合，它是在综合古代和现代沉积相特征基础上，对沉积相特征的高度概括。沉积模式可以是具有广泛代表性的，也可以是地方性的。相模式是研究沉积相的手段之一。

（2）岩性相、岩性相组合

岩性相是具有相同结构、构造、颜色及生物特征的相对均一的岩石单位。它是在同一水动力条件下形成的产物，如交错层理粗砂岩相。由于岩性相的成因具有多解性，因此在成因解释时往往以岩性相组合为对象。

岩性相组合是一系列相对整合的具有成因联系的岩性相序列，具有相对确定的成因意义。

（3）相序定律

只有现在看得到而彼此相邻的相或相区，才能在垂向上依次重叠而无间断，这个定律在研究沉积相时有重要意义。它是研究沉积相的一把钥匙，也是研究相模式的基础。相序定律强调垂向相序的连续性，只有垂向上一个相向上面另一个相过渡，这两个相在平面上才可能相邻。因此，在研究垂向层序时，区分两个相界线是渐变，还是突变，是十分重要的。

（4）相标志

沉积岩特征包括岩性特征（如岩石的颜色、物质成分、结构、构造、岩石类型及其组合）、古生物特征（如生物的种属和生态）以及地球化学特征。这些沉积岩特征要素是相应的各种环境条件的物质记录，因此，把反映沉积环境条件的沉积岩（物）特征要素的综合，统称其为相标志，也叫作成因标志。

2. 沉积相分类

基于上述概念，沉积相的分类通常以沉积环境中占主导的自然地理条件作为主要依据，并结合沉积特征和其他沉积条件进一步划分。把“相组”和“相”分别作为一级相和二级相，在此基础可进一步划分出“亚相”和“微相”，即三级相和四级相，反映微相内部的各种变化相当于五级相即岩性相。与油气勘探和开发的进展程度相适应，常选择不同级次的相类型作为研究的重点。例如，含油气盆地的早期勘探多以一级相和二级相为研究重点，油田内部勘探则以三级相为研究重点，而进入开发阶段时期四级相和五级相的研究就显得十分突出。

结合油气勘探开发的特点，将分别叙述碎屑岩沉积相和碳酸盐岩沉积相。前者以砾、砂、粉砂、黏土等陆源碎屑物质为主，介质以浑水为特征，岩性以碎屑岩为主；后者以化学溶解物质尤其以碳酸盐物质为主，介质以“清水”为特征，岩性以碳酸盐为主。

二、冲积扇相

1. 冲积扇的形态形成条件

冲积扇在空间上是一个沿山口向外伸展的巨大锥形沉积体，锥体顶端指向山口，锥底向着平原。平面上沿山口向外呈辐射的扇状，其轴向剖面是下凹透镜状或呈楔形，横剖面是上凸状。冲积扇的表面坡度扇根处可达5°～10°，远离山口变缓，为2°～6°。冲积扇的面积变化较大，其半径可从小于100m到大于150km以上。但通常它们平均小于10km。其沉积物的厚度变化范围可以从几米到8000m左右。

造山运动是形成巨厚的大型冲积扇的重要条件。山脉的形成导致了母岩区剥蚀作用的增强和河流能量的提高，碎屑物质的大量搬运造成了大型冲积扇的形成。尤其当地壳升降运动速度超过山区主河床下切速度时，更有利于巨厚冲积扇的形成。

干旱或半干旱的气候条件是形成冲积扇的又一重要条件。因为这种条件可提供形成冲积扇的碎屑物质，同时这种条件下的季节性暴雨或高山积雪在夏季的融化可导致间歇性河流的形成。间歇性河流携带碎屑物质流出山口，因流速骤减而沉积，形成冲积扇。

地形坡度的突变也是形成冲积扇的重要因素。山区间歇性河流流出山口，由于坡度突然变缓则流速骤然降低，使碎屑物质沿山麓大量沉积。另外，源区的母岩性质也影响着冲积扇的大小和形态。若母岩区为黏土岩石，形成的冲积扇大而陡，面积可比砂岩为母岩区的冲积扇大一倍。

冲积扇保存需要长期相对沉降的构造条件，否则将遭受侵蚀而破坏。山系的前缘一般为大断裂，古代冲积扇往往成为山前大型断陷盆地的边缘相。

2. 冲积扇的特点

（1）沉积过程和沉积类型

冲积扇的沉积作用基本有两种类型：一种类型起因于暂时水流作用；另一种起因于泥石流及其有关的作用。暂时性水流作用主要是指那些发生在河流体系中的作用，它们以悬浮、跳跃和滚动方式搬运其沉积物为特征。

根据上述冲积扇沉积物的成因，布尔（Bull，1972年）提出如下的沉积物分类：1）泥石流沉积物，其沉积物主要由泥石流沉积而成；2）水携沉积物，其沉积物主要由暂时性水流沉积而成，可进一步划分为河道沉积物、漫流沉积物和筛积物。

①泥石流沉积。当水流携带的砾石和泥砂沉积物达到足够量时，就形成了密度大、黏度高、呈可塑性状态的流体，其碎屑颗粒由基质支撑，并在重力作用下呈块体搬运，称为泥石流，有人也称其为碎屑流。泥石流沉积最大的沉积特征是分选极差，砾、砂、泥混杂，而且粒级大小相差悬殊，大者可为达数吨重的巨砾，小至粉砂、黏土，但总体是以后者占优势。砾石多呈棱角状至次棱角状，层理一般不发育。黏度大的泥石流多呈块状，其中板状、长条形砾石以垂直于泥石流流向的直立定向排列为主；黏度不大者可具递变层理，扁平状砾石呈水平或叠瓦状排列。

②河道沉积。冲积扇常被暂时性（间歇性）辫状河流切割，当洪水再次到来时，所携带的沉积物在这些暂时性河床中沉积下来，形成辫状河道沉积物，又称河道充填沉积或河床充填沉积。它们是水携带沉积物中粗粒的和分选差的沉积部分，但向扇端方向，沉积物变细。单个冲积扇的扇根一般发育有单一的或2 ~ 3个辫状主河道，向扇端方向以分支流河道方式呈放射状散开。典型的扇根河道直而深，至扇中和扇端地区则河道变浅。在砂体平面形态上一般为窄而长的砂体。辫状河道沉积物通常由砾石和砂组成，分选较差，碎屑支撑，层理不发育，多呈块状。其单层厚度一般为5 ~ 60cm，有时可达2m以上。但有时发育不明显的单组板状交错层理，或不明显的平行层理，具叠瓦状构造。有时在剖面中可见明显的冲刷—充填构造。

③漫流沉积。这是一种从冲积扇辫状河流末端漫出河床而形成的宽阔的浅水中沉积下来的，呈板片状的砂、粉砂与砾石的沉积物，通常沉积时水深不超过30cm。漫流沉积物通常由砂、砾石和含少量黏土的粉砂组成。一般来说，分选中等，颗粒支撑。其沉积构造常为块状层理，也可有交错层理和平行层理，有时也见有小型冲刷—充填构造。

④筛状沉积。筛积物指的是冲积扇表层上呈舌状的砾石沉积物。当物源区几乎没有为冲积扇提供砂、粉砂和黏土物质，而是以砾石为主时，由于砾石层具有较好的渗透性，使洪水在流到冲积扇趾部以前就从砾石层孔隙中完全渗漏到地下，从而形成舌状的砾石层堆积，但向斜坡上方变细。筛积物主要由棱角状至次棱角状的单成分砾石组成，分选中等到较好，砾石间充填物较少，而且主要是分选好的砂级碎屑，无明显的成层界线，常形成块状沉积层。

上述沉积物类型在空间分布上具有一定的规律性。泥石流沉积常产出在扇根附近；而漫流沉积则分布于扇中和扇端地区；筛积物恰好集中分布在冲积扇河道交叉点以下；而河道沉积主要分布在该区交叉点以上。

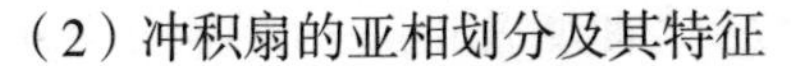

（2）冲积扇的亚相划分及其特征

按照现代冲积扇地貌特征和沉积特征，可将冲积扇相进一步分为扇根、扇中和扇端三个亚相（见表8–3）。

表8–3　冲积扇的亚相划分及其特征

类别	特征
扇中亚相	位于冲积扇的中部，构成冲积扇的主体，以沉积坡度较小和辫状河道发育为特征。以辫状分支河道和漫流沉积为主，与扇根相比，砂/砾值较大，岩性以砂岩、砾状砂岩为主。可见辫状河流形成的不明显的平行层理和交错层理，河道冲刷—充填构造发育
扇端亚相	也称扇缘亚相。出现于冲积扇的趾部，地形平缓，沉积坡度低，沉积类塑以漫流沉积为主，沉积物较细，通常由砂岩夹粉砂岩、黏土岩组成，局部见有膏岩层，分选变好，可见平行层理、交错层理、冲刷—充填构造等，粉砂岩、黏土岩中可显示块状层理、水平纹理和变形构造以及干裂、雨痕等暴露构造
扇根亚相	分布于邻近断崖处的冲积扇顶部地带，其特征是沉积坡度角最大，常发育有单一的或2 ~ 3个直而深的辫状主河道，其沉积类型主要为河道沉积和泥石流沉积

三、河流相

1. 概述

河流是陆地表面的线状水流，是流水由陆地流向湖和海洋的通道。它不仅是把母岩的风化产物等由陆地侵蚀和搬运到海洋及湖泊中去的营力，也是一种沉积营力。在适宜的构造条件下，有时可发育上千米厚的河流沉积。长期构造沉降、气候潮湿的地区，河流发育，可形成广阔的冲积平原。

通常，一个河流体系可分为上游、中下游和河口区三部分。①上游（相当河流形成的开始阶段）主要分布在山区。其水源可由山区水系供给，或由冰川融化而来，或是潮湿地区的充沛雨量，经由许多小支流汇集，形成的汇集河网。②中下游（相当于河流形成的壮老年期）是山区汇集河网向主河道汇集，形成蛇曲河流。它发育了泛滥平原及曲流沙坝沉积。③河口区出现在海、湖的沿岸地区，其特点是形成分支河流网，这是由于河道经过反复的分岔而造成的。最后它们归入大海或湖泊中去。

从沉积作用的观点来看，河流的中下游和河口区最重要，它们是河流沉积的主要地区，而上游主要发生侵蚀作用。不同类型的河流，在河道的几何形态、横截面特征、坡降大小、流量、沉积负载、地理位置、发育阶段等方面都存在差别。这些因素通常作为河流类型划分的依据。

拉斯特（Rust，1978年）根据河道分岔参数和弯曲度提出了一个河流分类方案。所谓河道分岔参数是指在每个平均蛇曲波长中河道沙坝的数目。弯曲度系指河道长度与河谷长度之比。弯曲度的临界值为1.5，凡大于1.5者称为高弯度河，而小于1.5者称为低弯度河。根据上述两个参数可划分出四种类型的河流，即平直河、曲流河、辫状河和网状河。其中曲流河和辫状河分布较广泛，而平直河和网状河则较少见。

（1）平直河。它是指在河长大于河宽很多倍的河段上，其弯曲度很小，可忽略不计。一般平直河流仅出现于大型河流某一河段的较短距离内，或属于小型单河道河流。河道内的深潭线稍有弯曲，并表现为深潭和浅滩、边滩的相互交替。沿深潭发生侵蚀作用，而沉积作用发生在边滩。因此，它也能通过侧向迁移其位置而向曲流河发展。

（2）曲流河。曲流河又称蛇曲河，为单河道，其弯度指数大于1.5，河道较稳定，宽深比低，一般小于40。它主要分布在河流的中下游地区。曲流河的地貌特征是凹岸受侵蚀，发育了明显深潭；而在凸岸发生沉积，发育了被浅滩连接起来的曲流沙坝沉积。由于河道的极度弯曲，常发生河道的截弯取直作用。曲流河河道坡度较缓，流量稳定，沉积物搬运以混合负载为主，故沉积物较细，一般为泥、砂沉积。因河道较为固定，其侧向迁移速度较慢，故泛滥平原和点沙坝较为发育。

（3）辫状河。显示了河道宽而浅（宽/深值＞40），河道沙坝众多，河道呈辫状的特点。这种河流一般多分布在山区的上游段及冲积扇上的河流。由于坡降大，搬运沉积物量大，且以底负载搬运为主，河岸常遭受侵蚀，河道迁移快。一个主河道可被分成若干次一级河道，它们相互汇合而又不断分岔。在次一级河道之间发育了长梭形的河道沙坝（心滩），它们的长轴一般平行于水流方向，在枯水期露出水面，洪水期常被淹没。河道沙坝一般由砾、砂组成，在上游端部分地被侵蚀，而在下游端及边侧接受沉积。由于河流经常改道，河道沙坝位置不固定，泛滥平原沉积不发育。

（4）网状河。网状河一般出现在河流的中下游地区。其沉积物搬运方式以悬浮负载为主。河道本身显示了窄而深、弯曲的多河道特征，并顺流向下呈网结状。河道间则被半永久性的冲积岛和泛滥平原或湿地所分开。冲积岛和泛滥平原或湿地主要由细粒物质和泥炭组成。其位置和大小较固定，与狭窄的河道相比，它们占据了很宽的地区（60% ~ 90%）。河道沉积以砂、粉砂和泥为主，其沉积厚度与河道宽度成比例变化。而与曲流河相比，则宽度变窄，厚度变薄。

上述四种类型河流的发育受河道坡度、河水流量、河床断面、负载搬运方式和碎屑性质等因素控制，并随着这些因素的变化而变化。因此，在同一条河流内，其河流类型可以有不同的变化，或者在同一河段内，高水位时为曲流河，低水位时表

现为辫状河。

2. 河流相沉积的一般特征

（1）矿物成分复杂，成熟度低

河流相发育的岩石类型以碎屑岩为主，其次为黏土岩，碳酸盐岩较少出现。在碎屑岩中，又以砂岩和粉砂岩为主，砾岩多出现在山区河流和平原河流的河床沉积中。碎屑岩的物质成分复杂，它与源区以及河流流域的基岩成分有关。一般不稳定组分高，成熟度低。砾岩多为复成分，砂岩以长石砂岩、岩屑砂岩为主，个别也出现石英砂岩，泥质胶结居多，间或有钙、铁质胶结；大多数河流的水介质是弱氧化的，并几乎是中性至弱酸性的，故河流相沉积中不出现海绿石，菱铁矿等二价铁矿物也不常见。黏土矿物以高岭石较多，伊利石较少。

（2）沉积构造丰富，具有特征的“二元结构”序列

河流相层理发育，类型繁多，但以板状和大型槽状交错层理为特征。细层倾斜方向指向砂体延伸方向，倾角为15°～30°，由下至上层系及细层的厚度变薄、粒度变细，细层呈现粒度正韵律，层系厚度很少超过1m，一般为30cm或更薄。在河流沉积的剖面上，大型板状、槽状交错层理发育在下部，小型者发育在上部，波状层理发育在剖面顶部。河流沉积中常见流水不对称波痕，也可见砾石的叠瓦状排列，扁平面向上游倾斜，倾角为10°～30°。河流沉积的最底部常具明显的侵蚀、切割及冲刷构造，并常含泥砾及下伏层的砾石。

在沉积剖面上，自下而上表现为下粗上细的间断性正韵律或正旋回，每个旋回底部发育具有明显的底冲刷现象的、叠瓦状排列的砾石，下部具有大型板状、槽状交错层理及平行层理的砂岩，上部有具有小型交错层理、波状层理、上攀层理的粉砂岩及泥质粉砂岩，顶部常具有暴露于大气中的标志，如钙质结核、泥裂等。曲流河垂向序列“二元结构”上、下部地层沉积厚度近于相等，而辫状河下部地层厚度明显大于上部地层厚度。

（3）生物化石稀少

河流相生物化石一般保存不好，通常较难见到动物化石及较完整的植物化石，所见者常是破碎的植物枝、干、叶等。河床亚相典型的指相化石为硅化木，它是植物的干或茎在开放系统条件下硅化而成。河漫沼泽沉积中可见炭化植物屑或完整的植物化石，它们多是在封闭缺氧条件下保存下来的。在时代较新的河流相地层中可见到脊椎动物化石。

（4）特征的砂体形态

河流砂体在平面上多呈弯曲的长条状、带状、树枝状等。在横切河流的剖面上，

呈上平下凸的透镜状或板状嵌于四周河漫泥质沉积之中。例如，辫状河心滩砂体，总是呈透镜状成群出现，交错叠置，显示河道的多次往复迁移。

3. 河流的亚相类型及其特征

根据环境和沉积物特征可将河流相进一步划分为河床、堤岸、河漫、牛轭湖四个亚相。艾伦（Allen，1964年）根据现代河流发育的地貌特征，提出了曲流河沉积环境立体模型，并根据微地貌划分出各类次级环境。

（1）河床亚相

河床是河谷中经常流水的部分。其横剖面呈槽形，上游较窄，下游较宽，流水的冲刷使河床底部显示明显的冲刷界面，构成河流沉积单元的基底。河床亚相以砂岩为主，其次为砾岩，碎屑粒度是河流相中最粗的，层理发育，类型丰富多彩。缺少动植物化石，仅见破碎的植物枝、干等残体，岩体形态具有透镜状，底部具有明显的冲刷界面。冲刷面之上有残余的粗碎屑物质，集中堆积成不连续的透镜体，为河床滞留沉积。向上过渡为边滩或心滩砂岩沉积。

河床亚相常与堤岸亚相共生，在垂向和横向上可逐渐过渡为堤岸亚相。心滩发育的河床亚相，河床侧向迁移迅速，堤岸沉积不发育。在剖面上，心滩沉积之上缺少堤岸沉积，这是与边滩发育的河床亚相的重要区别。

（2）堤岸亚相

堤岸沉积垂向上常发育在河床沉积的上部，相对河床亚相而言，属顶层沉积。与河床沉积相比，其岩石类型简单，粒度较细，以小型交错层理为主。进一步可分为天然堤和决口扇两个沉积微相。河流在洪水期因水位较高，河水携带的细、粉砂级物质溢出河道沿河床两岸堆积，形成平行河床的砂堤，称为天然堤。天然堤主要由细砂岩、粉砂岩、泥岩组成，粒度比边滩沉积细，比河漫滩沉积粗，垂向上突出的特点是砂、泥岩组成薄互层。层理构造以小型波状交错层理、上攀交错层理、槽状交错层理为特征，其垂向序列是下部砂质岩发育交错层理，上部泥质岩则发育水平纹层。如果天然堤不被破坏，河床随沉积物迅速增厚而升高，最后反而高出旁侧的河漫滩，洪水期河水冲决天然堤，部分水流由决口流向河漫滩，砂、泥物质在决口处堆积成扇形沉积体，称为决口扇。决口扇沉积主要由细砂岩、粉砂岩组成，粒度比天然堤沉积物稍粗。具有小型交错层理、波状层理及水平层理，冲蚀与充填构造常见。岩体形态呈舌状，向河漫平原方向变薄、尖灭，剖面上呈透镜状。

（3）河漫亚相

河漫亚相是平原河流的亚相类型，位于天然堤外侧，地势低洼而平坦。洪水泛滥期间，水流漫溢天然堤，流速降低，使河流悬浮沉积物大量堆积。由于它是洪水泛滥期间沉积物垂向加积的结果，故又称为泛滥盆地沉积；河漫亚相主要为粉砂岩和黏土岩。粒度是河流沉积中最细的，层理类型单调，主要为波状层理和水平层理。平面上位于堤岸亚相外侧，分布面积广泛，包括河漫滩、河漫湖泊和河漫沼泽三种沉积微相。

河漫滩是河床外侧河谷底部较平坦的部分，以粉砂岩为主，亦有黏土岩的沉积。平面上距河床越远粒度越细，垂向上亦有向上变细的趋势，波状层理和斜波状层理（洪水层理）为主，亦见水平层理，可见不对称波痕。河漫滩常因间歇出露水面而在泥岩中保留干裂和雨痕。化石稀少，一般仅见植物碎片。

河漫滩上长期积水的低洼地带就是河漫湖泊，以黏土岩沉积为主，并有粉砂岩出现，是河流相中最细的沉积类型。层理不发育，有时可见到薄的水平纹层。泥岩中泥裂、雨痕常见。干旱气候条件下，常形成钙质及铁质结核。在潮湿气候区的河漫湖泊中，生物繁茂，可形成丰富的有机质沉积，并可保存较完整的动植物化石。在气候干旱地区，蒸发量增大，河漫湖泊可发展成盐湖，形成盐类沉积；河漫沼泽又称为岸后沼泽。它是在潮湿气候条件下，河漫滩上低洼积水地带植物生长繁茂并逐渐淤积而成，或是由潮湿气候区河漫湖泊发展而来。河漫沼泽沉积的突出特征是有泥炭沉积，其他特征与河漫湖泊相似。

（4）牛轭湖亚相

弯曲河流的截弯取直作用使被截掉的弯曲河道废弃，形成牛轭湖。牛轭湖沉积主要为粉砂岩及黏土岩，粉砂岩中具有交错层理，黏土岩中发育有水平层理，常含有淡水软体动物化石和植物残骸。岩体呈透镜状，延伸最大可达数十千米，厚可达数十米。

4. 曲流河沉积的垂向模式

曲流河沉积的典型垂向模式由沃克（1976年）等人提出，这个标准相模式由下至上可划分为四个沉积单元。

第一沉积单元为块状含砾砂岩或砾岩，属河床底部滞留沉积，与下伏层呈冲刷侵蚀接触，底部具有明显的冲刷面，粗砂岩中含泥砾，可见不清晰的大型槽状交错层理。第二沉积单元为大型槽状交错层理的中、细砂岩，层理规模向上逐渐变小，其中夹有水平层理的粉细砂岩，沿层面可发育剥离线理，为边滩沉积。第三沉积单元为粉细砂岩组成，发育有小型槽状交错层理和上攀波纹交错层理，为边滩顶部沉积。第四沉积单元主要由断续波状交错层理的粉砂岩和水平纹理的粉砂质泥岩及块状泥岩组成，块状泥岩中常发育有泥裂、钙质结核或植物的立生根，属天然堤和泛滥盆地沉积。上述曲流河沉积的理想垂向层序由下至上，粒度由粗变细，层理规模由大变小，层理类型由大型槽状交错层理变为小型交错层理、上攀层理、水平层理，底部具有冲刷面，从而构成了一个典型的间断性正韵律或正旋回。

四、湖泊相

1. 概述

湖泊是大陆上地形相对低洼和流水汇集的地区，也是沉积物堆积的重要场所。湖泊的规模相差悬殊，最大可达数十万平方千米，小则不到一平方千米。湖泊的形状也是多样的，如圆形、椭圆形、三角形、箕形及不规则状等。

湖泊可从湖水的含盐度、沉积物特点、自然地理位置、成因等方面进行分类。

（1）按照含盐度可将湖泊分为淡水湖泊和咸水湖泊，并以正常海水的含盐度3.5%作为它们的分界限。另一种划分方案是以含盐度0.1%作为淡水湖和微咸水湖的界限，以含盐度1%作为微（半）咸水湖和咸水湖的界限，以含盐度3.5%作为咸水湖和盐湖的界限（吴萍、杨振强等，1979年）。

（2）按照沉积特征可将湖泊分为碎屑沉积湖泊和化学沉积湖泊。前者以陆源碎屑沉积为主；后者以化学沉积为主。二者之间亦常有过渡类型。就其分布而论，前者较后者更为广泛。

（3）按照湖泊所处的地理位置可分为近海湖泊和内陆湖泊。

（4）按照湖泊成因可分为构造湖（断陷湖、坳陷湖）、河成湖（如鄱阳湖、洞庭湖）、火山湖（如长白山的天池）、岩溶湖和冰川湖等。

一个理想的陆源碎屑湖泊的沉积模式具有沉积物绕湖盆呈环带状分布的特点，即从湖岸至湖盆中央大致依次出现砂砾岩、砂岩、粉砂岩、泥岩。然而，实际情况要比理想的湖泊沉积模式复杂得多，这是因为湖泊沉积物的发育往往受湖盆大小、湖底地形、湖岸陡缓、距源区远近、陆源物质供应的充分程度以及气候条件等因素的控制。

2. 碎屑湖泊相沉积的一般特征

碎屑湖泊相沉积的一般特征，见表8-4。

表8-4　碎屑湖泊相沉积的一般特征

特征	内容
沉积构造多样	层理类型多样，但以水平层理最为发育。由于湖泊广大地区多处于浪基面以下，故在此地区的黏土岩多发育水平层理，有时亦为块状层理。在近岸地区可见交错层理、斜波状层理等。湖泊沉积可有较发育的波痕，泥裂、雨痕、搅混构造亦常见到

续表

特征	内容
岩石类型较单一	岩石类型以黏土岩、砂岩和粉砂岩为主。砾岩少见，仅分布于滨湖地区，多是由击岸浪的剥蚀作用所致。砂岩一般比海相的复杂，各种类型都有出现，以长石砂岩、长石石英砂岩和岩屑质长石砂岩最普遍。砂岩的粒度比河流相的细，分选也较好。黏土岩在碎屑湖泊沉积中广泛分布，且由湖岸向中心增多。形成于较深水还原环境的湖相黏土岩常含丰富的有机质，成为良好的生油岩系；碎屑湖泊沉积中也可出现类型多样的化学岩和生物化学岩，如石灰岩、泥灰岩、硅藻土、油页岩等，其沉积厚度及分布范围较为局限
垂向层序多呈反韵律	碎屑湖泊沉积多出现由深湖至滨湖的下细上粗的反旋回层序，以此区别于下粗上细的间断性正旋回的河流相沉积
分布范围及沉积厚度	湖泊相沉积的分布范围比河流相大，比海相小，相带、岩性和厚度大致呈环带状分布，而且岩性和厚度横向变化比河流相稳定，但稳定程度比海相差
生物化石丰富	生物化石丰富是碎屑湖泊沉积的重要特征。常见的生物种类有介形虫、瓣鳃类、腹足类等。藻类也是湖泊中较常发育的生物。轮藻为淡水环境所特有，蓝绿藻、硅藻和部分绿藻也是常见的类型。此外，陆生植物的根、干、叶、孢子花粉等大量出现也是湖相的重要特征

3. 碎屑湖泊相的亚相及特征

根据湖水的相对深度和所处自然地理位置，将湖泊进一步划分为滨湖区、浅湖区和深湖区。在此基础上，再根据沉积物特征、砂体类型及所处位置，将陆源碎屑湖泊相分为湖泊三角洲、滨湖、浅湖、半深湖—深湖、湖湾、湖泊重力流等亚相。

（1）滨湖亚相。滨湖位于湖岸线附近，一般介于洪水期湖岸线与枯水期湖岸线之间的地带。由于湖浪作用而且水介质能量较高，沉积物以砂和粉砂为主，有时有砾石，一般分选和磨圆度均好。还可有生物介壳，可富集成介壳滩。中至大型交错层理和沙纹层理发育，可有干裂、雨痕、波痕、虫迹、冲刷构造等。泥岩多为红、紫红色，时而夹杂绿色。

（2）浅湖亚相。浅湖位于枯水时的湖面以下，波基面以上的浅水地带。水介质能量变低，沉积物以粉砂和泥为主，夹有细砂透镜体。生物化石丰富，保存较完整。层理以不规则的水平层理和波状层理为主，可见浪成波痕。泥岩多为灰绿、绿色，时而夹杂紫色。

（3）半深湖—深湖亚相。半深湖—深湖位于湖泊内部波基面以下的深水地区，因不受湖浪影响，故多半为水体安静的还原环境。常为暗色泥质沉积，少量粉砂，有时还有泥灰岩、石灰岩、油页岩等。沉积物富含有机质，往往成为良好生油层。

一般缺乏底栖生物，但可有浮游生物，层理主要为水平层理。

（4）湖湾亚相。在滨、浅湖地区，由于沙嘴、沙坝、水下隆起的障壁遮挡作用，使近岸水流受到限制而形成半封闭的湖湾。湖湾内水体浅而安静，沉积物主要为暗色粉砂质泥岩，中夹薄层白云岩或油页岩。气候温暖时，水生植物生长繁盛，可发育成泥炭沼泽，形成炭质页岩和薄煤层。泥质湖湾中，水平层理和季节性韵律层理发育，有时则形成块状层理，可见泥裂、雨痕、生物潜穴。

（5）湖泊三角洲。三角洲是指在岸上平原区河流流入湖泊的浅水缓坡处、砂泥堆积形成的、向湖心突出的、似三角形的沉积体。沉积物比河流细，以砂、泥为主。河口水下地带的坡度也较平缓，沉降速度与沉积速度相等或略小，保持着浅水缓坡的特点。形成湖泊三角洲的河流有长的（已达曲流河段），也有短的（只有冲积扇上的辫状河段），前者形成的三角洲体积大，常称为正常河流三角洲，沉积特征典型；后者形成的三角体积较小，多位于陡坡处，冲积扇入湖所致，称为扇三角洲。

在无强大湖浪影响，湖泊水面平静稳定的情况下，可形成三角洲所特有的三层构造，即顶积层、前积层和底积层（见表8–5）。

表8–5　三层构造

项目	内容
底积层	位于三角洲前缘以外或下部，实际上是加厚的浅湖沉积，粒度更细，主要为泥岩和粉砂岩；层理发育，主要为薄的水平层理或不规则水平纹层；富含各种生物碎屑
前积层	是三角洲沉积的主体，主要为细砂岩和粉砂岩，比顶积层细，分选好；交错层理少见，可见块状层理及韵律层理；生物碎片增多，有强烈的生物扰动构造
顶积层	是三角洲沉积中粒度最粗的砂质物质，具小型交错层理和楔形交错层理；生物碎片及生物搅动构造少见。发育于河流入湖的极浅水地带，平面上呈鸟足状分布

在波动湖泊水面下形成的三角洲，因沉积物受波浪、岸流影响，三层构造不太明显，往往是砂、泥交错出现。

五、海相组

1. 概述

现代海洋占地球表面积的71%左右，而且在地质历史中时代越老的海洋所占的面积也越大。海洋是重要的沉积场所，海洋沉积岩层的规模较大，而且分布较稳定。从目前世界油田资料来看，半数以上的石油多产于海相地层中。

海水以具有较高的含盐度为一重要特点，正常海水盐度为3.5%，可发生咸化或淡化。海水温度比大陆气温低，变化亦小，现代的海洋温度变化在-18 ~ 30℃之间，海洋深处则变化于-1 ~ 4℃之间。海水的pH值介于7.26 ~ 8.40之间，一般为8左右，属弱碱性介质。海水中的含氧量不一，因此可以出现各种氧化还原条件。一般是海水浅处含氧多，Eh值高，为氧化环境；深处含氧少，Eh值低，为还原环境。

海洋中的生物相当丰富，海水上部50 ~ 100m的水体中主要为浮游生物和游泳生物，而底栖生物则主要分布在水深0 ~ 200m的海底，在200m以下的海底上底栖生物已很少。

海水的运动可概括为波浪、潮汐和海流三种形式，统称为水动力作用。它是海洋中发生一切作用的决定因素，控制着沉积物的沉积和分布。海洋的波浪规模巨大。它是海洋中产生侵蚀、搬运、沉积作用的主要动力，尤以在海岸附近最为显著。在这里它塑造着不同的海岸类型，改造和重新分配着沉积物。海洋有潮汐作用，潮汐引起海面水位的垂直升降称为潮位，引起海水的水平移动称为潮流。潮位的升降扩大了波浪对海岸作用的宽度和范围，形成潮间带沉积环境；而潮流对海底沉积物的改造、搬运、堆积起着重要作用，尤以近岸浅海地区最为显著。由地球重力场或海水温度、盐度分布不均产生密度梯度而引起的海水流动，称为海流。其搬运作用要比波浪、潮汐大得多，尤其对黏土等细粒沉积物，可进行长达数百至数千千米的长途搬运。根据海底地形，由陆向海可分为陆棚、大陆坡和大洋盆地。

（1）陆棚（或称大陆架）是延伸到海水之下的陆壳，为一地形简单的平坦海底，坡度只有几分到1° ~ 2°，水深一般在200m以内，最深可达400m。

（2）大陆坡为陆壳与洋壳的过渡带，坡度一般为4° ~ 7°，个别可达13° ~ 14°，表面为大量深沟峡谷所切割，水深由200 ~ 400m到2000 ~ 3000m。

（3）大洋盆地为真正的洋壳部分，地形广阔而平坦，但其中分布有洋脊（或称海岭）或海沟（有时俗称海槽）。

结合海水深度和海底地形划分出如下几种沉积环境：

（1）滨岸环境：位于浪基面以上的陆棚最上部；

（2）浅海陆棚环境：自浪基面到陆棚边缘，一般水深小于200m；

（3）半深海（大陆坡）环境：大致相当于大陆坡，水深一般为200 ~ 2500m；

（4）深海（大洋盆地）环境：水深超过2500m。

2. 海相组沉积的一般特点

（1）岩石类型。海相组岩石类型极为多样，如砾岩、砂岩、粉砂岩、黏土岩、碳酸盐岩等在海相组中广为分布。一般来说，海相组中各类岩石的厚度大、分布广、岩性稳定；碎屑岩的结构成熟度和成分成熟度高，圆度及分选好。

（2）沉积构造。海相组沉积中发育有各种类型的层理、波痕、雨痕、泥裂及其他沉积构造。水平层理、粒序层理等在深海盆地中发育，低角度的交错层理、槽状及弧形交错层理、波痕、雨痕、泥裂、盐类假晶在滨岸地区发育。海相组沉积中常发现有生物遗迹或遗迹化石等生物活动形成的构造。在滨岸浅水区常发育垂直的生物潜穴（虫孔）和各种动物的足迹，在浅海陆棚区常发育水平的或倾斜的生物潜穴。

（3）自生矿物。海绿石是海相组中常见的特征自生矿物，常与碎屑岩、碎屑灰岩共生，纯泥岩和蒸发岩中罕见。一般认为，它在弱碱性（pH为7 ~ 8）、弱还原、盐度正常的海水中缓慢形成。海绿石形成的深度范围为20 ~ 2000m，以30 ~ 200m最佳；其形成所要求的水温一般为15 ~ 20℃。鲕绿泥石亦是海相组的特征自生矿物，多形成于较暖的浅海中，形成的水温高于20℃，分布在水深60m以内的热带浅海。自生磷灰石也是海相组中常出现的自生矿物，其形成深度范围一般为30 ~ 300m。大陆相组也可出现自生磷灰石，但数量少，主要是由脊椎动物的骨髓组成，故可与海相成因者分开。

（4）生物化石。不同种类的生物对水体含盐度的适应能力不同。耐盐度有限的生物称为狭盐性生物，属于典型的海相狭盐性生物有红藻、绿藻、放射虫、球石藻、有孔虫、钙质及硅质海绵、珊瑚、腕足类、棘皮类、苔藓类、头足类，以及现代已灭绝的生物，如古杯类、层孔虫、软舌螺、三叶虫、锥石、竹节石、牙形石、笔石等，这些生物的化石为海相组所特有。

耐盐度广泛的生物称为广盐性生物，如瓣鳃类、腹足类、介形虫、硅藻、蓝绿藻等，它们也可在海相组中出现，但并非海相组所特有。

海洋中生物的分布与海水的深度有密切关系。海洋生物按其生活方式可分为浮游生物、游泳生物、底栖生物三类。浮游生物包括浮游植物（如硅藻、球石藻、马尾藻）和浮游动物，它们生活在广海的50 ~ 100m深的表层水中，在远离海岸的远海或远洋区数量较多，死亡后在深海区堆积而成化石。游泳生物是指能在海洋中自由游动的各种动物，在这一类里没有植物，它们常生活于50 ~ 100m深的水体中，死亡后遗体沉降于不同深度的海底，并保存为化石。底栖生物的生活范围可从高潮线至深海海底，但以100m以上的海底最集中，100 ~ 200m浅海下部海底大为减少，半深海至深海底则更少。

3. 滨岸相

（1）一般特点

滨岸环境的水动力作用强烈而复杂，其强度要比河流大100倍。滨岸相的岩石

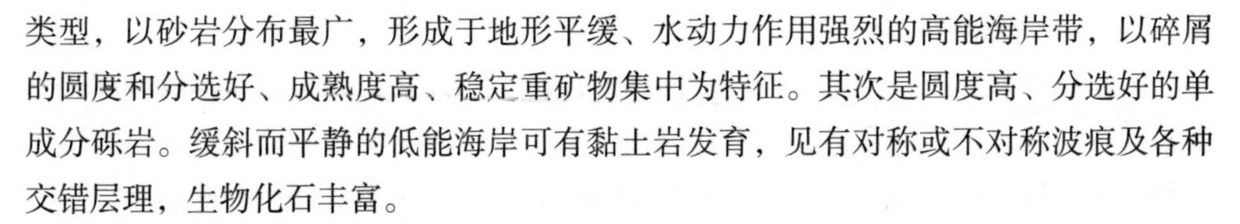
类型，以砂岩分布最广，形成于地形平缓、水动力作用强烈的高能海岸带，以碎屑的圆度和分选好、成熟度高、稳定重矿物集中为特征。其次是圆度高、分选好的单成分砾岩。缓斜而平静的低能海岸可有黏土岩发育，见有对称或不对称波痕及各种交错层理，生物化石丰富。

（2）亚相类型

按照地貌特点、水动力状况、沉积物特征，滨岸相分为海岸沙丘、后滨、前滨、近滨四个亚相。

1）海岸沙丘亚相。位于潮上带向陆一侧，即特大风暴时洪潮所到达的最高水位。包括海岸沙丘、海滩脊、沙岗等沉积单元。海岸沙丘是由处于海平面之上的海岸砂，经风的吹扬改造而成；呈长脊状或新月形，宽可达数千米，其沉积物是细、中粒，圆度和分选好，成熟度高，重矿物较富集；具大型槽状交错层理，其细层倾角30° ~ 40°。海滩沙脊简称海滩脊，是在最大高潮线附近出现的线状沙丘；高达数米，宽数十米，长数百米至数十千米，常单个或成组平行海岸分布；由较粗的砂、砾石和介质碎片组成，底部具冲刷面和水平层理，上部具交错层理，细层倾角7° ~ 28°，多双向倾斜，较陡者倾向大陆，较缓者倾向海洋。沙岗是发育在滨海沼泽及泥坪向海方向的狭长海滩脊；由砂及介壳碎片组成，高3 ~ 6m，宽数十至数百米，长数十千米，也平行海岸延伸，与一般海滩脊的区别是它位于滨海沼泽地带的泥炭和黏土中。

2）后滨亚相。位于潮上带，沉积物是砂，较砂丘粗，圆度及分选较好，具水平层理。在后滨中较浅的洼地，其沉积物具低角度的小型交错层理。洼地表面堆积有大量凹面朝上的生物介壳。浅水洼地内可见藻席，并有虫孔、生物搅动构造。在后滨与海岸沙丘交界附近因水的分选使重矿物集中而成砂矿。

3）前滨亚相。位于潮间带，沉积以中砂为主，下部含大量贝壳碎片和云母等。分选上部比下部好。层系平直，低角度交错层理发育，其纹层平行海岸延伸可达30m，垂直岸线可达10m。颗粒越粗、海滩坡度越大，纹层倾角则越陡。对称和不对称波痕及菱形波痕大量出现，并常见冲刷痕、流痕、变形波痕、流水波痕、生物搅动构造等。

4）近滨亚相。位于潮下带，又称潮下浅海、外滨或临滨亚相。常发育沿海沙坝，波能越弱，沿岸沙坝越少。在低能海岸区，仅有一条沿岸沙坝发育于低潮线附近。沉积物上部为砂质，交错层理发育，且越向岸越多；下部沉积物变细，越向海的深水部位颗粒越细，并逐渐过渡为更细粒的过渡带沉积，具水平层理和生物搅动构造。沿岸沙坝向陆一侧伴有凹槽，其沉积物具浪成及小型流水波痕。

（3）沉积相组合

滨岸相在横向上，向陆方向与滨岸沼泽或冲积相连接，向海方向与浅海陆棚相的过渡带相邻。在垂向上海退相序组合由下而上依次为：滨外陆棚—过渡—滨岸相（近滨—前滨—后滨—海岸沙丘）—滨岸沼泽—冲积相；海侵相序则与此相反。

4. 浅海陆棚相

（1）一般特点

由近滨外侧至大陆坡内边缘的宽阔海域，为浅海陆棚。古代浅海陆棚相由于经历长期的沉积发育和海岸线的迁移，故比现代滨外陆棚沉积物的厚度大、分布面积广。浅海陆棚区水深从20 ~ 200m，水动力条件随深度而变化。潮汐作用的影响极弱。由70m以内的较浅水区至70 ~ 100m以下的深水区，波浪作用的影响逐渐减弱，波痕、交错层理逐渐减少，水平层理逐渐发育；底栖生物的种类和数量由多至少，藻类生物几乎绝迹。

（2）亚相类型

浅海陆棚相包括过渡带和滨外陆棚两个亚相。

1）过渡带。过渡带指近滨与滨外陆棚之间的过渡地带，位于波基面之上。其深度变化较大，具体深度取决于海岸能量，能量越低，深度越小。过渡带的发育必须有砂和泥的供给及沉积，否则，滨岸沉积直接过渡为滨外陆棚而不存在过渡带。许多现代海洋不出现过渡带。过渡带沉积比海岸相沉积物细，通常为粉砂质砂和泥质粉砂。常出现因强烈风暴而形成的砂层，叫作风暴砂层，它比滨外陆棚砂层厚且数量多，一般是砂层和泥质层相等出现。生物的种类和数量多，常可集中堆积成贝壳层，由于生物搅动作用强烈，常使原生层理被破坏形成块状层理。

2）滨外陆棚亚相。滨外陆棚亚相常称为陆架泥或陆棚泥亚相，位于过渡带外侧至大陆内缘的浅海区。古代滨外陆棚沉积主要为黏土岩、粉砂岩和细砂岩，砾岩较少，并有大量化学及生物化学岩，如碳酸盐岩，部分铁、锰、铝、磷沉积岩等。碎屑矿物成分和结构的成熟度都高，不稳定成分少，圆度及分选较好，填隙物多为化学胶结物。常见海绿石、鲕绿泥石、胶磷矿等自生矿物。黏土岩可含有砂质、铝质、海绿石质、硅质、灰质、沥青质、黄铁矿等。

有对称或不对称波痕和交错层理，水体较深处水平层理发育，黏土岩中的水平层理薄而清晰。常见生物搅动构造、底冲刷、虫孔和虫迹。

在较浅水的滨外陆棚区，生物的种类和数量众多，有珊瑚、海绵、苔藓、层孔虫、藻类、腕足类、瓣鳃类、腹足类、棘皮类、有孔虫、头足类等。

古代滨外陆棚沉积多属水体较浅、海底地形平缓的陆表海沉积。现代滨外陆棚多属陆缘海性质，其沉积物主要是粉砂质黏土或黏土质粉砂。在滨外陆棚的近岸浅水区，泥质沉积中常夹有风暴砂层，一般为粗砂或细砂，发育在距海岸数十千米处，并能向海岸追索，可见对称或不对称波痕、交错层理及生物搅动构造。

现代滨外陆棚沉积可分为现代的和残留的两种沉积物类型。现代沉积物包括河流带来的陆源物质和原地的生物沉积、火山沉积及磷灰石、海绿石等自生沉积。残留沉积物是古代地史时期中较老沉积物残留下来的，它是最近期（第四纪更新世）一次冰期之后，因冰川融化造成世界性海侵，使古代大面积滨海砂在现今陆棚区残存下来，它几乎覆盖现今滨外陆棚面积的70%。

5. 半深海相

（1）一般特点

半深海是浅海陆棚与深海环境的过渡区，位置和深度相当于大陆坡。半深海相沉积主要包括泥质、浮游生物和碎屑三部分沉积物。物质来源主要是陆源物质和海洋浮游生物，其次是冰川和海底火山喷发。泥质沉积物在半深海相中所占比重最大，主要是由海面洋流将陆源泥质物搬运到半深海沉积的结果。碎屑沉积物是由于风暴浪对海底的搅动或重力滑动，将沉积在陆棚上的陆源粉砂，沿海底以低密度流的形式搬运到半深海而沉积下来。海底洋流或顺陆坡等深线流动的等深流，也可搬运粉砂物质并在陆棚上堆积成透镜状粉砂质砂体。浮游生物死亡后沉入海底堆积而成软泥。半深海区无植物发育，生物群以腹足类为主，还有瓣鳃类、腕足类、放射虫、有孔虫等。泥质物质不显层理（因生物搅动）或出现纹层，可见虫迹，在无生物扰动的情况下，亦可出现纹层。

（2）沉积类型

1）各种颜色的软泥。软泥成分以陆源粉砂质黏土或黏土为主，其含量大于30%，含有钙质、海洋生物及少量其他物质成分。蓝色软泥（或青泥）以及蓝色软泥的变种（包括红色和黄色软泥、绿色软泥）主要分布于热带和亚热带半深海陆棚区。

2）碳酸盐软泥和砂。碳酸盐软泥和砂碳酸钙含量达18% ~ 90%，浮游生物含量高，砂粒为细砂和粉砂。以含钙高区别于青泥，以含粗粒物质多与深海相钙质软泥区别。

3）珊瑚泥和珊瑚砂。珊瑚泥和珊瑚砂是指在珊瑚礁形成的岛屿周围的陆坡上堆积，因礁体的破坏而形成的钙质软泥和钙质碎屑。珊瑚砂主要分布于半深海相的上部，常伴有软体类、棘皮类、有孔虫类碎屑。

4）火山泥。火山泥指堆积于半深海区的火山灰，常为暗灰或灰黑色，成分主要为火山玻璃、黑云母、透长石等，碳酸盐含量小于28%。粒度比青泥稍粗。

5）冰川海洋沉积。冰川海洋沉积主要成分为黏土和分选很差的砂、砾，多沉积在冰川发育的两极附近的半深海中。古代半深海相，在岩石成分上与滨外陆棚深水处的同类沉积物很难区别，故目前只能根据岩性和生物群特征大致确定。

6. 深海相

（1）一般特点

深海相发育于水深在2000m以下的大洋盆地，平均深度为4000m。现代深海沉积物主要为各种软泥，其中大部分属于远洋沉积物，由微小浮游生物的钙质和硅质骨骼下沉堆积而成软泥。其次为底流活动、冰川搬运、浊流、滑坡作用形成的陆源沉积物。局部地区有锰、铁、磷等沉积物。深海海底无阳光，氧气不足，底栖生物稀少，种类单调，化石以浮游生物为主。现代深海的许多地区存在流速达4 ~ 40cm/s的强烈底流，它可引起沉积物的搬运，并在沉积物上形成波痕、冲刷痕、水流线理、交错层理等。其波痕可以是对称的，亦可呈舌形、新月形等，波长一般从10cm至数米，波高可达20cm或更高。

（2）沉积类型

深海相的沉积类型，见表8-6。

表8-6　深海相的沉积类型

类别	内容
各种生物软泥	生物软泥以生物成因物质含量大于30%为特征，非生物为粉砂级颗粒，含量较少。根据生物成因物质的种类，有灰质的抱球虫软泥和翼足虫软泥，硅含量大于30%的放射虫软泥和硅藻软泥
棕色（或红色）黏土	棕色（或红色）黏土占深海沉积的38.1%，大面积覆盖于深海底。主要由黏土矿物、陆源稳定矿物的残余、火山灰及宇宙物质等组成，含放射虫及少量有孔虫，碳酸盐含量小于30%
浊流沉积	浊流是水中含有大量泥、砂呈悬浮搬运的重力驱动的底流，它通过另一流体或在另一流体之下，沿海（湖）底峡谷或斜坡迅速流动，直达深海（湖）平原，堆积而成厚度大、分布广的浊积岩
锰结核	锰结核是海水中结晶的自生矿物，具明显的同心层，其粒径大小一般不超过25cm。在深海底分布广、数量多而局部集中

六、三角洲相

1. 概述

三角洲是指河流流入海洋或湖泊时，在河口附近形成的、尖顶向陆的三角形沉积体。它与多种沉积矿产，特别是能源矿产的关系十分密切。因此，三角洲是近50

年来沉积相研究的重点领域。

（1）三角洲的发育过程

1）河口坝和河道分岔的形成

河流入海（湖）的河口地区，由于坡度变缓和蓄水体的顶托作用，使河流流速骤减，河流底负载堆积成水下浅滩，随着沉积作用的发生，浅滩逐渐淤高、增大、露出水面，形成河口沙坝。河口沙坝的形成，迫使河流由沙坝的上游端分为两股分岔支流（即分流河道），并向外扩展。分流河道向前发展，在新的河口处又会形成新的次一级的河口沙坝。这一过程不断重复，就形成了三角洲的雏形。

2）决口扇的形成与三角洲的扩大

分岔支流河道不断向海（湖）决口过程对三角洲的形成和发育起着十分重要的作用，因为占据三角洲的较大面积的分流河道间地带，主要是由决口过程建设的。决口扇的形成，使三角洲在横向上不断扩大。

随着河口区三角洲的建设，地形逐渐抬高，河流由原三角洲分流河道泄水越来越困难，迫使河流改道，取道于坡度较大、流程较短泄水渠道，注入新的地势较低的滨浅海（湖）区。随着时间的推移，三角洲的废弃和发育可以交替出现，形成三角洲复合体。例如，密西西比河三角洲体系就是由七个三角洲错叠而成的；长江三角洲是有六个亚三角洲由西向东呈雁行式依次退覆叠置而成。

（2）三角洲形成的控制因素

1）河流的作用

河流的流量和输砂量是形成三角洲的物质基础，流量和输砂量越大，最大流量和最小流量的比值越高，越有利于泥砂在河口的堆积，对三角洲形成发育有利。河流所携带沉积物的砂/泥比值低，悬浮负载多，越多越有利于三角洲的保存。

2）蓄水体的密度与河水密度的差异

河流注入蓄水体按密度差异，可分为三种情况。

第一种情况是河水密度大于蓄水体（海、湖）密度，河水携带大量沉积物在水底形成平面喷流，多数为洪水性河流入湖所出现的状况。在海洋中，这种情况常为大陆斜坡海底重力流水道，最终在海底形成海底扇。第二种情况是河水密度等于蓄水体密度，河水注入淡水湖泊多出现这种情况，河水与蓄水体在三度空间发生混合作用，形成轴状流，形成湖泊三角洲。第三种情况是河水密度小于蓄水体密度，河水沿蓄水体表层形成平面喷流，通常发生在河流入海处，形成以河流作用为主的海成三角洲。

3）蓄水体的水动力作用

波浪、潮汐、海流（湖流）可对河流输入的泥砂进行改造再分配，阻止或影响三角洲向海方向推进，或者使三角洲的形态、类型发生变化，或者使原有的三角洲遭受破坏。

4）河口区蓄水体水底地形

河口区水底地形坡度小、地势平缓、水体浅，有利于泥砂堆积，形成三角洲。

5）蓄水盆地的构造特征

蓄水盆地的构造特征主要是指蓄水盆地的构造稳定性和沉降速度。一般来说，蓄水盆地构造相对稳定，或沉积缓慢、沉降速度等于或略小于沉积速度，对三角洲的形成和保存有利。

2. 三角洲的主要类型

（1）三角洲的分类

盖洛韦（W.E.Galloway，1976年）提出的三角洲分类，是最早的较为系统的三角洲的分类。他收集了近三十个近代和古代海相三角洲资料，进行了系统研究，提出了以河控、浪控、潮控为三个端元类型的三角图解三角洲分类体系。由于他的这一分类着重考虑了蓄水盆地波浪、潮汐能量的强弱，而没有考虑注入蓄水盆地冲积体的多样性，1991年，W.E.Galloway与薛良清合作，在原来分类基础上，建立了一个包括扇三角洲、辫状河三角洲和正常三角洲（曲流河三角洲）在内的三角洲扩展分类。这一扩展分类对三角洲类型的概括是比较全面的，但是由于决定三角洲类型的因素十分复杂，有些三角洲在这一分类中或者找不到合适的位置，或者其特征与同类三角洲有显著差别，如Donaldson（1974年）所描述的浅水三角洲，夏文臣（1991年）描述的水下分流河道型三角洲。实际上，到目前为止，还没有十分完美的三角洲分类。下面简要介绍几种主要三角洲类型。

尽管三角洲的沉积物粒度可粗可细，三角洲中河流、波浪和潮汐相互作用的能量不同，但总的来说，一个三角洲可以根据其沉积环境和沉积相特征，被划分成三角洲平原、三角洲前缘和前三角洲三个亚相及多个微相。

（2）几种主要三角洲类型

按冲积体前积的地理位置和构成特征可分为海、湖三角洲，其中又可分为扇三角洲、辫状河三角洲、曲流河三角洲。

1）扇三角洲是由冲积扇直接前积到蓄水盆地形成的沉积体。它多发育在半干旱一半湿润的气候条件下，一般出现在蓄水盆地的陡坡或断裂边界附近。其典型特征是发育大量的砾岩，含砾砂岩、砂岩。

2）辫状河三角洲是由冲积扇前的辫状河注入蓄水盆地所形成的沉积体。它多发育在蓄水盆地陡坡地带，向源区方向往往与冲积扇共生。其典型特征是骨架砂岩粒度较粗，以粗砂岩、含砾粗砂岩居多。

3）曲流河三角洲是曲流河注入蓄水盆地所形成的沉积体。当源远流长的曲流河注入蓄水盆地后，河流能量减小，在河口区河流所携带的碎屑大量堆积，形成朵叶状、鸟足状及席状三角洲。其总的特征是骨架砂岩以中细粒砂岩为主，可有大量的粉砂岩，又可按水深分为"深水"三角洲和"浅水"三角洲。

①"深水"三角洲是曲流河注入水体深度100m左右的蓄水盆地所形成的三角洲沉积体，通常呈鸟足状，分流河道彼此相距很远，并在三角洲生长过程中沉积了与黏土呈指状交互的指状沙坝。下伏的黏土变得超负载并挤向侧面，致使砂向下沉，比较厚的前三角洲泥还有刺穿到上覆河口指状沙坝的泥隆起。滑动构造和浊积作用明显。

②"浅水"三角洲是曲流河注入覆水较浅的蓄水盆地，水深一般几米到几十米。浅水三角洲多呈朵叶状，分岔频繁、分流河道经常切割先前的三角洲沉积，分流河道砂常直接与海底（或湖底）沉积物接触。前三角洲沉积也很薄。这与深水三角洲形成鲜明对照。

按河流、波浪、潮汐三种能量相对大小，海成三角洲可分为河控三角洲、浪控三角洲、潮控三角洲三种基本类型（见表8–7）。

表8–7　海成三角洲的分类

类别	内容
河控三角洲	是在河流能量远远超过蓄水体能量的情况下形成的。根据其形态特征，可进一步为分鸟足状和朵叶状两种三角洲，这两类三角洲为海成和湖成三角洲主要类型。鸟足状三角洲：又称长形三角洲，是河控三角洲的极端类型。其特点是河流输入的泥砂量大，砂/泥值低，悬浮负载多，因而，有利于形成天然堤，使分流河道趋于固定，同时发育巨厚的前三角洲泥，向前推进的河口沙坝直接覆盖在巨厚的前三角洲泥之上，并可以很快地沉陷，埋于其中，免受蓄水体改造而保存下来，形成长短不一的"指状沙坝"，鸟足状三角洲就是由此而得名的。朵叶状三角洲：这种三角洲形态上呈向海突出的半圆形。其前缘有的地方凸出（分流河口区），有的地方凹进（分流间），略呈锯齿状。与鸟足状三角洲相比，这种三角洲泥砂输入量少一些，而且砂/泥值较高，受波浪影响有所增强。因此，河口沙坝覆在较薄的三角洲泥之上，沉陷也较慢，致使三角洲前缘的砂遭受海水改造，使之再分配，形成席状砂，但河口附近砂体仍较分流河道间发育
浪控三角洲	是海成三角洲和部分湖成三角洲类型之一，平面形态呈鸟嘴状。在这种三角洲形成过程中，波浪作用大于河流作用，往往只有一条或两条主河道入海，分流河道少而小，河流泥砂输入量不多，而且被波浪作用改造、再分配，形成一系列平行于海岸的海滩、砂脊、沙嘴、沙坝。应该指出，这种三角洲的沉积特征与海岸沉积物极为相似，其重要区别是在向陆方向上有河道沉积发育

续表

类别	内容
潮控三角洲	为海成三角洲独有的类型之一，其平面形态呈港湾状，故又称港湾状三角洲。在这种三角洲形成过程中，潮汐作用远远大于河流作用。河流带来的泥砂在潮汐作用下，常常形成裂指状散射且断续分布的潮汐沙坝，这一特征是区别于其他类型三角洲的重要标志

表8-7中三种类型的三角洲，乃是三角形图解分类中的三个基本类型，三者之间还存在许多过渡类型。值得一提的是，除河控、浪控、潮控三种端元类型三角洲外，尚有河流—波浪联合控制的三角洲（其特征是三角洲前缘，表现为浪控，而三角洲平原表现为河控）以及河流—潮汐联合控制的三角洲（其特征是三角洲平原表现为河控，三角洲前缘表现为潮控）。海成三角洲按河流作用和海洋作用的强弱程度，可将三角洲分为建设性和破坏性两种类型。建设性三角洲是在以河流作用为主、泥砂在河口区堆积的速度远大于波浪所能改造的速度的条件下形成的。其特点是增长速度快、沉积厚、面积大、向海突出、砂/泥值低。大型河流入海多形成此类三角洲。当海洋作用增强而超过河流作用时，海浪、海流及潮汐能量等于或大于河流输入泥砂的能量，河口区形成的泥砂堆积经海水动力的改造、加工和破坏，就形成了破坏性三角洲。这类三角洲形成时间短、分布面积小，多为中、小型河流入海所形成。

3. 三角洲相沉积的主要特点

（1）岩石类型。三角洲沉积以砂岩、粉砂岩、黏土岩为主，在三角洲平原沉积中常见有暗色有机质沉积，如泥炭或薄煤层等。无或极少砾岩和化学岩，这是与河流相区别之一。碎屑岩的成分成熟度和结构成熟度较河流相高。

（2）沉积构造。层理类型复杂多样，河流沉积作用、波浪和潮汐作用形成的各种构造同时发育。如砂岩和粉砂岩中见流水波痕、浪成波痕、板状和槽状交错层理，泥岩中发育水平层理。此外还发育有波状、透镜状层理、包卷层理、冲刷—充填构造、变形构造、生物扰动构造等。

（3）生物化石。海生和陆生生物化石的混生现象是海成三角洲沉积的又一重要特征。这表明三角洲形成时正常盐度、半咸水和淡水环境皆有发育。但在三角洲形成过程中，由于咸、淡水混合，盐度变化大，水体混浊度高，狭盐性生物不易生长繁殖，因此能堆积埋藏并保存为化石的原地生长的生物主要为广盐性生物，如瓣鳃类、腹足类、介形虫等。异地搬运埋藏主要为河流带来陆生动植物碎片，在一个完整的三角洲垂向沉积层序中，海生生物化石多出现于层序的下部，向上逐渐减少，但陆生生物化石向上增多，甚至在顶部出现沼泽植物堆积而成的泥炭或煤层。

（4）沉积层序及沉积旋回。三角洲前缘沉积在垂向上出现下细上粗的反旋回层序。在层序顶部三角洲平原分支河道沉积为下粗上细的正旋回，它反映三角洲在横向上的相序递变。这与河流相沉积的间断性正旋回有显著的不同。斯克鲁顿（1960年）曾把三角洲沉积旋回分为两个时期：即建设期和破坏期。三角洲向海推进增长发育时期称为三角洲的建设期，形成的相称建设相；三角洲被海水淹没遭受侵蚀破坏的时期称为三角洲的破坏期，形成的相称三角洲破坏相。河流改道，泥砂来源断绝，建设期终止，导致三角洲的废弃，海水随之入侵而开始了三角洲的破坏期。海水部分或全部地淹没并冲刷侵蚀着原来的三角洲，而且使沉积物再行分布，形成纯净的海相薄砂层或泥质沉积覆盖其上，即成为三角洲的破坏相。当河口又返回原位时，在破坏相之上又可发育新的三角洲。随着河流与海洋作用的消长以及河口的往返迁移，三角洲的成长和废弃可多次重复出现，形成多个单一的三角洲沉积体交错叠置，就形成了多旋回三角洲复合体系。三角洲的破坏相可作为沉积旋回划分的标志，这是因为破坏相的沉积厚度小、分布广、横向稳定、便于鉴别之故。当三角洲的沉积速度超过海平面上升速度时，三角洲向海方向迁移；反之，则向大陆方向退缩。沉积速度和海平面上升速度的交替变化，使三角洲的位置往返迁移，由此可形成巨厚的三角洲沉积。

（5）三角洲平面相组合。三角洲相在横向大陆方向与河流相邻接，当波浪作用稍强，三角洲前缘砂体被波浪和沿岸流所改造，使三角洲呈朵状和鸟嘴状，碎屑物质被携带至三角洲侧翼，形成海滩和障壁岛相沉积。这种平面组合就形成了河流—三角洲—滩坝沉积体系。当河流碎屑物质供应充分时，三角洲向海推进至较深水，形成巨厚的三角洲前缘和前三角洲堆积，并形成一定的坡度，由于事件性因素的影响，它们在重力作用下发生滑动，可在三角洲前缘深水区形成重力流沉积，通常形成深水浊积扇。这种平面组合构成了河流—三角洲—深水浊积扇沉积体系。三角洲内部的平面相组合由陆向海依次为三角洲平原、三角洲前缘、前三角洲。这些亚相在三角洲沉积中处于同一时期的同一沉积界面上。随着三角洲前积式向海推进，早先的沉积界面就成了三角洲前积层的等时线或等时面。每两个等时线所限制的前积层都包含了同一时期形成的三角洲平原、三角洲前缘、前三角洲三个不同的沉积亚相，故称为“同期异相”。而在一个大的三角洲沉积中，同一亚相（如前三角洲）乃是不同时期形成的该亚相的叠加，故又称为“同相异期”。

（6）砂体形态。在平面上呈朵状或指状，垂直或斜交海岸分布，剖面上呈发散的扫帚状，向前三角洲方向插入泥质沉积之中，与前三角洲泥呈齿状交叉。

4. 三角洲相的亚相类型及特征

由于三角洲种类十分丰富和篇幅的限制，对各种三角洲的详细沉积特征难以尽述，下面重点介绍河控三角洲的亚相、微相类型及详细沉积特征。

（1）河控三角洲的亚相、微相类型

根据沉积环境和沉积特征，可将河控三角洲相划分为三角洲平原亚相、三角洲前缘亚相和前三角洲三个亚相。

三角洲平原亚相可进一步划分为分流河道、天然堤、决口扇及分流河道间（包括暴露性泥质沉积，分流河道间小湖泊泥质沉积和沼泽沉积）等沉积微相；三角洲前缘亚相可进一步划分为水下分流河道、水下天然堤、水下决口扇、分流间湾、分流河口坝、远沙坝及三角洲前缘席状砂等沉积微相。应当指出，三角洲前缘相的上述微相类型很难在同一三角洲中共存，例如，浅水湖泊三角洲前缘亚相水下分流河道、水下天然堤、水下决口扇、分流间湾十分发育，而河口沙坝、远沙坝、席状砂几乎不发育；鸟足状三角洲前缘席状砂微相不发育，而朵叶状三角洲的席状砂微相与河口沙坝、远沙坝是一种互为消长的关系；前三角洲亚相由于沉积环境和沉积特征均较单调，一般不做进一步微相划分。

（2）河控三角洲亚相、微相特征

1）三角洲平原亚相

三角洲平原亚相是三角洲沉积的陆上部分，其范围包括从河流第一个分岔位置至海湖岸线广阔河口地区。其沉积环境与沉积特征与河流相有很大相似之处，其岩性主要为砂岩、粉砂岩、泥岩（可有泥炭）。砂质碎屑分选中等，层理构造多样，泥岩中可见雨痕、干裂、足迹等层面构造。化石多为淡水动物化石和植物残体，砂体呈透镜状（或条带状），横向变化大，同一层位在横断面上有多个透镜状砂体发育，这是与河流相的重要区别。现将各微相的特征分述如下。

①分流河道微相。分流河道微相的沉积特征与河流相河床沉积基本相似，它构成了三角洲平原亚相沉积的骨架。以砂质沉积为主，多为中、细砂岩，可有粉砂岩、分选中等；沉积构造可见各种交错层理，亦可见碳化植物茎杆；垂向上具粒度下粗上细层序、沉积构造规模向上变小；横剖面呈透镜状，且同一层位发育多个砂体，沿河床呈条带状，平面上呈树枝状。

②天然堤微相。陆上天然堤微相发育在分流河道两侧，以细砂、粉砂和泥质呈薄互层为典型特征，向远离河床方向，泥质逐渐增多，常见波状层理、流水波痕，可见铁质结核和碳酸盐结核及植物化石。

③决口扇微相。决口扇微相是洪水期分流河道水流冲破天然堤所形成的沉积物，其特征与河流相决口扇沉积类似。

④分流河道间沉积微相。分流河道间沉积微相主要是泥质沉积，泥沼沉积或泥炭沉积，可夹有少量的泥质粉砂或粉砂岩。分流河道间泥质沉积物可以是暴露性条件下沉积的红色泥岩，分流河道间蓄水洼地则沉积有灰绿色泥岩，以及茂盛植物被覆盖下沉积的泥炭。

2）三角洲前缘亚相

三角洲前缘亚相位于三角洲平原外侧的向海方向，处于海平面以下，为河流与海水剧烈交锋带，沉积作用活跃，其总的沉积特征是沉积微相类型复杂多样，以砂质沉积为主。

①水下分流河道微相。水下分流河道是陆上分流河道的水下延伸，在水下延伸过程中，河道逐渐加宽，深度减小，分岔增多。沉积物以砂为主，粉砂次之，常发育交错层理、波纹层理，有时可见冲刷—充填构造，并有层内变形构造。垂直水流的断面上呈透镜状，包裹在细粒沉积物中。

②水下天然堤微相。水下天然堤是陆上天然堤的水下沿伸，其沉积特征与陆上天然堤极为相似，但常见波浪作用形成的层理和层面构造，以及虫孔和变形层理。

③分流间湾微相。分流间湾是分流河道间相对低洼与海相连的地带。当三角洲向前推进时，常形成一系列尖端指向陆地的楔形泥质沉积体。分流间湾沉积以黏土为主，可含少量的粉砂和细砂。砂质沉积多是洪水期河床漫溢沉积的结果，常为薄夹层或呈透镜状。沉积构造常见水平层理、透镜状层理。可见浪成波痕、生物介壳、植物残体，虫孔和生物搅动构造。其下伏沉积物为前三角洲泥。

④分流河口沙坝微相。分流河口沙坝位于水下分流河道的河口处，沉积速率最高。由于海水的簸选作用，使泥质物被带走，砂质沉积物在河口堆积下来，形成分流河口沙坝。分流河口沙坝沉积物主要由分选好、质地纯净的细砂和粉砂组成。常发育槽状交错层理，砂层厚度一般为中、厚层，可见水流波痕和浪成波痕。河口沙坝随三角洲向海推进而覆盖于远沙坝或前三角洲泥质沉积之上，泥质沉积中有机质产生气体上冲可形成气鼓构造，也称气胀构造。如果下面泥质层很厚，也可产生泥火山或底辟构造，生物化石很少。三角洲废弃时，沙坝顶部可出现生物潜穴和生物碎片。

⑤远沙坝微相。远沙坝位于河口沙坝前方较远部位，又称末梢沙坝或末端沙坝。沉积物较河口沙坝细，主要为粉砂，并有少量黏土和细砂，可见小型交错层理、包卷层理、波纹层理、脉状层理、波状层理及透镜状层理。沿纹层面分布较多的植物碎屑。生物扰动构造和潜穴发育。远沙坝、河口沙坝构成下细上粗的层序，这是与

河流沉积层序的重要区别。

⑥三角洲前缘席状砂微相。在海洋作用较强的河口区，河口沙坝受波浪和岸流的冲洗和簸选，发生侧向迁移，使之呈席状或带状广泛分布于三角洲前缘，形成前缘席状砂。席状砂的砂质纯、分选好，交错层理发育。砂体向岸方向加厚，向海方向变薄。席状砂是随着波浪和岸流（二者呈消长关系）作用对河口沙坝改造而成。

3）前三角洲亚相

前三角洲亚相位于三角洲前缘的前方，是三角洲沉积最厚的地区。沉积物大部分位于浪基面以下，主要由暗色泥和粉砂质泥组成，可含少量细砂，常发育水平层理及块状层理。并常见有广盐性的生物化石，向海洋方向，正常海相化石增多，生物潜穴及生物扰动构造发育。前三角洲暗色泥岩富含有机质，可作为良好的生油层。

5. 三角洲的相模式

由上述可知，三角洲类型多样，不同类型三角洲的微相类型不完全相同，因此，很难用单一沉积模式概括不同类型三角洲的主要特征。许多学者对不同类型三角洲沉积模式作了很好的总结。孙永传（1985年）总结了河控三角洲的垂向沉积模式；沃克（1978年）总结了浪控三角洲和潮控三角洲的垂向沉积模式；李彦芳等（1993年）总结了浅水湖泊三角洲的垂向沉积模式。

一个完整的河控三角洲的垂向沉积序列由下至上为：

第一层，主要由暗色水平纹理和块状均匀层理的泥岩和粉砂岩组成。该层具潜穴及生物扰动构造，但含化石少，有时夹有洪水期间所形成的递变层理粉砂岩薄层，属前三角洲沉积。其下伏层为正常浅海的大陆架泥岩沉积，含较多海生生物化石和强烈的生物扰动构造。

第二层，泥岩和粉砂岩或极细砂岩的互层沉积。该层发育有水平纹理、波状交错层理和部分复合层理，具较多的潜穴和生物扰动构造，沿层面分布较细的植屑和炭屑，为远沙坝沉积。

第三层，主要由较纯净的砂岩和粉砂岩组成。其中发育有楔状交错层理或“S”形前积纹理和波状交错层理。沿层面分布有波浪波痕或水流波痕。除破碎的和经搬运的生物碎屑外，有机残体很少，属河口沙坝沉积。

第四层，生物扰动构造发育的泥岩和泥质粉砂岩沉积。此层具透镜状层理，含半咸水生物化石和介壳碎屑，属分支间湾沉积。

第五层，槽状或板状交错层理砂岩，其中含炭化植茎和泥砾，为分支流河道沉积。

第六层，泥岩、粉砂岩和细砂岩的互层沉积。层间夹炭质泥岩或煤层，发育块状均匀层理、水平层理和透镜状层理，属分支流间的沼泽沉积。

在河控三角洲垂向层序中，由下至上海相化石减少，而陆相化石尤其植物化石增多，以至顶部出现炭质泥岩或薄煤层；波浪波痕及其产生的交错层理向上减少，流水波痕及其产生的交错层理增多。

值得说明的是，不同类型三角洲的垂向沉积模式存在较大区别，就是同一种三角洲与沉积模式，相同的沉积序列也并不常见，因为沉积模式是规律性的概括和总结。实际上同种三角洲的不同部位，以及三角洲的发育过程不同，所形成的三角洲沉积序列各有所异，沉积序列中往往缺少垂向沉积模式的某些部分，因此要确定某一沉积体是否为三角洲相，其关键在于确定该沉积体是否是由河流入海（湖）沉积而成的。

七、潟湖相、障壁岛相、潮坪相、河口湾相

1. 概述

潟湖相、障壁岛相、潮坪相、河口湾相位于海陆过渡区，和海成三角洲相一样，同属于海陆过渡相组。由于它们多是受障壁的遮挡作用在海岸带发育起来的，故也称为障壁型海岸相。潟湖往往与障壁岛相伴生，障壁岛向海一侧，如同海滩一样，主要受波浪作用的影响。潟湖位于障壁岛向陆一侧，主要受潮汐影响。也就是说潟湖往往又与潮坪相伴生。但是潮坪有时在海底极缓（坡降一般在1°左右）、波浪活动较弱的开阔海岸地区也可发育。而河口湾位于潮汐作用强烈海岸河口区，障壁海岸地带河口湾通常并不发育。

2. 潟湖相

潟湖是被障壁岛或障壁沙坝所限制的浅水盆地，它以潮道与广海相通而与广海呈半隔绝状态。由于潟湖和障壁岛相伴生，也把它们称为障壁—潟湖沉积体系，其中可区分出潟湖相、障壁岛相、潮道相、潮汐三角洲相和潮坪相。

潟湖中波浪作用较弱，为平静、低能的沉积环境。沉积物以细粒陆源物质和化学沉积物为主。由于潟湖与广海呈半隔绝或隔绝状态，潟湖水体的蒸发、淡水的注入等，都将使潟湖水体的含盐度高于或低于正常海水，盐度的变化引起了生物群的变异，与正常盐度的海洋相比，潟湖中生物的种属和数量急剧减小，且个体小，壳变薄，以广盐性生物最为发育，这是潟湖沉积的一个重要特点。

按照潟湖水体的含盐度和沉积特征，可将潟湖区分为淡化潟湖相和咸化潟湖相两种类型。

（1）淡化潟湖相

当潟湖中淡水的注入量大大超过蒸发量时，潟湖水面就变得比海平面高，潟湖

水经入潮口进入海洋，同时淡水又不断注入潟湖，从而形成淡化潟湖。其沉积特征可归纳为以下几点：

1）岩石类型：以钙质粉砂岩、粉砂质黏土岩、黏土岩为主。粗碎屑岩极少见，仅在较大潟湖中出现夹层，多是由强烈风暴带入潟湖的砂质沉积而成。可见方解石、铁锰结核、二氧化硅矿物。当潟湖底部出现还原环境时，可形成黄铁矿、菱铁矿等自生矿物。岩石常因分散状黄铁矿的浸染而呈暗色或黑色。

2）沉积构造：可见缓波纹状层理、水平层理及块状层理。

3）生物化石：与海相相比，生物化石种类单调，主要是适应淡化水体的广盐性生物，如腹足类、瓣腮类、苔藓类、藻类。正常海相生物在淡化潟湖中发生畸变，如个体小、壳体薄及特殊纹饰等反常现象。当潟湖底部有H_2S存在时，往往使生物群绝迹。

（2）咸化潟湖相

在炎热干旱的气候条件下，潟湖缺乏大量的淡水注入，水体的蒸发量大大超过淡水注入量，使潟湖湖面低于海洋水面，海水不断向潟湖流入，并不断蒸发浓缩，含盐度逐渐提高而变成咸化潟湖。咸化潟湖的沉积特征可归纳为表8–8中的几点。

表8–8 咸化潟湖的沉积特征

特征	内容
沉积构造	一般出现水平层理及塑性变形层理，交错层理不发育。可出现块状层理。在盐类沉积物中，可见周期性溶解作用所形成的“溶蚀面”，以及盐类假晶及泥裂
生物化石	生物种属单调，以广盐性生物最为发育，特别是腹足类、瓣腮类、介形虫等，丰度相对增高，适应正常盐度的生物，如珊瑚、棘皮类、头足类、大多数腕足类、苔藓虫等全部绝迹
岩石类型	以粉砂岩、粉砂质泥岩为主可夹有盐渍化和石膏化的砂质黏土岩，几乎无粗碎屑岩沉积，可出现石膏、盐岩夹层。膏盐类沉积是咸化潟湖的重要特征之一。咸化潟湖若为清水沉积时，主要是石灰岩、白云岩，并夹有石膏及盐岩层，可出现天青石、硬石膏、黄铁矿等自生矿物

3. 障壁岛相

障壁岛在滨岸地区平行于海岸线分布，可以是笔直的，也可以是弯曲的或具微弱的分支。障壁岛砂体一般厚10 ~ 20m，宽几百米至几千米，长几千米到十几千米。其高度取决于海浪的高度，海浪越大，形成的障壁岛越高。障壁岛的宽度则与波浪作用的时间和方向有关，时间越长，障壁岛越宽。障壁岛向海一侧较为整齐，并遮挡潟湖。向陆一侧则凸凹不平。这主要是风暴浪所形成的冲越扇而造成的。在横剖面上，障壁岛砂体呈大的透镜状。一般与下伏层逐渐过渡，而与上覆层呈突变接触。障壁岛相可区分出三种亚相，即海滩、风成沙丘和潮坪。

（1）海滩亚相。障壁岛向海一侧由波浪作用形成海滩，其特征与无障壁海岸沉积的海滩砂相似，只是分布的地区不同而已。

（2）风成沙丘。系海滩砂经风的改造而成，位于障壁岛的中央高处。其特征与海岸沙丘相似，沉积构造的明显特点是：具有规模比海滩砂大得多的交错层理，而且纹层倾角较陡。

（3）潮坪。位于障壁岛向潟湖一侧，为一宽缓的斜坡带，并向潟湖过渡。其沉积物较细，分选较差，发育有波浪成因的交错层理和复合层理，层面上可见多种不同类型的表面痕迹。

另外，在障壁岛向潟湖一侧发育大量砂质冲越扇沉积物，有异地生物介壳，夹在潮坪沉积物中。

4. 潮坪相

潮坪也称潮滩，系指具有明显周期性潮汐活动（潮差一般大于2m），但无强波浪作用的平缓倾斜的海岸地区。如在海湾、河口湾以及障壁岛后的潟湖这样一些受限制的地区都可以发育潮坪。但在海底坡度极缓（坡降一般在1°左右）而波浪活动减弱的海岸地区，也可发育面临开阔海的潮坪。潮坪环境由陆地向海洋可分为平均高潮线以上的潮上带、平均高潮线和平均低潮线之间的潮间带以及平均低潮线以下的潮下带。狭义的潮坪主要指潮间带地区。

潮上带及潮间带的平均高潮线附近以泥质沉积物为主，也称为“泥坪”；低潮线附近及潮下带以砂质沉积物为主，称为“砂坪”；二者之间的过渡地带，泥砂混合沉积称为“混合坪”。潮坪相总的沉积特征如下。

（1）岩石类型。浑水潮坪以黏土岩、粉砂岩、细砂岩为主，砾岩极少见。在平面上，由海向陆，沉积物粒度呈由粗变细的带状分布。在潮下带的潮汐通道内，因潮流作用强，能量高，沉积物以砂为砂波，形成水下沙坝、沙滩，并常富含生物介壳和泥砾。从海向陆，潮间带由较纯的砂质沉积过渡为泥质沉积。从而形成了砂坪、砂泥混合坪和泥坪。潮上带主要是泥质沉积，可发育有沼泽。干旱气候带的潮上坪可形成盐沼、盐坪，可有石膏等蒸发盐类沉积。潮坪沉积的这种平面分布特点，有助于把潮坪沉积与湖泊及正常海相沉积区分开。

（2）沉积构造。层理类型多样，泥坪上多见水平纹层或缓波状（似水平）层理，混合坪上多为脉状、波状、透镜状层理，系由涨落潮时形成的沙波与平潮期的泥质沉积组合而成。砂坪上常出现由多次涨落潮造成的羽状或人字形的双向交错层理，这是潮坪沉积的重要标志之一。在潮下带的潮道内可见大型流水交错层理、羽状交错层理等。在潮坪上，尤其在砂坪和混合坪常出现流水波痕和浪成波痕，以及由水流和波浪作用而成的叠加波痕。泥坪和混合坪可发育有干裂、雨裂、冰雹痕、鸟眼构造、足迹、爬痕、虫孔等。干燥气候条件下的泥坪上可见石膏及盐类晶体。

（3）生物化石。潮坪生物群以种类少而数量多、海相和陆相混生为特征，而且半咸水生物或广盐性生物大量发育，分异度低。潮上带常被植物所覆盖，藻类生物较发育。潮间带泥坪上生物较多，搅动现象强烈，混合坪上较少，砂坪上更少，偶尔可见生物粪粒聚集层。

（4）沉积序列。潮坪沉积可发育海退型进积层序和海进型退积层序。在古代潮坪沉积中以海退型进积层序最为常见，这种沉积序列为向上变细的正旋回，所发育的沉积构造有羽状层理、复合层理、再作用面、暴露标志。其中海陆相化石混生。

5. 潮道及潮汐三角洲相

潮道与潮汐三角洲密切共生。潮道切穿障壁岛，为连接潟湖与海洋的通道。涨潮流通过潮道注入潟湖，并在入潮口形成涨潮三角洲；退潮流也是通过潮道，潮水退回海洋，在向海一侧的潮道口区形成退潮三角洲。但在波浪比潮汐占优势的海岸地带，退潮三角洲不发育，而往往形成滨外浅滩或席状砂。

（1）潮道亚相

潮道是切穿障壁岛、沟通潟湖与海洋的通道，其发育程度主要与潮差荷关，小潮差很少形成潮道。潮道宽度可以从几百米到几千米，深度一般为几米到几十米不等，这主要取决于潮汐强度和持续时间。潮道沉积物主要是由入潮口平行于海岸方向侧向迁移作用形成的。主要沉积特征为：沉积序列为粒度向上变细、交错层理规模向上变小的正旋回；底部为残留沉积物，通常由贝壳、砾石和其他粗颗粒组成，并具侵蚀面；残留沉积物之上为由较粗粒砂组成的深潮道沉积，具双向大型板状交错层理和中型槽状交错层理；上部为由中细粒砂组成的浅潮道沉积，具双向小型到中型槽状交错层理和平行层理以及波痕纹理；潮道充填沉积含有广海和潟湖的混合动物群。

（2）潮汐三角洲亚相

潮汐三角洲可能呈多种形式出现，从长形浅滩到复杂的潮道—浅滩体系都发育，这主要取决于潮差、风浪强度和沉积物补给情况。涨潮三角洲和退潮三角洲沉积物的结构和沉积构造特征有类似于潮道充填沉积物，因此在沉积剖面中不易区分。但可根据它们的几何形态及其与周围的岩相关系加以区别。

6. 河口湾相

河口湾发育于潮汐作用强烈的海岸河口地区。当海水大规模入侵时，海岸河口区形成了向海扩展的漏斗状或喇叭状的狭长海湾，就称为河口湾或三角港。河口湾的发育程度与潮汐作用、河流作用的相对强弱密切相关，潮汐作用强（潮差大于4m），河流作用弱、规模小、泥砂供应不足有利于河口湾的形成。

河口湾地区，潮汐流是往返的双向流。涨潮时，潮水顺河口溯河而上，出现河流壅水现象；退潮时，潮流强烈的冲刷河床，引起河口区加深和展宽，由于河口两岸的坍塌，可产生沉积物流。河口区涨落潮流的路线常常不一致，它们往往沿着相距很近的不同路线各自流动，故在河口区形成了顺流向展布的冲刷沟（涨、落潮谷）和狭长形的线状潮汐砂脊。河口湾相的沉积特征如下。

（1）岩性特征。以分选，磨圆较好的细砂和泥质沉积为主。砂、泥取决于潮汐和河流作用的强度以及砂泥的供应状况。河口湾的砂质沉积物中常夹有泥质薄层，是停潮时期的沉积物。

（2）沉积构造。层理类型多样，有复合层理、羽状层理、板状交错层理、槽状交错层理等。常见的波痕有削顶波痕、修饰波痕、双脊波痕、对称和不对称波痕等。生物扰动构造较为发育，向海方向数量和类型增多，尤其在泥质沉积物中生物潜穴较为普遍。

（3）砂体形态。砂体长轴与河口湾轴向平行，且纵向延伸较远，宽数十米至数百米。垂向剖面上出现分层现象，并呈现有旋回性。由于河口湾中河谷的多次迁移，可产生多层状砂体，底部为明显的冲刷接触。

（4）沉积序列。为向上变细的沉积层序。层序底部由块状滞留或残留沉积组成。滞留物多为介壳、木屑、泥屑和细砾。其上为中到小型槽状交错层理砂，层理规模向上变小，可见羽状交错层理。向上通常为潮间带的块状或具生物潜穴砂所覆盖。顶部为潮上带水平层理泥质沉积，并发育有植物根或茎。

（5）生物化石。以含较多的半咸水动物群化石为特征，常见介形虫、腹足类、瓣腮类等广盐性生物。生物个体向海变大，并可见树干和植物碎片。

第九章　油气的生成和生油层

第一节　油气的生成

一、油气成因研究概述

石油和天然气的成因问题，是石油地质学界的主要研究对象之一，也是自然科学领域中争论最激烈的一个重大研究问题。

石油的成因是一个极为复杂的课题，至今还存在一些争论。这主要原因是：

（1）从物态上来看：石油与天然气是流体，在地下一定条件下，它不断流动，现在所找到的油气藏并非其生成地方，而是经过一定距离运移而聚集起来的。

（2）从化学组成上来看：石油与天然气的组分很复杂，并非单一物质，且在地下运移过程中或其他条件的改变，其成分也在发生变化，其现今的组成并不代表其原貌。

（3）由于分离及鉴定手段的限制，目前对石油组分的了解尚不充分。

由于石油的成因问题关系到油气的勘探方向，所以多年来，它一直吸引着许多国家的地质学家、生物化学家和地球化学家。19世纪70年代以来，对油气成因的认识基本上分为无机成因和有机成因学说两大学派。

无机成因学说认为，石油和天然气是在地壳深处形成的，后来沿着深大断裂渗透到地壳上部，或者在天体形成时形成，当地壳冷凝时以“烃雨”的形式降落下来，后聚集成油气藏。其基本观点是石油和天然气是在地下高温、高压条件下由无机物形成的而非生物成因。其依据是：在实验室，用无机C、H元素合成了烃类；在岩浆岩内曾发现过石油、沥青；在宇宙其他星球大气层中也发现有碳氢化合物存在；在陨石中也发现有碳氢化合物及氨基酸等多达一百多种；用有机成因说观点对世界上有些大的沥青矿不能做出令人满意的解释。

但是，随着油气勘探的不断深入，越来越多的事实用无机学说无法自圆其说，只能证明现代有机成因理论的正确性。这些事实有：世界上已发现的油气田99.9%都分布在沉积岩中，只有极少数石油分布在岩浆岩和变质岩中，且这少数石油也被证明是从沉积岩中运移而来的，而与沉积岩无关的地盾和巨大的结晶岩突起发育区，至今未找到油气聚集；石油和天然气在地质时代上的分布很不均衡，但与沉积岩中有机质的分布状况相吻合，并且同煤、油页岩等可燃有机矿产的时代分布也有一定的联系；虽然世界上的石油没有成分完全相同的，但所有石油的元素组成和化合物组成是相近的或相似的，说明它们的成因可能大致相同；大量油田测试结果可知，油层温度很少超过100℃，有些深部油层温度虽然可以高达141℃，但当温度超过250℃时，烃类就会发生急剧而彻底的裂解，生成石墨及H_2，说明石油不可能在高温下形成；从目前发现的油气藏来看，石油和天然气生成、聚集成藏不需很长的时间，大约需不到100万年；石油中含的卟啉化合物、异戊间二烯型化合物、甾醇类，石油的旋光性等都证明石油是在低温条件下由生物有机质生成的；石油地质工作者对近代沉积的研究成果表明，在近代沉积中确实存在油气生成过程，且至今还在进行着，生成的数量也很可观。并且，在实验条件下，用有机质进行地下条件模拟，转化出了烃类，这为有机成因学说提供了有力的科学依据。

以上重要事实的存在，大大促进了石油有机生成理论的发展。特别是近代物理、化学、生物、地质学等基础理论的发展，以及色谱、光谱、质谱、电子显微镜、同位素分析等先进技术手段的广泛采用，为应用有机地球化学知识来解决油气成因问题创造了条件，推动了石油生成现代科学理论的日臻完善。

在油气有机成因学说中还存在早期成因学说和晚期成因学说两种观点。前者主张沉积有机质在成岩过程中，逐步转化为石油和天然气，并运移到邻近的储层中去；后者则认为沉积物埋藏到较大深度后，到了成岩作用晚期或后生作用初期，沉积岩中的不溶有机质（干酪根）才开始发生热降解，生成大量液态石油和天然气。

晚期成因理论虽然已广泛为国际石油界所接受，但随油气勘探的不断深入，“未熟—低熟”油不断被发现，显然自然界中确实存在相当数量的各类早期生成的非常规油气资源。这样早期成油说和晚期成油说也结合起来，视为一个统一的油气演化过程，这就更拓宽了油气勘探领域。

近年来，石油有机成因理论的又一进展是煤成烃理论的发展与完善。20世纪60年代以来，在世界各地相继发现了一批与中、新生代煤系地层有关的油气田。这表明煤系地层不仅是天然气的主要来源，而且也能形成相当数量的石油聚集和大油田。到了20世纪80年代，人们通过有机岩石学与地球化学相结合的方法和实验模拟对煤成油问题进行了深入的理论探讨，提出了煤系地层有机质生烃机理和演化模式。

尽管目前油气有机成因理论日臻完善，并在油气勘探实践中发挥了重要作用，但并不能由此否定油气无机成因理论的科学价值。尤其是近二十多年来，一些无机成因天然气的发现，为无机成烃理论提供了依据，新理论和新手段的发展也为无机成油理论研究奠定了基础。

二、油气有机成因的基本原理

1. 油气生成的原始物质

根据油气有机成因理论，生物体是生成油气的最初来源。生物死亡之后的残体经沉积作用埋藏于水下的沉积物中，经过一定的生物化学、物理化学变化形成石油和天然气。其中细菌、浮游植物、浮游动物和高等植物是沉积物中有机质的主要供应者。

在不同的沉积环境中，生物的天然组合类型不同，决定了沉积物中有机质的组合类型不同。生成油气的沉积有机质主要有四大类，即类脂化合物、蛋白质、碳水化合物及木质素等。它们都有比较复杂的结构。

石油和天然气来源于沉积有机质。早在古生代以前，地球上就出现了生物，随着地质历史的进展，生物广泛地发育和繁衍起来。地球上的动、植物种类繁多，数量很大，化学成分异常复杂。但是，大量动、植物死亡后，多遭受氧化破坏，对生成石油和天然气原始物质而言，仍以沉积岩中的分散有机质为主。沉积物（岩）中的有机质经历了复杂的生物化学及化学变化，通过腐泥化及腐殖化过程，才形成一种成分和结构非常复杂的生油母质——干酪根，成为生成油气的直接先驱。

沉积岩中所有不溶于非氧化性的酸、碱和非极性有机质溶剂的分散有机质称为干酪根。干酪根是一种高分子聚合物，没有固定的化学成分，主要由碳、氢、氧和少量硫、氮组成，没有固定的分子式和结构模型。

2. 油气生成的地质环境

要生成大量的石油和天然气，必须有足够的有机质，这就要求必须要有利于生物的大量生长和繁殖的环境。另外，有机质在陆地表面易被氧化，不易保存，需要有保存条件。此外，还要求有利于有机质大量向油气转化的地质条件。这种有利于有机质大量堆积、保存和转化的地质环境受区域大地构造和岩相古地理条件的控制。

（1）大地构造条件

在地质历史上只有那些曾发生过持续下沉的沉积盆地才是有利于生物生长的环境，才有沉积物的沉积，才能为油气生成、运聚提供有利的场所。

盆地的形成是板块运动的结果。板块的边缘活动带、板块内部的裂谷、坳陷以及造山带的前陆盆地、山间盆地等大地构造单元，是地质历史上曾经发生长期持续下沉的区域，也是地壳上油气资源分布的主要沉积盆地类型。在这些盆地内生物的生长及其遗体的保存与盆地沉降速度及沉积物的沉积速度有直接关系。若沉降速度远远超过沉积速度，则水体不断变深，生物死亡后，在下沉过程中易遭受巨厚水体所含氧气的氧化而破坏，且因阳光不足、温度低，不利于生物生长。若沉降速度远远低于沉积速度，则沉积物会迅速填满盆地，水体快速变浅，乃至上升为陆地，沉积物暴露地表，有机质易受空气中的氧所氧化，也不利于有机质的堆积和保存。只有在长期持续下沉过程中，并伴随适当的升降，沉降速度与沉积速度相近或前者稍大时，才能持久保持还原环境。在这种条件下，不仅可以长期保持适于生物大量繁殖和有机质免遭氧化的有利水体深度，保证丰富的原始有机质沉积下来，而且可以造成沉积厚度大、埋藏深度大、地温梯度大、生油储集层频繁相间的广泛接触，有助于原始有机质迅速向油气转化并广泛排烃的优越环境。

此外，在大型沉积盆地内，由于断裂分割或沉降速度的差异，造成盆地起伏不平，出现许多次级凸起与凹陷，使有机质不必经过长距离搬运便可就近沉积下来，避免途中氧化。所以，沉积盆地的分割性对有机质的堆积与保存都有利。

（2）岩相古地理条件

国内外油气勘探实践证明，无论是海相还是陆相，都具备适合于油气生成的岩相古地理条件。在海相环境中，浅海区及三角洲区是最有利于油气生成的古地理区域。滨海区海进、海退频繁，浪潮作用强烈，不利于生物繁殖和有机质堆积和保存。深海区生物本来就少，生物死亡后下沉至海底需经历巨厚水体，易遭氧化破坏，加上离岸又远，陆源有机质需经长途搬运，易被淘汰氧化，不利于有机质的堆积和保存。大陆架内，水深不超过200m，水体较宁静，阳光、温度适宜，生物繁盛，尤其各种浮游生物异常发育，死亡后无须经过太厚的水体即可堆积下来；在三角洲地区，陆源有机质源源不断地搬运而来，加上原地繁殖的海相生物，致使沉积物中的有机质含量特别高，是极为有利的生油区域；至于海湾及潟湖，属于半闭塞无底流的环境，也对保存有机质有利。

大陆环境的深水、半深水湖泊是陆相生油岩发育区域。一方面湖泊能够汇聚周围河流带来的大量陆源有机质，增加了湖泊营养和有机质数量；另一方面湖泊有一定深度的稳定水体，提供水生生物的繁殖发育条件。特别是近海地带深水湖盆，更是最有利的生油坳陷，因为那儿地势低洼、沉降较快，能长期保持深水湖泊环境，保持安静的还原环境。这种地区气候温暖湿润，浮游生物及藻类繁盛，而且往往又是河流三角洲的发育地带，河水带来大量陆源有机质注入近海湖盆，有机质异常丰富。浅水湖泊和沼泽地区，水体动荡，氧气易于进入水体，不利于有机质的保存。这里的生物以高等植物为主，生油潜能差，多适于造煤和生成煤型气、沼气，为天然气的来源。

（3）气候条件

古气候条件也直接影响生物的发育。年平均温度高、日照时间长、空气湿度大，都能显著增加生物的繁殖力。所以，温暖潮湿的气候有利于生物的繁殖和发育，是油气生成的有利外界条件之一。

上述各项条件都对形成适于有机质繁殖、堆积、保存的环境产生综合性的影响，相互之间有密切的联系。其中大地构造条件是根本的，它控制着岩相古地理及古气候的特征。所以，我们在研究任何区域油气生成条件时，必须从区域大地构造特征入手。

3. 物理、化学条件

适宜的地质环境为有机质的大量繁殖、堆积和保存创造了有利的地质条件，但有机质向石油和天然气演化还必须具备适当的温度、时间、细菌、催化剂、放射性等物理、化学及生物化学条件。

（1）温度与时间。沉积有机质向油气转化的过程，温度是最有效、最持久的作用因素。在转化的过程中，温度的不足可用延长反应时间来弥补。温度与时间可以互相补偿，高温短时作用与低温长时作用可能产生近乎同样的效果。若沉积物埋藏太浅，地温太低，有机质热解生成烃类所需反应时间很长，实际难以生成具有工业价值的石油。随埋藏深度的加大，当温度升高一定数值，有机质才开始大量转化为石油，这个温度界限称为有机质的成熟门限温度，其相应的深度称为门限深度。在地温梯度很高的地区，有机质不用埋藏太深就可以转化为石油和天然气；反之，在地温梯度很低的地区，有机质埋藏很深才能大量转化为油气。此外，有机质类型不同，其有机质成熟度的温度也不同。在温度与时间的综合作用下，有利于油气生成并保存的盆地应为年轻的热盆地和古老的冷盆地；否则，或未达成熟阶段，或已达破坏阶段，对油气勘探均不利。

（2）细菌活动。细菌是地球上分布最广、繁殖最快、对环境适应能力最强的一种生物。按其生活习性可将细菌分为喜氧细菌、厌氧细菌、通性细菌。对油气生成来说，最有意义的是厌氧细菌。在缺乏游离氧的还原条件下，有机质可被厌氧细菌分解而产生甲烷、氢气、二氧化碳以及有机酸和其他碳氢化合物。细菌作用的实质是将有机质中的氧、硫、氮、磷等元素分离出来，使碳、氢，特别是氢富集起来，并且细菌作用时间越长，这种作用就进行得越彻底。此外，细菌还可将植物选择性

分解，使其中原来合成的大量烃类分离出来，直接埋藏于沉积物中。

（3）催化作用。油气生成过程中的催化作用在于催化剂与分散有机质作用，破坏了后者的原始结构，促使分子重新分布，形成内部结构更稳定的物质——烃类。在自然界有机质向油气转化过程中，主要存在无机盐类和有机酵母两类催化剂。黏土矿物是自然界分布最广的无机盐类催化剂。在实验室用黏土矿物做催化剂，在150 ~ 250℃下，可以使酒精和酮脱水或使脂肪酸去羧基，都可以产生类似石油的物质。黏土矿物的催化能力同其吸附性质有关。催化剂表面吸附两种或两种以上物质的原子时，它们便会互相作用而形成新的化合物。蒙脱石黏土催化能力最强，高岭石黏土最弱，有机酵母催化剂能加速有机质的分解。当有酵母存在时，有机质的分解比在细菌活动时还要快很多。在富含有机质的岩石中，特别是在富含植物残余的岩石中，酵母的活动性最大。酵母的分布很广，它几乎无须外部能量来源，可以不受压力、温度、湿度及食物补给的影响。

（4）放射性作用。放射性作用可能是促使有机质向油气转化的能源之一。在黏土岩中富集有大量的放射性物质，主要放射性元素有铀、钍和钾。钾在化学盐类中含量高；铀和钍在页岩、黏土岩、泥灰岩及其他含大量胶体团块的岩石中含量最大。

（5）压力作用。沉积物埋藏的深度随着地壳的下降而不断加深，上覆地层厚度不断增加，温度、压力也将随之升高，压力升高可以促使反应的进行。实验室模拟试验证明，在中等温度（50℃），增加压力达$300\times10^5 \sim 700\times10^5$Pa，可以使类脂化合物产生烃类；压力可以促使加氢作用，使高分子烃变成低分子烃，使不饱和烃变成饱和烃。但也有人认为，高压对于使体积增大的裂解反应是不利的，它可以阻止液态烃裂解为气态烃。对于自然界生油过程是否需要较高压力，以及最适宜的压力是多少，目前仍未有定论。由于生油所需要的温度不是很高，可以认为油气生成时也不需要很高的压力。在有机质向油气转化的过程中，上述各种条件的作用强度不同。细菌和催化剂都是在特定阶段作用显著，加速有机质降解生油、生气。放射作用则可以不断提供游离氢的来源，只有时间和温度在油气生成全过程都有着重要作用。所以，有机质向油气的转化，是在适宜的地质环境里，多种因素综合作用的结果。

4. 油气生成过程

在海相和湖泊沉积盆地的发育过程中，原始有机质伴随其他矿物质沉积后，随着埋藏深度的增大，地温不断升高，在乏氧的还原环境下，有机质向油气转化。由于在不同深度范围内，各种能源条件显示不同的作用效果，致使有机质的转化反应性质及主要产物都有明显的区别，表明原始有机质向油气转化过程具有明显的阶段性。可以将此过程划分为四个逐步过渡的阶段：生物化学生气阶段、热催化生油气阶段、热裂解生凝析气阶段、深部高温生气阶段（见表9–1）。

表9–1　油气生成过程的主要阶段

项目	内容
生物化学生气阶段	当原始有机质堆积到盆底之后，开始了生物化学生气阶段。这个阶段的深度范围是从沉积界面至地下1500m深度，相当于沉积物的成岩作用阶段，温度介于10 ~ 60℃，这个阶段主要以细菌活动为主。沉积有机质在乏氧的还原环境中，厌氧细菌将部分有机质完全分解为CO_2、CH_4、NH_3、H_2S和H_2O等简单分子。这些新生成的产物会相互作用形成复杂结构的地质聚合物“腐泥质”和“腐殖质”（缩聚作用）。上述这些变化导致沉积物中有机质总量的减少。在这个阶段中，埋藏深度浅，地温低、压力小，有机质除形成少量烃类和挥发性气体以及早期低熟石油外，大多数以干酪根的形式保存在沉积岩中。由于细菌的生化降解作用，生成物以甲烷为主，只有到了本阶段后期，埋藏深度增大，温度接近60℃时，开始生成少量液态石油；在此阶段中产生的生物化学气又称细菌气，甲烷含量在95%以上，可聚集成为大型气藏，由于埋藏浅，易于开发，是目前研究价值较高的开发对象
热催化生油气阶段	随着沉积物埋藏深度超过1500 ~ 2500m，地温升至60 ~ 180℃，此时促使有机质转化的最活跃因素是热催化作用。随深度的加大，岩石成岩作用增强，黏土矿物吸附力增大，使浙青质、胶质等分子结构复杂的物质集中在吸附层内部，烃类集中在外部，这种催化作用降低了有机质的成熟温度，促进石油生成；在此阶段中产生的烃类已经成熟，而且数量多，与原始有机质有了明显区别，与石油相似，氧、硫、氮等元素逐渐减少。正烷烃碳原子数和相对分子质量递减，低相对分子质量液态及气态烃递增。这个阶段不仅有气态烃，而且还有大量的液态烃
热裂解生凝析气阶段	当沉积物埋藏深度超过3500 ~ 4000m，地温达到180 ~ 250℃，此时温度超过了烃类物质的临界温度，除继续断开杂原子官能团和侧链，生成少量水、二氧化碳和氮气以外，大量C–C裂解，液态烃急剧减少，C_{25}以上高分子正烷烃含量趋于零，甲烷及其气态同系物剧增，当这些气体采至地面，随着地表温度、压力的降低，凝结为液态轻质石油并伴有湿气，即凝析气，进入高成熟时期
深部高温生气阶段	当深度超过4000m，达6000 ~ 7000m后，沉积物进入变生作用阶段，达到有机质转化的末期。此时温度超过了250℃，以高温高压为特征，已形成的液态烃和重质气态烃强烈裂解，变为最稳定的甲烷，干酪根残渣释放出甲烷后进一步缩聚。因此，这一阶段主要生成甲烷和碳沥青或石墨

以上将有机质向油气转化的整个过程分为四个阶段。对不同盆地而言，由于其

沉降历史、地温历史和原始有机质类型的不同，有机质向油气转化的过程不一定完全经历这四个阶段，而且每个阶段的深度和温度界限也略有差别。

第二节　生油层研究

能够生成石油和天然气，并能排出聚集成商业性油气藏的岩石，称为生油（气）岩。

由生油（气）岩组成的地层，称为生油层。生油层是自然界生成油气的实际场所，因而能够反映石油有机生成的各种条件和特征，是研究油气成因理论的主要根据之一。

在一定地质时期里，具有相同岩性、岩相特征的若干生油层和非生油层的间隔组成，称为生油层系。如果生油层系中有储集层存在，那么生油层系就是含油层系。

生油层研究的主要目的，在于根据大量地质和地球化学分析结果，在一个沉积盆地中，从剖面上确定生油气层，在空间上划出有利的生油气区，做出生油气量的定量评价，以便分析盆地的含油气远景。

一、生油层地质研究

生油层的地质研究包括岩性、岩相、厚度及分布范围。岩性和岩相决定有机质的含量即丰富程度及其类型和生烃潜能；厚度及分布范围决定有机质的总量、生烃量及排烃效率。

从岩性上来看，能够作为生油层的岩性主要有两大类即泥质岩和碳酸盐岩。泥质岩类主要为暗色的富含有机质的泥岩、页岩、黏土岩；碳酸盐岩类主要以灰色、深灰色的沥青灰岩、隐晶质灰岩、豹斑灰岩、生物灰岩、泥灰岩为主。

从沉积环境或岩相来看，在有利于生物大量繁殖、保存，且有利于生油岩发育的环境最有利。一般来说，最有利的生油岩相是浅海相、三角洲相及深水和半深水湖相。从生油层的厚度及分布来看，分布面积越大，厚度越大，有机质的总量越大，则生烃量越大。但单层厚度很大的块状泥岩因往往欠压实，产生超压，会抑制生烃能力，不利于排烃。研究认为，黏土岩层厚30 ~ 40m，砂层单层厚10 ~ 15m，二者显略等厚互层的地区，生油层、储集层接触面积大，最利于石油的生成与聚集。可见，生油层厚度太小了不好，太大了也不好。

二、生油层的地球化学研究

鉴别生油层，不仅利用岩性、岩相方面的特征，而且还要利用地球化学方面的定量指标。生油层地球化学研究首先是确定有机质的含量（丰度），其次确定有机质的类型，最后确定有机质的演化程度。

（1）有机质的丰度。岩石中有足够数量的有机质是形成油气的物质基础，是决定岩石生烃潜力的主要因素。通常采用有机质丰度来代表生油层（岩）中所含有机质的相对含量，目前常用的有机质丰度指标主要包括有机碳含量（TOC）、岩石热解参数（生烃潜量，S1+S2）、氯仿沥青“A”和总烃含量等。

（2）有机质的类型。有机质（干酪根）的类型不同，其生烃潜力及产物是有差异和不同的。一般认为Ⅰ型干酪根生烃潜力最大，以生油为主，Ⅲ型干酪根生烃潜力最差，以生气为主，Ⅱ型干酪根介于两者之间。目前，用以确定有机质（干酪根）的方法很多，可以根据干酪根的显微组成、干酪根元素组成以及岩石热解参数来划分干酪根的类型。

（3）有机质的成熟度。成熟度是指有机质向石油和天然气的热演化程度。由于在沉积岩成岩后生演化过程中，生油岩中有机质的许多物理性质、化学性质都发生相应的变化，并且这一过程是不可逆的，因而可以应用有机质的某些物理性质和化学组成的变化特点来判断有机质热演化程度，划分有机质演化阶段。目前用于评价生油岩成熟度的地球化学指标有TTI、镜质组反射率、热变指数、孢粉碳化程度、热解参数、可溶性抽提物化学组成等。此外，还有饱和烃组成、自由基含量、干酪根颜色、H/C—O/C原子比关系、生物标志物等最新研究成果，都可以用来辨别有机质的热演化程度。

（4）有机质转化指标。所谓转化指标，是指在有机质已经成熟的生油岩中，衡量有机质转化成烃类的数量指标。可以用可溶性沥青含量及其组成、烃类含量及其组成、沥青化系数、烃类转化系数等指标来衡量有机质转化成烃类的数量。

（5）油源对比。油气生成后要运移，确定其来源和运动轨迹是油气远景评价的主要方面之一。油源对比包括了油气来源与生油岩之间及不同油层中油气之间的对比。目的是追踪油气，确定油气与生油岩的成因联系、油气运移方向、距离和次生变化，从而圈定可靠的油、气源区，确定勘探目标，有效地指导油气勘探开发。油源对比是基于来自同一生油岩的油气在化学组成上具相似性，而不同生油岩的油气则表现出较大差异这一基本原则的。油源对比需具备两个条件：①油气在运移过程中，没有或很少发生混源；②分布在岩石及油气中的特征化合物性质稳定，很少或几乎无损失。主要指标有正烷烃的分布特征、异戊间二烯型烷烃的类型及含量。

（6）氧化、还原环境指标。沉积物中有机质向油、气转化，必不可少的条件是还原环境。因此，当研究生油层时，还要研究岩石形成时的氧化、还原环境，用以说明生成油、气条件的好坏。常用的反映生油层还原环境强弱的指标有：指相矿物、二价铁与三价铁的比值、铁还原系数、还原硫等。虽然研究生油层的地球化学指标还有一些问题尚待深入研究，但是将它们有效地配合使用，可以较好地鉴别生油岩，找出生油区。

第十章　储集层和盖层

第一节　岩石的孔隙性和渗透性

一、岩石的孔隙性

所谓孔隙是指岩石中未被固体物质所充填的空间。严格地讲，地壳上所有岩石，甚至像花岗岩、玄武岩那样致密的岩石，都具有孔隙。岩石中的孔隙，有的是原生的，有的是次生的；有的是相互连通的，有的是孤立的。

不同岩石的孔隙，在大小、形状及发育程度等方面极不相同，岩石中不同大小的孔隙对流体的储存和流动所起的作用则完全不同。根据岩石中孔隙的大小及其对流体作用的不同，可将孔隙划分为三种类型：

（1）超毛细管孔隙：管形孔隙直径大于50μm，或裂缝宽度大于25μm，在自然条件下，流体在其中可以自由流动，服从静水力学的一般规律。岩石中一些大的裂缝、溶洞及未胶结或胶结疏松的砂层孔隙大部分属于此种类型。

（2）毛细管孔隙：管形孔隙直径介于500 ~ 0.2μm之间，或裂缝宽度介于250 ~ 0.1μm，流体在这种孔隙中，由于受毛细管力的作用，已不能在其中自由流动，只有在外力大于毛细管力的情况下，流体才能在其中流动。微裂缝和一般砂岩中的孔隙多属这种类型。

（3）微毛细管孔隙：管形孔隙直径小于0.2μm，或裂缝宽度小于0.1μm。由于流体与周围分子之间的巨大引力，在通常温度和压力下，流体在其中不能流动；增加温度和压力，也只能引起流体呈分子或分子团状态扩散。黏土、致密页岩中的一些孔隙属于此种类型。

为了衡量岩石中孔隙体积的大小，以表示岩石孔隙的发育程度，提出了孔隙度的概念。岩样中所有孔隙空间体积之和与该岩样总体积的比值，称为该岩石的总孔隙度或绝对孔隙度，以百分数表示为：

$$\varphi = \frac{\sum V_p}{V_r} \times 100\%$$

式中，φ——总孔隙度；

ΣV_P——岩样中所有孔隙体积之和；

v_r——岩样总体积。

储集岩的总孔隙度越大，说明岩石中孔隙空间越大。

从勘探开发的实用角度出发，只有那些互相连通的超毛细管孔隙才具有实际意义，因为它们不仅能储存油气，而且还可以允许油气在其中渗滤。而那些孤立的互不连通的孔隙和微毛细管孔隙，即使其中储存有油气，在现代工艺条件下，也不能开采出来，所以这些孔隙是没有实际意义的。因此，在生产实践中，又提出了有效孔隙度的概念。

所谓有效孔隙度是指那些互相连通的，在一般压力条件下，可以允许流体在其中流动的孔隙体积之和与岩石总体积的比值，以百分数表示为：

$$\varphi_e = \frac{\sum V_e}{V_r} \times 100\%$$

式中，φ_e——有效孔隙度；

ΣV_e——岩样中彼此连通、允许流体能够通过的孔隙体积之和；

V_r——岩样总体积。

这里所指的一般压力条件，是指地层压力条件。显然，同一岩石的有效孔隙度小于其绝对孔隙度；对于未胶结的砂岩或胶结不甚致密的砂岩，两者相差不大；而对于胶结致密的砂岩或碳酸盐岩，两者相差很大，有效孔隙度远远小于绝对孔隙度。目前生产单位所说的孔隙度，都是指有效孔隙度，但在习惯上常简称为孔隙度。

二、岩石的渗透性

岩石的渗透性是指在一定压差下，岩石能使流体通过的能力。严格地讲，自然界的一切岩石在足够大的压力差下都具有一定的渗透性。通常我们所说的渗透性岩石与非渗透性岩石，是指在地层压力条件下流体能否通过岩石而言。因此从绝对意义上讲，渗透性岩石与非渗透性岩石之间没有明显的界限，是一个相对的概念。就沉积岩而言，一般情况下，砂岩、砾岩、多孔的石灰岩、白云岩等储集层为渗透性岩层，而泥岩、石膏、硬石膏等为非渗透性岩层。岩石的渗透性，只表示岩石中流体流动的难易程度，而与其中流体的实际含量无关。

岩石渗透性的好坏，是以渗透率的数值大小来表示的。当单相流体通过孔隙介质呈层状流动时，服从达西直线渗滤定律：单位时间内通过岩心的流体体积与岩心两端压差及岩心横截面积呈正比，而与流体的黏度及岩心的长度成反比。

$$Q = K \cdot \frac{\Delta p \cdot F}{u \cdot L}$$

$$K = \frac{Q \cdot u \cdot L}{\Delta p \cdot F}$$

式中，Q——单位时间内流体通过岩心的流量，cm^3/s；

F——石心的截面积，cm^2；

μ——流体的黏度，MPa·s；

L——岩样的长度，cm；

ΔP——岩样两端的压差，MPa；

K——岩石的渗透率，μm^2。

渗透率的大小跟岩石的组构有关，取决于孔隙的形状、孔径大小、连通情况及岩石的吸附性等。

如果岩石孔隙中只有一种流体（单相）存在时，而且这种流体不与岩石发生任何物理和化学反应，这种条件下所反映的渗透率为岩石的绝对渗透率。在自然界实际油层内，孔隙中的流体往往不是单相，而是呈油、水两相或油、气、水三相并存，这时流体的渗透情况要更加复杂。各项之间彼此干扰，岩石对其中每种相的渗流作用将与单相流体有很大的差别。为了与岩石的绝对渗透率相区别，在多相流体存在时，岩石对其中每种相流体的渗透率称为有效渗透率或相渗透率，分别用符号K_o、K_g、K_w来表示油、气、水的相渗透率。

有效渗透率不仅与岩石的性质有关，而且也与其中流体的性质和它们的数量比例有关，在实际工作中常采用相对渗透率来表示：

$$相对渗透率 = \frac{有效渗透率}{绝对渗透率}$$

一般情况下，岩石对任何一种相的有效渗透率总是小于该岩石的绝对渗透率。

三、孔隙度与渗透率之间的关系

孔隙度和渗透率之间没有严格的函数关系。因为影响它们的因素很多，岩石的渗透性除受孔隙度的影响以外，还受孔道截面大小、形状、连通性及流体性能的影响。例如，一些黏土岩的绝孔隙度很大，可达30% ~ 40%，但其喉道太小致使渗透率很低；而另一些裂缝发育的致密石灰岩，裂缝要比孔隙对渗透率的影响大得很多，因为裂缝是良好的通道，所以，虽然一些裂缝性石灰岩在实验室分析的孔隙度很低，只有5% ~ 6%，但由于裂缝发育，其渗透率却很高，常常成为高产油气层。

尽管孔隙度与渗透率之间没有严格的函数关系，但它们之间还是有一定的内在联系。因为岩石的孔隙度与渗透率一般皆取决于岩石本身的结构和组成。凡是具有渗透性的岩石均具有一定的孔隙度，特别是有效孔隙度与渗透率的关系更为密切。对于碎屑岩储集层，一般是有效孔隙度越大，其渗透率越高，渗透率随着有效孔隙度的增加而有规律地增加。

第二节　碎屑岩储集层

碎屑岩储集层主要包括各种砂岩、砾岩、粉砂岩等碎屑沉积岩，是世界油气田的主要储集层类型之一，也是我国最重要的储集层类型。例如，大庆、胜利、辽河等油田均为碎屑岩储层；世界比较著名的如科威特的布尔甘油田、俄罗斯的萨莫特洛尔等油田也都是碎屑岩储集层。

一、碎屑岩储集层的储集空间类型

碎屑岩储集层是由成分复杂的矿物碎屑、岩石碎屑和一定数量的胶结物组成。其储集空间主要是碎屑颗粒之间的粒间孔隙，它是在沉积和成岩过程中形成的，属于原生孔隙。此外，在一些细、粉砂岩中，常常发育层间裂隙和成岩裂缝，都是在成岩过程中形成的，故也应属于原生孔隙。在碎屑岩成岩以后，受后期构造运动的作用，可以形成一些裂缝、节理，属于次生孔隙，在碎屑岩的储集空间类型中居次要地位。但是，在特定条件下，如某些胶结致密的碎屑岩，粒间孔隙不发育，孔隙小且连通性差，这种碎屑岩中裂缝的发育程度就成为影响储集性质的主要因素。

二、碎屑岩储集层储集性质的影响因素

由于粒间孔隙是碎屑岩储集层的主要储集空间类型，因而这类储集层储集性能好坏取决于下列因素的影响。

1. 碎屑颗粒的矿物成分

碎屑颗粒的矿物成分对孔隙性和渗透性的影响主要表现在两个方面：其一是矿物颗粒的耐风化性，即矿物的坚硬程度和遇水溶解及膨胀程度；其二是矿物颗粒与

流体的吸附力大小，即憎油性和憎水性。一般性质坚硬、遇水不溶解、不膨胀、遇油不吸附的碎屑颗粒组成的砂岩，其储集物性好。反之，则较差。

碎屑岩颗粒最常见的矿物有石英、长石、岩屑及云母、重矿物等，其中石英、长石在碎屑岩中占95%以上。因此，石英、长石的含量多少对储集性质的影响最显著。一般石英砂岩比长石砂岩的储油物性好，主要原因有：

长石比石英更容易被水和油所润湿。当石英和长石都被石油和水润湿时，其表面形成的液体薄膜厚度不同，这些液体薄膜因被碎屑岩表面分子力所吸引，它们在一般情况下不参加流动，这样就会减少孔隙的流通截面，从而导致岩石的渗透率变小。由于长石碎屑颗粒表面所形成的液体薄膜的厚度比石英大，因此，对渗透率的影响也较石英大。

石英和长石抵抗风化的能力不同。石英抵抗风化能力强，颗粒表面光滑，油气容易流过；而长石耐风化较差，其颗粒表面常有一层次生的高岭土和绢云母，它们一方面吸附油气，另一方面吸水膨胀，堵塞原来的孔隙或使其变小。因此，在其他条件相同时，长石砂岩的储集性能比石英砂岩差些。

但是，应注意结合具体的地质条件进行具体分析。例如，我国中、新生代的许多陆相沉积碎屑岩，多为长石—石英砂岩或长石砂岩，储集性质相当好，并不因为长石含量增加而使储集性质变差。其长石颗粒多呈柱状晶体，在显微镜下可见清晰节理，说明未经较深风化，这是长石砂岩储集性质较好的主要原因。

2. 碎屑颗粒的粒度和分选程度

碎屑颗粒是组成碎屑岩的主要成分。如果有一种岩石是由大小均等的小球体颗粒组成，且呈立方体排列，这时每个小球体周围的孔隙体积，等于包围这个小球体的立方体体积减去小球体体积。若小球的半径为r，其理论孔隙度为：

$$\varphi=\frac{(2r_3)-\frac{4}{3}\pi r^3}{(2r)^3}\times100\%=(1-\frac{\pi}{6})\times100\%=47.6\%$$

由上式可知，表示颗粒大小的r消去了。这说明岩石由均等大小球体颗粒组成时，其孔隙度与颗粒大小无关。但自然界不可能存在这种理想情况，实际组成岩石的颗粒往往大小不等，于是大颗粒之间构成的大孔隙会被小颗粒所充填，使孔隙体积变小、孔隙直径也变小，原来彼此连通的孔隙互不连通，从而降低了岩石的孔隙性和渗透性。在一般情况下，颗粒的分选程度越好，孔隙度和渗透率也越大。

3. 碎屑颗粒的排列方式和圆球度

颗粒的排列方式是指颗粒之间相互接触而呈现出的原地支撑方式。碎屑颗粒的排列方式很复杂，假设颗粒为均等的小球体，可简化排列成三种理想的方式（见图10-1）。

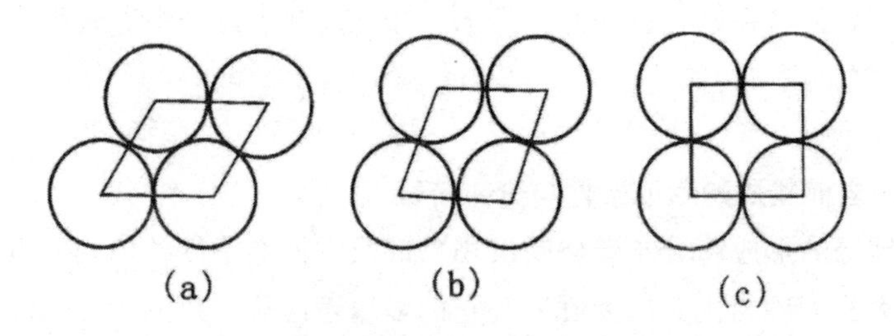

图10-1 岩石球体颗粒排列的理想方式

（a）最密排列形式；（b）中等密度排列形式；（c）最不密排列形式

由图10-1可看出：（c）表示立方体排列，堆积最疏松，孔隙度最大，理论孔隙度为47.6%；孔隙半径大，连通性好，渗透率也大。（a）、（b）代表斜方体排列，（a）排列最紧密，孔隙度最小，理论孔隙度为25.9%；（b）排列的紧密程度介于（a）、（c）之间，其孔隙度介于25.9% ~ 47.6%之间。所以（a）、（b）排列的孔隙半径都较小，连通性也较差，渗透率较低。

岩石碎屑颗粒的排列方式，主要取决于沉积条件及上覆地层压力大小。在水动力条件弱的地方，颗粒多呈近立方体排列；在水动力条件强的地方，颗粒多呈斜方体排列。另外，也与沉积物在成岩作用结束前所承受的上覆地层压力的大小有关。在实际自然条件下，组成岩石的碎屑颗粒不可能是理想的球体，往往凹凸不平，形状极不规则，常常发生镶嵌现象，相互填充孔隙空间，致使孔隙体积和孔隙直径减小，孔隙之间的连通性变差，结果使孔、渗性变低。一般颗粒球度越好，其孔隙度、渗透率越大。

4. 胶结物的性质和多少

碎屑岩中都有一定数量的胶结物，因此，胶结物含量的多少、胶结物的成分及胶结类型对储集性质影响也较大。

胶结物的多少对储集性质有明显的影响。胶结物含量高，粒间孔隙多被胶结物所充填，孔隙体积和孔隙直径都会变小；孔隙之间的连通性变差，导致储集性质变坏。胶结物的成分对储集性质也有明显的影响。泥质胶结的砂岩较为疏松，渗透性较好；而钙质、硅质、铁质胶结则较差。

根据胶结物含量多少及其在颗粒之间的分布状况，并结合颗粒的接触形式，可将碎屑岩胶结类型划分为四种。接触式胶结储集性能最好，孔隙式胶结较好，基底式胶结和杂乱式胶结较差。

影响碎屑岩储集层物性的因素除以上所述外，尚有岩层表面、层理面的发育程度，以及一些次生变化如溶解作用、构造变动等方面的影响，但其重要性一般远比上述因素小。另外，在钻井、完井、开采、修井及注水过程中等人为因素也对储集层的物性有一定的影响。

三、碎屑岩储集层的形成条件与分布特征

碎屑岩储层的形成和分布严格受沉积条件及古构造条件的控制。世界各地的碎屑岩储集层大都为砂岩，其次为砾岩。它们多属于河流三角洲相、滨海沙洲相、浅湖相、浅海相。另外，浊流沉积和风成沙丘也可形成良好的碎屑岩储集层。由于沉积条件的差异它们在形态、规模、成分、结构、构造上存在较大差别，因此在储油物性上差别也很大。从山区剥蚀区剥蚀下来的沉积物经过不同形式、不同距离的搬运，再到不同沉积区沉积下来形成不同的沉积相，依次为山麓洪积—冲积—扇三角洲沉积体系，河流—辫状河三角洲、三角洲—湖泊沉积体系、滨海—浅海沉积体系及风成砂相。其中，风成砂、滨浅海沙坝砂、三角洲砂及辫状河砂物性好；深水浊积砂物性较好；河道砂物性好，但分布不稳定；冲积扇、扇三角洲物性差。

第三节　碳酸盐岩储集层

碳酸盐岩储集层包括石灰岩、白云岩、白云质灰岩、灰质白云岩、生物碎屑灰岩和鲕状灰岩等。碳酸盐岩储层目前占全世界油气总产量的60%，这类储层具有储量大、单井产量高的特点。

一、碳酸盐岩储集空间的类型和特征

碳酸盐岩的储集空间，通常分为孔隙、溶洞和裂缝三类，或孔隙和裂缝两大类。孔隙是指岩石结构组分或粒间的空隙，形状细小，近于等轴状，与碎屑岩中的孔隙相似。溶洞是溶解作用扩大了的孔隙，二者界限不明确，故有人将溶洞与孔隙合称为孔洞。它们对油气主要起储集作用，在一定程度上也起通道作用。裂缝是伸长状的孔隙，主要起良好通道作用，同时也储集一定数量的油气。碳酸盐岩储集层储集空间类型多、次生变化大，具有更大的复杂性和多样性。

1. 碳酸盐岩的孔隙

碳酸盐岩的孔隙类型划分方法甚多。根据孔隙形成时期与成岩作用的关系，可

将其划分为原生孔隙和次生孔隙两大类。

（1）受岩石结构构造控制的原生孔隙

这类孔隙的发育是受岩石的结构和沉积构造控制的，分为表10–1中的几种。

表10–1 受岩石结构构造控制的原生孔隙类型

类别	内容
粒内孔隙（生物腔体孔隙）	指碳酸盐岩颗粒内部的孔隙，是沉积前颗粒生长过程中形成的孔隙。这种孔隙的绝对孔隙度可以很高，但有效孔隙度不一定大，必须有粒间或其他孔隙与它连通，使体内孔隙彼此连通才有效
粒间孔隙	指各种碳酸盐岩颗粒之间的孔隙，是在沉积成岩阶段由颗粒之间相互支撑作用形成的，与砂岩孔隙相似。其孔隙的大小与颗粒大小、分选程度、灰泥基质含量和亮晶胶结物的含量有密切关系。粒间孔隙常具有较高的孔隙度，是鲕粒灰岩、生物碎屑灰岩和内碎屑灰岩常具有的孔隙。遮蔽孔隙也是一种粒间孔隙，是由较大的生物壳体或碎片或其他颗粒遮蔽下形成的孔隙。由于有较大颗粒的遮挡，孔隙内经常无灰泥充填
生物钻孔孔隙	它是由某些生物的钻孔所形成的孔隙，其特点是：边缘圆滑、形态弯曲、状如蠕虫，常具破坏层理
鸟眼孔隙	这是一种透镜状或不规则状的孔隙，常成群出现，平行于纹层或层面分布。鸟眼构造留下的孔隙，常比粒间孔隙大，多发育在潮上带或潮间带。在成岩作用后期，由于气泡、干缩或藻席溶解而形成的，是网格状或窗孔状孔隙的一种类型
晶间孔隙	是指碳酸盐岩矿物晶体之间的孔隙。常呈边缘锯齿状，孔隙大小除同晶体大小和均匀性有关外，还受晶体排列方式的影响。晶间孔隙虽有较高的绝对孔隙度，但若无其他孔隙连通时，有效孔隙度是很低的
生物骨架孔隙	它是由原地生长的造礁生物（如群体珊瑚、层孔虫、海绵等）生长时形成的坚固骨架之间留下的孔隙，孔隙形状随生物生长方式而异，在骨架之间构成疏松多孔的结构，如各种生物礁灰岩，常具有较高的孔渗性

（2）溶解作用形成的次生孔隙

溶解作用形成的次生孔隙，即溶解孔隙，又称溶孔，是碳酸盐岩矿物或伴生的其他易溶矿物被地下水或地表水溶解后而形成的孔隙。可以分为下列几种类型：

1）粒内溶孔和溶模孔隙：粒内溶孔是指各种颗粒（或晶粒）内部，由于选择性溶解作用使部分被溶解而形成孔隙，由初期溶解作用造成。当溶解作用继续进行，粒内溶孔进一步扩大，直到颗粒或晶粒外圈全部被溶解掉而形成与原颗粒形状大小完全相似的孔隙时，称为溶模孔隙。

2）粒间溶孔：即各种颗粒之间的溶孔，它是由于胶结物或者基质被溶解形成的。溶解范围尚没有或部分涉及周围颗粒。若溶解作用继续进行，使周围颗粒的部分溶蚀、粒间溶孔扩大，便形成一般的溶孔、溶洞。

3）其他溶孔和溶洞：除上述粒内溶孔、溶洞和粒间溶孔外，那些不受原岩石结构构造控制的由溶解作用形成的孔隙，一般统称为溶孔，形状是不规则的等轴状，通常大于粉砂级。大型的溶孔称为溶洞。溶孔与溶洞之间无明显界限，有人主张直径大于5mm或1cm者称为溶洞，有些溶洞甚至可达数米或更大。

以上是碳酸盐岩孔隙成因分类，由于这种分类结合岩石原有结构、构造和形成阶段，故能较好地寻找孔隙的发育与岩性岩相的关系。

（3）孔隙发育的控制因素和分布规律

原生孔隙的发育状况和岩石的岩性密切相关。一些结构较粗的岩石，如粗粒屑的石灰岩、生物灰岩、粗晶灰岩等，其原生孔隙较发育。它们沉积于浅水动荡的沉积环境，有利的相带包括台地前缘斜坡相、浅滩相和生物礁相。在这三个相带中，颗粒碳酸盐岩和生物礁碳酸盐岩发育。由于处于高能量水流沉积环境，颗粒受较强的介质作用，粉砂级颗粒以及灰泥质大部分被带走，因而易于形成分选好、泥灰基质少、以颗粒支架为主的碳酸盐岩。这些岩石易发育有较好的原生孔隙，并在沉积旋回中属于海退阶段沉积，其上下为细粒碳酸盐岩或黏土岩。因此在碳酸盐岩发育区，原生孔隙发育的岩层，在平面上有一定的部位，在剖面上处于一定的层位。所以在区域上研究沉积旋回的特点和沉积相，是确定孔隙发育层位及有利地带的有效方法。

溶蚀孔隙发育的程度，主要取决于岩石本身的溶解度和地下水的溶解能力。

二氧化碳对碳酸盐岩矿物的溶解起着特别重要的作用，它促使地层系统中压力的增大，从而提高方解石、二氧化硅（包括石英）和长石的溶解度。次生孔隙是在多种因素影响下形成的，其中最主要因素是高温高压中碳酸盐岩矿物、长石、二氧化碳在水中的溶解作用。例如，在370℃的温度和20MPa压力下，$CaCO_3$在水中的溶解度相当于正常条件下的20倍。因此，一般含有CO_2的水，对石灰岩溶解度增大，白云岩次之，泥灰岩最差。实验表明，在低温下，含CO_2的水中方解石的溶解度比白云石大约高0.5倍。因此在通常情况下，石灰岩比白云岩更容易产生溶蚀孔隙。另外，碳酸盐岩中不溶解的残余物（主要指黏土）含量越高，其溶解度越低。一般厚层至中厚层的碳酸盐岩是稳定环境沉积的，含不溶解残余物少，容易产生溶蚀孔隙；由于颗粒细的碳酸盐岩溶解度低，难以产生溶蚀孔隙，因而溶孔、溶洞发育的岩石多是结构粗的，而且是原生孔隙发育的石灰岩、鲕状灰岩，生物碎屑灰岩及内碎屑灰岩等。

岩溶带的发育及分布状况和地下水的活动有密切关系，它受构造、地貌和气候等因素的影响。每次大的沉积间断及不整合，在其下面都有岩溶带发育。显然，断层和裂缝的存在为地下水提供了通道，必然有利于溶蚀作用的进行。此外，白云岩化作用及重结晶作用增大的孔隙也有利于溶蚀作用的进行。岩溶带的厚度变化很大，少则几米到几十米，多则数百米。

2. 碳酸盐岩的裂缝

（1）裂缝的成因类型及特征

碳酸盐岩裂缝由于划分的依据不同，分类方法很多，按裂缝成因划分为下列五种主要类型：

1）成岩裂缝：也可称之为原生的非构造裂缝。在成岩阶段，由于压力作用或本身的失水收缩、干裂或重结晶等作用形成。其分布受层理限制，不穿透上、下邻层；缝面弯曲，形状不规则，有时有分支现象。成岩裂缝一般很小，宽仅限数十微米，延伸也短，多被有机质、方解石、白云石、石膏等所充填。

2）构造裂缝：指构造运动中岩石受构造运动力的作用发生脆性变形而形成裂缝，是裂缝中的主要类型。其特点是裂缝组系多，并且纵横交切，裂缝垂直、斜交或平行，或切过一组岩性不同的地层，或局限在岩性相似的几个层中。这种裂缝比较多见，具有一定的方向性。

3）成岩—构造缝：在层理缝和成岩裂缝的基础上，再经过构造力作用而形成的裂缝，如层间缝，层间脱空等。

4）溶蚀裂缝：由于地下水的溶蚀作用扩大并改造了原有裂缝的面貌，已难于判断原有裂缝的成因类型，称为溶蚀裂缝。溶蚀裂缝在古风化壳上最发育，其特点是形状奇特，可呈漏斗状、蛇曲状、肠状或树枝状等。缝中往往有陆源砂泥或围岩岩块等充填物。

5）缝合线：这是由于压溶作用而形成的沉积岩中一种构造现象，常见于石灰岩中。它在剖面上多呈锯齿状曲线，平面上是起伏不平的面。它是在上覆岩层静压力作用下，岩层发生不均匀溶解作用而形成的。

上述几种裂缝中最广泛发育的是构造裂缝及和构造裂缝有关的溶蚀裂缝。

（2）裂缝发育的控制因素和分布规律

裂缝发育受多种因素控制，而且有一定的分布规律。在纵向剖面上，裂缝往往发育在一定层位上，主要受岩性控制；在平面上，裂缝往往发育在构造的一定部位上，主要受构造条件的控制。此外，还有地下水对裂缝的改造。

1）影响裂缝发育的岩性因素

裂缝发育的内因主要取决于岩石的脆性。岩性不同，脆性不一样，裂缝发育程度也不一样。脆性大的岩性裂缝发育，脆性小的岩性则裂缝不发育。影响其脆性的主要因素是岩石成分、结构、层厚及其组合、白云岩化作用等。

①岩石成分：各类碳酸盐岩的脆性由大到小是按下列顺序排列的：白云岩→石灰岩→白云质灰岩→泥灰岩→盐岩→石膏。所以，在其他条件相同的情况下，白云岩中裂缝最发育，石灰岩次之，泥灰岩最差。盐岩和石膏脆性很小，可塑性大，不易产生裂缝。另外，碳酸盐岩中泥质含量增加时，也会降低岩石的脆性，减弱裂缝的发育。相反，硅质含量增加时，将会增加岩石的脆性，从而有利于裂缝的发育。

②岩石结构：质纯粒粗的碳酸盐岩脆性大，易产生裂缝，开启缝较多。例如，生物灰岩，当介壳含量高，排列又整齐时，其裂缝密度就大。在结晶灰岩中，结晶粗的岩石脆性比结晶细的大，易产生裂缝。

③岩层厚度及组合：薄层状的碳酸盐岩中裂缝密度大，但裂缝的规模比较小，容易产生层间缝和层间脱空，特别是夹于厚层中的薄层更容易如此。厚层状碳酸盐岩中裂缝密度小，但裂缝的规模较大。

④白云岩化：白云岩化作用使石灰岩变为白云岩，晶粒由细变粗，致使岩石的脆性增加，使裂缝易于发育。

2）影响裂缝发育的构造因素

控制裂缝发育的构造因素，主要是作用力的强弱、性质、受力次数、变形的环境和变形阶段等。一般情况是受力强、张力大、次数多的构造部位裂缝发育，相反则差。在同一碳酸盐岩中，在常温常压的应力环境下裂缝发育，在高温高压下则发育较差；在一次受力变形的后期阶段，裂缝的密度大、组系多，前期阶段相应的小或少。

在长轴背斜构造上，裂缝沿长轴成带分布，在高点部位裂缝最发育；在短轴背斜上，裂缝沿轴部分布，在高点最发育；在箱状背斜上，裂缝在肩部最发育，其次在顶部；低角度断层引起的裂缝比高角度断层引起的裂缝要发育；断层组引起的裂缝比单一断层引起的裂缝发育；断层牵引褶皱的拱曲部位裂缝最发育；断层消失部位因应力释放裂缝亦很发育；一般张性断裂和扭性断裂，张性缝发育，而压扭性断裂多发育短小密集的闭合性缝；在地层平缓地带，裂缝主要沿断裂带分布，且裂缝延伸远，组合有规则，缝较直；总之，背斜的高点、长轴、扭曲和断层带等部位，都是裂缝最发育的地方。

二、碳酸盐岩储集层的类型及其特征

根据储集空间类型的不同，可将碳酸盐岩储层划分为以下四种类型（见表10–2）。

表10–2 碳酸盐岩储集层的类型

类型	特征
裂缝型储集层	主要在致密、性脆、质纯的碳酸盐岩中发育各种构造裂缝，它们既可作为油气储集空间，也可成为渗滤通道，尤其是纵横交错构成裂缝时，更是良好的储集层
复合型储集层	多数碳酸盐岩储集层属于复合型的，即原生孔隙、溶蚀洞穴、构造裂缝三者同时在这种储集层中出现，或同时发育其中的两种。这种原生孔隙、溶蚀洞穴都可以成为油气储集空间，裂缝起到渗透通道作用，构成统一的孔隙—洞穴—裂缝系统，这更有利于形成储集量大、产量高的储集层
孔隙型储集层	主要发育粒间孔隙、晶间孔隙、生物格架孔隙。世界上许多特大油田的储集层都是这种类型
溶蚀型储集层	主要发育有各种溶蚀孔隙，尤其是岩溶发育地区，溶洞、溶沟连通，成为一个洞穴系统。此类储集层多发育在不整合及大断裂带附近，地下水沿不整合或大断裂带向下渗透淋溶，形成洞穴发育的溶蚀带

第四节 其他岩类储集层

其他岩类储集层是指除碎屑岩和碳酸盐岩以外的各种岩类储集层，如岩浆岩、变质岩、黏土岩等。这类储集层的岩石类型尽管很多，但在世界油气总储量中只占很小的比例，故其意义远不如碎屑岩和碳酸盐岩储集层。但不论国内，还是国外，在这类储集层中确实也获得了一定产量的油气。这就为我们研究油气储集层扩大了领域。到目前为止，我国已经在火山岩、结晶岩、黏土岩里获得了工业性油气流，并具有一定的生产能力。

一、火山岩储集层

主要是指火山喷发岩形成的储集层，常见的有玄武岩、安山岩、粗面岩、流纹岩等。此外，还有火山碎屑岩。由于火山碎屑岩的成因及分布均与火山喷发岩密切相关，故从油气勘探的角度往往把火山喷发岩和火山碎屑岩形成的储集层统称为火山岩储集层。

以火山碎屑岩为储集层的油田比较常见，而以火山喷发岩做储集层的油田为数不多。比较典型的如日本新潟县在海相新近系中发现了一系列与火山岩相关的小型油气田。地层为一套暗色泥岩与凝灰岩、砂岩互层，夹数层火山碎屑岩，储集层主要是凝灰质砂岩，其次为火山碎屑岩和火山岩。我国辽河坳陷某油田，在古近系沙河街组三段下部的火山岩里见到了工业性油气流，产油层为凝灰岩、粗面岩。

通过对火山岩储集层油气藏的勘探实践，认识到火山岩的含油气性好坏与下列因素有关系：发育于油层附近的火山岩，由于具备了充足的油源，所以对油气储集有利；火山岩和火山碎屑岩储油物性的好坏是决定其含油气程度的基本条件。火山岩的裂缝、孔隙发育与否对含油气程度影响甚大。

二、结晶岩储集层

结晶岩储集层是指由各种岩浆岩和变质岩类形成的储集层，由于它们都有不同程度的结晶，故也称结为晶岩系。在含油气盆地中这种结晶岩系往往构成了沉积盖层的基底。当这些结晶岩受到长期而强烈的风化时，其表层常形成一个风化孔隙带，致使岩石的孔隙性和渗透性大大增加，成为油气储集的良好场所，因而这类储集层多分布在基岩侵蚀面上。

我国酒泉盆地的鸭儿峡油田基岩油藏，其产油层为志留系的变质岩基底，由板岩、千枚岩及变质砂岩组成，基岩孔隙度为2.5%以下，渗透率接近于零，但裂缝发育，平均裂缝密度大于40条每米，这些裂缝提供了油气储集空间，高产井多沿断裂分布，井间有干扰现象，断层附近裂隙率高，连通性好。结晶岩类储集层的储集空间，主要是风化孔隙、裂隙，以及构造裂缝，故这类储集层多发育在不整合带，在盆地边缘斜坡以及盆地内古地形突起上，位置较高，风化孔隙更发育些。

三、泥质岩储层

泥质岩和碎屑岩在沉积剖面上往往呈互层出现，其分布也很广泛。但由于泥质岩含的孔隙很小，属毛细管孔隙，流体在地层压力条件下不能在其中流动。有些脆性较大的泥质岩（如页岩、钙质泥岩等），在构造力的作用下产生了比较密集的裂缝，或者有些泥质岩中含有极易溶解的成分（如石膏、盐岩等），经地下水的溶蚀而形成溶孔、溶洞，从而形成了泥质岩储集层。例如，大庆三肇地区的青山口组泥岩储集层，由此可见，这类致密岩石之所以能够在一定条件下成为油气储集层，主要是由于次生作用（风化、溶蚀、构造运动等）形成一系列缝洞的结果。由于这类储集层的岩性致密，储集空间形成条件复杂，因而对储集物性的规律不易掌握。

第五节　盖层

盖层是指位于储层之上，能够封隔储集层，阻止油气向上逸散的保护层。要使生油层中生成的油气运移到储集层而不致逸散，必须有不渗透的盖层。盖层的好坏直接影响着油气在储集层的聚集和保存。在自然界中，任何盖层对气态烃和液态烃只有相对的隔绝性。在地层条件下的烃类聚集，都具有大小不同的天然能量，它能驱使烃类向周围逸散。因此，必须有良好的盖层封闭才能阻止油气逸散，使油气聚集起来形成油气藏。

一、盖层封闭油气机理

随着对油气在地下运移机制及相态的深入研究，人们对盖层封闭油气的机理的认识不断加深和完善。根据目前的研究成果，盖层封闭油气主要有三种封闭机理，即毛细管封闭油气机理、超压封闭油气机理、烃浓度封闭天然气机理。

（1）毛细管封闭油气机理

地下沉积岩中的孔隙通常是被水所饱和的，游离相的油气要通过盖层，就必须排替其中的孔隙水，否则，油气就无法通过盖层运移。由于岩石一般为亲水的，油（气）—水—岩石三相接触角小于90°，产生的毛管力指向油（气）相。因此，油气要通过盖层运移，必须克服毛细管力阻力。

盖层之所以能封闭住储集层中的油气，是因为盖层岩石与储层岩石之间存在明显的物性差异，即盖层岩石较储层岩石具有更小的孔喉半径。根据排替压力的定义，岩石中润湿相流体被非润湿相流体排替所需要的最小压力，在数值上近似等于岩石中最大连通孔道的毛细管力，它可由下式来确定：

$$p_c = \frac{2\sigma \cdot \cos\theta}{r_o}$$

式中，P_c——岩石排替压力；

θ——润湿角，(°)；

σ——油（气）水界面张力，N/m；

r_o——岩石中最大连通孔喉半径，m。

盖层较储集层具有更大的排替压力，即盖层与储层之间存在排替压力差，其差值大小为：

$$\Delta pc = 2\sigma \cdot \cos\theta(\frac{1}{r_{O1}} - \frac{1}{r_{O2}})$$

式中，Δpc——盖层与储层的排替压力差，Pa；

r_{O1}——盖层中最大连通孔喉半径，m；

r_{O2}——储层中最大连通孔喉半径，m。

这种排替压力差会产生盖层对储层中的油气封闭作用，这种封闭作用称为盖层毛细管封闭作用，也有人称为物性封闭。

（2）超压封闭油气机理

超压封闭油气是由于在砂、泥岩剖面中，厚度大的泥质成分在沉积成岩过程中，由于快速沉积，使泥岩上、下与储层邻近部分首先被快速压实，排出孔隙水；孔隙度减少，渗透率降低，形成致密带，阻止了中间部分泥岩内部孔隙水的排出；压实成岩速度缓慢，从而形成了欠压实泥岩段。这种欠压实泥岩因膨胀黏土的性软和体积收缩，使欠压实泥岩孔隙中的水承受上覆地层一部分负荷，从而产生高的异常流体压力，造成泥岩具有超压封闭油气的能力。

（3）烃浓度封闭天然气机理

天然气在地下扩散速率的大小主要取决于天然气扩散系数和烃浓度梯度的大小，在地下对已确定的泥岩盖层来讲，天然气扩散系数是固定不变的。此时，天然气扩散速率大小主要取决于烃浓度大小。

在正常情况下，地层孔隙水中含气浓度的大小主要受温度、压力等条件的影响。地层水的含气浓度是向上递减的，天然气在此浓度梯度作用下向地表进行扩散。然而，当上覆泥岩盖层为生油岩时，其本身生成的天然气溶解于地层孔隙水中，从而增大了含气浓度，使盖层和储层两者之间天然气浓度减小，扩散作用减弱，这样对下伏呈扩散相运移的天然气起到了封闭作用。作为油气的封盖层，除了具有较强的微观封闭能力外，还必须在空间上具备一定的分布面积，才能在整个成藏系统范围内油气构成良好的封盖条件。然而，盖层空间展布范围只能借助宏观地质特征来间接认识。这些地质因素主要有盖层的岩性、盖层的累计厚度和单层厚度、沉积环境和成岩程度等，它们不仅影响盖层空间展布面积的大小，而且是决定盖层封闭能力的最主要影响因素。

二、常见的盖层岩性类型

常见的盖层有页岩、泥岩、石膏、盐岩及泥灰岩、石灰岩等。泥岩、页岩常与碎屑岩储集层并存，石膏、盐岩层常与碳酸盐岩并存。美国石油地质学家克莱姆统计了世界334个大油气田的盖层，其中以页岩、泥岩作盖层占65%；盖层为盐岩、石膏的占33%，致密灰岩充当盖层的占2%。松辽、华北、西西伯利亚等地油气田多以泥岩为盖层；四川、江汉、沙特阿拉伯等地油气田多以盐岩、石膏为盖层。

盖层的厚度与封闭能力间的关系，尚待进一步研究。松辽盆地的经验表明，当泥岩厚度小于20m，一般不能作为盖层。而川南的长垣坝和高木顶两气田的石膏层仅6 ~ 10m厚就可作为良好的盖层。所以盖层的厚度对于油气封盖不起决定作用，关键在于排替压力的大小和裂缝的发育程度。当其具有足够大的排替压力，而又无裂缝存在，即使厚度不大也可成为良好的盖层。但从另一方面来讲，对于排替压力不够大的盖层，油气尚可缓慢进入，它不能隔绝油气，只能起障碍作用。这时盖层越厚，油气运移的速度受影响越大，它就可以成为一个临时的盖层。所以，当盖层的排替压力不够大时，盖层厚度大仍有一定的封隔作用。

参考文献

［1］方少仙．石油天然气储层地质学［M］．山东：石油大学出版社，1998.

［2］佚名．石油天然气［J］．石油天然气，2006.

［3］余际从，石云龙，雷涯邻．可持续发展与我国石油天然气安全战略［J］．资源与产业，2002（6）：50–52.

［4］廖勇，王恒．论我国石油天然气安全及其法律保障体系的构建［J］．中共郑州市委党校学报，2010（3）：54–57.

［5］李强．如何推进石油天然气安全生产的管理［J］．化工管理，2016（19）：139.

［6］常贵君．石油天然气安全事故应急研究［J］．化工管理，2016（15）：49.

［7］刘爱臣．论石油燃气行业安全文化建设的重要性［J］．城市建设理论研究：电子版，2015（2）.

［8］白瑞．国家安全生产监管总局部署 石油天然气安全生产工作［J］．现代职业安全，2012（5）：12.

［9］杨兴坤．石油天然气安全事故应急管理策略［J］．石油工程建设，2015，41（1）：91–92.

［10］柳庆新．石油天然气管道安全管理存在问题及对策分析［J］．中国石油和化工标准与质量，2007，27（5）：27–30.

［11］魏孔明．构造地质［M］．北京：煤炭工业出版社，2009.

［12］彭建兵，马润勇，邵铁全．构造地质与工程地质的基本关系［J］．地学前缘，2004，11（4）：535–549.

［13］贾承造．盆地构造演化与区域构造地质［M］．北京：石油工业出版社，1995.

［14］曹代勇，李青元，朱小弟，等．地质构造三维可视化模型探讨［J］．地质与勘探，2001，37（4）：60–62.

［15］黄汲清．中国地质构造基本特征的初步总结［J］．地质学报，1960（1）：

3–137.

［16］李锦轶. 中国东北及邻区若干地质构造问题的新认识［J］. 地质论评，1998，44（4）：339–347.

［17］王鸿祯，莫宣学. 中国地质构造述要［J］. 中国地质，1996（8）：4–9.

［18］陶明信，徐永昌，史宝光，等. 中国不同类型断裂带的地幔脱气与深部地质构造特征［J］. 中国科学：地球科学，2005，35（5）：441–451.

［19］毛小平，吴冲龙. 地质构造的物理平衡剖面法［J］. 地球科学——中国地质大学学报，1998，23（2）：167–170.

［20］陈荣度. 辽东裂谷的地质构造演化［J］. 地质通报，1990（4）：306–315.